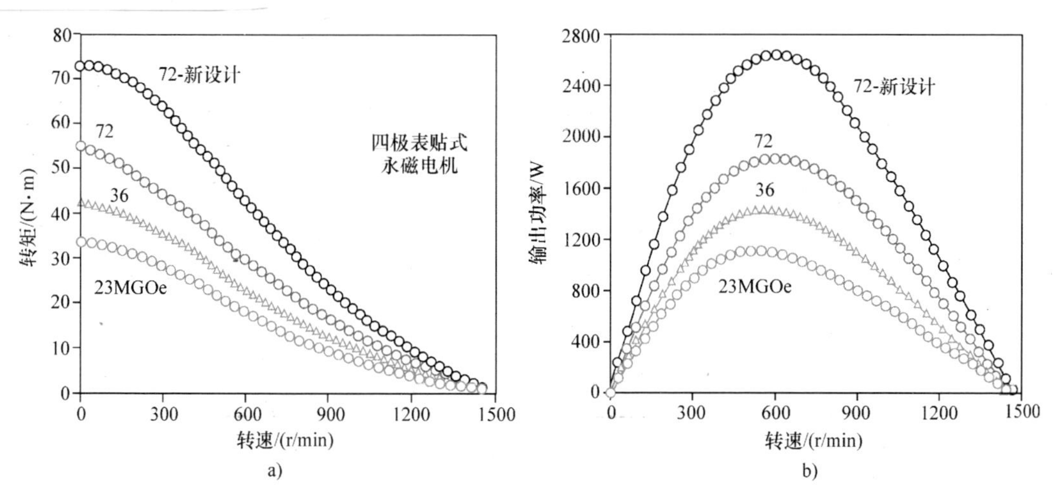

图 1.9 具有线性 *B-H* 退磁曲线的磁体的能量积对具有三种不同能量积值和两种不同电机设计的永磁电机性能的影响：a）转矩与转速；b）输出功率与转速（Gutfleisch 等，2011）

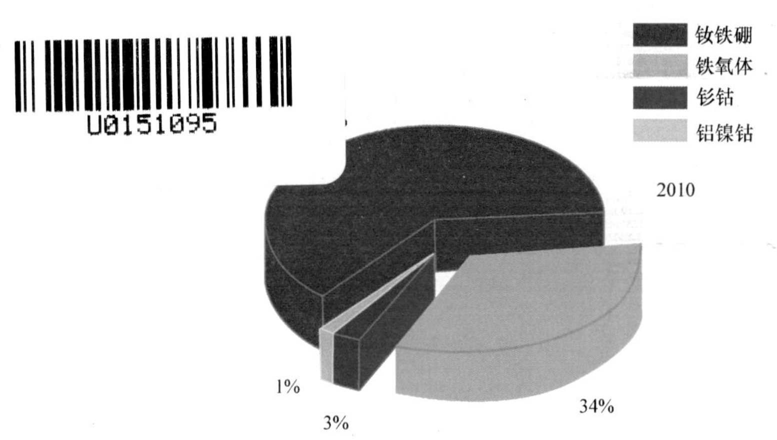

图 1.12 2010 年全球永磁体按类型细分的价值估计，总价值为 90 亿美元（Gutfleisch 等，2011）

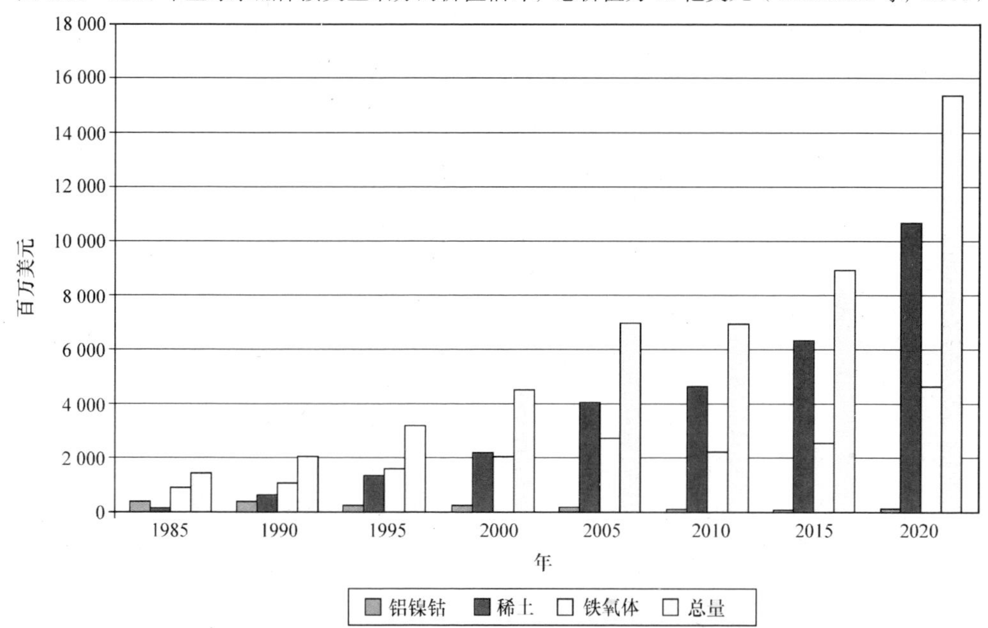

图 1.13 1985~2020 年全球永磁体按类型细分销售情况（Dent，2012）

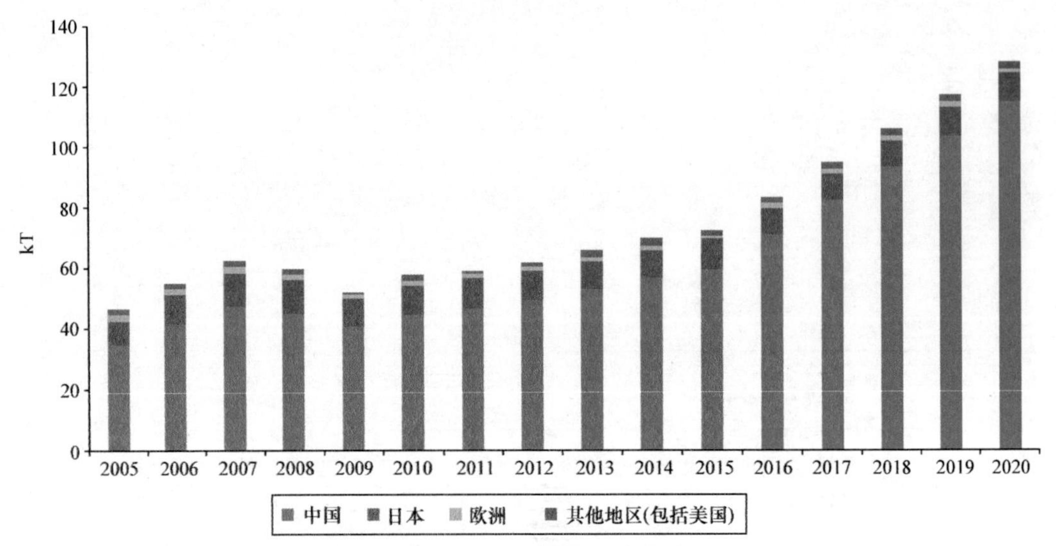

图 1.14　2005~2020 年全球钕铁硼材料产量估计和预测（Benecki 等，2010）

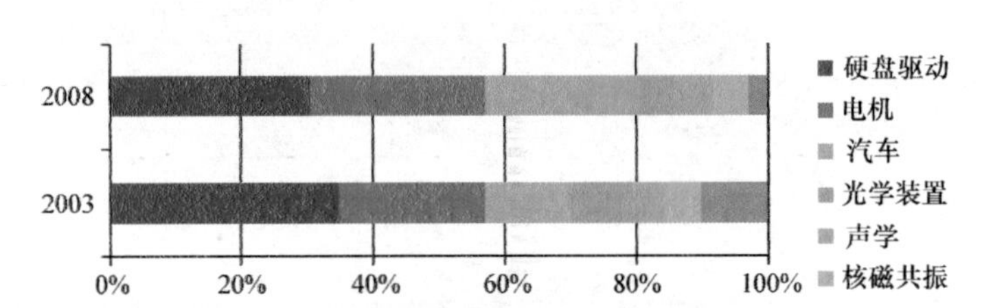

图 1.15　2003 年和 2008 年钕铁硼磁体在行业中的应用情况（Kara 等，2010）

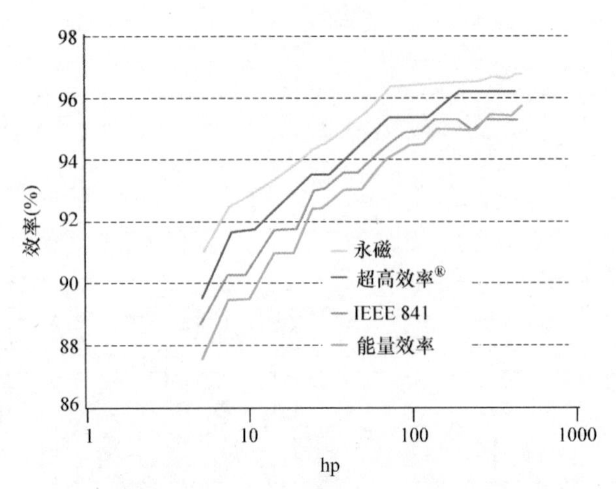

图 1.17　满载永磁同步电机效率与感应电机效率的对比，由 Baldor Electric（美国能源部，2014）给出

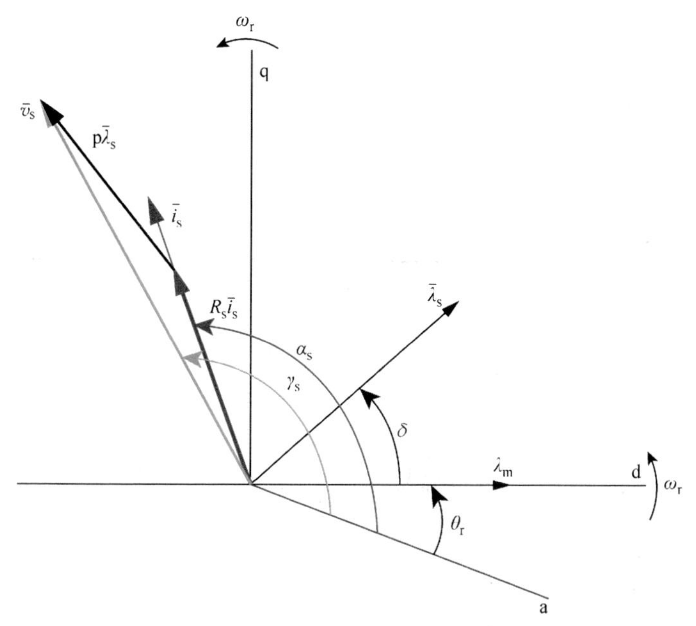

图 2.16　永磁同步电机的空间矢量图

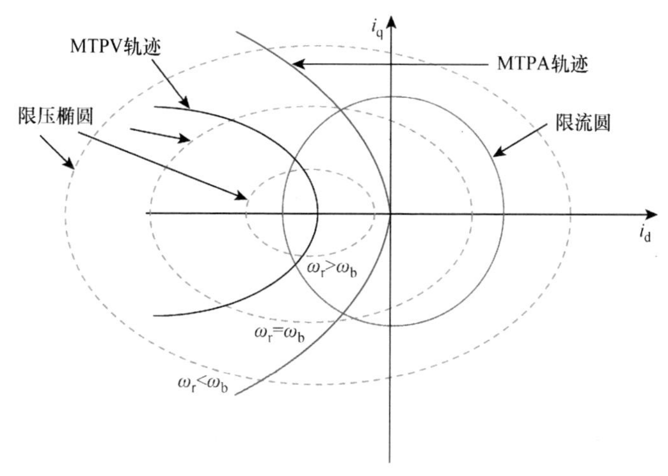

图 3.13　MTPA 和 MTPV 条件下定子
电流矢量轨迹以及限流圆和限压椭圆

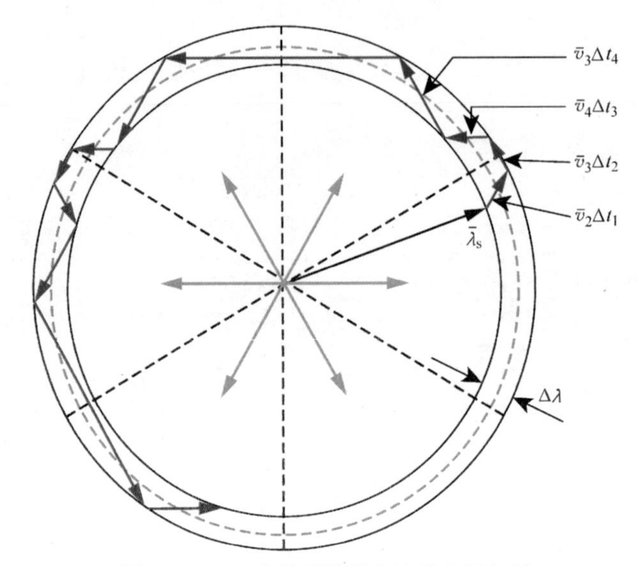

图 4.5　DTC 中的磁链带和连续电压矢量

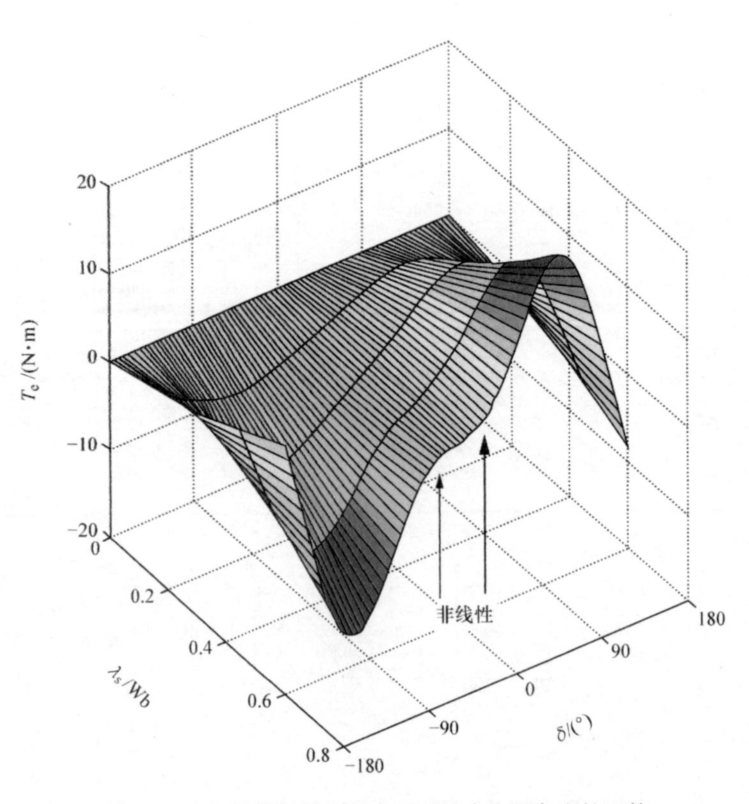

图 4.9　电机提供的转矩是定子磁链大小和角度的函数

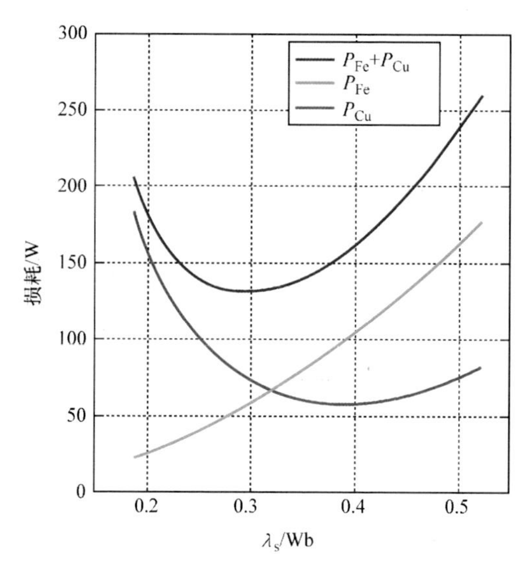

图 4.22　电、铜和铁损与定子磁链的关系（Siahbalaee 等，2009a）

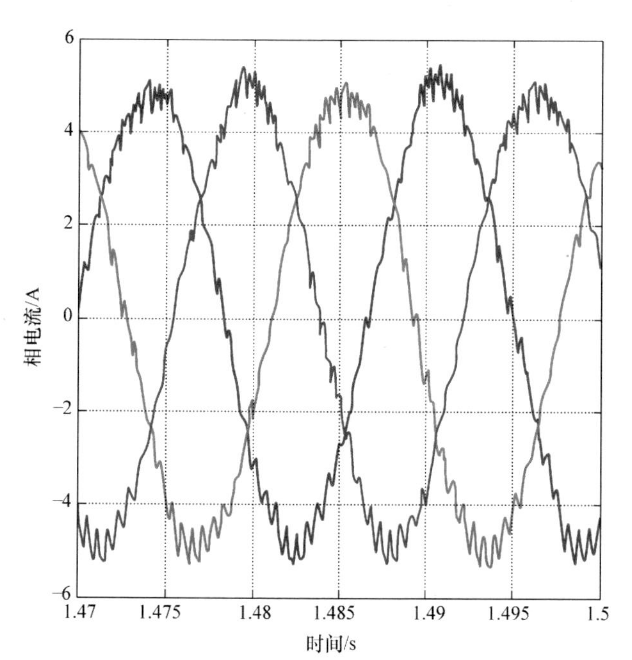

图 4.27　离线损耗最小化 DTC 下的稳态相电流（Siahbalaee 等，2009a）

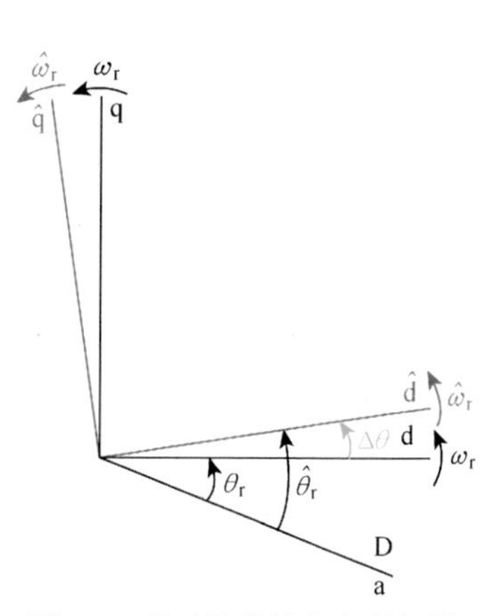

图 6.3　逆时针旋转方向的假设转子参考坐标系

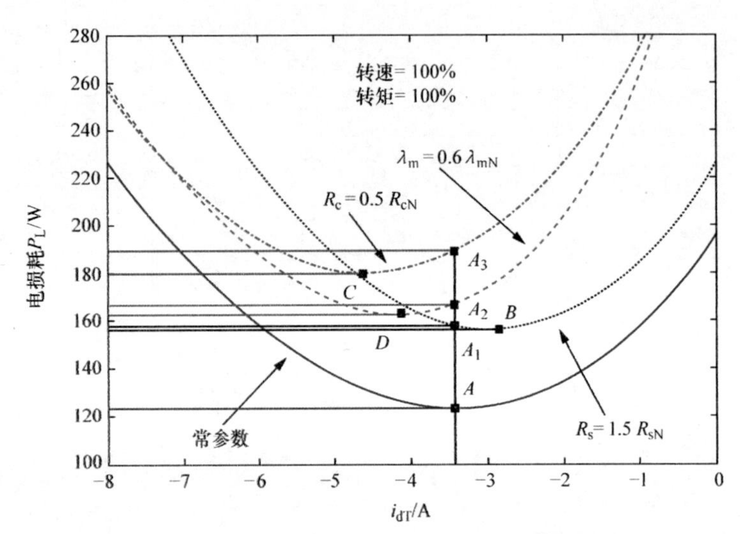

图 7.1　额定工况下参数变化对最小电损耗的影响

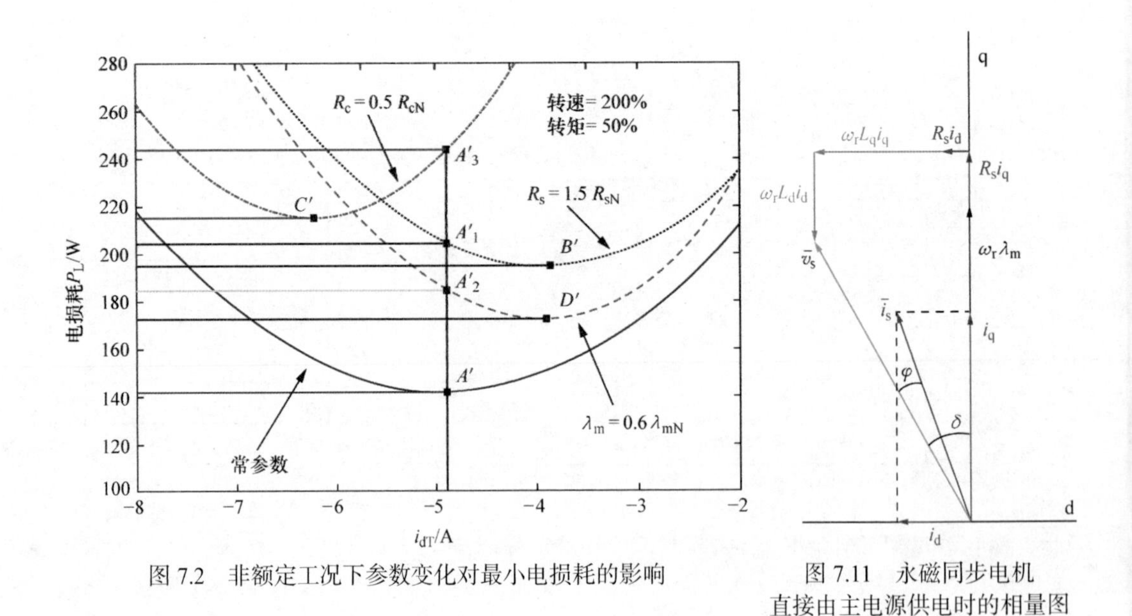

图 7.2　非额定工况下参数变化对最小电损耗的影响

图 7.11　永磁同步电机直接由主电源供电时的相量图

电机工程经典书系

永磁同步电机的建模与控制

［伊朗］萨迪·瓦兹－扎德（Sadegh Vaez－Zadeh） 著

杨国良　孔文　译

机 械 工 业 出 版 社

随着越来越多的研究人员和工程师涉足这一领域，对永磁同步电机整体控制的处理需求日益增长。本书是作者过去25年学习、研究和教学的结晶，通过广泛、详细和深刻的方式介绍了永磁同步电机控制技术，从而满足了上述需求。

作者尝试对永磁同步电机进行统一的建模，用于所有主要参考坐标系的控制应用，同时，考虑铜损和铁损、磁饱和、退磁等。然后，根据主要控制方法对永磁同步电机控制系统进行了系统分析和设计，包括矢量控制、直接转矩控制、预测控制、无差拍控制和组合控制等。在考虑电机和逆变器约束的各种参考坐标系的主要控制方法下，通过补充控制手段实现电机的各种运行模式，包括最大转矩电流比、最大转矩电压比、单位功率因数和最小损耗。此外，还研究了各种位置和速度估计方案及无传感器控制系统，强调其特点和局限性。最后，提出了几种离线和在线方案对电机主要参数进行辨识和估计，并将其整合到电机控制系统中。

章末习题的设计旨在作为一个补充资源，用于理解所介绍材料的各个方面，使本书更适合成为大学生使用的教材。重要的经典著作，以及永磁同步电机控制的最新重大发展，还在章节末尾以参考文献的形式列出，以服务于该领域的研究人员。本书连贯地研究了大约70个控制和估计系统，从而相当全面地描述了永磁同步电机控制技术。

本书适合具有电机、电力电子和控制基础背景的研究生、学者和工程师阅读。

序

我非常荣幸能为德黑兰大学电气工程系 Sadegh Vaez - Zadeh 教授的新书《永磁同步电机的建模与控制》作序。作为本书的作者，Sadegh Vaez - Zadeh 教授在该领域有极高的造诣。

众所周知，在感应电机驱动的工业应用中，永磁电机越来越受到人们的欢迎。虽然使用高能磁体的永磁电机比感应电机价格更高，但它具有效率高、体积小、惯性小等优点，整体成本更低。随着能源成本的上升，这变得越来越重要。

本书先简要地回顾了电力电子逆变器、永磁材料和永磁同步电机及其相关市场的信息。然后，根据驱动所需控制方法的不同，讨论了永磁同步电机的数学模型，并在接下来的三章中介绍了主要的驱动控制方法。本书不仅回顾了教科书中介绍过的传统的矢量和标量控制技术（包括直接转矩控制），也涵盖了新兴的预测控制和无差拍控制。在本书的最后两章中，介绍了现代电机驱动领域极具特色的无传感器控制和参数估计两项内容。在除第 1 章之外的每一章的末尾都有习题和参考文献。此外，书中还包括了实际的仿真、设计和性能示例。本书将会受到研究生、研究人员和工业应用工程师的欢迎，我也推荐它作为大学生的教科书。我期待本书获得成功。

Bimal K. Bose

美国田纳西大学电力电子名誉讲座教授

前　言

本书的编写是对可控永磁同步电机成为学术领域和市场中增长最快的电力驱动系统的及时响应。尽管永磁材料价格不断波动，我们仍然需要为这一即将到来的主流驱动做好准备。交流变频器作为广泛的多维系统，已成为当今工业、交通运输、家用电器、办公设备、航空航天等领域中必不可少的一部分。电机作为驱动系统的大脑，管理着系统的所有部分，以满足驱动器应用程序的需求。因此，电机控制已经发展成为一个涉及多学科的领域，包括电机、电力电子、微电子学、控制理论、软件工程、新材料等。通过空前的研究和开发，以上学科的进步很大程度上推动了高性能交流电机控制系统的设计。由于开关切换状态是电机控制系统的重要部分，对电机控制系统的发展产生了影响。电力电子技术的发展，主要是生产高频、高功率和低损耗的设备，并将它们集成到紧凑型和智能功率模块中。该领域还受到先进的微电子技术的显著影响。专用快速、自给自足的数字信号处理器（DSP）和现场可编程门阵列（FPGA），是目前主要的先进处理芯片，已经实现了电机控制系统的制造和研究。控制理论和技术的应用，包括对电机的变量和参数估计方案，提高了被控电机的性能，降低了总成本。软件工程在开发电机控制程序和算法，以及仿真程序和软件包方面发挥着一定的作用。

通过将高能稀土永磁材料与创新电机拓扑相结合，拓宽了构建电机类型的机会，可容纳更广泛的性能特性。永磁同步（PMS）电机，特别是其不可或缺的控制系统，由于其固有的高效率、紧凑和控制耐久性，已经成为研究和制造中增长最快的电机。这一增长发生在环境危机和高能源价格并存的时代，这一时代催生了节约能源与材料的严厉措施，而永磁同步电机可以轻易地满足这些要求。传统的永磁同步电机多应用在低功率等级下，现在越来越多地被使用在中等功率等级，有人甚至预测它们未来将取代感应电机成为工业领域的主力。除了前面提到的应用，永磁同步电机在无人驾驶飞机系统、自动电动汽车、智能建筑与非接触电力传输和互联网等新兴领域，正在开启一个不可估量的时代。由于当前和新兴的应用，永磁同步电机控制已经成为越来越多研究的重点，如饱和、损耗和谐波的建模，优化设计，为了实现理想的性能、特定的操作模式和控制性能增强的参数选择，参数和位置估计，无传感器控制方案等。反过来，这些要求更可靠、更深入和最新的信息来源，专门用于学术和工业用途的受控永磁同步电机。

在过去的10年里，陆续出版了许多关于电机控制的优秀书籍，每一本都涵盖了不同的交流电机的控制。然而，这些书都不只是关注永磁同步电机。虽然通常有些书专门针对无刷电机，包括无刷直流（BLDC）、同步磁阻和永磁同步电机，而且这些书涵盖了大量关于电机设计方面的实用主题，但没有为永磁同步电机的控制方面提供足够的篇幅。因此，永磁同步电机控制系统的许多特点，包括最近的重大进展，没有得到充分的阐述。然而，随着越来越多的研究人员和工程师参与到这一领域，对永磁同步电机控制的研究需求越来越大。本书试图通过更广泛、更详细、更深入地研究永磁同步电机控制来填补这一需求空白。本书的主要特点如下：

1）一个在所有主要参考框架中的、控制应用详尽而统一的永磁同步电机建模，它考虑到了铁损和磁饱和，并为所有其他章节提供了坚实的基础；

2）系统介绍和分析了永磁同步电机的主要控制方法，包括矢量控制、直接转矩控制、预测控制、无差拍控制和各种适当参考坐标系下的组合控制；

3）分析和设计了一种控制系统，它能在电机运行过程中实现不同的操作模式，包括最大转矩电流比、最大转矩电压比、单位功率因数、最小损耗，该操作在主要控制方法下可以考虑到不同参考坐标系下的电机和逆变器约束；

4）讨论了各种位置和速度估计方案及无传感器控制系统，强调了它们的特点和局限性；

5）通过几种离线和在线方案识别和估计主电机参数，并确定将其纳入电机控制系统的方法；

6）大约200幅插图，每一幅都有完整的文字描述；

7）除第1章以外的每一章的最后都有课后习题作为补充，以理解所述内容的各个方面，并便于将本书作为教材使用；

8）除了永磁同步电机控制最主要的发展，本书还以参考文献的形式列出了一些该领域的重要著作。

本书研究了约70个控制和估计系统，从而提供了永磁同步电机控制的一个相当全面的统计。尽管如此，为了避免本书成为一本手册类型的出版物，作者故意忽略了很多有用但与主题无关的信息，以防止本书失去重点。

在电机、电力电子和控制方面有基本背景的研究生、学者和工程师可以使用本书。根据作者的经验，首先可以通过永磁同步电机控制的学习来引入交流电机控制。这样，对感应电机和其他类型的交流电机控制的学习可以更加轻松和高效。通过这种方法，本书可以作为一个针对研究生的交流电机控制课程主要部分的教材。或者，它可以用于一个完全致力于永磁同步电机控制的课程。对于刚刚从事该领域的研究人员和研究生，在系统性的深入研究永磁同步电机控制的不同课题的过程中，本书会非常实用。对于该领域有经验的研究人员和教师，本书同样会是一个重要的参考资料。本书的编写目的在于满足电机控制系统开发人员的需求，而无须阅读电机驱动器制造资料（如应用笔记）中所涉及的非常技术性的材料。作者非常欢迎为本书提供新版本的建议。

Sadegh Vaez - Zadeh

致　　谢

本书，就像其他任何一本书一样，作者已经研究了每一个句子、公式和图形。但是，我要真诚地感谢为本书出版铺平道路的许多人。首先，我要感谢V. I. John教授；1991年，在加拿大安大略省金斯敦女王大学，在P. C. Sen教授开设的研究生课程中，我第一次熟悉了电机驱动。随后，在V. I. John教授的帮助下，我在1993～1997年间攻读永磁同步电机控制方向的博士学位。我非常感谢加拿大纽芬兰大学的M. A. Rahman教授，感谢他的卓越建议和慷慨，在1996年6～10月的漫长日子里，我在他的实验室里进行了一套完整的永磁同步电机控制系统实验。我也衷心感谢来自得克萨斯农工大学的H. Toliyat教授，感谢他对我的鼓励，感谢他为本书推荐了专家审稿人。我非常感谢来自田纳西大学的B. K. Bose教授对本书的审阅，他提供了非常鼓舞人心的反馈和有用的建议。来自利物浦约翰摩尔斯大学的E. Levi教授，非常感谢您评审本书。同时，我也感谢出版商选择的匿名评审人提出的建设性建议。我非常感谢书中提到的许多出版物的作者。本书是与我的研究生们20年来阅读、教学和研究永磁同步电机控制的成果。我也感谢我的博士生E. Sarani的帮助，他根据出版商的格式排版了参考文献。感谢IEEE同意让我重新使用我发表在IEEE汇刊和会议论文集上的图片。

我非常感谢德黑兰大学电气和计算机工程学院给我这个机会，让我可以花尽可能多的时间来准备本书。同时也感谢伊朗国家科学基金会的支持。感谢牛津大学出版社的工作人员，为出版本书所付出的极大的努力。在此，我要特别感谢资深编辑S. Adlung女士和助理编辑H. Konishi女士的支持。

最后，我要感谢我的妻子Fereshteh Aghati、我的儿子Mohammad及我可爱的女儿Maryam和Mahya在我漫长的写作过程中所给予的耐心和理解。

目　　录

符 号 表

$\boldsymbol{A}(\boldsymbol{F})$　系统矩阵

$\boldsymbol{B}$　输入矩阵

B　粘滞系数

B_{max}　最大磁通密度

$\boldsymbol{C}(\boldsymbol{H})$　输出矩阵

$\boldsymbol{D}$　扰动矩阵

e_a，e_b，e_c　定子相位的总反电动势（总感应电压）

e_d，e_q　d 轴和 q 轴总电动势；d 轴和 q 轴感应（速度）电压

$\bar{e}_i$　感应（内部）电压空间矢量

E_m　稳态时正弦永磁反电动势的幅值

e_{ma}，e_{mb}，e_{mc}　相位绕组永磁反电动势

e_{mD}，e_{mQ}　D 轴和 Q 轴磁动势

e_{md}，e_{mq}　d 轴和 q 轴磁动势

E_{rms}　稳态时总感应电压的有效值

f　逆变器输出频率

f_c　载波频率

$\boldsymbol{G}$　增益矩阵

$G_d(s)$，$G_q(s)$　电机沿 d 轴和 q 轴的线性传递函数

$I(I_s)$　稳态时相电流的幅值

i_a，i_b，i_c　三相绕组电流

i_D，i_Q　两相静止参考坐标系中定子电流的 d 轴分量和 q 轴分量

i_d，i_q　转子参考坐标系中定子电流的 d 轴和 q 轴分量

i_{dc}，i_{qc}　铁损的 i_d 和 i_q 电流分量

i_{dL}，i_{qL}　d 轴和 q 轴电流极限

i_{dT}，i_{qT}　产生转矩的 i_d 和 i_q 分量

I_{rms}　稳态相电流的方均根值

i_s 定子电流空间矢量的幅值

$\bar{i}_s$ 定子电流空间矢量

i_{sL} 定子电流空间矢量的极限

i_x，i_y 定子磁链参考坐标系中定子电流的 d 轴分量和 q 轴分量

J 转动惯量

$\boldsymbol{K}$ 卡尔曼增益矩阵

K_e 涡流损耗系数

K_h 磁滞损耗系数

$\boldsymbol{L}(\boldsymbol{L}_S)$ 阻抗矩阵

L_1 由空间基波气隙磁链引起的电感分量

L_2 由转子位置相关的磁链引起的电感分量

L_{aa}，L_{bb}，L_{cc} 相绕组自感

L_d d 轴电感

L_q q 轴电感

M_{ab}，M_{bc}，…，M_{ca} 互感

p 导数算子

P 极对数

$\boldsymbol{P}$，$\boldsymbol{Q}$，$\boldsymbol{R}$ 协方差矩阵

P_{ag} 电机气隙功率

P_{Cu} 电机绕组（铜）损耗

P_{DC} 逆变器输入功率

P_e 涡流损耗

P_{el} 电磁功率

PF 功率因数

P_h 磁滞损耗

P_{in} 瞬时电输入功率

P_L 电机电损

P_m 电机机械功率

P_{out} 电机输出功率

R_c 铁阻损耗

R_s 定子相绕组电阻

S_a，S_b，S_c 逆变器 a、b、c 三相的开关状态

T_c 载波周期

T_e 电磁转矩

T_{eL} 转矩限制

T_f 摩擦力矩

T_L 负载转矩

T_m 电磁转矩

T_Q 无功转矩

T_r 磁阻转矩

T_s 采样时间

$\boldsymbol{u}(k)$ 系统输入矢量

V 稳态时相电压的大小

v_a，v_b，v_c 相绕组电压

v_d，v_q 转子参考坐标系中的 d 轴和 q 轴电压分量

v_D，v_Q 两相静止参考坐标系中的 d 轴和 q 轴电压分量

V_{DC} 逆变器直流侧电压

V_{rms} 稳态下相电压的有效值

v_s 定子电压空间矢量的幅值

$\bar{v}_k$，$k=0\sim7$ 逆变器空间矢量电压

$\bar{v}_s$ 定子电压空间矢量

v_{sL} 定子电压限制

v_x，v_y 定子磁链参考坐标系的 x 轴和 y 轴电压分量

$\boldsymbol{x}(k)$，$\boldsymbol{x}(x+1)$ 当前和下一时刻的系统状态矢量

$\boldsymbol{x}(t_o)$ 初始状态矢量

$\boldsymbol{y}(k)$ 系统输出矢量

α 转子参考坐标系中定子电流空间矢量的角度（相对于 d 轴）

α_s 静止参考坐标系中定子电流空间矢量的角度（相对于相位 a 轴）

γ 转子参考坐标系中定子电压空间矢量的角度（相对于 d 轴）

δ 转子参考坐标系中定子磁链空间矢量的角度（相对于 d 轴）；负载角

δ_L 负载角限制

δ_s 静止参考坐标系中定子磁链空间矢量的角度（相对于相位 a 轴）

ΔT 转矩滞带

$\Delta\lambda$ 磁链滞带

η 效率

θ_m 机械转子位置

θ_r 转子位置定义为转子极轴或转子 d 轴距定子 a 相绕组的电角度

λ_a，λ_b，λ_c a、b、c 三相绕组的磁链

λ_D，λ_Q 两相静止参考坐标系中的 d 轴和 q 轴磁链分量

λ_d，λ_q 转子参考坐标系中的 d 轴和 q 轴磁链分量

λ_m　由磁极产生的最大相磁链
λ_s　定子磁链空间矢量的幅值
$\bar{\lambda}_s$　定子磁链空间矢量
λ_{sL}　定子磁链极限
λ_x，λ_y　定子磁链参考坐标系中的 d 轴和 q 轴磁链分量
ξ　退磁系数
ξ_L　退磁系数极限
ρ　凸极比
$\boldsymbol{\sigma}(t)$　噪声矩阵
τ　转矩
φ　磁链标志
χ　定子磁链参考坐标系中定子电流空间矢量的角度（相对于 x 轴）
ω_e　电源角频率
ω_m　电机的机械角度
ω_r　电机的电角度
ω_s　同步转速

下标

h　谐波
i　注入信号
$k/k-1$　由 $k-1$ 时刻的值，得到 k 时刻的值

上标

¯　空间矢量
*　参考或者指令
^　估计值
.　导数
p　预测值
ᵀ　矩阵的转置

缩略语

ASDSP　专用数字信号处理器
BLDC　无刷直流
CC　组合控制
CSI　电流源逆变器

DBC 无差拍控制
DSP 数字信号处理器
DTC 直接转矩控制
DY 镝
EKF 扩展卡尔曼滤波
EMF 电磁力
IGBT 绝缘栅双极型晶体管
IPM 内置式永磁
LMC 损耗最小化控制
LPF 低通滤波器
mmf 磁动势
MOSFET 金属氧化物半导体场效应晶体管
MPC 模型预测控制
MRAS 模型参考自适应系统
MTPA 最大转矩电流比
MTPV 最大转矩电压比
MW 兆瓦
NdFeB 钕铁硼
PC 预测控制
PF 功率因数
PI 比例积分
PM 永磁
PMS 永磁同步
PWM 脉宽调制
RF 参考坐标系
RLS 递推最小二乘
RTD 解析器数字
SC 标量控制
SVM 空间矢量调制
VC 矢量控制
VSI 电压源逆变器
VVVF 变压变频

第1章

绪　论

本书的重点是关于永磁同步电机控制；预期读者有电机系统控制方面的基础。然而，系统概述是阐明控制系统与整个被控电机系统的联系。此外，对整个系统的主要部分进行了概述。简要讨论了永磁同步电机驱动中最常用的功率变换器，即脉宽调制电压源逆变器。结合永磁材料的特点，介绍了永磁同步电机的结构和工作原理。然后回顾了控制系统，包括不同的控制方法，以及位置和参数估计方案。

1.1　电机控制系统概述

据说宇宙除了处理能量和信息外，没有任何功能。一个电机系统作为一个整体，在自己的范围内执行这两种功能。它根据应用需要将电能转换为机械能。在相反的方向上，它也可能有有限的能力，例如在某些情况下，将机械能转换为电能，例如制动再生。该系统由电机供电和控制两部分组成。前者处理电能并将其传递给电机进行进一步处理，即转换为机械能；后者处理信息来控制前者。因此，电源、控制和电机是高度互连的。在本节中，我们先概述受控永磁同步电机系统，如图1.1所示，然后在接下来的章节中更详细地介绍其各部分。

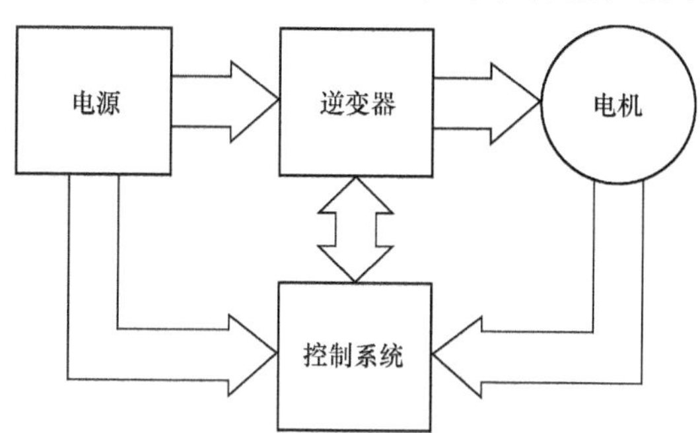

图1.1　受控永磁同步电机系统，包括电源、逆变器、电机和控制系统

电机系统的能量过程始于电源。它为电源转换器提供电能。众所周知，为包括永磁同步电机在内的电机供电最方便的方法是将固定的直流电源转换为可变电

压和变频电源。因此，电源必须能提供固定的直流电源。它可以由直流电源（如电池）产生，也可以由固定电压和频率的电源（如电网）转换而来，也可以由独立的能源（如发电机组）产生。在整流的情况下，还需要一个滤波级来平滑整流输出。这通常是由并联电容器组完成的。因此，提供了一个低纹波电压。这用于连接电压源逆变器（VSI）。也可以使用串联电感器进行滤波，它与电流源逆变器（CSI）连接使用。

在被控电机系统中，功率变换器通常是逆变器。逆变器接收整流电源并将其转换为交流电源。由信号的幅度、频率和相位组成的逆变器输出的瞬时值取决于逆变器的开关策略。相对于电流源逆变器，电压源逆变器在交流电机驱动中更为常见，因为它们具有成本效益和易于控制的特点。电流源逆变器的应用主要局限于大功率电机驱动。由于电机在大功率额定值的使用限制，在永磁同步电机中，更多使用电压源逆变器。下一节将回顾电压源逆变器。

电机作为能量转换系统的核心，将电能转换为机械能。然而，它偶尔也会在再生运行模式下将机械能转换为电能，例如在电动汽车的制动模式下，将电能反馈给电源。永磁同步电机具有许多理想的特性，如高效率、高功率密度、极佳的可控性等。永磁同步电机的应用正在迅速增长，并有望在未来的主要应用中超越感应电机。永磁同步电机通常由功率变换器在适当的控制系统下驱动。本章将详细阐述电机的物理结构和工作原理。

控制系统是被控电机系统的信息处理部分。它接收来自用户或控制系统的指令信号，加上来自电机、功率变换器和电源的系统信号，以产生逆变器的功率电子开关的驱动信号。系统信号主要由电气和机械传感器获取。直流电源与逆变器之间的链路上至少有一个电流传感器是系统不可缺少的部分。然而，通常使用两个或三个电流传感器来测量电机电流。也可以使用电压、位置、速度和磁通传感器。现代控制系统包括由信号处理程序组成的软件部分和执行程序的硬件部分。信号处理是根据电机控制方法执行的，这是本书的重点。这些方法包括矢量控制、直接转矩控制、预测控制、无差拍控制以及矢量和直接转矩的组合控制。软件部分还可以包括位置、速度估计和参数估计。控制方法将在本章中简要回顾，并在本书后面详细阐述。

1.2　电力电子变换器

电力电子变换器是电力处理系统，它将电源的电力转换成一个变幅和变频电源。当它们的输出功率考虑到它们的参考信号时，可以把它们看作功率放大器。传统上，用于驱动交流电机的电力电子变换器有两种，即单级变换器和两级变换器。第一类称为周波变换器，直接将固定幅度和频率的电力转换为可变幅度和频率的电力；而第二类则通过整流器将固定的交流电源转换为直流电源，实现相同的功能，然后通过逆变器将其转换成可变幅度、频率的交流电源。

1.2.1　电压源逆变器

逆变器可以是电压源逆变器或电流源逆变器。在永磁同步电机中，电压源逆变器的应用比电流源逆变器或周波变换器更为常见，因为后两种类型的变换器主要适用于兆瓦及以上的大功率电机，永磁同步电机在这个范围内的应用还不常见。此外，多电平逆变器也被用于大功率应用。图 1.2 示意性地描述了三相全桥两电平电压源逆变器——电机驱动中最常用的逆变器。逆变器开关状态如表 1.1 所示。

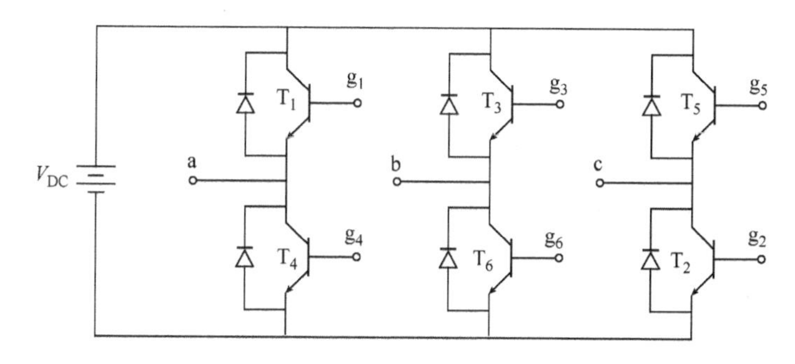

图 1.2　三相全桥两电平电压源逆变器原理图

表 1.1　逆变器开关状态

$S_a=1$	T_1 ON	T_4 OFF
$S_a=0$	T_1 OFF	T_4 ON
$S_b=1$	T_3 ON	T_6 OFF
$S_b=0$	T_3 OFF	T_6 ON
$S_c=1$	T_5 ON	T_2 OFF
$S_c=0$	T_5 OFF	T_2 ON

电压源逆变器由直流电压端子和三个支路组成，每个支路上安装两个电力电子开关。续流二极管反向并联在开关上，以促进开关的开通和关断。通过驱动电路实现开关的高频开关。驱动电路接收来自控制系统的输入信号，并向开关门提供隔离的门控输出。

如前所述，整流器主要提供直流电压。该电压通过一个并联到直流侧的大电容变得平滑。在再生过程中，平均链路电流 I_{DC} 被反向，并对电容器充电。这可能会导致直流链路过电压，损害逆变器开关。为了防止直流链路过电压，要么通过开关晶体管打开脉宽调制（PWM）功率消耗电路，要么将产生的能量反馈给主电源。在后一种情况下，一个具有双向功率转换能力的电力电子变换器代替整流器。

电力电子开关主要是绝缘栅双极型晶体管（IGBT）。功率金属氧化物半导体场效应晶体管（Power MOSFET）和MOS控制晶闸管（MCT）也被使用。

电流源逆变器用高阻抗串联电感代替直流链路电容，特别是用于驱动大功率永磁同步电机。然而，由于物理和性能的优点，电压源逆变器在实践中更受欢迎。

任何电压源逆变器工作在开关模式下，其中逆变器开关可以有两种工作状态：ON，即导通状态，或OFF，即不导通状态。开关的通断状态将逆变器的输出端子连接到V_{DC}、0、$-V_{DC}$。一个桥臂上的两个开关必须有相反的状态，以便防止开关短路。逆变器开关状态如表1.1所示。

有规律地跟踪开关状态，使逆变器端根据所要求的电压信号产生变压变频（VVVF）功率。脉冲波调制方案控制开关，使所需的输出电压被传送到电机终端。PWM方案是如何将电流控制器产生的控制电压信号投射到逆变器的电力电子开关的门控信号中？不同的PWM方案都可以完成这项工作，其中最常用的是正弦PWM和空间矢量PWM。

1.2.2　正弦PWM

正弦PWM是通过比较电机的三个指令相位电压（即调制信号），通过一个恒定高频三角形信号，即载波（Bose，2005）实现的。如图1.3所示，调制信号与载波的交点决定了将门控信号施加到逆变器开关以调制直流侧电压并产生逆变器输出电压，如图1.3所示。

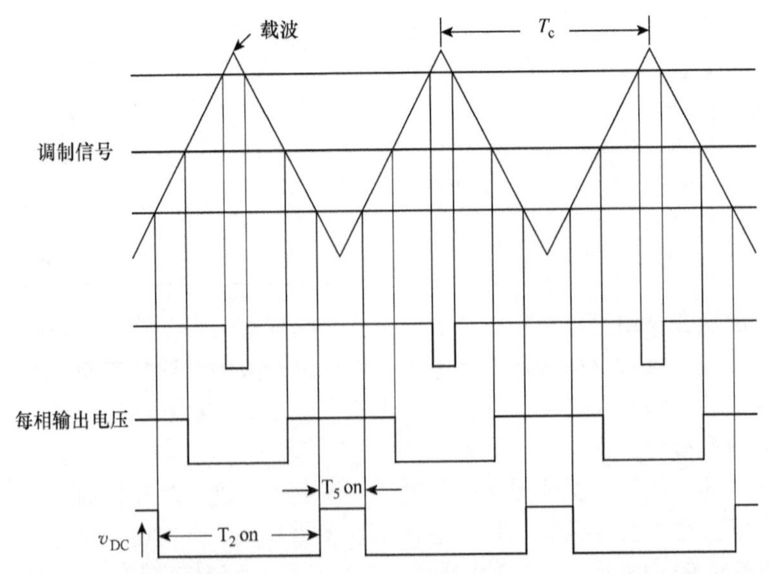

图1.3　正弦脉冲波调制原理（仅给出正弦调制信号一个周期的一小部分）

由于载波的频率远高于交流调制信号的频率，因此在图中，交流调制信号以平坦的直线形式呈现。每个调制信号与载波的交点决定了导通周期，一个桥臂上有两个开关。图 1.2 中属于逆变器右桥臂的 T_2 和 T_5 开关的一对周期如图 1.3 所示。这说明了调制方案的名称来源于调制信号在稳态时为正弦的事实。

1.2.3 空间矢量 PWM

空间矢量调制（SVM）方案是基于旋转空间矢量的概念（Rashid，2004）。交流电机定子的电压空间矢量定义为三个电压矢量的和：

$$\bar{v}_{\mathrm{s}}=v_{\mathrm{a}}+v_{\mathrm{b}}\mathrm{e}^{\mathrm{j}\frac{2\pi}{3}}+v_{\mathrm{c}}\mathrm{e}^{\mathrm{j}\frac{4\pi}{3}} \tag{1.2.1}$$

式中，v_{a}、v_{b} 和 v_{c} 是相电压；$\mathrm{e}^{\mathrm{j}\frac{2\pi}{3}}$和 $\mathrm{e}^{\mathrm{j}\frac{4\pi}{3}}$分别表示以 a 相轴为基准，与 b 相轴和 c 相轴对齐的单位矢量。因此，可以将式（1.2.1）的三项看作是三个大小分别为 v_{a}、v_{b} 和 v_{c}，空间角分别为 0°、60°和120°的矢量。利用这一概念，逆变器的电压空间矢量以直流母线电压表示，逆变器开关状态表示为

$$\bar{v}_{\mathrm{s}}=\frac{2}{3}V_{\mathrm{DC}}(S_{\mathrm{a}}+S_{\mathrm{b}}\mathrm{e}^{\mathrm{j}\frac{2\pi}{3}}+S_{\mathrm{c}}\mathrm{e}^{\mathrm{j}\frac{4\pi}{3}}) \tag{1.2.2}$$

式中，S_{a}、S_{b} 和 S_{c} 用于确定逆变器输出端子连接到直流母线电压的 V_{DC}端或 0 端。例如，当图 1.2 中逆变器左桥臂上的晶体管打开，而同桥臂的下晶体管关闭时，S_{a} 是 1。因此，逆变器“a”端连接到 V_{DC}。当左桥臂上的开关状态颠倒时，“a”端连接到零电平电压。当 S_{a}、S_{b} 和 S_{c} 为 1 或 0 时，式（1.2.2）表示如图 1.4所示的 6 个电压矢量。

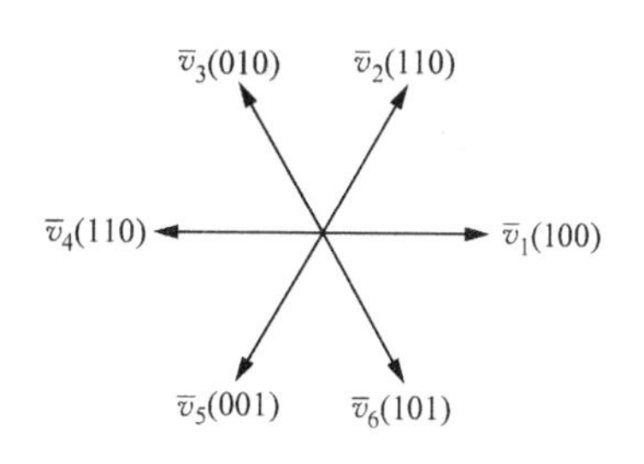

图 1.4　逆变器电压矢量

可以看到图中有 6 个 60°彼此分开的非零或有源电压矢量，以及 2 个位于中心的零电压矢量。当上面三个开关全部接通或全部断开时，产生零电压；因此，电机端子在直流母线的上端或下端分别短路，即 V_{DC}或 0，例如$\bar{v}_2$(110)。每个电压矢量由一个显示逆变器端子与 V_{DC}或 0 连接的三位数字决定，非零矢量有相同的大小，并且是 60°分开。

通过施加相邻的两个矢量采样周期的一部分，逆变器可以有效地产生除 8 个电压矢量外的任何电压矢量。用叠加法就可以写作

$$\bar{v}_{\mathrm{s}}=\bar{v}_k t_k+\bar{v}_{k+1}t_{k+1} \tag{1.2.3}$$

式中，$\bar{v}_k$ 和$\bar{v}_{k+1}$为$\bar{v}_{\mathrm{s}}$ 相邻的两个电压矢量。另外，T_{s} 为采样周期；t_k 和 t_{k+1}为分别为施加给$\bar{v}_k$ 和$\bar{v}_{k+1}$的持续时间，且有

$$T_s = t_k + t_{k+1} \tag{1.2.4}$$

当 t_k 和 t_{k+1} 变化时，该矢量的尖端在六边形轨迹上运动，连接图 1.5 中逆变器的 6 个非零电压的尖端。如果 t_k 和 t_{k+1} 按比例缩小，并且在 T_s 的剩余部分应用零电压 $\overline{v}_z$，逆变器也可以在六边形内产生任何电压矢量

$$\bar{v}_s = \bar{v}_k t_k + \bar{v}_{k+1} t_{k+1} + \bar{v}_z t_0 \tag{1.2.5}$$

$$T_s = t_k + t_{k+1} + t_0 \tag{1.2.6}$$

式中，t_0 为零电压持续时间。这提供了逆变器的线性或欠调制模式。如果电压矢量尖端在六边形内的圆周上以恒定速度旋转，逆变器输出电压为正弦波。六边形外的电压矢量对应逆变器的过调制模式如图 1.5 所示。

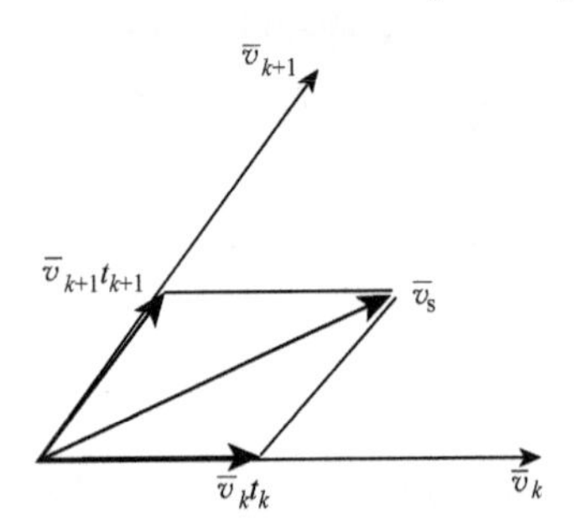

图 1.5　由两个逆变器电压矢量表示的空间矢量调制

空间矢量调制由于其优越的性能特点得到了越来越多的应用，包括低谐波（Bose，2005）。

脉宽调制（PWM）可以通过单独的微芯片来实现，以避免软件 PWM 和释放中央处理单元的计算能力。专用数字信号处理器（ASDSP），用于电机控制，可以嵌入多个硬件 PWM 电路。

1.3　永磁材料

与传统电机的基本特性相比，永磁同步电机的显著特征都源于其转子中使用了永磁材料。永磁材料是过去 30 年增长最快的材料之一。这是因为它们具有优越的特性，并进行了深入的研究和开发，以进一步增强它们的特性。这些特性在许多专门的参考文献中都有广泛的报道。本章简要回顾了永磁材料在永磁同步电机上的重要作用。此外，通过一些统计数据对永磁市场进行了简要介绍，以突出永磁材料及其应用领域的快速发展。在众多磁体材料中，钕铁硼（NdFeB）磁体作为性能最优的材料，其应用受到了越来越多的关注。

1.3.1　特征

永磁材料有一个特殊的磁滞回线，特别是回线的第二象限部分曲线，即退磁曲线，主要表征材料的性能。此外，材料的能量积（energy product）也是衡量磁性性能的一个重要指标。磁性材料的性质在很大程度上取决于它们的温度。稍后将简要讨论这些问题。

1.3.1.1　退磁曲线

$B-H$ 磁滞回线用图 1.6 所示直角坐标系下介质中的磁场强度 H 表示磁介质

中的磁通密度 B。在硬磁性材料中，磁场强度是由外部磁场产生的。随着磁场的增大，B 在初始磁化路径上随 H 的增大而增大，直到在某一 H 处达到饱和。如果外磁场在饱和点 H 和 B 开始减小，但在退磁路径上，对于相同的 H 值，B 值相对于初始磁化路径上的 B 值更高。因此，当 H 达到 0 时，B 达到一个值称为剩磁 B_r。现在，如果外磁场开始向负方向增加，介质中的 H 在坐标系的第二象限变成负的，直到 B 变成 0。这对应于 H 的一个负值，称为矫顽力 H_c。磁滞回线在第三象限达到另一个饱和，在第三和第四象限继续磁化，并在第一象限闭合，如图 1.6 所示。

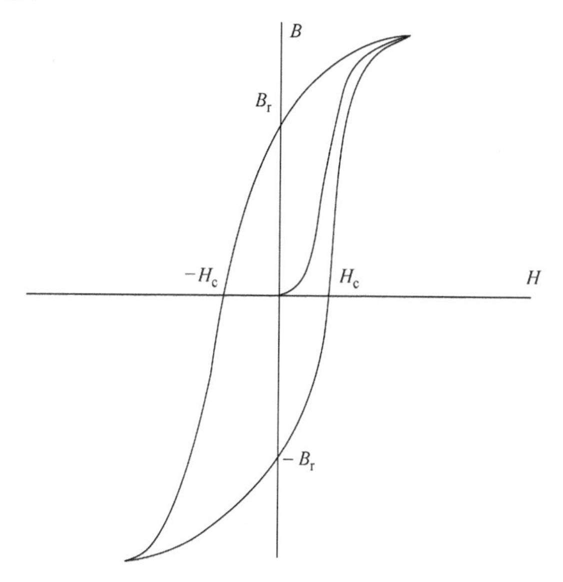

图 1.6 典型硬磁性材料的 $B-H$ 磁滞回线

永磁材料的 $B-H$ 磁滞回线主要在第二象限，因为永磁材料具有固有的场强和相应的磁通密度。因此，它们的性能是通过固有磁通密度对相反（负）磁场的退磁来评估的。因此，在永磁材料中通常考虑退磁曲线，而不是整个 $B-H$ 回路。图 1.7 更详细地描述了典型永磁材料的退磁曲线。

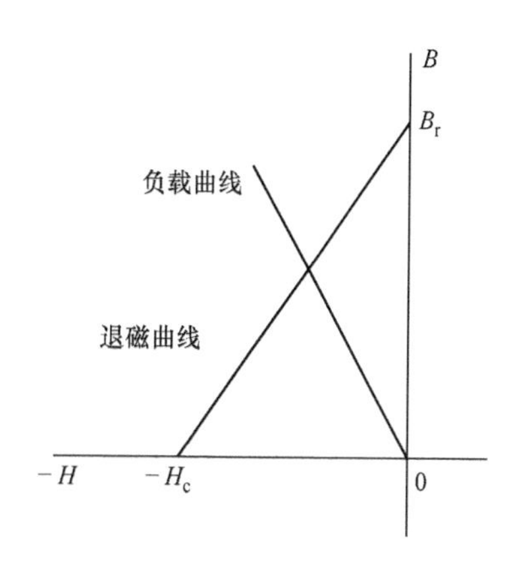

图 1.7 电机中典型永磁材料的退磁曲线

永磁材料的几个规格是由退磁曲线决定的。B_r 和 H_c 在定义永磁材料时尤其重要。记住前面描述的实现磁滞回线的过程，在特定温度下，当材料被磁化到饱和后，磁体中的磁场强度消失时，B_r 是材料中的最大磁通密度。此外，H_c 是外部磁场使材料中的磁通密度从 B_r 到 0 时，在磁体中引起的负磁场强度。

大多数永磁材料的一个有用的特点是退磁曲线是一条直线，由 H_c 和 B_r 确定，直线的斜率是材料的磁导率。然而，品质低劣的永磁材料的曲线在第二象限经历拐点。磁体材料的工作点位于 H_c 和 B_r 之间的退磁曲线上。工作点取决于磁体在永磁同步电机中的位置。它还受电机工作点的影响。这是因为永磁体中的磁场取决于整个磁通路径的磁导率和产生磁通的安匝数。

磁体在退磁曲线上的工作点的磁通密度总是小于剩磁，这是由于电机中磁通路径的激励要求，特别是气隙所需要的。将安培定律应用于磁通路径，忽略铁的磁阻和漏磁，可以很容易地计算出漏磁。连接 $B-H$ 坐标系原点到磁体的工作点的直线是负载线或气隙线。负载线斜率的绝对值被 μ_0 归一化时，称为渗透系数（PC），它取决于电机的几何尺寸。在电机电流减弱磁通引起的退磁影响下，退磁曲线上的工作点下降。因此，磁通密度和磁场强度较负载线进一步减小。因此，磁体负载线与原负载线平行向左移动。

1.3.1.2　能量积

永磁材料的一个重要参数是能量积，即 B 和 H 的乘积。最大可能的能量积 BH_{max}，是能量积的最大值，对应的面积最大，具体见退磁曲线，如图 1.8 所示（Coey，2012）。这是一种测量材料剩磁和矫顽力的方法。它显示了磁铁的磁通密度有多强，以及它能在多大程度上抵抗外部磁场的退磁。如图 1.9 所示（Gutfleisch 等，2011），最大能量积导致永磁同步电机具有高转矩和功率特性。

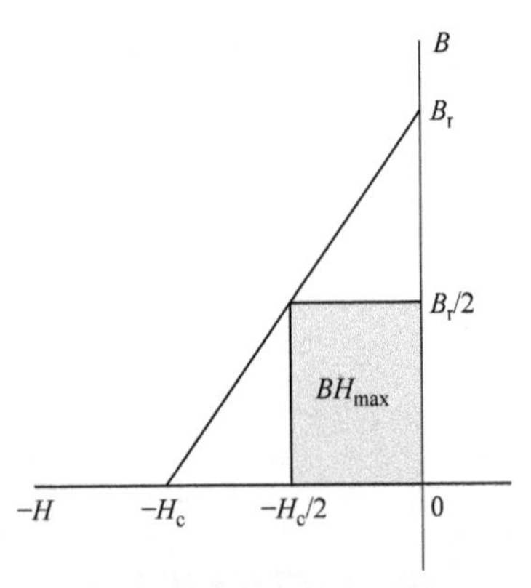

图 1.8　典型永磁材料的最大能量积及其退磁曲线

用退磁曲线的线性方程代替 BH 中的 H 来计算最大能量积是可能的：

$$BH=-1/\mu B(B_r-B) \tag{1.3.1}$$

式中，μ 为永磁材料的渗透率。然后求式（1.3.1）对 B 的导数，得到 BH_{max} 对应的磁通密度值 $B_r/2$。将这个值代入式（1.3.1），得到用 B_r、H_c 表示的 BH_{max} 如下：

$$BH_{max}=-\frac{B_r^2}{4\mu}=-\frac{\mu H_c^2}{4} \tag{1.3.2}$$

如图 1.8 所示，磁体工作点在 $B=B_r/2$ 和 $H=-H_c/2$ 处，处于退磁曲线上时，能量积最大。从永磁材料利用的角度和要求永磁同步电机通过适当的定子电流控制在相当大的弱磁下工作来看，这样的工作点是最优的。因此，从电机的角度来看，维持这个永磁工作点可能与所需的弱磁不一致，因为电流控制通常有一些与最佳电机性能相对应的目标。

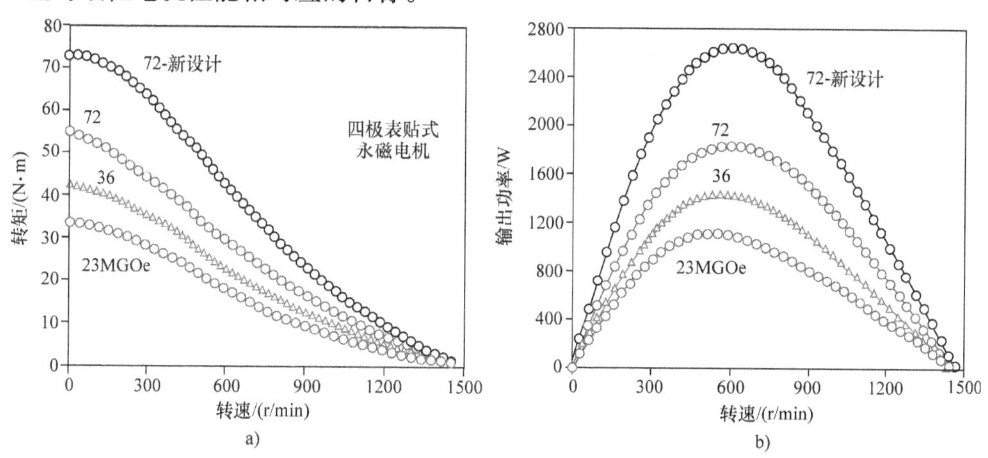

图1.9 具有线性 $B-H$ 退磁曲线的磁体的能量积对具有三种不同能量积值和两种不同电机设计的永磁电机性能的影响：a）转矩与转速；b）输出功率与转速（Gutfleisch 等，2011）（见文前彩图）

1.3.1.3 温度依赖性

硬磁材料在高温下暴露一定时间会导致材料的可逆或不可逆磁性损失。可逆退磁在有限的温度下发生，通常与温度呈线性关系。因此，它可以用常系数来建模。不可逆退磁在一个阈值温度（称为居里温度）下发生，在这个阈值温度下磁化永久消失；也就是说，仅仅通过降低温度是不能恢复的。然而，如果材料中没有发生高温引起的冶金变化，则可以在常温下对材料进行再磁化。这些变化对于稀土磁体开始在低于居里温度下发生，而对于铁氧体磁体在高于该温度下发生。温度退磁使剩磁和矫顽力降低。因此，如图1.10所示，退磁曲线向下移动，使最大能量积变小。因此，由电机电流引起的磁体退磁的风险增加。

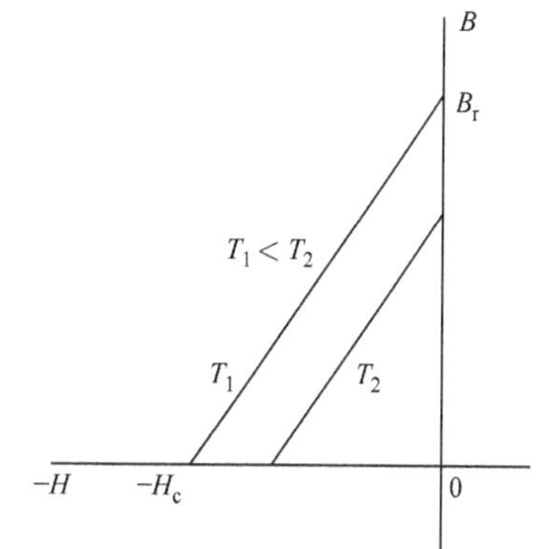

图1.10 温度对永磁材料退磁曲线的影响

随着时间的推移，永磁材料也会逐渐退磁。这个过程取决于磁体的工作点和温度。高能量永磁材料的退磁在常温下可以忽略不计，因为10年后退磁率远低于0.5%。

1.3.2 永磁材料的特性

永磁材料有四种类型，即钕铁硼（NdFeB）、钐钴（SmCo）、铁氧体和铝镍钴。钕铁硼磁体于1983年发现，具有线性退磁特性，如图1.11所示，具有很高的剩磁和矫顽力，分别为1.28T和900kA/m[1]。因此，该材料的能量积是所有硬磁材料中最高的，特定级别为300kJ/m^3，导致相应的永磁同步电机具有高功率和转矩密度。钕铁硼具有导电性和磁性各向异性。它通常是按照工件厚度的方向磁化的。该材料机械强度高、可加工性好；主要缺点是居里温度低，约310℃，冶金变化在约200℃。由于加入了昂贵的镝（DY）元素，温度升高。钕铁硼磁体被涂覆以防止磁体腐蚀，而且价格不菲。尽管如此，该材料仍然在电机市场上占据着主导地位。

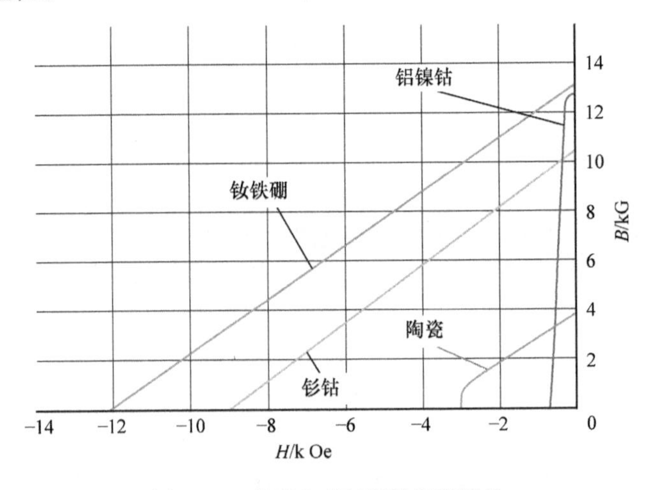

图1.11　普通永磁材料的退磁特性

钐钴（SmCo）磁体于20世纪60年代被发现，是由粉末冶金工艺生产的钴和钐的合金。它们在加压前被磁化。该材料具有如图1.11所示的线性退磁特性，具有较高的剩磁和矫顽力，因此具有较高的最大能量积。该材料具有导电性和磁各向异性，并沿片的厚度磁化。钐钴磁体在机械上是硬而脆的，因此必须小心处理。该材料具有700~800℃高居里温度（取决于等级），冶金变化在300~350℃。这种材料的主要缺点是价格太高，限制了它在边际市场的使用。

铁氧体磁体是在20世纪50年代用粉末冶金工艺以烧结材料的形式生产出来的。它是由三氧化二铁和碳酸钡或锶的化合物组成。它的退磁曲线的很大一部分接近直线，如图1.11所示，具有较低的剩磁和矫顽力，从而产生较低的最大能积。因此，它不提供紧凑的电机设计。在电性方面，铁氧体磁体是非常好的绝缘体，并产生由外部磁场引起的微不足道的涡流损耗。该材料的机械性能是独特的，非常硬和脆。由于这个原因，它被称为陶瓷。它耐腐蚀，按重量计；由于价格低廉，是永磁同步电机中使用最多的永磁材料。

铝镍钴（永磁）合金，这里提到的最后一种磁性材料，是最古老的商用永磁材料。该合金由铝、镍、钴、铁和其他元素组成，有烧结和铸造两种形式。该材料具有非线性退磁特性，如图 1.11 所示，具有很高的剩磁和很低的矫顽力。因此，铝镍钴合金的能量积是低的，很容易被外部磁场退磁。它有很好的热性能。在电性方面，它是一种良好的导体，具有沿长度方向的磁各向异性。各向同性的铝镍钴也可用于某些应用。永磁材料的主要性能对比如表 1.2 所示。

改善现有永磁材料性能和寻找新材料的研究正在进行中，目前有两个特别活跃的领域：一是提高钕铁硼磁体的热性能，或者提出具有良好热阻的类似材料；第二是寻找具有成本效益的材料，如铁氧体，但具有高能量积。

表 1.2 永磁材料的主要性能比较

永磁材料	剩磁	矫顽力	能量积	居里温度	价格	应用
钕铁硼	高	高	高	低	高	非常高
钐钴	高	高	高	高	非常高	低
铁氧体	低	低	低	高	低	高
铝镍钴	高	非常低	低	高	低	低

1.3.3 永磁市场

关于电机的永磁市场的概述，可以考虑相关的供应和需求方面。它大致可以从材料的四个方面来表现，即按材料类型和产地划分的全球产量、全球消费量和价格。在一段时间内，对这些信息进行简要的回顾，以便对市场作出动态说明。

1.3.3.1 按类型生产

永磁市场始于铝镍钴磁体，然后是铁氧体磁体。20 世纪 60 年代，钐钴磁体的发明并没有给市场带来很大的变化，因为它的成本非常高。然而，在 20 世纪 80 年代早期发明钕铁硼磁体后，市场发生了巨大变化。图 1.12 根据永磁体类型对 2010 年全球永磁市场进行了估计（Gutfleisch 等，2011）。可以看出，钕铁硼磁体以约三分之二的份额占主导地位，其次是铁氧体磁体，市场份额为三分之一。钐钴和铝镍钴磁体的份额可以忽略不计，因为它们的价格高、性能低。然而，从产量来看，铁氧体的市场份额很大，而钕铁硼的市场份额很小。图 1.13 展示了 1985 ~ 2020 年全球永磁体按类型销售明细（Dent，2012）。到 2020 年，总销售额超过 150 亿美元。从这一数据可以明显看出，钕铁硼的市场支配地位将在未来得到进一步巩固。

1.3.3.2 分地区生产

如前所述，钕铁硼是目前市场上占主导地位的永磁材料。传统上，这些材料主要在日本、欧洲和美国生产。直到 20 世纪 80 年代中期，中国成为主要生产国。目前，中国在全球的份额约为 85%，并在不断增加。图 1.14 显示了 2005 ~ 2020 年各地区钕铁硼产量变化趋势（Benecki 等，2010）。除了 2008 ~ 2009 年由

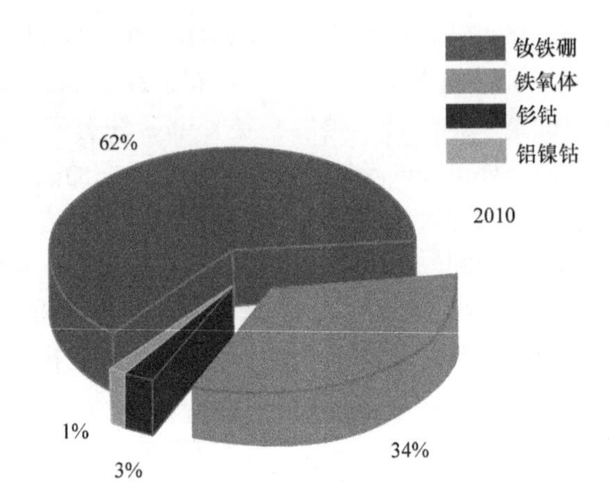

图 1.12 2010 年全球永磁体按类型细分的价值估计，总价值为 90 亿美元（Gutfleisch 等，2011）（见文前彩图）

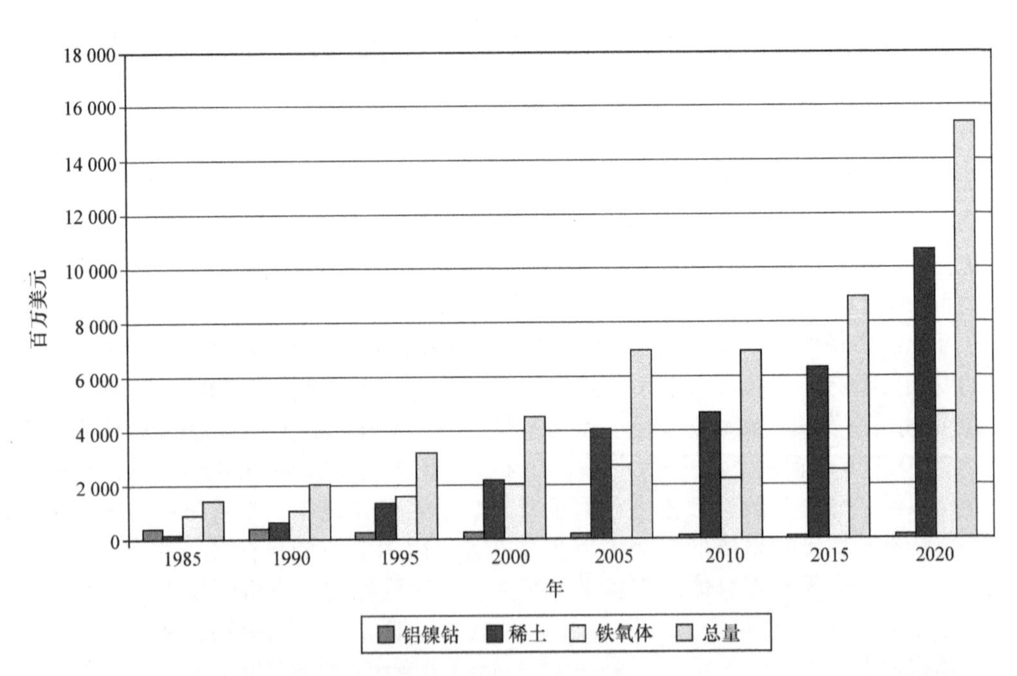

图 1.13 1985~2020 年全球永磁体按类型细分销售情况（Dent，2012）（见文前彩图）

于全球经济衰退而出现的放缓外，产量一直在增长。如图 1.14 所示，预计在不久的将来生产增长率将会增加。

1.3.3.3 按应用划分的永磁消耗

永磁材料在许多领域得到了广泛的应用。永磁电机是一个主要的应用领域，如图 1.15 所示（Kara 等，2010）。从图中可以看出，自 2003 年以来，永磁电机

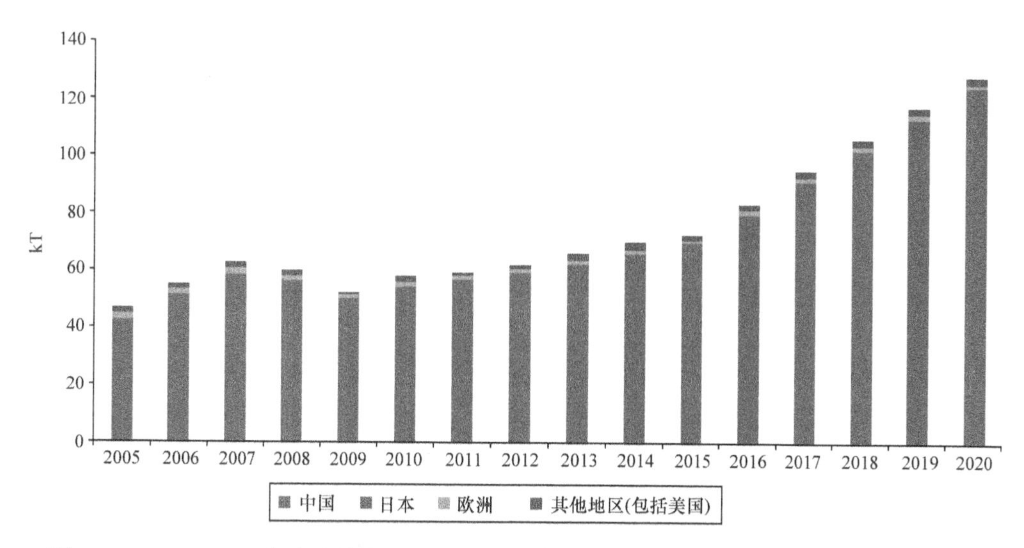

图1.14 2005~2020年全球钕铁硼材料产量估计和预测（Benecki等，2010）（见文前彩图）

在钕铁硼磁体消费中的份额一直在增长，到2008年达到了26%，说明永磁电机的增长速度非常快。日本的份额增长更快，从1999年的20%增长到2003年的34%，在4年内从960t增长到1785t（Kozawa，2011）。

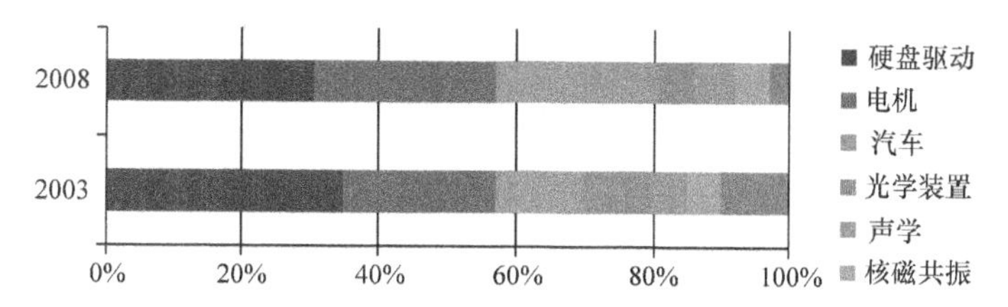

图1.15 2003年和2008年钕铁硼磁体在行业中的应用情况（Kara等，2010）（见文前彩图）

永磁同步电机的显著特点包括高效率、高功率密度和快速动态响应、驱动市场增长。因此，永磁同步电机市场有望占领传统市场的变速感应电机驱动应用领域，如石油和天然气、造纸和纸浆、金属和采矿、风机和泵、压缩机、化工、塑料、水泥、电力和汽车，以节约能源、提高质量和生产力。与此同时，电动和混合动力汽车、火车推进系统以及适用于永磁同步电机的应用正在日益扩大市场。据估计，在2014~2020年期间，永磁电机市场将以每11.7%的速度增长，是感应电机市场的2倍多（Allied Market Research，2015）。2014年，全球永磁同步电机市场价值为143.2亿美元，到2020年将达到251.8亿美元（Allied Market Research，2015）。

1.3.3.4 价格

永磁材料的价格差别很大。铝镍钴和铁氧体磁体比稀土磁体便宜得多；钐钴磁体曾经是最贵的一种，而钕铁硼磁体的价格处于两者之间，并且与钐钴磁体更接近。然而，在钕铁硼磁体中加入稀土元素镝以防止低温退磁，使其在价格上与钐钴磁体相当。与其他永磁材料相比，稀土磁体的成本较高，但由于其高能量积，需要较少的材料体积就能在电机气隙中提供相同的磁通密度，这部分抵消了稀土磁体的成本。如图 1.16 所示，图中展示了两个用于汽车冷却风扇的内置式永磁电机（IPM），分别使用铁氧体和钕铁硼磁体材料。采用钕铁硼磁体的电机的磁体体积更小（Ding，2013）。

这反过来又可以减少转子和定子铁心，增加电机功率和转矩密度，改善电机的动态特性。稀土永磁材料的价格取决于稀土元素的价格。由于钕的价格变化，钕铁硼磁体在 2010 年初经历了价格波动。由于中国作为主要生产国所采取的政策，钕价格在 4 年期间上涨了 10 倍，在 2011 年中期达到最高点。钕的高价影响了钕铁硼磁体的成本并影响了永磁电机市场及对其未来的预测。在此之后，由于市场反应和政策变化，钕的价格在 2013 年下降到最高价格的五分之一左右（Ding，2013）。

图 1.16　内置式永磁电机汽车冷却风扇，使用铁氧体（左）和钕铁硼磁体（右）（Ding，2013）

1.4　永磁同步电机

永磁同步电机出现在 20 世纪 70 年代，是在永磁直流电机、异步起动永磁同步电机和由功率变换器供电的感应电机的十字路口上，随着老式电机的发展而出现的。因此，它与其他类型的电机相比具有许多优势，这使它成为感应电机（作为当今工业主力）的主要竞争对手。转子中永磁材料的成本是电机的主要材料成本。例如，混合动力汽车普锐斯 09 中使用的电机的磁体成本在 2005 年和

2012 年分别占总材料成本的 64% 和 81%（Rahman，2014）。磁体成本虽然增加了主电机成本，但降低了运行成本。它消除了对任何类型的转子绕组或笼的需要，导致转子上没有铜损。被动式转子不产生热量，这意味着电机可以在较低的温度下运行。这反过来又有助于减少损失。与感应电机相比，永磁同步电机没有定子励磁电流。因此，较少的定子电流减少了定子绕组中的铜损。加上所有这些节能措施，整体电机的效率显著提高。永磁同步电机的工作效率通常比相同额定参数下的标准感应电机高得多。它也更高效，如图 1.17 所示（美国能源部，2014）。事实上，它可以达到或超过 IE4 的效率水平。与感应电机相比，该电机的效率在高速或重载下不会下降太多，从而实现更高的整体节能。典型的永磁同步电机的高效率使电机低成本运行，从而补偿了高昂的初始成本。在应用中，永磁同步电机取代感应电机具有较高的利用率，节省总体成本。节省的价值取决于电价，当电力供应到市场而没有补贴时，通常是可观的。

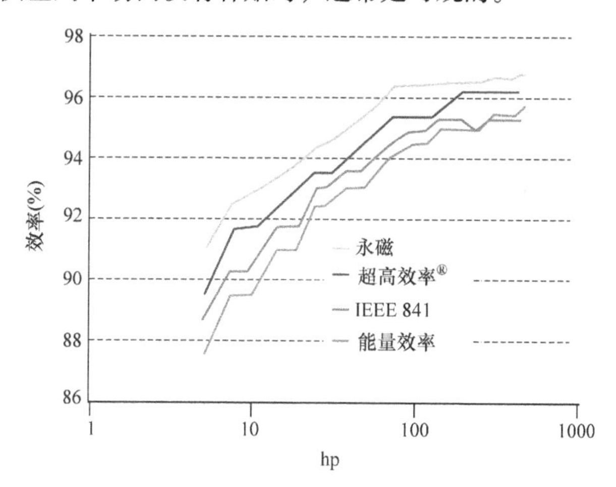

图 1.17 满载永磁同步电机效率与感应电机效率的对比，由 Baldor Electric（美国能源部，2014）给出（见文前彩图）

由于全球变暖危机需要采取环境保护措施，在评估永磁同步电机与其竞争对手时，还必须考虑到一个决定性因素——低排放。因此，永磁同步电机被认为是环保设备。这一因素是由于永磁同步电机较低的碳成本。因此，永磁同步电机的总成本相当于或低于感应电机。

使用高能永磁材料会产生高气隙磁通密度，使电机尺寸和重量更小，从而使电机设计紧凑，功率和转矩密度增加，如图 1.18 所示（Kang，2009）。这些特性为从电动汽车到航空航天系统的广泛应用打开了大门，除了效率，重量和体积也是至关重要的。

现代永磁同步电机较高的转矩密度不仅改善了电机的稳态运行，而且使其具有更高的动态性能。这一特点，符合模型的简单性和电机的更高可控性，使其成为高性能驱动应用最合适的选择。数学模型的简单性源于这样一个事实，即转子中没有电动力学。一个简单的电机模型导致一个简单的控制系统和/或更高的控制性能。

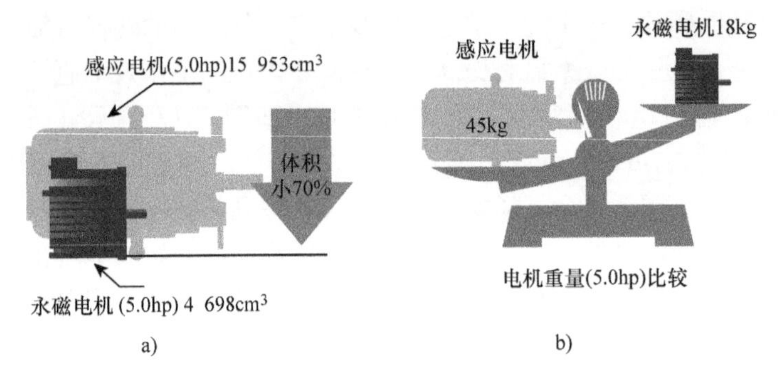

图 1.18 永磁同步电机相对于感应电机的优势：a）尺寸比较和 b）重量比较（Kang，2009），并得到了 Yaskawa 美国公司的许可

1.4.1 结构

永磁同步电机的定子与绕线式同步或感应电机的定子没有什么不同。然而，电机基本结构的主要区别在于转子结构，它在不同方面影响电机的性能，包括转矩和功率密度、转矩转速特性、磁链弱化能力和高速运行等。

1.4.1.1 转子配置

不同的转子配置源于永磁同步电机磁极的形状和在转子芯中的位置，产生气隙磁通密度分布。使用高能稀土磁体，低厚度的磁极足以建立所需的气隙磁通密度。

磁体位置是划分永磁同步电机的主要标准。从控制的角度来看，有两类永磁同步电机：凸极电机和隐极电机。这些类别取决于磁体的位置。隐极电机为表贴式磁体电机，凸极电机为内置式磁体电机和嵌入式磁体电机。图 1.19 示意性地显示了一些常见转子结构的截面，其中也显示了电机的 d 轴和 q 轴。d 轴通常描绘在永磁极轴上，而 q 轴垂直于电角度。表贴式磁体转子的横截面如图 1.19a 所示。如图 1.20 所示，磁体磁极被强粘合剂安装在转子铁心表面（Kikuchi，1997）。由于磁导率几乎与自由空气的磁导率相同，因此，磁气隙很大。这导致在沿 d 轴和 q 轴穿过气隙的磁通路径中存在相同的磁阻，从而提供一个单一的电机电感。然而，机械气隙不均匀，电机工作时会产生损耗和噪声。

凸极电机可以是嵌入式磁体电机，也可以是内置式永磁电机。嵌入式磁体电机有磁极被嵌装在转子铁心表面，如图 1.19b 所示。根据磁极完全在转子铁心或半投影，这些电机有均匀或不均匀的气隙。内置式永磁电机的磁极完全埋入转子铁心，具有均匀的气隙。由于通过 d 轴的磁通路径比仅通过铁心的 q 轴磁通路径的磁阻大得多，磁极转子内的磁通路径并不均匀。通过引入两个不同值的绕组电感，在电机建模中考虑了这种磁凸极性。凸极提供了一个额外的转矩，称为磁阻转矩。这也为有效减弱磁通提供了极好的机会。人们认识到，在这里和在许多其他电机中，为了高速运行和/或高效率、高功率因数等，需要减弱磁通。根据磁体形状、位置和磁化方向的不同，内置式永磁电机具有不同的配置。矩形是最受欢迎的形状，但梯形也被使用。如图 1.19c 所示，磁体通常放置在接近转子体的圆周附近。它也可以放置在转子内部。内置式永磁电机也可以像图 1.19d 那样采用径向磁极。这种磁极结构被称为磁通集中，通常适用于低能量的磁体材料，如

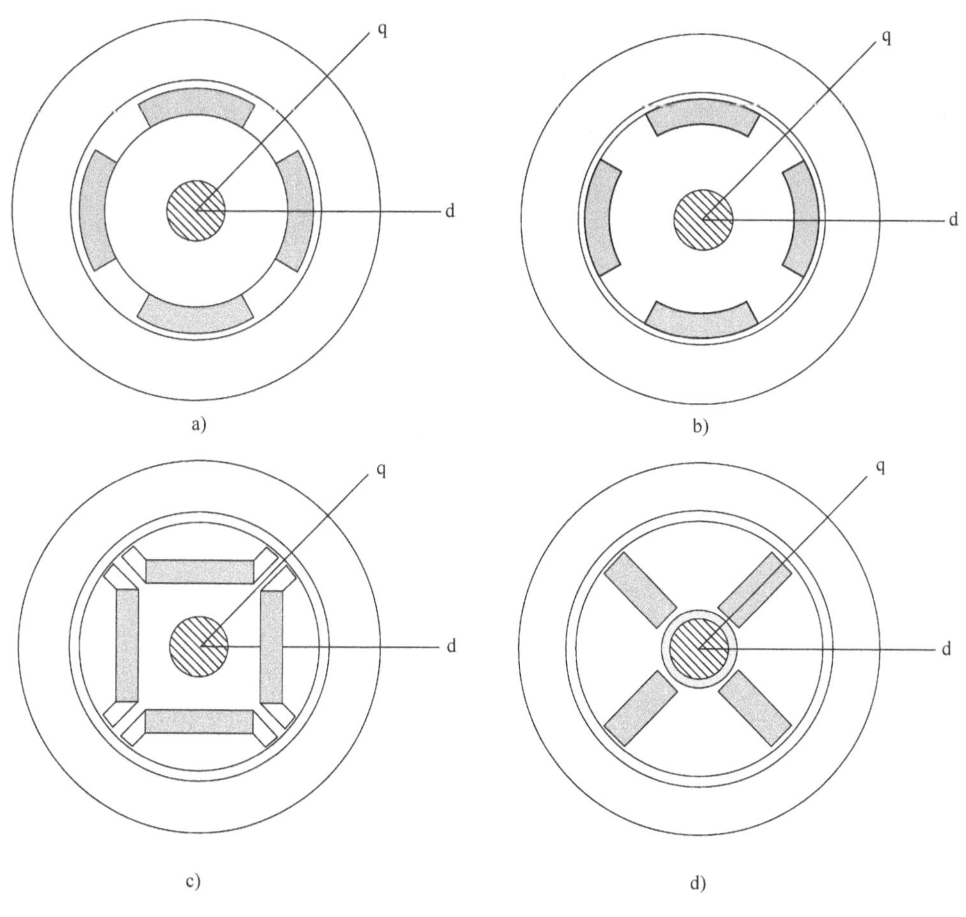

图 1.19 基于永磁电机转子极点位置的永磁电机类型：
a）表贴式；b）嵌入式；c）内置式；d）径向内置式

铁氧体和铝镍钴磁体，因为它加强了气隙磁通。永磁磁极通常沿转子半径磁化，特别是在图 1.19a～c 所示的形状中。然而，磁化方向可以垂直于图 1.19d 所示的磁通集中结构的半径。沿磁化方向的磁极厚度取决于所需的气隙磁通。因此，高能磁极在那个方向上通常很薄。

为了实现不同的性能特性，许多其他转子配置已经被建议。例如，为了获得更高的转矩和功率密度，混合动力汽车中已采用如图 1.21 所示的由 8 个 V 形永磁磁极组成的转子。

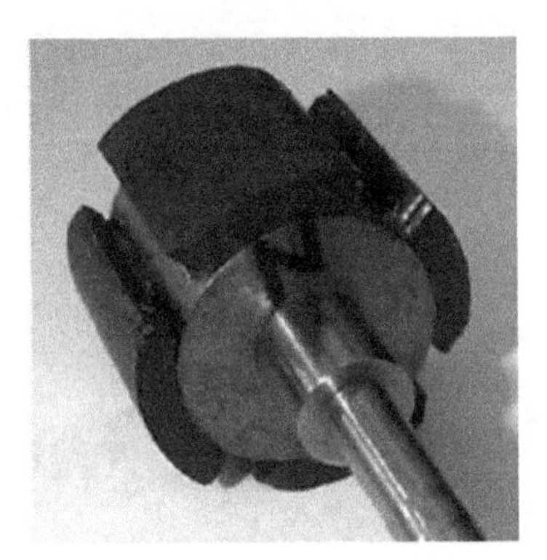

图 1.20 安装在转子铁心表面的永磁磁极（Kikuchi 和 Kenjo，1997）

图 1.21 2010 年普锐斯混合动力汽车中采用的带 V 形磁极的内置式永磁电机转子层合图（Burress 等，2011）

1.4.1.2 磁极磁化取向

磁通密度在气隙中呈正弦分布，有利于转矩的平稳发展。通过切割极点的外角，使其在气隙中产生接近正弦形式的磁通密度分布，使极点的形状趋于梯形。然而，磁通密度的正弦分布可以由磁化方向提供。

对于表贴式永磁同步电机，永磁磁极的磁化方向分别为沿转子半径或平行于磁极轴，如图 1.22a、b 所示。此外，可以实现径向正弦幅度磁化和等幅正弦角

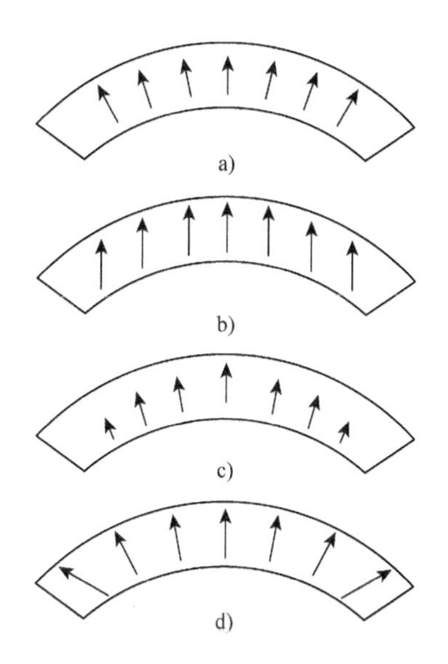

图 1.22 电机磁极磁化方向：
a）径向；b）平行；c）径向正弦；d）正弦角

度磁化，如图 1.22c、d 所示。图 1.22a、b 磁化时沿气隙周向的磁通密度分布如图 1.23（Shin – Etsu 稀土磁体）所示。可以看出，平行磁化提供的磁通分布更接近于理想的正弦分布。这是最常用的磁化方向。

每种类型的磁化都需要特殊的设备和程序来获得所需的方向，这可能是昂贵和复杂的。

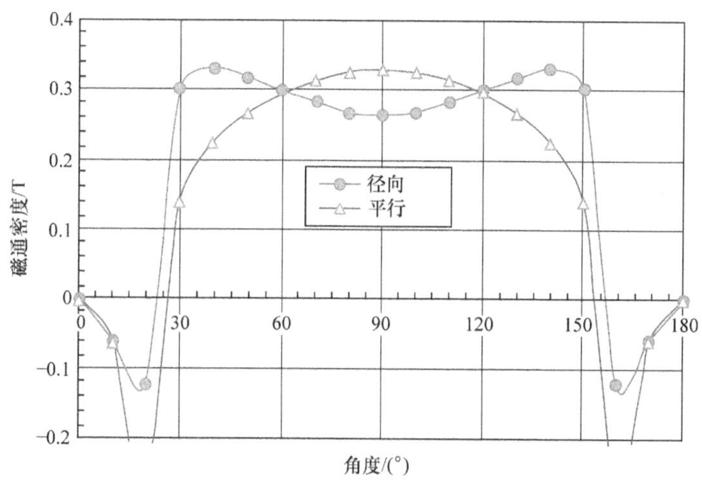

图 1.23 径向和平行永磁磁极磁化时沿气隙周向的磁通密度分布（Shin – Etsu 稀土磁体）

1.4.1.3 调制磁极

不同材料的调制磁极可用于提供正弦磁通密度分布，作为复杂磁化系统的替代方案。图 1.24 显示了用于表贴式和内置式永磁电机的调制磁极（Isfahani 等，2008）。永磁模块中间部分采用较强的磁体材料，侧面部分采用较弱的磁体材料，在气隙中提供了更正弦的磁通分布，同时节省了磁体成本。

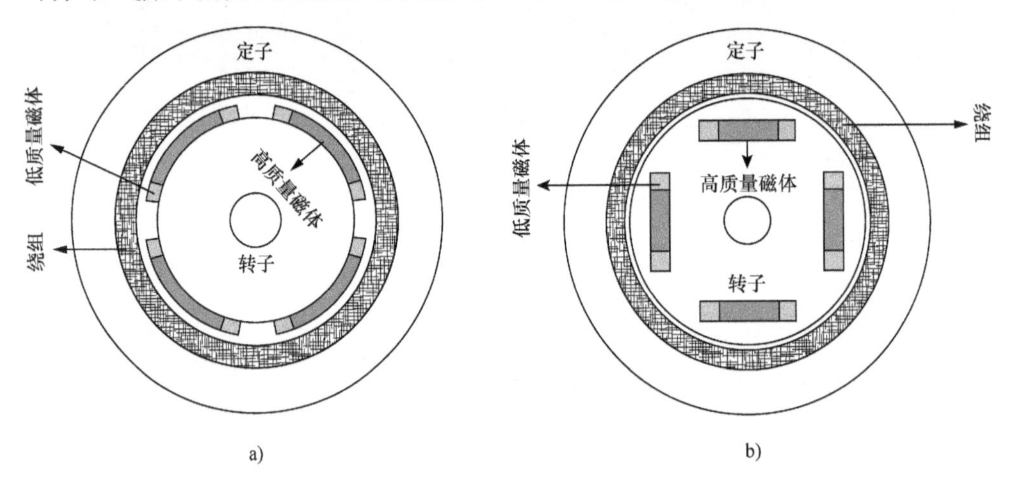

图 1.24　调制永磁磁极：a）表贴式磁极；b）内置式磁极（Isfahani 等，2008）

图 1.25 比较了调制永磁磁极与常规永磁磁极在强、弱磁场强度永磁材料下的磁通密度分布（Isfahani 等，2008）。在每种情况下，都给出了磁通分布的基本分量，以便比较。结果表明，与常规永磁磁极相比，调制永磁磁极的磁通分布更接近于正弦形状。

1.4.2 运行原理及特征

永磁同步电机的转矩产生与绕线转子同步电机相同，除了用永磁磁极代替直流绕组发展励磁场。在稳态时，由于定子相位绕组由三相平衡电压源供电，在气隙中产生一个恒定大小和速度的同步旋转磁场。磁极在气隙中也产生一个恒定大小的正弦分布磁场。当两个磁场以相同的速度旋转时，它们的相互作用产生一个恒定的转矩，即磁转矩或校准转矩。具有磁凸极性的电机，即内置式永磁电机和嵌入式电机，除了磁转矩外，还会产生另一种转矩，即磁阻转矩。这个转矩是由沿 d 轴和 q 轴的磁通路径的磁阻差所产生的。当转子旋转时，定子绕组由于可变磁阻而检测到一个变化的磁链。磁链与定子电流相互作用产生磁阻转矩。这就是为什么凸极电机具有更高的转矩密度的原因。

稳态电机的转速和转矩取决于定子电流的大小和频率。在暂态状态，例如在起动时，转子及其磁场可能与定子产生的磁场不同步。电机控制系统的一个主要

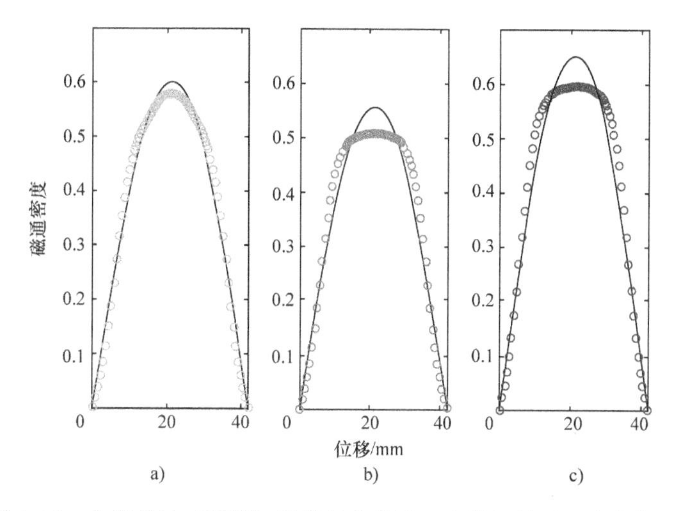

图 1.25 永磁磁极（圈线）及其基本分量（实线）的磁通密度分布：
a）调制磁极采用弱磁场强度和强磁场强度的永磁材料；
b）常规磁极采用弱磁场强度的永磁材料；
c）常规磁极采用强磁场强度的永磁材料（Isfahani 等，2008）

功能是在暂态下提供同步，并在稳态下保持同步。除了简单地通过定位转子来实现定子和转子磁场的同步，这是通过调整定子电流相位来实现的。因此，电机转子的位置不仅是位置或速度控制应用所需要的，也是电机正常运行所需要的。这与感应电机的操作相反，感应电机的基本操作不需要转子位置信息。然而，在驱动应用中，感应和永磁同步电机通常都需要转子位置信息。

除了如前所述的超高效率外，与感应电机相比，永磁同步电机由于在磁化电流中替换了磁链，因而具有较高的功率因数。永磁同步电机，特别是那些具有磁凸极性的（内置式永磁电机），在宽速度范围内提供非常理想的转矩转速特性。永磁同步电机具有较高的转矩密度和较低的转子惯性，具有优异的动态性能。与大多数交流电机相比，非主动转子使永磁同步电机的数学模型并不那么复杂。这产生了更好的可控性和变速能力，较少复杂的控制系统。由于缺少转子铜损和磁化电流，永磁同步电机在较低的温度下工作。这延长了电机的使用寿命，降低了电机的维护成本。

在电机结构和电源中总是存在非理想因素导致的转矩波动。这些包括：

1）在旋转磁场中，由气隙周围绕组的非完全正弦分布引起的空间谐波；

2）由于磁体的形状和磁化方向，气隙中磁通量的非正弦分布；

3）由于逆变器操作的开关特性而产生的定子电流噪声；

4）铁的磁饱和，以及由于磁极和定子槽之间的吸引力而产生的齿槽转矩。

在永磁同步电机中，除了优化设计以减少齿槽转矩外，其他电机（如斜绕组和弦线绕组）的转矩波动的传统解决方案也很常见（Jahns，1994）。如果开关频率足够高，就像今天的电机驱动一样，逆变器的开关噪声可以通过电机阻抗进行过滤。因此，纹波转矩是非常低的，通常不需要使用现有的控制技术来减少上述因素的影响。这扩展了电机在需要快速动态和平滑性能的应用场合中的使用，如机床。

1.4.3　相似的电机

永磁同步电机必须区别于其他类似的电机。永磁直流电机在工作原理和结构上与永磁电机没有太多的共同之处。它们的工作原理与传统的直流电机相同，只是磁场是由定子上的磁极而不是电磁体产生的。无刷直流（BLDC）电机在结构上类似于永磁同步电机，除了它们的定子绕组集中和气隙中的矩形磁通密度。就电机运行而言，它们由直流电源供电，直流电源一次应用于两相，与永磁同步电机相反，理想情况下它们在气隙中具有正弦磁通密度分布并且所有相位由交流电源供电。异步起动永磁电机是采用导电笼作为感应电机笼的永磁同步电机。它们通常是由主机供电的恒速同步电机。它们通过笼的功能作为感应电机起动，并在磁极的帮助下作为同步电机运行。

同步磁阻电机虽然不使用任何磁体，但在结构和工作原理上与内置式永磁电机有许多共同之处。它们可以寻求作为内置式永磁电机没有磁极，但磁体空心的位置。因此，与内置式永磁电机一样，它们有不同的 d 轴、q 轴电感和不同的磁阻转矩。然而，却没有开发出针对所有永磁同步电机的磁体转矩。当永磁磁通密度设为零时，许多关于永磁磁通电机建模、分析和控制的材料都可以适用于同步磁阻电机。

1.5　控制系统

相较于感应和绕线转子同步电机，永磁同步电机更适用于多种高性能控制方法。这是由于永磁同步电机具有更简单的动态模型，它源于在转子上更换一个导电笼或直流供电绕组的永磁极。因此，可以很容易地得到不同参考坐标系下的电机模型。事实上，转子中没有电动力。因此，控制系统的设计只关注定子绕组方程。

矢量控制作为交流电机的标准高性能控制方法，适用于永磁同步电机在所有可能的参考坐标系中。直接转矩控制（Direct Torque Control，DTC）作为交流电机第二流行的控制方法，自 20 世纪 90 年代中期开始在永磁同步电机中得到广泛研究，并有许多优良的品种。此外，至少在研究阶段，不太流行但更有前途的控制方法也适用于永磁同步电机，包括无差拍控制（DBC）、预测控制和组合控制

(CC)。图1.1所示的控制系统可以使用前面提到的任何控制方法。

该系统还可以包括位置和/或速度估计方案，以提供无传感器控制。其他电机常见的许多类型的估计方案可以适用于永磁同步电机。此外，还有一些非常有效的位置/速度估计方法专门用于永磁同步电机。这些方法主要利用磁极的影响或电机的磁凸极性。

最后，控制系统可以包括参数估计方案，以提供在实际操作条件下电机参数的准确值。这在许多控制方法中是至关重要的，因为它们的理想性能取决于电机参数的准确信息。控制方法、位置/速度估计和参数估计方案将在稍后简要回顾。对方法和方案的详细阐述是后面章节的重点。

1.5.1 矢量控制

在电机中，由两个磁场的相互作用产生转矩。在数学意义上，转矩与两个磁链矢量的外积成正比。在他励直流电机中，两个磁场由两个单独的磁通源提供，即定子或磁场绕组和转子或电枢绕组。此外，在这些电机中，换相系统总是使两个磁场在空间上相互垂直，为产生转矩提供两个磁场的最佳空间位置。或者，根据洛伦兹定律，电机转矩与磁链矢量和电流矢量的外积成正比。

在交流电机中，这两个提供转矩的磁场通常既不独立也不正交。而且，也没有换相系统来确定磁场相对于彼此正交的位置。矢量控制（VC）方法的主要目标是使两个磁场尽可能地相互独立和垂直。因此，他励直流电机可能类似于矢量控制下的交流电机的性能，尽管这两种电机的结构非常不同。矢量控制是一种将交流电机定子相电流转换为两个垂直分量的电流矢量的方法，类似于他励磁直流电机的励磁电流和电枢电流，可独立控制转矩和磁通。直流电机的换相系统的功能是通过矢量控制交流电机的电流变换来实现的，使各电流分量保持在正常的位置。变换需要转子位置或磁链矢量位置信息。

矢量控制系统是一种快速控制系统，因为垂直电流分量是瞬时控制的。在标量控制中，例如 V/f 控制，只确定施加到电机上的电压的幅值和频率。然而，在矢量控制中，电机电压的瞬时值是确定的。可以认为，外加电压的相位也可以通过控制定子电流矢量来控制，从而实现快速的电机动态。

矢量控制出现在不同的方案中，并提供许多控制特性，如电机磁通减弱、电流和电压限制、单位功率因数和损耗最小化操作等。它被业界公认为最常用的控制方法。

1.5.2 直接转矩控制

在矢量控制中提到，交流电机的转矩可以看作是转子和定子磁链的外积。在永磁同步电机中，转子磁链取决于磁极，并且对特定的电机是固定的。因此，如果在电机暂态过程中定子磁链的大小保持不变，则转矩响应在很大程度上取决于两个磁链之间的夹角。在此基础上，直接转矩控制是一种定子磁链矢量控制，而矢量控制是一种定子电流矢量控制。当定子磁链矢量相对于转子磁链矢量尽可能快地旋转时，直接转矩控制为交流电机提供了快速的转矩响应。稳态时，定子和转子磁链矢量是同步的。然而，在转矩瞬态过程中存在滑移速度。如果速度差变得尽可能高，就可以提供高转矩响应。考虑到转子磁链随转子转速旋转，且转子作为一个机械体具有较大的时间常数，转子转速不能快速变化。因此，如果定子磁链的速度变化迅速，则可以实现快速的转矩响应。

结果表明，当垂直于定子磁链矢量的电压矢量作用于电机定子绕组时，定子磁链矢量快速旋转且其大小不变。这是直接转矩控制的黄金法则。然而，逆变器能够产生有限数量的电压矢量。因此，保持垂直方向的磁链矢量作为电机工作的电压矢量是不可能的。然而，在每一个逆变器开关状态中，可以折中到各个逆变器电压之间的最佳可能电压矢量。这种电压矢量必须与磁链矢量的角度尽可能接近 90°作为产生快速转矩响应的条件。逆变器开关逻辑，作为一个预先确定的查找表，是在每个开关状态中选择所需电压矢量的简单方法。开关逻辑除了需要定子磁链矢量的角度外，还需要磁链幅值和转矩估计值之间的误差。通过对测得的相电压和电流进行处理，得到估计的转矩、磁链幅值和角度。

1.5.3 预测控制

基于模型的预测控制，作为预测控制最常见的版本，在用于永磁同步电机时执行两个主要任务。首先，它使用电机的离散时间模型来预测所有可能的逆变器电压下的电机输出变量，即一个两电平逆变器的七个不同的电压矢量。其次，对所有可能的电压计算一个目标函数来找到电压，从而使函数最小化。电机输出变量的预测值和参考值之间的误差是目标函数的一部分，此外还有其他可能的条件来优化电机性能，达到预期的目的。然后，将最小电压由逆变器施加到电机上。预测控制可以结合矢量控制或直接转矩控制来实现。前者预测电机电流分量，后者预测电机转矩和磁链。与直接转矩控制相比，预测控制通过数学计算确定期望电压矢量，而直接转矩控制通过启发式方法选择期望电压。此外，预测控制采用恒定的开关频率，而直接转矩控制采用可变的开关频率。

1.5.4 无差拍控制

无差拍控制（DBC）可以被看作是预测控制的一种形式，在这种控制中，所需的电压矢量是确定的，这样电机的被控变量，例如转矩，在一个开关状态中达到其参考值。这里，使用了电机的离散时间逆模型，而不是传统的控制器，来计算电压的期望电压。因此，需要一个准确的系统模型。

无差拍控制可以应用于电机驱动器作为电流矢量控制，或作为直接转矩和磁链控制。在这两种方案中，无差拍控制器计算需要施加到电机上的电压分量，以便在下一个采样间隔中达到参考信号。而在前一种方案中，参考信号是电机定子电流分量，后一种方案中参考信号是参考转矩和磁链。在这两种方案中，都需要一个像正弦 PWM 或空间矢量调制这样的调制器来产生逆变器开关的开关信号。在电机驱动中，无差拍控制直接控制转矩和磁通比无差拍控制控制电流更有意义。

1.5.5 组合控制

矢量控制主要处理电机电流控制，通过电流控制来控制电机的转矩和磁链，而直接转矩控制控制电机的磁链幅值和转矩，不需要任何电流控制。此外，矢量控制和直接转矩控制的数学基础和原理也相距甚远。然而，这两种方法下的电机基本性能是如此接近。这是因为两种方法虽然有明显的差异，但在理论和实践上有着共同的基础。该基础说明了如何用磁链控制代替电流控制，反之亦然。因此，选取矢量控制和直接转矩控制的一致部分构建组合控制系统，结合两种方法的性能优势。组合控制结合了电流控制和开关表。与直接转矩控制相比，组合控制下的转矩脉动较小，与矢量控制相比响应较快。

1.5.6 转子位置与速度估计

无传感器控制是市场上许多电机驱动产品的常见选择。由于技术的成熟，大量的研究集中在该课题上。电机位置和速度控制是电机控制应用中最需要的控制回路。这些类型的控制回路需要实际的转子位置和/或速度信号。对于电机控制系统，有几种方法来检测这些变量。利用不同的规律和规则，它们被归类在机械传感器下。转速表、解析器和编码器属于最常用的设备。根据应用要求，市场上有各种各样的此类设备，可根据不同的精度来检测转子位置或速度。

在实际应用中，无传感器电机控制是非常理想的。这也是非常具有挑战性的，因为它对电机在整个操作范围内精度、鲁棒性、快速性和工作能力等要求较高。因此，位置和速度估计在过去的 20 年中已经成为一个流行的研究领域，涌现了非常多的文献。这也是由于有各种各样的机会来解决这个问题。因此，文献中提出了许多位置和速度估计方法，其中许多方法可以应用于永磁同步电机，甚至专门针对这些电机开发。即使开环运行的永磁同步电机也需要初始转子位置信息，而感应电机不需要初始转子位置信息。与之相比，感应电机是市场上的驱动器，这给永磁同步电机的转子位置估计带来了新的维度，拓宽了相应的研究方向。

通常将永磁同步电机的位置估计方法分为两大类：基于反电动势的方法和基

于凸极性的方法。这在一定程度上是合理的，因为这两种方法的起因截然不同。反电动势取决于转子的运动（电机的运行），其凸极性是电机的一种结构特性。然而，随着研究方法的不断扩展，固守这些传统的分类范畴显得极为困难。基于观测器的估计方法是一个能够实现反电动势和凸极性方法的例子。因此，基于观测器的估计方法已经成为位置和速度估计的一个主要类别。假设位置估计是另一个例子。利用电机的凸极性进行在线信号注入是最近发现的一种商业应用。第 6 章介绍了位置和速度估计方法。

1.5.7　电机参数估计

电机参数在电机建模中起着重要的作用。因此，对大多数电机控制系统来说，完整的参数信息是必要的。在转子位置和转速估计中也需要用到它们。因此，参数的准确测定通常被认为是电机控制的一个准备步骤，或者更常见的是，作为控制系统的一部分。参数随电机工作点和环境条件而变化。这些变化会影响电机性能，并可能使其偏离最佳状态。因此，用参数估计方法更新参数值是理想的。

永磁同步电机参数估计方案主要分为离线和在线两种方法。已有几种离线估计电机主要参数的方案被提出。离线方案可分为直流暂停和交流暂停试验、空载试验、负载试验和矢量控制方案。这些方案使用等效电路方程或矢量图方程来测量电压和电流，以计算特定工作点或某一工作点范围内的电机参数。它们可能需要特殊的测试来测量电机电压和电流。

另一方面，在线参数估计方案是利用控制系统中常用的在线电机变量值，借助闭环观测器对电机参数进行估计。针对永磁同步电机的参数，提出了多种在线估计方案，包括用于估计电机电感的闭环观测器；基于 λ_m、R_s 和电机电感的模型参考自适应系统（MRAS）估计；估计电机电感的递推最小二乘（RLS）方法以及估计电感和磁链的扩展卡尔曼滤波（EKF）方法等。在线方案考虑了任何源引起的电机参数变化。它们正日益成为市场上现代控制系统的一部分。永磁同步电机参数估计是本书第 7 章的重点。

1.6　小结

本章概述了永磁同步电机和相关的控制系统，作为本书其余部分的入门知识。本章重点介绍了控制系统与电力电子逆变器和电机的互连，并对系统的主要组成部分进行了概述。PWM 电压源逆变器是永磁同步电机驱动中最常用的功率变换器，本章对其进行了简要讨论。在考虑永磁材料特性的基础上，提出了永磁同步电机的结构和工作原理。简要介绍了永磁同步电机的主要控制方法，包括矢量控制、直接转矩控制、预测控制、无差拍控制和组合控制。最后，综述了几种转子位置和速度估计方法，以及离线和在线参数估计方法。

参考文献

Allied Market Research (2015). *Global permanent magnet motor market-size, industry analysis, trends, opportunities, growth and forecast, 2014–2020*. https://www.alliedmarketresearch.com/permanent-magnet-motor-market.

Atallah, K., Zhu, Z.Q., and Howe, D. (1998). Armature reaction field and winding inductances of slotless permanent-magnet brushless machines. *IEEE Trans. Magnet.* 34(5), 3737–3744.

Benecki, W.T., Claggett, T.K., and Trout, S.R. (2010). *Permanent magnets 2010–2020: a Comprehensive Overview of the Global Permanent Magnet Industry*. Walter T. Benecki LLC, Highland beach, FL.

Bose, B. (2005). *Modern Power Electronics and AC Drives*. Prentice-Hall of India, Delhi.

Boules, N. (1985). Prediction of no-load flux density distribution in permanent magnet machines. *IEEE Trans. Indust. Appl.* 21(3), 633–643.

Bradshaw, M.D. and Byatt, W.J. (1967). *Introductory Engineering Field Theory*. Prentice-Hall, Upper saddle River, NJ.

Breton, C., Bartolome, J., Benito, J., Tassinario, G., Flotats, I., Lu, C., and Chalmers, B. (2000). Influence of machine symmetry on reduction of cogging torque in permanent-magnet brushless motors. *IEEE Trans. Magnet.* 36(5), 3819–3823.

Burress, T.A., Campbell, S.L., Coomer, C., Ayers, C.W., Wereszczak, A.A., Cunningham, J.P., Marlino, L.D., Seiber, L.E., and Lin, H.T. (2011). *Evaluation of the 2010 Toyota Prius Hybrid Synergy Drive System* (No. ORNL/TM-2010/253). Oak Ridge National Laboratory (ORNL); Power Electronics and Electric Machinery Research Facility, Oak Ridge, TN.

Coey, J.M.D. (1996). *Rare-earth Iron Permanent Magnets* (No. 54). Oxford University Press, Oxford.

Coey, J.M.D. (2012). Permanent magnets: plugging the gap. *Scripta Materialia* 67(6), 524–529.

Dent, P.C. (2012). Rare earth elements and permanent magnets. *J. Appl. Phys.* 111(7), 07A721.

Ding, K. (2013). The rare earth magnet industry and rare earth price in China. *Joint European Magnetic Symposia*, http://www.epj-conferences.org.

Furlani, E. (1994). Computing the field in permanent-magnet axial-field motors. *IEEE Trans. Magnet.* 30(5), 3660–3663.

Gieras, J.F. and Wing, M. (2002). *Permanent Magnet Motor Technology*. Marcel Dekker, New York, NY.

Gutfleisch, O., Willard, M.A., Brück, E., Chen, C.H., Sankar, S.G., and Liu, J.P. (2011). Magnetic materials and devices for the 21st century: stronger, lighter, and more energy efficient. *Adv. Mater.* 23(7), 821–842.

Hanselman, D.C. (2003). *Brushless Permanent Magnet Motor Design*. The Writers Collective, Winnipeg, MB.

Hendershot, J.R. and Miller, T.J.E. (1994). *Design of Brushless Permanent-magnet Motors*. Magna Physics Publications and Oxford Science Publications, Oxford.

Howe, D. and Zhu, Z. (1992). The influence of finite element discretisation on the prediction of cogging torque in permanent magnet excited motors. *IEEE Trans. Magnet.* 28(2), 1080–1083.

Hwang, C-C. and Cho, Y. (2001). Effects of leakage flux on magnetic fields of interior permanent magnet synchronous motors. *IEEE Trans. Magnet.* 37(4), 3021–3024.

Iguchi, M. (1992). Market expansion programme of electric vehicles planned by the ministry of international trade and industry, Japan. In: *Proceedings of The Urban Electric Vehicle OECD-conference*, pp. 25–27. OECD, Stockholm.

Isfahani, A.H., Vaez-Zadeh, S., and Rahman, M.A. (2008). Using modular poles for shape optimization of flux density distribution in permanent-magnet machines. *IEEE Trans. Magnet.* 44(8), 2009–2015.

Islam, R., Husain, I., Fardoun, A., and McLaughlin, K. (2009). Permanent-magnet synchronous motor magnet designs with skewing for torque ripple and cogging torque reduction. *IEEE Trans. Indust. Appl.* 45(1), 152–160.

Jack, A., Mecrow, B., and Mitcham, A. (1992). Design and initial test results from a permanent magnet synchronous motor for a vehicle drive. In: *International Conference on Electrical Machine*, pp. 751–755. IEEE, Piscataway, NJ.

Jahns, T.M., Kliman, G.B., and Neumann, T.W. (1986). Interior permanent-magnet synchronous motors for adjustable-speed drives. *IEEE Trans. Indust. Appl.* 22(4), 738–747.

Jahns, T.M. (1994). Motion control with permanent-magnet AC machines. *Proc. IEEE* 82(8), 1241–1252.

Kang, J. (2009). *General Purpose Permanent Magnet Motor Drive Without Speed and Position Sensor*. Yaskawa Electric America, Inc, Oak Creek, WI. WP.AFD.05.

Kara, H., Chapman, A., Crichton, T., Willis, P., Morley, N., and Deegan, K. (2010). Lanthanide resources and alternatives. In: *A report for the Department for Transport and the Department for Business, Innovation and Skills*. Oakdene Hollins, Aylesbury, UK.

Kenjō, T. and Nagamori, S. (1985). *Permanent-magnet and Brushless DC Motors*. Oxford University Press, Oxford.

Kikuchi, T. and Kenjo, T. (1997). A unique desk-top electrical machinery laboratory for the mechatronics age. *IEEE Trans. Educ.* 40(4), 18 pp.

Kim, K.C., Lim, S.B., Koo, D.H., and Lee, J. (2006). The shape design of permanent magnet for permanent magnet synchronous motor considering partial demagnetization. *IEEE Trans. Magnet.* 42(10), 3485–3487.

Kim, K-C., Kim, K., Kim, H.J., and Lee, J. (2009). Demagnetization analysis of permanent magnets according to rotor types of interior permanent magnet synchronous motor. *IEEE Trans. Magnet.* 45(6), 2799–2802.

Kozawa, S. (2011). Trends and problems in research of permanent magnets for motors — addressing scarcity problem of rare earth elements. *Sci. Technol. Trends* 38(1), 40–54.

Krishnan, R. (2010). *Permanent Magnet Synchronous and Brushless DC Motor Drives*. CRC Press, Boca Raton, FL.

Miller, T.J.E. (1989). *Permanent Magnet and Reluctance Motor Drives*. Oxford Science Publications, Oxford.

Miller, T. and Rabinovici, R. (1994). Back-EMF waveforms and core losses in brushless DC motors. *IEE Proc. Elect. Power Appl.* 141(3), 144–154.

Nasar, S.A. (1987). *Handbook of Electric Machines*. McGraw-Hill, New York, NY.

Nasar, S.A., Unnewehr, L.E., and Boldea, I. (1993). *Permanent Magnet, Reluctance, and Self-synchronous Motors*. CRC Press, Boca Raton, FL.

Qishan, G. and Hongzhan, G. (1985). Effect of slotting in PM electric machines. *Elect. Mach. Power Syst.* 10(4), 273–284.

Parker, R.J. (1990). *Advances in Permanent Magnetism*. Wiley-Interscience, Hoboken, NJ.

Petrov, I. and Pyrhonen, J. (2013). Performance of low-cost permanent magnet material in PM synchronous machines. *IEEE Trans. Indust. Electron.* 60(6), 2131–2138.

Rahman, M.A. (2013). History of interior permanent magnet motors. *IEEE Indust. Appl. Mag.* **19** (1), 10–15.

Rahman, M.A. (2014). Status review of advances in hybrid electric vehicles. *General Meeting, IEEE PES*, http://docplayer.net/26036618-Status-review-of-advances-in-hybrid-electric-vehicles.html.

Rashid, M.H. (2004). *Power Electronics*, 3rd edn. Prentice-Hall, Upper Saddle River, NJ.

Rasmussen, K.F., Davies, J.H., Miller, T., McGelp, M., and Olaru, M. (2000). Analytical and numerical computation of air-gap magnetic fields in brushless motors with surface permanent magnets. *IEEE Trans. Indust. Appl.* 36(6), 1547–1554.

Roshen, W. (1991). Ferrite core loss for power magnetic components design. *IEEE Trans. Magnet.* 27(6), 4407–4415.

Sebastian, T. (1995). Temperature effects on torque production and efficiency of PM motors using NdFeB magnets. *IEEE Trans. Indust. Appl.* 31(2), 353–357.

Shin-Etsu Rare Earth Magnets. *Magnetic circuit analysis, SPM motor.* http://www.shinetsu-rare-earth-magnet.jp/e/circuit/index.html

Sitapati, K. and Krishnan, R. (2001). Performance comparisons of radial and axial field, permanent-magnet, brushless machines. *IEEE Trans. Indust. Appl.* 37(5), 1219–1226.

Slemon, G.R. and Liu, X. (1990). Core losses in permanent magnet motors. *IEEE Trans. Magnet.* 26(5), 1653–1655.

Toliyat, H.A. and Kliman, G.B. (Eds). (2004). *Handbook of Electric Motors.* CRC Press, Boca Raton, FL.

US Department of Energy (2014). *Premium efficiency motor selection and application guide,* DOE/GO-102014-4107. Washington DC.

Yang, Z., Shang, F., Brown, I.P., and Krishnamurthy, M. (2015). Comparative study of interior permanent magnet, induction, and switched reluctance motor drives for EV and HEV applications. *IEEE Trans. Transport. Electrif.* 1(3), 245–254.

Yeadon, W. H., and Yeadon, A. W. *Handbook of Small Electric Motors.* McGraw-Hill.

Zhu, J. G. and Ramsden, V. S. (1998). Improved formulations for rotational core losses in rotating electrical machines. *IEEE Trans. Magnet.* **34** (4), 2234–2242.

Zhu, Z. and Howe, D. (1992). Analytical prediction of the cogging torque in radial-field permanent magnet brushless motors. *IEEE Trans. Magnet.* **28**(2), 1371–1374.

第 2 章

电 机 建 模

在本章中，在简要介绍建模的一般情况后，回顾了永磁同步电机建模的不同方法，并描述了为控制目的对电机进行动态建模的必要性。提出了作为实际电机与数学模型之间中介的电机物理模型。在不同的参考坐标系（RF）中，包括静止相位变量、静止两轴、转子和定子磁链参考系的一系列永磁同步电机动态模型，以一种相当简洁的方式被呈现出来。此外，还考虑了电机在不同参考坐标系下的空间矢量模型。最后，还考虑了铁损和饱和度。

2.1 建模

建模，从广义上来说，可以被定义为通过类似的事物来呈现任何事物。通常可以通过建模用更简单和更容易理解的东西来表示实际的事物，同时保持原始的底层规范。因此，一个模型可以被看作是对过去或现在现实的一种假设抽象，或者是一种未来的现象或事件，以更好地传达它所代表的事物的基本原理和主要功能。

在现实世界中建模的主要特点是在没有检查或访问的情况下获得关于构造和性能的足够信息。一个模型永远不可能和它正在建模的东西一样，因为每个模型都有自己的假设和限制。因此，模型的准确性取决于它是否接近它想要呈现的事物。一个好的模型还必须能够提供对真实事物的深刻见解，并有助于研究潜力和可能性。从这个意义上说，模型是一种探索超越现有知识的现实的工具。从这个意义上讲，它可以被看作是一种创造知识的手段。

建模在不同的学科中有许多目的，通过各种各样的方法进行。仿真、原型和模拟可能包括一些类型的建模。在当今工程中，为了满足产品规格要求、提高产品质量和降低产品成本，建模是非常必要的。它增加了在实际系统上以最小的实际努力获得正确的产品或完全解决问题的机会。工程师建模与计算机仿真相结合，有助于在不可能出现硬件故障的情况下研究新思想；因此，它降低了实际系统中的故障风险。

系统的数学建模是当今工程学的一个重要组成部分。它首先通过提供一个物理模型来实现，在其基本结构和性能方面与真实系统相似。物理模型通常由形状、尺寸和所用材料的性质来表示。系统性能是系统一个或多个方面的状态，例如系统电气方面。在此基础上，确定了系统的基本变量和参数。然后，根据科学规律，通过控制系统行为的代数方程和微分方程将变量和参数联系起来。数学模型可以是静态模型，也可以是动态模型。静态模型表示系统处于稳态，动态模型表示系统状态的时间变化。静态模型用代数方程表示，而动态模型也包括微分方程。

通过考虑电机的不同方面，可以对电机进行数学建模。电机的电、机械、磁和热建模已经在电机分析、设计和控制中得到了应用。电机机电方面的动态建模是电机控制和动态性能分析的基础。电机的动态模型由一组代数和微分方程组成，这些方程与电压、电流、磁链、转矩、转速等有关。由于电机变量的时间常数很小，电机的动态性能相对于大多数动态系统来说是非常快的。因此，为了模拟电机的动态性能，必须对模型进行精细求解。在快速了解了电机的物理模型之后，这里详细阐述了永磁同步电机的动态建模。

2.2　永磁同步电机的物理模型

永磁同步电机是一个具有许多特性和规格的复杂系统。理想情况下，人们可以在设计电机控制系统时考虑所有这些特性和规格。然而，这既不是实现理想性能的必要条件，实现这样一个系统也不实际。原因很明显——控制系统的设计不应过分。事实上，系统的基本特征和规格应予以考虑，而其他可以被忽略。因此，简化电机的结构和性能，必须假设保持电机的基本行为准确，并将不重要的方面排除在建模之外。通过这样做，一个物理模型示意性地描述了一个电机。这一方面与实际电机能否满足建模的精度密切相关，另一方面又与数学模型能否保持可控性和可解性密切相关。

2.2.1　电机示意图

图2.1a、b分别描绘了两种常用的永磁同步电机的示意图，该电机有四个表贴式和内置式永磁磁极，以显示该电机的定子、转子和气隙。永磁同步电机的定子绕组在定子铁心周边的定子槽中呈正弦分布，具有120°位移，在稳态运行时产生平稳旋转磁场。因此，如图2.1所示，在物理模型中绕组轴作为三个静止轴固定到绕组中心，被a、b和c轴分开120°。此外，一个永磁磁极的轴，作为直轴用“d”表示，如图中表贴式永磁电机和内置式永磁电机所示。这条轴位于磁极整个长度的最大磁通密度点上，这是在磁极的中心。q轴与d轴呈90°，也显示在图中。所述轴固定在转子体上并随转子旋转。这两组a－b－c轴和d－q轴

分别称为相变量参考坐标系和转子参考坐标系，在永磁同步电机的动力学建模中起着重要的作用。

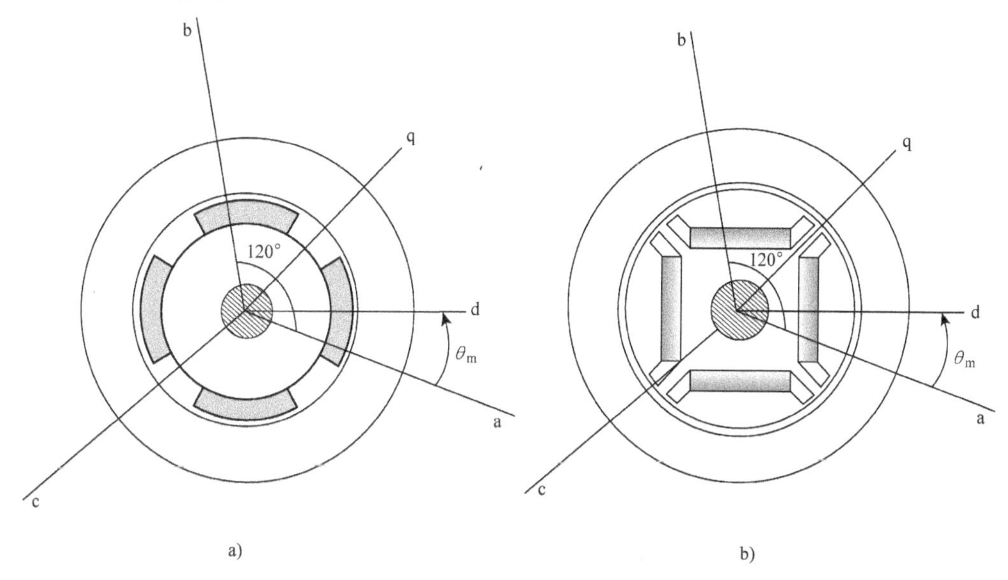

图2.1 具有a）表贴式磁极和b）内置式磁极的永磁同步电机示意图

2.2.2 建模假设

通过考虑以下假设推导出物理模型：

1）永磁同步电机的定子绕组在定子铁心周边的定子槽内呈正弦分布，在稳态运行时产生平稳旋转磁场。然而，定子槽谐波会使电机绕组产生的磁通畸变。它们在物理模型中被忽略。这意味着在物理模型中，假定定子绕组各相呈连续的正弦分布，使绕组电流在平衡稳态运行下产生一个定幅度恒速旋转磁场。槽谐波频率高，对电机基本动力学没有影响，证明了这一假设的正确性。

2）在变速驱动器中使用的开关电源在电机电流中提供开关谐波，并使绕组产生的磁通畸变。然而，在物理模型中假设电机是由一个没有开关谐波的驱动系统提供的。事实上，开关谐波的频率也比电机的角频率高得多，因此可以认为它们是通过绕组电感滤波的噪声。

3）尽管在大多数实际的电机中，磁通分布几乎是梯形的。在物理模型中，假设安装在转子表面或埋在转子铁心内的永磁磁极在电极气隙周围的磁通密度分布是正弦的（Hendershot 和 Miller，2010）。正弦磁通密度分布实际上可能是实际分布的基频分量。图2.2显示了一对磁极的两个磁通密度分布。d 和 q 轴也在图中显示。

4）铁损是由于磁滞和涡流现象造成的。这两个因素都取决于铁中磁通量的大小和供电频率。因此，在高速和高磁通电机中，相对于感应电机和绕线转子同步电机而言，这种损耗与电机的基本高效率相违背，这种高效率是由无转差损耗和转子绕组损耗所提供的。传统的永磁同步电机控制方法忽略了铁损，只关注基本的控制问题。因此，物理模型主要忽略了铁损。然而，为了实现高效率的驱动，需要对永磁同步电机驱动进行损耗最小化控制。这种类型的控制需要有铁损的电机模型。因此，这一模型将在本章中单独提出。

5）永磁同步电机是经过优化设计的电机，在特定的运行条件下，电机定、转子铁心的某些部位会发生磁饱和。饱和的程度和场合取决于许多因素，包括转子结构、用于转子磁极的永磁材料的类型等。采用高能永磁体的永磁同步电机，饱和概率较高。饱和可能会对传统控制系统下的永磁同步电机的动态性能产生不良后果。然而，物理模型一般忽略磁饱和。故而，本章将单独提出一个考虑饱和的电机模型。

6）在本章的建模中忽略了杂散损耗。这是由可以忽略不计的损耗和建模的复杂性所证明的。

7）考虑到前面的假设，在平衡稳态运行条件下，物理模型中假设了电机相绕组中的正弦诱发电磁场。在前面提到的条件下（Pillay 和 Krishnan，1989），这就产生了一个恒定而平滑的转矩。

上述假设虽然与实际情况或多或少有所不同，但为了简化数学建模，维护和反映永磁同步电机的基本结构和基本性能，需要考虑这些假设。

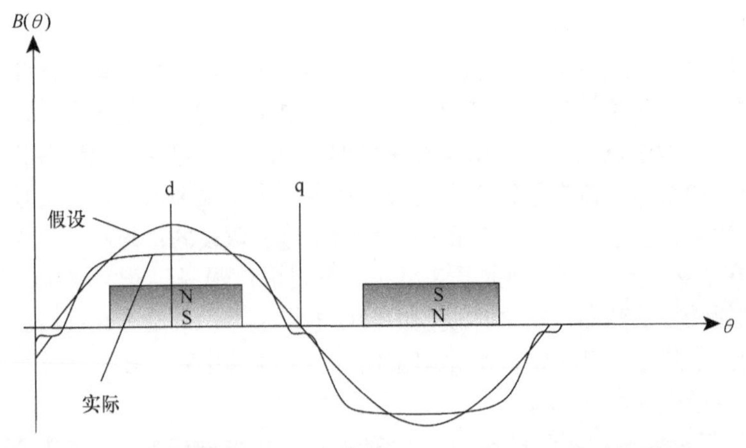

图 2.2　一对永磁磁极产生的气隙磁通密度分布的实际模式和假设模式

2.3　相变量模型

通过对传统绕线转子同步电机的数学模型进行修改，可以推导出永磁同步电机的数学模型。在永磁同步电机中，励磁是由永磁而不是直流磁场绕组提供的。因此，将场方程从电机模型中移除。在逆变馈电的永磁同步电机中也没有阻尼绕组。因此，永磁同步电机的电压和电流仅限于定子绕组的电压和电流，模型中没有转子方程。

2.3.1 相变量参考坐标系

电机的定子绕组以 120°位移分布在定子铁心外围的定子槽内。考虑到这一事实，一种方便的电机建模方法是考虑任意一组电机相变量，即三相参考坐标系上的相电压、电流或磁链，其轴为定子绕组 a、b 和 c 的磁轴。这个静止参考坐标系可以视为 a-b-c 参考坐标系、定子参考坐标系、相变量参考坐标系，如图 2.3（Krause，1986）所示。

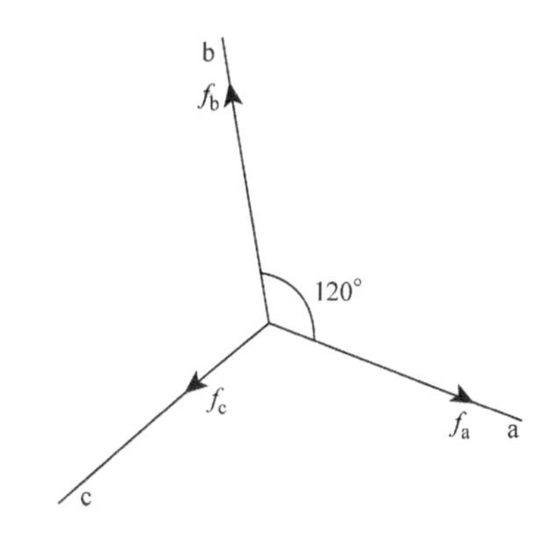

图 2.3 在定子参考坐标系中的电机相变量表示

在参考坐标系中显示了时域的三个电机变量f_a、f_b 和f_c 显示。这里，f 可以表示相电压、相电流或相磁链。必须强调的是，f_a、f_b 和f_c 不表示任何类型的矢量，例如空间矢量。它们不应该和相量混淆。根据这种表示方法，各相的电压、电流、磁链均表示在相位轴上。而且，一般来说，它们不是正弦信号，而是具有相同数量的电机三相信号，随时间任意变化。在特殊情况下，当电机在稳态条件下运行时，f_a、f_b 和f_c 表示对称三相正弦时变系统的变量。

2.3.2 相变量参考坐标系下的电机方程

与绕线转子同步电机模型相比，由任意三相电源供电的三相永磁同步电机的电压方程仅限于定子方程，用 a-b-c 静止参考坐标系表示（Krause 等，2013；Pillay 和 Krishnan，1989）。

$$\begin{bmatrix} v_a \\ v_b \\ v_c \end{bmatrix} = \begin{bmatrix} R_s & 0 & 0 \\ 0 & R_s & 0 \\ 0 & 0 & R_s \end{bmatrix} \begin{bmatrix} i_a \\ i_b \\ i_c \end{bmatrix} + p \begin{bmatrix} \lambda_a \\ \lambda_b \\ \lambda_c \end{bmatrix} \tag{2.3.1}$$

式中，p 是导数算子；R_s 是定子相绕组电阻；v_a、v_b、v_c，i_a、i_b、i_c 和 λ_a、λ_b、λ_c 分别为相绕组的电压、电流和磁链。这些方程通常是时变的。基于式（2.3.1），可以绘制出如图 2.4 所示的电机三相等效电路模型，其中相磁链的导数由每相等效感应电压 e_a、e_b 和 e_c 代替。

三个定子相磁链的每一个都由两个独立的磁链源提供，即定子电流和磁极。因此，磁链可以用矩阵形式表示为

$$\begin{bmatrix} \lambda_a \\ \lambda_b \\ \lambda_c \end{bmatrix} \begin{bmatrix} L_{aa} & M_{ab} & M_{ac} \\ M_{ba} & L_{bb} & M_{bc} \\ M_{ca} & M_{cb} & L_{cc} \end{bmatrix} \begin{bmatrix} i_a \\ i_b \\ i_c \end{bmatrix} + \lambda_m \begin{bmatrix} \cos\theta_r \\ \cos\left(\theta_r - \frac{2\pi}{3}\right) \\ \cos\left(\theta_r + \frac{2\pi}{3}\right) \end{bmatrix} \tag{2.3.2}$$

式中，λ_m 表示仅由磁极产生的一个相位的最大磁链，它取决于磁体的性质和电机的结构。因此，对于特定的电机，它是常数。自感 L_{aa}、L_{bb}、L_{cc}，互感 M_{ab}，M_{bc}，…，M_{ca}，取决于转子位置；θ_r 定义为转子极轴或转子 d 轴的电角度，从定子相轴的绕组 a 处开始：

$$\theta_r = P \cdot \theta_m \tag{2.3.3}$$

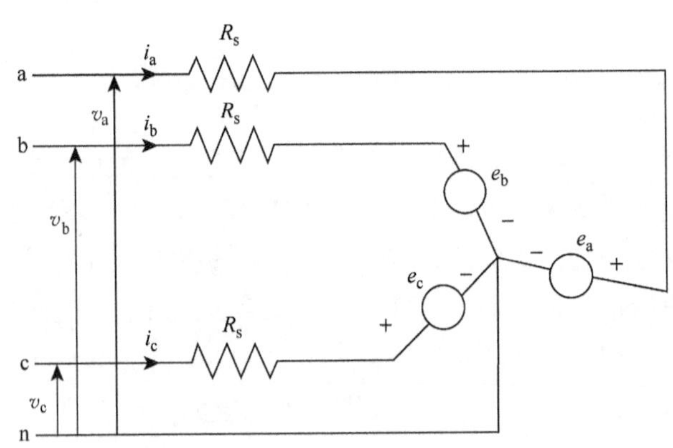

图 2.4　永磁同步电机三相等效电路模型

P 为极对数；θ_m 为转子极轴或转子 d 轴与定子相绕组 a 轴的机械角，如图 2.1 所示。自感和互感由 Kulkarni 和 Ehsani（1992）给出如下：

$$L_{aa} = L_1 + L_2\cos(2\theta_r) \tag{2.3.4}$$

$$L_{bb} = L_1 + L_2 \cos\left(2\theta_r + \frac{2\pi}{3}\right) \tag{2.3.5}$$

$$L_{cc} = L_1 + L_2 \cos\left(2\theta_r - \frac{2\pi}{3}\right) \tag{2.3.6}$$

$$M_{ab} = M_{ba} = -\frac{1}{2}L_1 + L_2 \cos\left(2\theta_r - \frac{2\pi}{3}\right) \tag{2.3.7}$$

$$M_{bc} = M_{cb} = -\frac{1}{2}L_1 + L_2 \cos(2\theta_r) \tag{2.3.8}$$

$$M_{ac} = M_{ca} = -\frac{1}{2}L_1 + L_2 \cos\left(2\theta_r + \frac{2\pi}{3}\right) \tag{2.3.9}$$

式中，L_1 为空间基本气隙磁链产生的电感分量；L_2 为转子位置依赖磁链产生的电感分量。因此，当转子没有失速时，电感通常是时变的。然而，电感的变化与施加的任意电压的时间变化没有任何关系。

将式（2.3.2）代入式（2.3.1），根据定子电流和磁体磁链得到电机电压方程为

$$\begin{bmatrix} v_a \\ v_b \\ v_c \end{bmatrix} = \begin{bmatrix} R_s & 0 & 0 \\ 0 & R_s & 0 \\ 0 & 0 & R_s \end{bmatrix}\begin{bmatrix} i_a \\ i_b \\ i_c \end{bmatrix} + p\begin{bmatrix} L_{aa} & M_{ab} & M_{ac} \\ M_{ba} & L_{bb} & M_{bc} \\ M_{ca} & M_{cb} & L_{cc} \end{bmatrix}\begin{bmatrix} i_a \\ i_b \\ i_c \end{bmatrix} + \lambda_m p\begin{bmatrix} \cos\theta_r \\ \cos\left(\theta_r - \frac{2\pi}{3}\right) \\ \cos\left(\theta_r + \frac{2\pi}{3}\right) \end{bmatrix} \tag{2.3.10}$$

电机的瞬时输入功率计算为

$$P_{in} = v_a i_a + v_b i_b + v_c i_c \tag{2.3.11}$$

输入功率的一小部分作为由铜、铁和杂散损耗组成的电损耗而耗散。这里忽略了杂散损耗。正如它在物理建模中提到的，具有相当可接受的近似。定子铁损也将暂时忽略，但将在本章后面加以考虑。因此，考虑电机绕组损耗 P_{Cu}，电磁功率表示为

$$P_{el} = P_{in} - P_{Cu} \tag{2.3.12}$$

忽略物理模型中转子铁损，由于转子中没有铜损，上述功率完全转换为机械功率。因此，电机的电磁转矩

$$T_e = \frac{P_{el}}{\omega_m} \tag{2.3.13}$$

式中，ω_m 是电机的机械角速度，它对应于电角速度 ω_r 和电机极对数 P，有

$$\omega_m = \omega_r / P \tag{2.3.14}$$

2.4　两相静止轴系模型

在三相交流电机中，电机绕组在平衡运行条件下发挥相同的作用。另外，与直流电机不同，定子和转子往往有助于气隙磁通。因此，电机的相位变量模型可能不是分离转矩控制和磁链控制的最佳模型。幸运的是，为了完成这一工作，交流电机在静止和旋转参考坐标系中的两相理论已经被发展起来。本节介绍静止参考坐标系中的电机模型，旋转参考坐标系将在其他部分介绍。

2.4.1　两相静止参考坐标系

可以从数学上推导出三绕组电机的等效双绕组电机（Krause，1986）。图 2.5所示的这种虚构的双绕组电机在电机分析和控制系统设计中特别有用。

等效电机的性能与原三相永磁同步电机相同。另外，电机的转子与原电机的转子相同。然而，虚拟电机的定子有两个绕组，它们的轴距为 90°，在定子槽中呈正弦分布。这两个绕组可称为静止直绕组和交绕组。虚拟电机可以建模在一个与两个绕组的磁轴一起固定在电机定子的两相参考坐标系上。因此，两个轴相互垂直，称为 D－Q 轴，如图 2.5 所示。

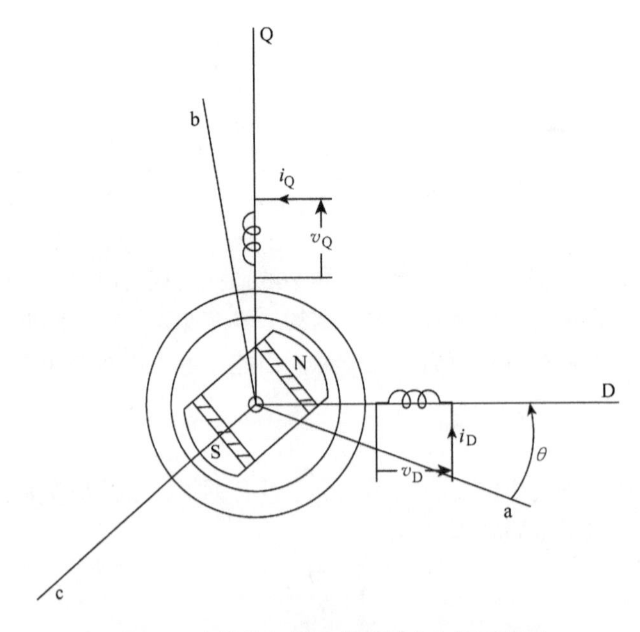

图 2.5　虚构的双绕组永磁同步电机原理图

2.4.2　向两相静止参考坐标系的模型变换

一个 D－Q 参考坐标系和一个 a－b－c 参考坐标系如图 2.6 所示。参考图 2.6，相变量f_a、f_b和f_c可以映射到一个 D－Q 轴，分别得到虚拟变量f_D和f_Q。这些变量一般可以表示任意的双绕组虚拟电机的时变电压、电流或磁链。D 和 Q 变量的时变取决于f_a、f_b和f_c的时变。图 2.6 特别显示了在 D 轴上映射 a－b－c变量以获得f_D的过程。它是通过将f_a、f_b和f_c投影到 D 轴上，然后将投影的分量相加得到的。也可以通过执行同样的操作来获得f_Q。

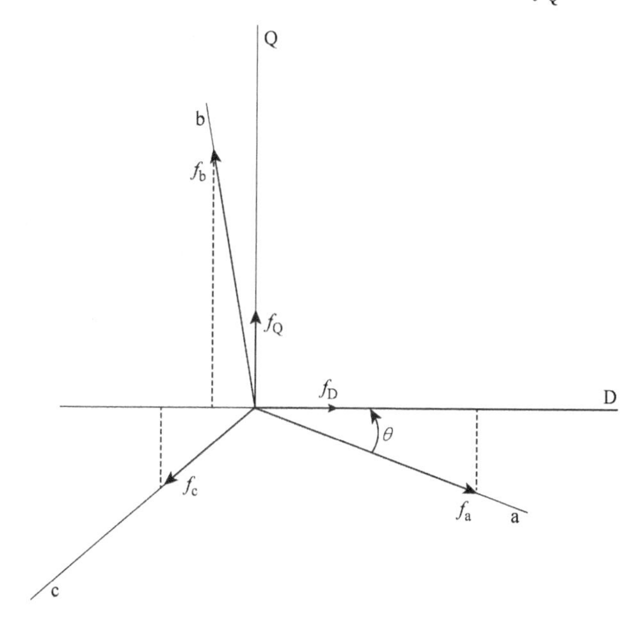

图 2.6　从三相静止（a－b－c）到两相静止（D－Q）参考坐标系的系统变换

这种参考坐标系变换需要对三相静止参考坐标系和两相静止参考坐标系之间的夹角有精确的了解，即从 a 轴到 D 轴的角度 θ。知道了这个角度，就可以用如下矩阵形式的方程进行数学变换：

$$\begin{bmatrix} f_D \\ f_Q \\ f_O \end{bmatrix} = \boldsymbol{K} f_{abc} = \frac{2}{3}\begin{bmatrix} \cos\theta & \cos\left(\theta - \frac{2\pi}{3}\right) & \cos\left(\theta + \frac{2\pi}{3}\right) \\ -\sin\theta & -\sin\left(\theta - \frac{2\pi}{3}\right) & -\sin\left(\theta + \frac{2\pi}{3}\right) \\ \frac{1}{2} & \frac{1}{2} & \frac{1}{2} \end{bmatrix}\begin{bmatrix} f_a \\ f_b \\ f_c \end{bmatrix} \quad (2.4.1)$$

为了保证矩阵的对称性，在变换中使用了一个虚构变量 f_O，通过对式（2.4.1）中的 3×3 变换矩阵求逆，使从 D－Q 参考坐标系反变换回 a－b－c

参考坐标系成为可能。这有时被称为零分量，可视为垂直于 D－Q 参考坐标系平面。零分量与 θ 无关。这一分量将为 0，如果：

$$f_a + f_b + f_c = 0 \tag{2.4.2}$$

对于无中性点的星形联结三相绕组和三角形联结三相绕组的变量也是如此。然后建立了真正的两相静止参考坐标系模型。

从 D－Q 参考坐标系到 a－b－c 参考坐标系的反向变换可以通过下式实现：

$$\begin{bmatrix} f_a \\ f_b \\ f_c \end{bmatrix} = \boldsymbol{K}^{-1} f_{DQO} = \begin{bmatrix} \cos\theta & -\sin\theta & 1 \\ \cos\left(\theta - \frac{2\pi}{3}\right) & -\sin\left(\theta - \frac{2\pi}{3}\right) & 1 \\ \cos\left(\theta + \frac{2\pi}{3}\right) & -\sin\left(\theta + \frac{2\pi}{3}\right) & 1 \end{bmatrix} \begin{bmatrix} f_D \\ f_Q \\ f_O \end{bmatrix} \tag{2.4.3}$$

通常在 a 轴的直线上选定 D 轴，即在式（2.4.1）中 $\theta = 0$。事实上，这种特殊情况经常用于 a－b－c 到 D－Q 变换，以简化计算。

如果将式（2.4.1）中的通用变量 f 替换为电压符号 v，则式（2.4.1）将进行从 a－b－c 参考坐标系到 D－Q 参考坐标系的电压变换。这种变换可应用于式（2.3.1）的电压方程，方法是将方程两边乘以式（2.4.1）的相变量的矩阵因子，即 $\boldsymbol{K}$。两相静止参考坐标系的一对电压方程为

$$v_D = R_s i_D + p\lambda_D \tag{2.4.4}$$

$$v_Q = R_s i_Q + p\lambda_Q \tag{2.4.5}$$

式中，电压、电流和磁链分量均在 D－Q 参考坐标系中。

根据式（2.4.4）和式（2.4.5），可以画出两部分等效电路，将 D－Q 模型可视化如图 2.7 所示。

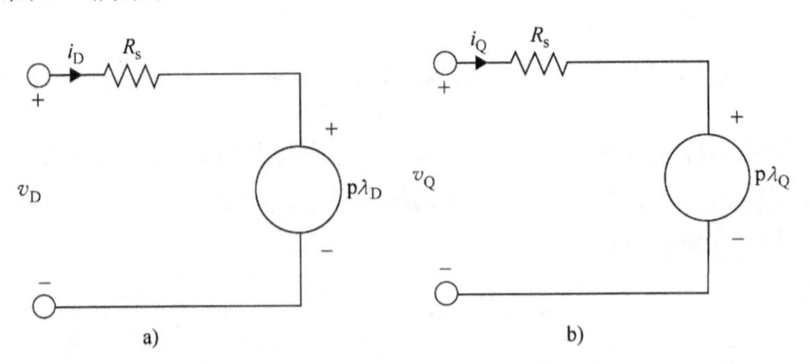

图 2.7 永磁同步电机在两相静止参考坐标系中的等效电路模型：a）D 轴电路；b）Q 轴电路

这是参考坐标系中等效电路的一个有趣的特点，D 轴和 Q 轴电路是分开画的，就像直流电机，其励磁电路和电枢电路是分开的电路。然而，在这个推导中，每个磁链分量都取决于两个电流分量。因此，两个电路之间存在耦合。

D－Q 参考坐标系中的电机瞬时输入功率必须等于式（2.3.11）的瞬时输入功率，可以由下式获得：

$$P_{in}=\frac{3}{2}(v_D i_D+v_Q i_Q+2v_O i_O) \tag{2.4.6}$$

式中，D 轴和 Q 轴电压和电流分量由式（2.4.1）求得。如果式（2.4.2）成立，则第三项消失。

在与求取 a－b－c 参考坐标系中的电磁功率相同的假设下，可根据图 2.7 求出 D－Q 参考坐标系中的电磁功率。不考虑图 2.7 所示电路中 R_s 中出现的铜损，剩余功率通过能量转换过程转换为电磁功率。因此，电磁功率表示为

$$P_{el}=\frac{3}{2}(i_Q \mathrm{p}\lambda_Q+i_D \mathrm{p}\lambda_D) \tag{2.4.7}$$

由稳态方程式（2.4.4）和式（2.4.5）可知

$$P_{el}=\frac{3}{2}\omega_r[\lambda_D i_Q-\lambda_Q i_D] \tag{2.4.8}$$

使用式（2.3.13）和式（2.3.14），电磁转矩为

$$T_e=\frac{3}{2}P(\lambda_D i_Q-\lambda_Q i_D) \tag{2.4.9}$$

虽然这里用式（2.4.4）和式（2.4.5）在稳态下得到式（2.4.9），但可以看出，在暂态条件下，转矩方程也是成立的。

在电机的稳态运行下，相变量形成了一个恒定幅值 F 和恒定角频率 ω_e 的平衡三相正弦系统

$$f_a=F\cos\omega_e t \tag{2.4.10}$$

$$f_b=F\cos(\omega_e t-2\pi/3) \tag{2.4.11}$$

$$f_c=F\cos(\omega_e t+2\pi/3) \tag{2.4.12}$$

则在相位差为 $\pi/2$ 时，D 分量和 Q 分量为相同幅值和角频率的正弦信号

$$f_D=F\cos(\omega_e t+\theta) \tag{2.4.13}$$

$$f_Q=-F\sin(\omega_e t+\theta) \tag{2.4.14}$$

在特殊情况下，当两个参考坐标系之间没有夹角时，即 $\theta=0$，则式（2.4.13）和式（2.4.14）简化为

$$f_D=F\cos(\omega_e t) \tag{2.4.15}$$

$$f_Q=-F\sin(\omega_e t) \tag{2.4.16}$$

2.5 转子参考坐标系模型

两相静止参考坐标系中的电机模型与相变量模型一样，存在参数随时间变化的问题。这些变化使控制系统设计变得复杂。时间变化可以通过将模型转换为固定在电机转子上的旋转参考坐标系的两相模型来补偿（Krause，1986）。这个参考坐标系中的模型参数作为模型的主要特征和其他模型特征是恒定的。

2.5.1 向转子参考坐标系变换

转子参考坐标系有两个固定在转子上的正交轴，包括与转子永磁磁极的磁轴对齐的纵轴（d 轴），它通常位于磁极的中心，在磁体内部具有从磁体的南磁极到北磁极的正方向并且正交垂直于 d 轴的交轴（q 轴），即在 2.2 节物理模型中提到的转子旋转方向上，d 轴超前 90°。

图 2.8 显示了从两相 D－Q 静止参考坐标系到转子参考坐标系的系统变换，通过可视化的过程来确定f_d。首先，这是通过投影f_D 和f_Q 到 d 轴来完成的。然后，将投影在该轴上的两个分量的代数求和得出f_d 的值。对 q 轴采用类似的方法得到f_q。图 2.8 中的空间角 θ_d 是转子从两相静止参考坐标系到转子参考坐标系旋转方向上的夹角。它取决于转子转速和角度初始值。

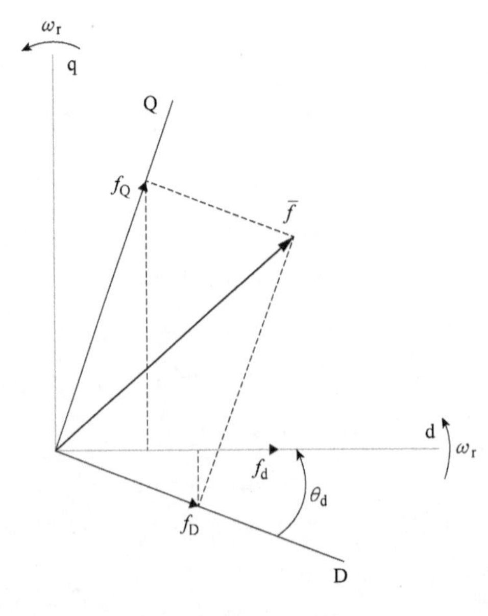

图 2.8 从两相静止（D－Q）参考坐标系到转子（d－q）参考坐标系的系统变换

这个变换是通过如下矩阵方程在数学上进行的：

$$\begin{bmatrix} f_\mathrm{d} \\ f_\mathrm{q} \end{bmatrix} = \begin{bmatrix} \cos\theta_\mathrm{d} & \sin\theta_\mathrm{d} \\ -\sin\theta_\mathrm{d} & \cos\theta_\mathrm{d} \end{bmatrix} \begin{bmatrix} f_\mathrm{D} \\ f_\mathrm{Q} \end{bmatrix} \tag{2.5.1}$$

式中

$$\theta_\mathrm{d} = \int_0^t \omega_\mathrm{r} \mathrm{d}t + \theta_\mathrm{d0} \tag{2.5.2}$$

θ_d0为两个参考坐标系的初始夹角。反变换如下：

$$\begin{bmatrix} f_\mathrm{D} \\ f_\mathrm{Q} \end{bmatrix} = \begin{bmatrix} \cos\theta_\mathrm{d} & -\sin\theta_\mathrm{d} \\ \sin\theta_\mathrm{d} & \cos\theta_\mathrm{d} \end{bmatrix} \begin{bmatrix} f_\mathrm{d} \\ f_\mathrm{q} \end{bmatrix} \tag{2.5.3}$$

另一种变换是将电机模型从三相静止 a-b-c 参考坐标系直接变换到两相旋转参考坐标系。图2.9通过可视化f_d 计算过程显示了该变换。这首先是通过将f_a、f_b 和f_c 投射到 d 轴上完成的。然后，投射到这个轴上的所有三个分量的代数求和给出f_d 的值。对 q 轴采用类似的方法可以得到f_q。空间角 θ_r 为静止 a-b-c 参考坐标系“a”相和转子参考坐标系 d 轴之间的电气角。它取决于转子转速和角度的初始值。

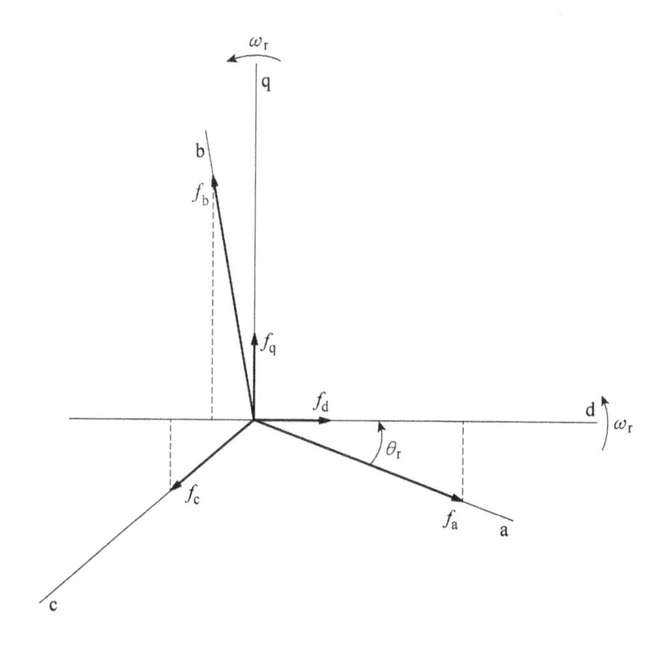

图2.9 三相静止参考坐标系（a-b-c）到转子参考坐标系（d-q）的系统变换

利用著名的 Park 变换对所述的变换过程进行数学求解，如图 2.9 所示（Krause，1986；Rahman 和 Zhou，1996）。用矩阵形式表示如下：

$$\begin{bmatrix} f_d \\ f_q \\ f_o \end{bmatrix} = \boldsymbol{P} f_{abc} = \frac{2}{3} \begin{bmatrix} \cos\theta_r & \cos\left(\theta_r - \frac{2\pi}{3}\right) & \cos\left(\theta_r + \frac{2\pi}{3}\right) \\ -\sin\theta_r & -\sin\left(\theta_r - \frac{2\pi}{3}\right) & -\sin\left(\theta_r + \frac{2\pi}{3}\right) \\ \frac{1}{2} & \frac{1}{2} & \frac{1}{2} \end{bmatrix} \begin{bmatrix} f_a \\ f_b \\ f_c \end{bmatrix} \tag{2.5.4}$$

式中，f可以是相电压、相电流或相磁链；3×3 矩阵为变换矩阵。电气角 θ_r 可求得为

$$\theta_r = \int_0^t \omega_r \mathrm{d}t + \theta_0 \tag{2.5.5}$$

式中，ω_r 为瞬时电转子转速；θ_0 为 $t=0$ 时电气角 θ_r 的初值。由于需要进行从 d－q 参考坐标系到 a－b－c 参考坐标系的反向变换，因此在式（2.5.4）中考虑第三个轴f_o，垂直于 d－q 轴平面，并通过相同元素的变换矩阵的第三行与f_{abc}相关。通过这种方式，变换矩阵将是一个平方矩阵，因此是可逆的。

对于任意的 a、b 和 c 信号，从 d－q 参考坐标系到 a－b－c 参考坐标系的变换可以通过下式实现：

$$\begin{bmatrix} f_a \\ f_b \\ f_c \end{bmatrix} = \boldsymbol{P}^{-1} f_{dqo} = \begin{bmatrix} \cos\theta_r & -\sin\theta_r & 1 \\ \cos\left(\theta_r - \frac{2\pi}{3}\right) & -\sin\left(\theta_r - \frac{2\pi}{3}\right) & 1 \\ \cos\left(\theta_r + \frac{2\pi}{3}\right) & -\sin\left(\theta_r + \frac{2\pi}{3}\right) & 1 \end{bmatrix} \begin{bmatrix} f_d \\ f_q \\ f_o \end{bmatrix} \tag{2.5.6}$$

在无中性点接地的三相星形联结电路或实践中常见的三角形联结电路中，存在着这种情况

$$f_a + f_b + f_c = 0 \tag{2.5.7}$$

因此，零分量f_o 就消失了。

值得强调的是，当 a、b 和 c 三个变量为非平衡三相正弦信号时，d、q 变量一般为时变信号。然而，在电机的稳态运行下提供了有趣的结果，其中 d 和 q 变量减少为直流信号，这将在本节的末尾讨论。这是转子参考坐标系的一个重要特征。但现在，首先提出了一般运行模式下的模型。

2.5.2 转子参考坐标系下的电机方程

将定子电压方程式（2.3.1）两侧的变换矩阵相乘，并且利用式（2.5.4），可以得到转子参考坐标系的电压方程如下（Pillay 和 Krishnan，1989）：

$$v_d = R_s i_d + \mathrm{p}\lambda_d - \omega_r \lambda_q \tag{2.5.8}$$

$$v_q = R_s i_q + \mathrm{p}\lambda_q + \omega_r \lambda_d \tag{2.5.9}$$

式中，v_d 和 v_q 分别为 d 轴和 q 轴定子电压；i_d 和 i_q 分别为 d 轴和 q 轴定子电流；λ_d 和 λ_q 分别为 d 轴和 q 轴定子磁链。将转子参考坐标系的电压方程与两相静止参考坐标系的电压方程［（式2.4.4）和式（2.4.5）］进行比较，可以看出转速电压 $\omega_r\lambda_d$ 和 $\omega_r\lambda_q$ 是与前一组方程有关的。它们是由于定子绕组和参考坐标系之间的相对旋转，其中绕组电压方程被提出。它们沿每个轴由另一轴的磁通分量感应产生。事实上，速度电压与预期的磁链分开 90°。

在详细推导式（2.5.8）和式（2.5.9）时，得到磁链的 d 轴分量和 q 轴分量

$$\lambda_d = L_d i_d + \lambda_m \tag{2.5.10}$$

$$\lambda_d = L_q i_q \tag{2.5.11}$$

式中，L_d 和 L_q 分别为 d 轴电感和 q 轴电感。电感基本是恒定的。如果完全展开式（2.5.8）和式（2.5.9），可以从数学上证明这一点。从定性的角度来说，a－b－c参考坐标系中的 L_{aa}、L_{bb}、L_{cc} 和 M_{ab}、M_{bc}、…、M_{ca} 变化是由于转子旋转，d－q 参考坐标系本身也随着转子旋转。因此，a－b－c 参考坐标系电感的变化在参考坐标系变换过程中被转子参考坐标系的旋转抵消。换句话说，通过补偿其变化的原因，即转子和 a－b－c 参考坐标系之间的相对旋转，电感的变化被抵消了。

回顾式（2.5.10）和式（2.5.11），d 轴和 q 轴电感由式（2.3.4）~式（2.3.9）的电感分量 L_1 和 L_2 表示为

$$L_d = \frac{3}{2}(L_1 + L_2) \tag{2.5.12}$$

$$L_q = \frac{3}{2}(L_1 - L_2) \tag{2.5.13}$$

可见，磁链的每个分量都是由其自身轴上的电流分量产生的。更具体地说，λ_d 取决于 i_d 和 λ_m，而 λ_q 只取决于 i_q。在 d－q 参考坐标系中电机的矢量图如图 2.10所示，显示了电机定子电压、电流和磁链矢量及其分量。

将式（2.5.10）和式（2.5.11）中的磁链分量代入式（2.5.8）和式（2.5.9），根据 d 轴和 q 轴电流分量即可得到转子参考坐标系中的电机电压方程

$$v_d = R_s i_d + L_d \mathrm{p} i_d - \omega_r L_q i_q \tag{2.5.14}$$

$$v_q = R_s i_q + L_q \mathrm{p} i_q + \omega_r L_d i_d + \omega_r \lambda_m \tag{2.5.15}$$

基于这些方程，转子参考坐标系中的电机等效电路模型如图 2.11 所示（Sebastian 等，1986）。

从图 2.11 中可以明显看出，转子参考坐标系的电机模型具有与参考坐标系的 d 轴和 q 轴相对应的两个独立电路的特点。这类似于分离出励磁直流电机的等

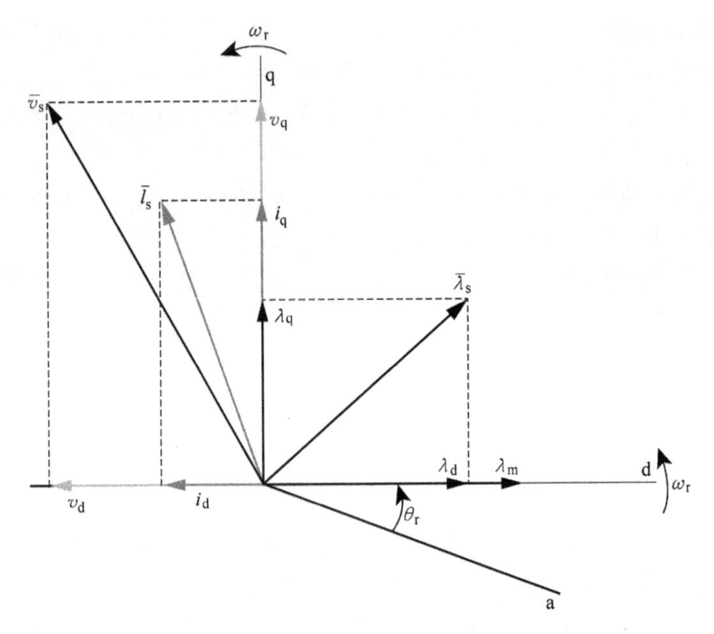

图 2.10　永磁同步电机矢量图

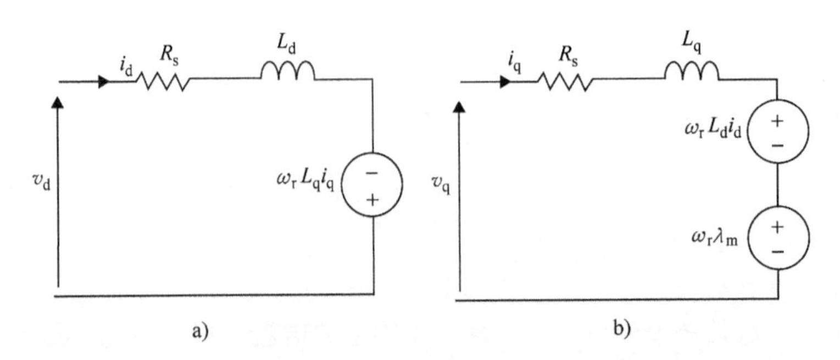

图 2.11　永磁同步电机在转子参考坐标系 a）d 轴电路和 b）q 轴电路中的等效电路模型

效电路，其中磁场和电枢电路是分开的。然而，在永磁同步电机模型中，d 轴和 q 轴电路通过电压方程式（2.35）和式（2.36）中的转速电压实现相互耦合，因为沿轴的电压分量不仅取决于沿其相应轴的电流分量，也取决于另一个轴的电流分量。

将式（2.3.11）中的相变量代入相应的 d 轴和 q 轴分量，即可得到在转子参考坐标系中永磁同步电机电动运行时的瞬时输入功率

$$P_{\text{in}}=\frac{3}{2}(\nu_{\text{d}}i_{\text{d}}+\nu_{\text{q}}i_{\text{q}}+2v_{\text{o}}i_{\text{o}}) \tag{2.5.16}$$

当满足式（2.5.7）时，第三项消失。除去在 R_s 中发生的铜损，剩余的功

率通过能量转换过程转换为电磁功率。因此，电磁功率用d轴和q轴等效电路中的转速电压与相应电路电流的乘积表示为

$$P_{\mathrm{el}}=\frac{3}{2}\omega_{\mathrm{r}}(\lambda_{\mathrm{d}}i_{\mathrm{q}}-\lambda_{\mathrm{q}}i_{\mathrm{d}}) \tag{2.5.17}$$

注意，系数3/2也出现在这个方程中。此外，机械功率P_{m}等于电磁功率，减去转子的电磁损耗。如果转子铁心和永磁材料中的磁极没有损耗，或者如果这些损耗被考虑在本章末尾讨论的总铁损中，则$P_{\mathrm{m}}=P_{\mathrm{el}}$。电磁功率可以看作是电磁转矩和电机机械转速的乘积。因此，使用式（2.3.13）~式（2.3.14），电磁转矩表示为

$$T_{\mathrm{e}}=\frac{3}{2}P(\lambda_{\mathrm{d}}i_{\mathrm{q}}-\lambda_{\mathrm{q}}i_{\mathrm{d}}) \tag{2.5.18}$$

用式（2.5.10）和式（2.5.11）代入式（2.5.18）中的d和q轴磁链，得到

$$T_{\mathrm{e}}=\frac{3}{2}P[\lambda_{\mathrm{m}}+(L_{\mathrm{d}}-L_{\mathrm{q}})i_{\mathrm{d}}]i_{\mathrm{q}} \tag{2.5.19}$$

在某种意义上，这是永磁同步电机最重要的方程，值得详细考虑。首先，它与d轴和q轴电流以及λ_{m}、L_{d}、L_{q}、P四个电机参数有关，与转速无关。它还包括两个部分，即磁体转矩和磁阻转矩。磁体转矩表示为

$$T_{\mathrm{m}}=\frac{3}{2}P\lambda_{\mathrm{m}}i_{\mathrm{q}} \tag{2.5.20}$$

它是i_{q}的线性函数，与d轴和q轴电感无关。磁阻转矩表示为

$$T_{\mathrm{r}}=\frac{3}{2}P(L_{\mathrm{d}}-L_{\mathrm{q}})i_{\mathrm{d}}i_{\mathrm{q}} \tag{2.5.21}$$

一般来说，这是一个非线性函数，取决于i_{d}和i_{q}。此外，电机的电感差是电机磁凸极性的结果，在转矩分量中起着重要的作用。在具有非表贴式磁极的永磁同步电机中，存在$L_{\mathrm{q}}>L_{\mathrm{d}}$，如果$i_{\mathrm{d}}$为负，则产生正磁阻转矩。然而，一个正的$i_{\mathrm{d}}$有助于减少电磁转矩，在正常的电机运行中通常是需要避免。因此，定义ρ为

$$\rho=\frac{L_{\mathrm{q}}}{L_{\mathrm{d}}} \tag{2.5.22}$$

ρ在电机性能中起着重要的作用，并被视为原动机设计参数：ρ越大，表示磁阻转矩越大。机械转矩为

$$T_{\mathrm{m}}=\frac{P_{\mathrm{m}}}{\omega_{\mathrm{m}}} \tag{2.5.23}$$

这与转子无电磁损耗时的电磁转矩相同。现在，我们来介绍转子参考坐标系中永磁同步电机的稳态模型。回想一下，在稳态运行时，永磁同步电机的相变量为式（2.4.10）~式（2.4.12）中的变量。同时，转子转速没有任何瞬变现象，

在与所供电电压角频率相等的同步转速下保持恒定，即

$$\omega_{\mathrm{r}} = \omega_{\mathrm{e}} \tag{2.5.24}$$

因此，变换提供常数 d 和 q 分量为

$$f_{\mathrm{d}} = F\cos\theta_0 \tag{2.5.25}$$

$$f_{\mathrm{q}} = -F\sin\theta_0 \tag{2.5.26}$$

事实上，由于式（2.5.4），a－b－c 变量的正弦时间变化可以通过 d－q 参考坐标系的旋转来补偿。此外，在 $t=0$，$\theta_0=0$ 的特殊情况下，当两个参考坐标系之间没有初始角时，则式（2.5.25）和式（2.5.26）可简化为

$$f_{\mathrm{d}} = F,\ f_{\mathrm{q}} = 0 \tag{2.5.27}$$

表示在 a－b－c 参考坐标系中任何对称的三相信号系统在 d－q 参考坐标系中减少为单个以同步速度与转子旋转的直流信号。这极大地简化了电机稳态模型。在实际应用中，得到了随时间变化的电机稳态电压方程，删除了式（2.5.8）~式（2.5.9）中的磁链和电流分量。得到以下方程：

$$v_{\mathrm{d}} = R_{\mathrm{s}} i_{\mathrm{d}} - \omega_{\mathrm{r}} \lambda_{\mathrm{q}} i_{\mathrm{q}} \tag{2.5.28}$$

$$v_{\mathrm{q}} = R_{\mathrm{s}} i_{\mathrm{q}} \omega_{\mathrm{r}} \lambda_{\mathrm{m}} \tag{2.5.29}$$

磁链方程式（2.5.10）和式（2.5.11）仍然有效。因此，利用上述方程，稳态电压分量可用电流分量表示为

$$v_{\mathrm{d}} = R_{\mathrm{s}} i_{\mathrm{d}} - \omega_{\mathrm{r}} L_{\mathrm{q}} i_{\mathrm{q}} \tag{2.5.30}$$

$$v_{\mathrm{q}} = R_{\mathrm{s}} i_{\mathrm{q}} + \omega_{\mathrm{r}} L_{\mathrm{d}} i_{\mathrm{d}} + \omega_{\mathrm{r}} \lambda_{\mathrm{m}} \tag{2.5.31}$$

根据式（2.5.30）~式（2.5.31）给出了等效电路模型，如图 2.12 所示（Sebastian 等，1986）。

在稳态下，功率和转矩方程式（2.5.16）~式（2.5.19）也成立。同时，得到电机的功率因数为

$$PF = \cos(\gamma - \alpha) = \frac{1}{\sqrt{1 + \left[\dfrac{L_{\mathrm{q}} i_{\mathrm{q}}^2 + \lambda_{\mathrm{m}} i_{\mathrm{d}} + L_{\mathrm{d}} i_{\mathrm{d}}^2}{\lambda_{\mathrm{m}} i_{\mathrm{q}} + (L_{\mathrm{d}} - L_{\mathrm{q}}) i_{\mathrm{d}} i_{\mathrm{q}}}\right]^2}} \tag{2.5.32}$$

式中，γ 和 α 分别为电压矢量和电流矢量的角度。

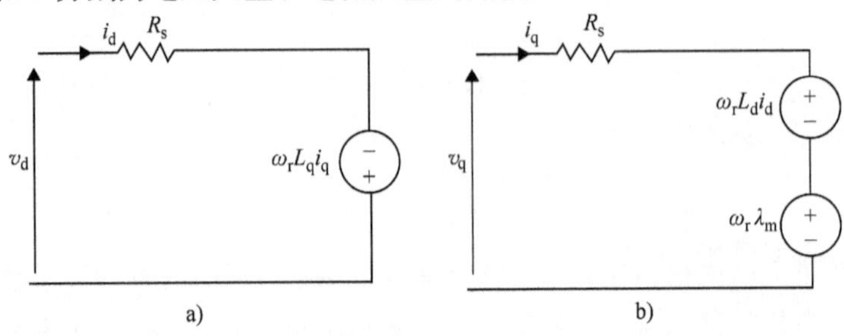

图 2.12　转子参考坐标系中永磁同步电机稳态等效电路模型：a）d 轴电路；b）q 轴电路

2.6 定子磁链参考坐标系模型

电机模型可以用旋转参考坐标系来表示，而不是转子参考坐标系。一个这样的参考坐标系是固定在定子磁链空间矢量上的两相旋转参考坐标系。

2.6.1 向定子磁链参考坐标系变换

转子参考坐标系中的定子磁链矢量分别用式（2.5.10）和式（2.5.11）表示为d轴分量 λ_d 和 q 轴分量 λ_q。这些是定子磁链空间矢量 $\bar{\lambda}_s$ 的分量，如图2.13中的转子参考坐标系所示。标量 λ_s 和矢量相对于d轴的角度 δ 表示为

$$\lambda_s = \sqrt{\lambda_d^2 + \lambda_q^2} \tag{2.6.1}$$

$$\delta = \tan^{-1}\frac{\lambda_q}{\lambda_d} \tag{2.6.2}$$

这个角度，实际上是定子磁链矢量和转子永磁磁链矢量之间的角度（或所谓的负载角），只有在稳态条件下，当转子和定子磁链矢量以相同的同步转速旋转时，才是恒定的。必须注意的是定子磁链是由定子绕组电流和转子永磁磁极提供的。

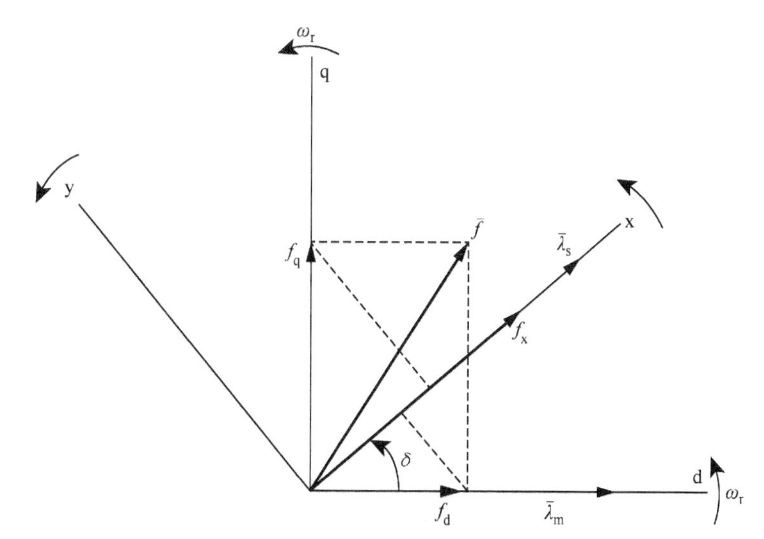

图2.13 从转子（d－q）参考坐标系到定子磁链（x－y）参考坐标系的系统变换

定子磁链参考坐标系现在被引入为x－y参考坐标系，其d轴x与定子磁链空间矢量一致，其q轴y与x轴垂直。根据这些假设，很明显，在这个参考坐标系中

$$\lambda_x = \lambda_s \tag{2.6.3}$$

$$\lambda_y = 0 \tag{2.6.4}$$

已知δ，就可以得到任何 d 和 q 分量，如电压、电流或从 d－q 参考坐标系到 x－y 参考坐标系的磁链。只需将 d 和 q 分量投影到每个 x 轴和 y 轴上即可得到信号的 x 和 y 分量。d－q 到 x－y 参考坐标系变换的过程如图 2.13 所示，只得到 x 轴分量。y 轴以类似的方式得到。这个变换从数学上可以用如下一个简单的矩阵计算来实现：

$$\begin{bmatrix} f_x \\ f_y \end{bmatrix} = \begin{bmatrix} \cos\delta & \sin\delta \\ -\sin\delta & \cos\delta \end{bmatrix} \begin{bmatrix} f_d \\ f_q \end{bmatrix} \tag{2.6.5}$$

式中，f可以为任何变量，如电压、电流或磁链。在式（2.6.5）中的 2×2 变换矩阵是通过按照前面描述的 d 和 q 分量在 x 轴和 y 轴上的投影得到的。

2.6.2　定子磁链参考坐标系下的电机方程

将前面提到的参考坐标系变换应用于 d－q 参考坐标系中的电机电压方程，得到 x－y 参考坐标系中的电压方程如下：

$$v_x = R_s i_x + p\lambda_x \tag{2.6.6}$$

$$v_y = R_s i_y + \omega_s \lambda_x \tag{2.6.7}$$

式中，v_x 和 v_y 分别为 x 轴和 y 轴定子电压；i_x 和 i_y 分别为 x 轴和 y 轴定子电流；λ_x 为 x 轴定子磁链；ω_s 定义为

$$\omega_s = p\delta_s \tag{2.6.8}$$

$$\delta_s = \delta + \theta_r \tag{2.6.9}$$

模型中 δ_s 的存在是因为 x－y 参考坐标系总是通过 δ_s 与定子绕组分离，而不是通过 θ_r，转子参考坐标系的情况也是如此。将 x－y 参考坐标系的电压方程与转子参考坐标系的电压方程式（2.5.8）和式（2.5.9）进行比较，可以看到沿 x 轴没有转速电压，在 y 轴上没有动力学项。这都是由于 $\lambda_y = 0$ 这一事实。因此，与转子参考坐标系相比，这个参考坐标系中涉及的电压方程更少。然而，转速电压是由另一轴的磁链分量沿 y 轴感应的。事实上，转速电压与磁链成 90°。

从 x－y 参考坐标系返回到 d－q 参考坐标系的反向参考坐标系变换可以通过将式（2.6.5）的两边乘以变换矩阵的逆来执行，得到

$$\begin{bmatrix} f_d \\ f_q \end{bmatrix} = \begin{bmatrix} \cos\delta & -\sin\delta \\ \sin\delta & \cos\delta \end{bmatrix} \begin{bmatrix} f_x \\ f_y \end{bmatrix} \tag{2.6.10}$$

转矩方程（2.5.19）可以在 x－y 参考坐标系中表示，通过将 d 轴和 q 轴电流分量代入 x 轴和 y 轴分量，然后进行上述一般变换能获得

$$T_e = \frac{3}{2}P[\lambda_d(i_x\sin\delta + i_y\cos\gamma) - \lambda_q(i_x\cos\delta - i_y\sin\delta)] \tag{2.6.11}$$

同样，由图2.13得

$$\cos\delta = \frac{\lambda_d}{\lambda_s},\ \sin\delta = \frac{\lambda_q}{\lambda_s} \tag{2.6.12}$$

将式（2.6.12）中的 $\cos\delta$ 和 $\sin\delta$ 代入式（2.6.11）可得

$$T_e = \frac{3}{2}P\lambda_s i_y \tag{2.6.13}$$

x－y参考坐标系中的电压和转矩方程也可以通过类似于式（2.5.4）的变换将电机方程直接从a－b－c参考坐标系变换为x－y参考坐标系，其中 θ_r 用 δ_s 代替。通过这种方法，转矩方程的发展更加深入，转矩方程可以写成如下类似于式（2.5.18)的形式：

$$T_e = \frac{3}{2}P(\lambda_x i_y - \lambda_y i_x) \tag{2.6.14}$$

由式（2.6.3）和式（2.6.4）可简化为式（2.6.13）。

它也可以写成

$$T_e = \frac{3}{2}P\lambda_x i_y \tag{2.6.15}$$

这是转矩方程的一个有趣的表示，因为它将机械转矩简洁地表示为磁链分量和电流分量的乘积，其中各分量相互垂直。当涉及电机控制时，这个特性为式（2.5.19)提供了一些便利。

此外，可以通过首先从式（2.6.5）以 i_d 和 i_q 的形式确定y轴定子电流分量来计算 λ_s 和 δ。然后用式（2.5.10）和式（2.5.11）来确定 i_y 关于 λ_d 和 λ_q 的表达式。最后，替换式（2.6.12）中的 λ_d 和 λ_q，并联合式（2.6.3）和式（2.6.4)得到

$$i_y = \frac{1}{2L_d L_q}[2\lambda_m L_q \sin\delta + \lambda_s(L_d - L_q)\sin 2\delta] \tag{2.6.16}$$

现在，将式（2.6.16）代入式（2.6.13）得

$$T_e = \frac{3P\lambda_s}{4L_d L_q}[2\lambda_m L_q \sin\delta + \lambda_s(L_d - L_q)\sin 2\delta] \tag{2.6.17}$$

该方程表明，通过控制定子磁链的模和角度，可以实现永磁同步电机电磁转矩的调节。

通过矩阵计算，可以将d轴和q轴磁链转化为x－y分量。d轴和q轴磁通可以写成如下矩阵形式：

$$\begin{bmatrix} \lambda_d \\ \lambda_q \end{bmatrix} = \begin{bmatrix} L_d & 0 \\ 0 & L_q \end{bmatrix}\begin{bmatrix} i_d \\ i_q \end{bmatrix} + \begin{bmatrix} \lambda_m \\ 0 \end{bmatrix} \tag{2.6.18}$$

根据式（2.6.10)，用x轴和y轴分量代替d轴、q轴磁链分量和d轴、q轴

电流分量，得到

$$\begin{bmatrix}\cos\delta & -\sin\delta\\ \sin\delta & \cos\delta\end{bmatrix}\begin{bmatrix}\lambda_x\\ \lambda_y\end{bmatrix}=\begin{bmatrix}L_d & 0\\ 0 & L_q\end{bmatrix}\begin{bmatrix}\cos\delta & -\sin\delta\\ \sin\delta & \cos\delta\end{bmatrix}\begin{bmatrix}i_x\\ i_y\end{bmatrix}+\begin{bmatrix}\lambda_m\\ 0\end{bmatrix} \tag{2.6.19}$$

式（2.6.19）两边乘以式（2.6.19）左边的2×2矩阵的逆，得到

$$\begin{bmatrix}\lambda_x\\ \lambda_y\end{bmatrix}=\begin{bmatrix}L_d\cos^2\delta+L_q\sin^2\delta & (L_q-L_d)\sin\delta\cos\delta\\ (L_q-L_d)\sin\delta\cos\delta & L_d\sin^2\delta+L_q\cos^2\delta\end{bmatrix}\cdot\begin{bmatrix}i_x\\ i_y\end{bmatrix}+\lambda_m\begin{bmatrix}\cos\delta\\ -\sin\delta\end{bmatrix} \tag{2.6.20}$$

这是x－y参考坐标系中的磁通－电流关系。可以看出，这种关系不像d－q参考坐标系那样直接。但是，考虑式（2.6.4）中$\lambda_y=0$，可以从式（2.6.20）第二行的y轴电流求出x轴电流。由此可得

$$i_x=\frac{\lambda_m\sin\delta-(L_d\sin^2\delta+L_q\cos^2\delta)i_y}{(L_q-L_d)\sin\delta\cos\delta} \tag{2.6.21}$$

由式（2.6.21）和式（2.6.16）可得

$$i_x=\left(\frac{\sin^2\delta}{L_q}+\frac{\cos^2\delta}{L_d}\right)\lambda_s-\frac{\lambda_m}{L_d}\cos\delta \tag{2.6.22}$$

$$i_y=\left(\frac{1}{L_q}-\frac{1}{L_d}\right)\frac{\sin2\delta}{2}\lambda_s+\frac{\lambda_m}{L_d}\sin\delta \tag{2.6.23}$$

式（2.6.23）在永磁同步电机的控制系统设计中非常有用，将在3.7节展开介绍。将式（2.6.22）中的i_x代入式（2.6.11）时，得到的结果与式（2.6.13）相同。

2.7　空间矢量模型

空间矢量建模是表征交流电机稳态和瞬态的一种紧凑形式。它除了给出系统的数学公式外，还给出了物理意义。该建模方法与电机的两轴和相变量建模方法密切相关，它表示形式紧凑，参考坐标系变换便利。然而，与上面提到的其他类型的建模方法相比，它的使用并不常见。因此，本节的目的是在全面和充分的基础上简明地进行讨论。

2.7.1　空间矢量

已有不同的方法提出交流电机的空间矢量理论（Boldea和Nasar，1992；Vas，1993）。我们采用一种简单的方法，作为前面介绍的建模方法的后续。

通常将两轴复数坐标系中的任何矢量表示为

$$\bar{f}=f_r+jf_i \tag{2.7.1}$$

式中，$\bar{f}$ 是矢量；f_r 和f_i 分别是它的实部和虚部。如图 2.14 所示，可以在一个复数的两轴坐标中进行表示，其中实轴和虚轴分别用 Re 和 Im 标记。$\bar{f}$ 也可以表示为

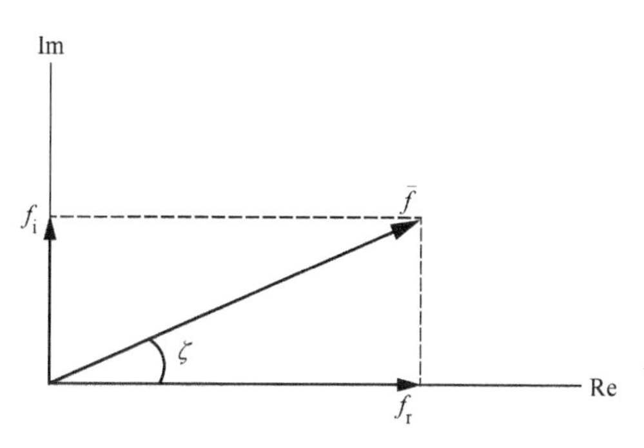

图 2.14 矢量变量在复数坐标系中的表示

$$\bar{f} = f\mathrm{e}^{\mathrm{j}\zeta} \tag{2.7.2}$$

式中，f 为矢量模；ζ 为矢量角，即矢量相对于实轴的角度。矢量模和矢量角分别表示为

$$f = (f_r^2 + f_i^2)^{1/2} \tag{2.7.3}$$

$$\zeta = \tan^{-1}\frac{f_i}{f_r} \tag{2.7.4}$$

也可以用欧拉公式将矢量以其模和相角的三角函数形式表示为

$$\bar{f} = f(\cos\zeta + \mathrm{j}\sin\zeta),\ f_r = f\cos\zeta,\ f_i = f\sin\zeta \tag{2.7.5}$$

回想一下，f_r 和f_i 在笛卡儿坐标系中表示 $\bar{f}$，而f 和 ζ 在极坐标系中表示 $\bar{f}$。因此，空间矢量建模与极坐标系密切相关。故而，空间矢量建模并不是其他参考坐标系建模的替代方法，而是一种可以应用于任何参考坐标系的方法。换句话说，任何静止或旋转参考坐标系都可以用空间矢量表示。

2.7.2 空间矢量下的电机方程

利用上述空间矢量理论，电机方程可以在静止或旋转参考坐标系中表示。矢量大小在所有参考坐标系中是相同的。然而，它们的空间角度因参考坐标系的不同而不同。任何两轴参考坐标系都可以看作如图 2.14 所示的复数坐标，参考坐标系的 d 轴和 q 轴类似于坐标的实轴和虚轴。因此，可以为任何电机变量定义空间矢量，其中它的实部和虚部分别是变量的 d 轴分量和 q 轴分量。

显然，空间矢量不同于传统的电机变量，它是一个虚拟变量，只有数学意

义。然而，它可以清楚地被定义、计算、绘制，甚至通过计算机显示器在线显示。回忆一下，空间矢量一般不是常矢量，而是时变矢量，其模量和相角都是变化的。定子电流、电压和磁链的空间矢量分别用$\bar{i}_s$、$\bar{v}_s$和$\bar{\lambda}_s$表示。

2.7.2.1　静止参考坐标系下的空间矢量模型

在两相静止参考坐标系中，电机变量的空间矢量可以表示为

$$\bar{f}=f\mathrm{e}^{\mathrm{j}\zeta_s},=f_r+\mathrm{j}f_i=f_D+\mathrm{j}f_Q \tag{2.7.6}$$

采用这种表示方式，$\bar{i}_s$、$\bar{v}_s$和$\bar{\lambda}_s$的幅值、相角和分量在两相静止参考坐标系中分别为

$$\bar{i}_s=i_s\mathrm{e}^{\mathrm{j}\alpha_s}=i_D+\mathrm{j}i_Q \tag{2.7.7}$$

$$\bar{v}_s=v_s\mathrm{e}^{\mathrm{j}\gamma_s}=v_D+\mathrm{j}v_Q \tag{2.7.8}$$

$$\bar{\lambda}_s=\lambda_s\mathrm{e}^{\mathrm{j}\delta_s}=\lambda_D+\mathrm{j}\lambda_Q \tag{2.7.9}$$

模i_s、v_s和λ_s由式（2.7.3）给出，其中实部和虚部分量分别用D和Q分量代替。此外，它们的角度α_s、δ_s和γ_s由式（2.7.4）给出。空间矢量也可以用a-b-c变量表示。它可以通过将两相静止D-Q参考坐标系变换为相变量a-b-c参考坐标系，将式（2.7.7）~式（2.7.9）中的D和Q轴分量替换为相变量来实现。由此得到

$$\bar{f}=2/3(f_a+af_b+a^2f_c) \tag{2.7.10}$$

式中，a、a^2为空间算子，即单位模矢量，相对于电机绕组a相轴分别有120°和240°相角，即

$$a=1\mathrm{e}^{\mathrm{j}2\pi/3},\ a^2=1\mathrm{e}^{\mathrm{j}4\pi/3} \tag{2.7.11}$$

图2.3中的f_a、f_b和f_c不是矢量，而是以120°为间隔的三个轴上任意时变变量。现在，如果将空间特征添加到f_a、f_b、f_c，则f_a、f_b和f_c的相变量矢量为

$$\bar{f}_a=f_a,\ \bar{f}_b=af_b,\ \bar{f}_c=a^2f_c \tag{2.7.12}$$

它们是相位在固定方向上的变化矢量。将相量的空间矢量相加，乘以2/3得到电机变量的空间矢量，如式（2.7.10）所示。现在可以通过这样的方法来证明空间矢量$\bar{f}$，即$\bar{f}$实际上是三个空间矢量f_a、f_b和f_c的结果，如图2.15所示。当三相矢量模值改变时，它在相轴空间内发生变化。换句话说，将f_a、f_b和f_c的时间变化为$\bar{f}$的空间变化。

使用矢量表示法，静止参考坐标系中的电机电压方程式（2.3.1）表示为

$$\bar{v}_s=R_s\bar{i}_s+\mathrm{p}\bar{\lambda}_s \tag{2.7.13}$$

基于该方程的电机矢量图如图2.16所示。根据式（2.7.13），也可以画出电机的等效电路模型，如图2.17所示，其中感应电压矢量定义为

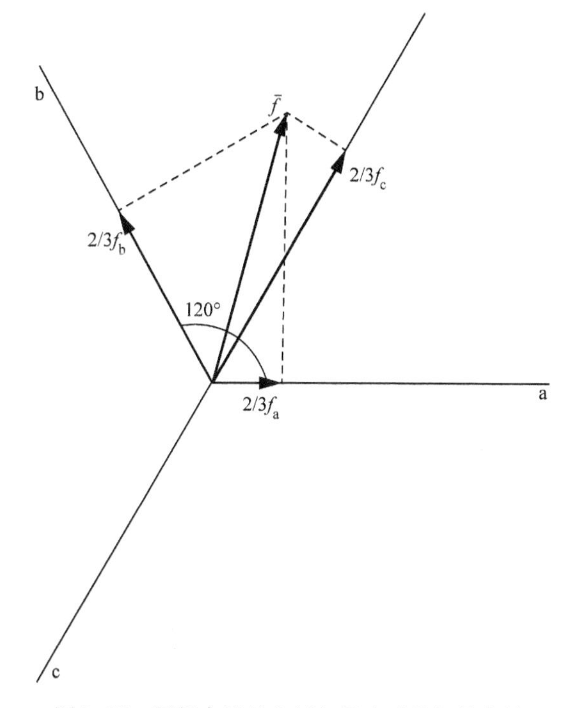

图 2.15 用相变量的空间矢量表示的矢量变量

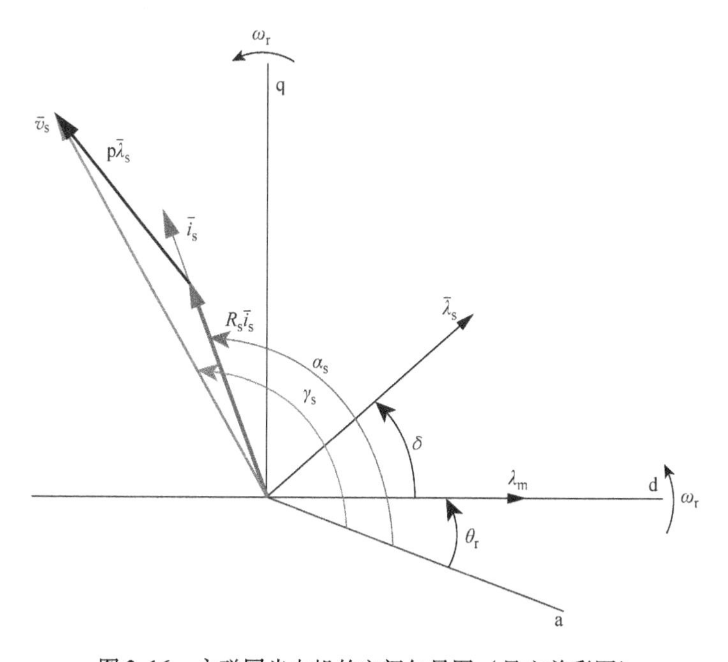

图 2.16 永磁同步电机的空间矢量图（见文前彩图）

$$\bar{e}_{\mathrm{i}} = \mathrm{p}\,\bar{\boldsymbol{\lambda}}_{\mathrm{s}} \tag{2.7.14}$$

回想一下，图2.17中的电压、电流和磁链都是空间矢量，而不是真正的电机变量。

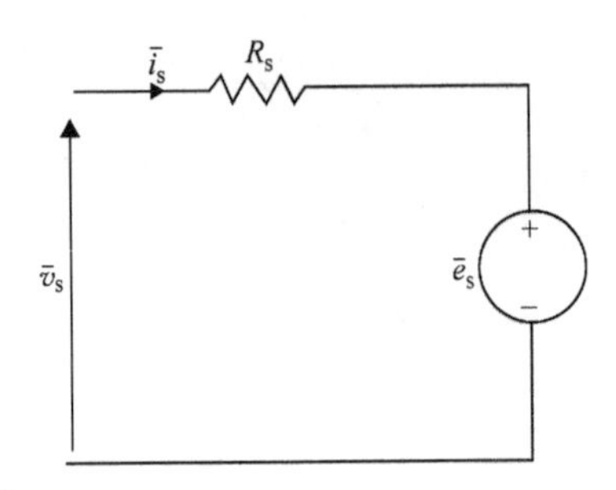

图2.17　静止参考坐标系下永磁同步电机的空间矢量等效电路模型

2.7.2.2　旋转参考坐标系下的空间矢量模型

式（2.7.7）~式（2.7.9）中的矢量是在静止参考坐标系中的。空间矢量变换可以在两相旋转参考坐标系中得到电压、电流和磁链空间矢量。这可以通过矢量旋转来实现，如下所示：

$$\bar{f} = f\mathrm{e}^{\mathrm{j}\zeta_{\mathrm{s}}}\mathrm{e}^{-\mathrm{j}\theta_{\mathrm{r}}} = f\mathrm{e}^{\mathrm{j}(\zeta_{\mathrm{s}}-\theta_{\mathrm{r}})} = f_{\mathrm{d}} + \mathrm{j}f_{\mathrm{q}} \tag{2.7.15}$$

式中，θ_{r} 为转子相对于定子绕组 a 相的角度，或由式（2.5.5）定义的静止参考坐标系与旋转参考坐标系之间的角度，其中转子旋转方向如图2.18所示。需要注意的是，式（2.7.15）中的 $\bar{f}$ 与静止参考坐标系中的 $\bar{f}$ 不同。事实上，前者的幅值和后者相等，但角度不同。式（2.7.15）的矢量旋转与式（2.5.4）的参考坐标系变换相同，只是用空间矢量表示。

空间矢量理论也通过矢量旋转简化了两相参考坐标系之间的参考坐标系变换。例如，电流矢量的 d－q 到 x－y 参考坐标系变换可以通过下式实现：

$$\bar{i}_{\mathrm{s}} = i_{\mathrm{s}}\mathrm{e}^{\mathrm{j}\alpha}\mathrm{e}^{-\mathrm{j}\delta} = i_{\mathrm{s}}\mathrm{e}^{\mathrm{j}(\alpha-\delta)} = i_{\mathrm{x}} + \mathrm{j}i_{\mathrm{y}} \tag{2.7.16}$$

同样，必须注意的是，这个方程中的 $\bar{i}_{\mathrm{s}}$ 的模与式（2.7.7）中的 $\bar{i}_{\mathrm{s}}$ 是相同的，但角度不同。转子参考坐标系到定子磁链参考坐标系的变换如图2.19所示。定子磁链参考坐标系到转子参考坐标系的矢量变换可以通过将前一个参考坐标系中的一个矢量乘以一个角度为 δ 的单位矢量来完成：

$$\bar{i}_{\mathrm{s}} = i_{\mathrm{s}}\mathrm{e}^{\mathrm{j}(\alpha-\delta)}\mathrm{e}^{\mathrm{j}\delta} = i_{\mathrm{s}}\mathrm{e}^{\mathrm{j}\alpha} = i_{\mathrm{d}} + \mathrm{j}i_{\mathrm{q}} \tag{2.7.17}$$

为了将式（2.7.13）变换到转子参考坐标系，首先将方程改写为在矢量上加双下标 s，以强调它们在静止参考坐标系中的表示为

$$\bar{v}_{\mathrm{ss}} = R_{\mathrm{s}}\,\bar{i}_{\mathrm{ss}} + \mathrm{p}\,\bar{\boldsymbol{\lambda}}_{\mathrm{ss}} \tag{2.7.18}$$

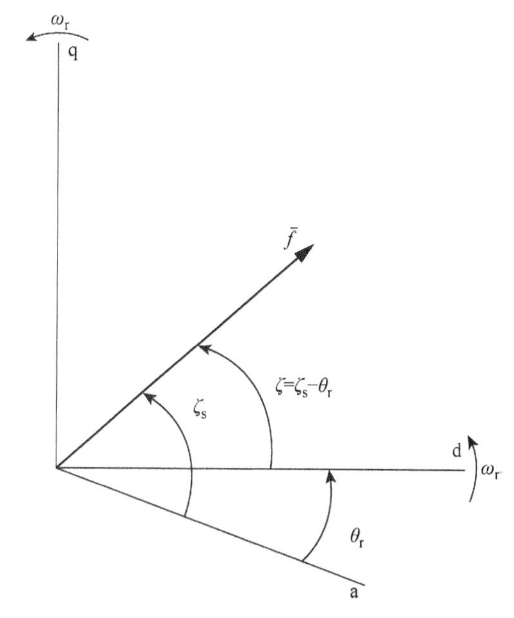

图 2.18 通过空间矢量旋转的静止参考坐标系到转子参考坐标系的变换

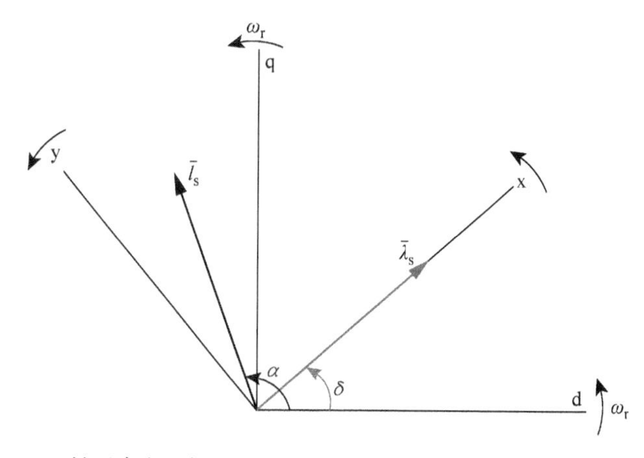

图 2.19 转子参考坐标系到定子磁链参考坐标系的空间矢量旋转变换

然后将式（2.7.18）的两边乘以单位矢量 $e^{-j\theta_r}$，其中 θ_r 为转子相对于定子绕组 a 相的角度，得到

$$\bar{v}_{ss}e^{-j\theta_r}=R_s\,\bar{i}_{ss}e^{-j\theta_r}+(p\,\bar{\lambda}_{ss})e^{-j\theta_r} \tag{2.7.19}$$

现在，将静止参考坐标系中的电压和电流矢量转换到转子参考坐标系，将静止参考坐标系中的定子磁链替换为转子参考坐标系中的矢量，其中双下标“r”表示转子参考坐标系中的矢量：

$$\bar{v}_{sr} = R_s \bar{i}_{sr} + [\mathrm{p}(\bar{\lambda}_{sr} e^{j\theta_r})] e^{-j\theta_r} \tag{2.7.20}$$

可以用导数算子写成

$$\bar{v}_{sr} = R_s \bar{i}_{sr} + (e^{j\theta_r} \mathrm{p} \bar{\lambda}_{sr} + j e^{j\theta_r} \lambda_{sr} \mathrm{p}\theta_r) e^{-j\theta_r} \tag{2.7.21}$$

最后得到转子参考坐标系中的电压方程为

$$\bar{v}_{sr} = R_s \bar{i}_{sr} + \mathrm{p} \bar{\lambda}_{sr} + j\omega_r \bar{\lambda}_{sr} \tag{2.7.22}$$

可以看出式（2.5.8）和式（2.5.9）中的转速电压分量在式（2.7.22）中表示为转速电压矢量。

Vas（1992）给出电机电磁转矩或用空间矢量表示的转矩为

$$T_e = \frac{3}{2} P(\bar{\lambda}_s \times \bar{i}_s) \tag{2.7.23}$$

式中，$\bar{i}_s$ 和$\bar{\lambda}_s$ 必须在相同的参考坐标系中；×表示外矢量积。这可以在静止参考坐标系中进一步阐述为

$$T_e = \frac{3}{2} P \lambda_s i_s \sin(\alpha_s - \delta_s) \tag{2.7.24}$$

转矩在转子参考坐标系中也可以表示为

$$T_e = \frac{3}{2} P \lambda_s i_s \sin(\alpha - \delta) \tag{2.7.25}$$

通过用式（2.7.23）中的 d 轴分量和 q 轴分量代替定子磁链矢量和电流矢量，得到转矩方程（2.5.18）。在定子磁链参考坐标系中表示式（2.7.23）的矢量积，并用它们的 x 轴和 y 轴分量代替定子磁链矢量和电流矢量，得到式（2.6.13）的转矩。

2.8 考虑铁损的电机模型

在幅值和频率变化的正弦磁通密度下，Slemon 和 Liu（1990）给出了由涡流损耗和磁滞损耗组成的铁损经验公式

$$P_{Fe} = P_e + P_h = k_e \omega_e^2 B_{max}^2 + k_h \omega_e B_{max}^n \tag{2.8.1}$$

式中，P_e、P_h 分别为涡流损耗和磁滞损耗；ω_e、B_{max}分别为磁通频率和最大磁通密度；k_e、k_h、n 为常数。

实际上，$n<2$。但考虑 $n \approx 2$，可以得到铁损近似方程为

$$P_{Fe} = (k_e + k_h/\omega_e)(\omega_e B_{max})^2 \tag{2.8.2}$$

在图 2.12 稳态模型的 d 轴和 q 轴电路中，该方程表明，铁损电阻与总感应

电压并联（Slemon和Liu，1990）。将电路中的电阻设为R_c，得到图2.20的等效电路模型。该电路是合理的，因为

$$P_{Fe}=\frac{3}{2}\frac{(\omega_e B_{max})^2}{R_c}=\frac{3}{2}\left(\frac{e_d^2}{R_c}+\frac{e_q^2}{R_c}\right) \tag{2.8.3}$$

式中，e_d和e_q是d轴和q轴方向上的总感应电压；R_c由式（2.8.2）和式（2.8.3）得到（Vaez等，1997）

$$R_c=\frac{2\pi^2}{k_e+k_h/f} \tag{2.8.4}$$

然后用R_c来计算铁损

$$P_{Fe}=\frac{3}{2}R_c(i_{dc}+i_{qc})^2 \tag{2.8.5}$$

式中，i_{dc}和i_{qc}是铁损电流分量。由式（2.8.4）可知，R_c取决于电机供电频率，因此取决于同步转速。事实上，随着电机转速的增加，铁损电阻减小。这反过来又增加了电流元件的铁损。因此，铁损随着转速的增加而增加，并在高速下变得明显，特别是在具有高磁通密度的高能永磁材料的电机中。必须指出的是，不只式（2.8.4），许多文献中也使用了常数R_c（Slemon和Liu，1990；Morimoto等，1994）。

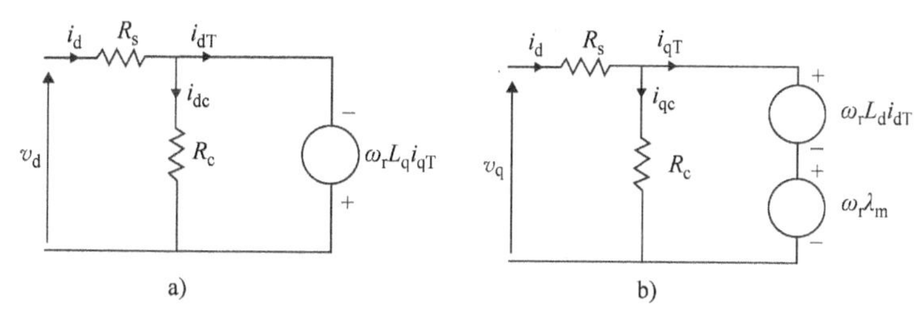

图2.20 含铁损的转子参考坐标系永磁同步电机稳态等效电路模型：a）d轴电路；b）q轴电路

回想一下，在稳态条件下，式（2.8.4）给出R_c。然而，并联R_c常值也被用于永磁同步电机的动态仿真（Morimoto等，1994；Vaez等，1999）。这些条件下的电压方程分别用i_q和i_d的产生转矩分量即i_{qT}和i_{dT}表示如下：

$$v_d=R_s i_{dT}+\left(\frac{R_s}{R_c}-1\right)\omega_e L_q i_{qT} \tag{2.8.6}$$

$$v_q=R_s i_{qT}+\left(\frac{R_s}{R_c}+1\right)\omega_e L_d i_{dT}+\left(\frac{R_s}{R_c}+1\right)\omega_e \lambda_m \tag{2.8.7}$$

电磁转矩表示为

$$T_e=\frac{3}{2}P[\lambda_m+(L_d-L_q)i_{dT}]i_{qT} \tag{2.8.8}$$

电流分量 i_{qT} 和 i_{dT} 可以用 i_q 和 i_d 的形式从一个简单的稳态电路分析中得到：

$$i_{qT}=\frac{1}{a}(i_q-bi_d-c) \tag{2.8.9}$$

$$i_{dT}=i_d+d(i_q-bi_d-c) \tag{2.8.10}$$

式中，系数 a、b、c 和 d 是根据电机参数定义的。将式（2.8.9）和式（2.8.10）代入式（2.8.8），得到用 i_q 和 i_d 表示的转矩方程

$$T_e=\alpha i_d^2+\beta i_q^2+\gamma i_d i_q+\lambda i_d+\eta i_q+\sigma \tag{2.8.11}$$

式中，系数 α、β、γ、λ、η 和 σ 是根据电机参数给出的（Vaez - Zadeh，2001）。在式（2.8.11）中忽略铁损电流，可简化为传统的转矩方程式（2.5.19）。

2.9　铁心磁饱和

磁饱和对永磁同步电机的性能有不同程度的影响，这取决于电机的设计和采用的控制系统。在高磁通密度的电机中，在正常运行期间，电机饱和的概率是很高的。现代永磁同步电机采用高能永磁材料，如钕铁硼，通常在气隙、定子和转子铁心中具有高磁通密度。高磁通通过狭窄通道的特定磁心区域更容易饱和。一般来说，饱和倾向于降低电机电感和定子绕组中的感应电压。这是由于某些磁通路径的磁阻增大所致。因此，在饱和状态下，电机性能可能会恶化。在控制下，饱和会使电机性能恶化。当电机参数由于饱和而偏离标称值时，这种情况尤其会发生。因此，在设计控制系统时，应该考虑饱和问题。这通常是通过在电机建模中考虑饱和，并在控制系统设计中使用这样的模型来实现的。可以推导出带有额外参数的电机模型，以包括饱和效应（Sneyers 等，1985）。然而，它会使控制系统的设计变得复杂。此外，在变化的操作条件下测量参数通常是困难的。另一种选择是使用经过轻微修改的传统模型。事实上，饱和是由产生磁通的电流引起的。因此，它可以用电流表示。在永磁同步电机中，饱和主要影响电机的 d 轴和 q 轴电感以及影响磁链的大小。因此，通常将 L_d、L_q 和 λ_m 建模为电流分量 i_d 和 i_q 的函数（Parasiliti 和 Poffet，1989；Mellor 等，1991；Chalmers，1992）。这使得电感根据电机的工作点而变化。当电机产生大电流时，这种方法特别能够在高负载条件下考虑饱和。一阶函数通常足以进行建模。通过测量电流范围内的 L_d、L_q 和 λ_m，将测得的电流分量 i_d 和 i_q 值绘制出来，然后进行曲线拟合，得到函数及其系数。例如，结果将以以下形式呈现（Mellor 等，1991）：

$$L_d=L_d^0(1-k_d^+ i_d),\qquad i_d\geqslant 0 \tag{2.9.1}$$

$$L_d=L_d^0(1-k_d^- i_d),\qquad i_d<0 \tag{2.9.2}$$

$$L_q=L_q^0(1-k_q^+ i_q),\qquad i_q\geqslant 0 \tag{2.9.3}$$

$$L_q = L_q^0(1 - k_q^- i_q),\qquad i_q < 0 \tag{2.9.4}$$

$$\lambda_m = \lambda_m^0,\qquad i_q < 0 \tag{2.9.5}$$

$$\lambda_m = \lambda_m^0 - k_m(i_q - I_q),\quad i_q \geqslant I_q \tag{2.9.6}$$

式中，L_d^0、L_q^0、λ_m^0 为电机参数标称值；k_d^+、k_d^-、k_q^+、k_q^- 为常系数。然后在传统的电机模型中使用上述函数来代替恒定的电机参数，从而在模型中考虑饱和。将该模型应用于控制系统设计，满足了控制系统饱和计算的要求。

2.10 表贴式永磁同步电机建模

在转子内嵌磁体或嵌磁体的永磁同步电机中，总有 $L_q > L_d$ 存在。因此凸极比 ρ 大于1。然而，在表贴式永磁同步电机中，电感是相等的，即

$$L_d = L_q = L_s \tag{2.10.1}$$

式中，L_s 为同步电感。因此

$$\rho = \frac{L_q}{L_d} = 1 \tag{2.10.2}$$

由于电机模型比凸极电机的模型简单，这个单位比对电机操作和控制有重要的意义。假设式（2.3.4）~式（2.3.9）中的 $L_2 = 0$，得到表贴式（隐极）永磁同步电机在两相静止参考坐标系中的电压方程，因为它与转子的磁凸极性有关。这样可使自感和互感保持恒定，并将电压方程（2.4.6）简化为

$$\begin{bmatrix} v_D \\ v_Q \end{bmatrix} = \begin{bmatrix} R_s & 0 \\ 0 & R_s \end{bmatrix}\begin{bmatrix} i_D \\ i_Q \end{bmatrix} + \begin{bmatrix} L_1 & 0 \\ 0 & L_1 \end{bmatrix} p \begin{bmatrix} i_D \\ i_Q \end{bmatrix} + \omega_r \lambda_m \begin{bmatrix} -\sin\theta_r \\ \cos\theta_r \end{bmatrix} \tag{2.10.3}$$

将式（2.10.1）代入式（2.5.14）和式（2.5.15）即可得到转子参考坐标系的电压方程。然后将电压方程简化为

$$v_d = R_s i_d + L_s(p i_d - \omega_r i_q) \tag{2.10.4}$$

$$v_q = R_s i_q + L_s(p i_q + \omega_r i_d) + \omega_r \lambda_m \tag{2.10.5}$$

更重要的是，当 $L_d - L_q = 0$ 时，磁阻转矩消失。电机转矩因此降低到仅为磁体转矩，即

$$T_e = \frac{3}{2} P \lambda_m i_q \tag{2.10.6}$$

因此，转矩只取决于一个变量 i_q。该转矩类似于直流电机的转矩，其中磁场和电枢是分开的。事实上，永磁同步电机的q轴电流在直流电机中起着电枢电流的作用。此外，磁场是恒定的，这使得电机转矩为 i_q 的线性函数，并提供了一个更容易的控制系统设计。根据与式（2.10.1）相关的式（2.6.20），定子磁链参考坐标系中的磁链分量也简化为

$$\begin{bmatrix}\lambda_x\\0\end{bmatrix}=\begin{bmatrix}L_s & 0\\0 & L_s\end{bmatrix}\begin{bmatrix}i_x\\i_y\end{bmatrix}+\lambda_m\begin{bmatrix}\cos\delta\\-\sin\delta\end{bmatrix} \tag{2.10.7}$$

因此，定子电流矢量的 y 轴分量可由式（2.10.7）求得

$$i_y=\frac{1}{L_s}\lambda_m\sin\delta \tag{2.10.8}$$

将式（2.10.8）代入式（2.6.13）得到

$$T_e=\frac{3}{2}\frac{P}{L_s}\lambda_m\lambda_s\sin\delta=\frac{3}{2}\frac{P}{L_s}\lambda_m\lambda_q \tag{2.10.9}$$

上述转矩方程也可由式（2.6.17）与式（2.10.1）联立得到。

在表贴式永磁磁极的永磁同步电机中，空间矢量形式的定子磁链为

$$\bar{\lambda}_s=\bar{\lambda}_m+L_s\bar{i}_s \tag{2.10.10}$$

将此方程与转矩方程式（2.7.23）联立，可以得到

$$T_e=\frac{3}{2}P(\bar{\lambda}_m\times\bar{i}_s)=\frac{3}{2}P\lambda_m i_s\sin\alpha=\frac{3}{2}P\lambda_m i_q \tag{2.10.11}$$

与式（2.10.6）相同。

2.11　永磁同步电机的动态方程

永磁同步电机与机械负载相连接，形成如图 2.21 所示的动态机械系统。电机机械部分的动力学由下式控制：

$$T_e=T_L+B\omega_m+J\mathrm{p}\omega_m \tag{2.11.1}$$

式中，T_L 为负载转矩；B 为电机轴承的粘滞系数；J 为电机和负载惯性；p 为推导算子。也可以通过将电机转速替换为转子位置 θ_r 来获得方程

$$\omega_m=\mathrm{p}\theta_m \tag{2.11.2}$$

动态方程则可以表示为

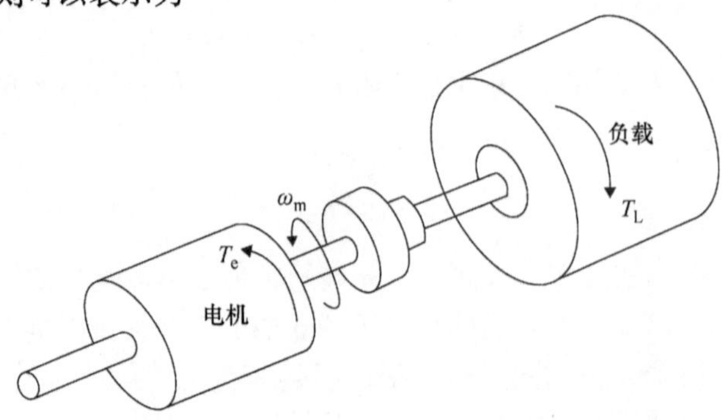

图 2.21　动态系统由连接在机械负载上的永磁同步电机组成

$$T_e = T_L + Bp\theta_m + Jp^2\theta_m \tag{2.11.3}$$

式中，p^2 是双导算子。

2.12 小结

本章介绍了永磁同步电机的数学建模。首先通过考虑几个简化的假设，建立了电机的物理模型。在参考坐标系的帮助下进行电机建模。然后提出了在相变量方面的三相静止参考坐标系作为最直接的电机模型。然而，由于电机参数的时变，模型的复杂性使其不适合于控制系统的设计。为了简化分析，可以假设一台等效的双绕组虚拟电机。在两相静止参考坐标系模型中建立了 d 轴和 q 轴等效电机模型。它是通过从三相静止参考坐标系到两相静止参考坐标系变换得到的，两个坐标系之间有一个固定的角度。然而，电机参数时变的问题仍然存在。通过对固定在转子上的两相旋转参考坐标系的变换，解决了这个问题，并在该参考坐标系中得到了固定的参数，其中 d 轴与永磁转子磁极的磁轴对齐。本章还提出了一种两相旋转参考坐标系的变换，其中 d 轴与定子磁链矢量对齐。该参考坐标系为内置式永磁电机提供了一个紧凑的转矩方程，即定子磁链分量和定子电流分量的乘积。最后给出了基于空间矢量理论的简明建模方法。该理论基于每个电机变量的虚拟空间矢量的定义，并提供了对电机性能的更深入的了解。空间矢量建模揭示了参考坐标系变换的一个不同方面，其中只有矢量角从一个参考坐标系变换到另一个参考坐标系。在此基础上，详细阐述了永磁同步电机在不同参考坐标系下的空间矢量模型。根据相应的数学模型，画出等效电路。模型中还考虑了铁损和铁饱和。本章的建模主要是在动态操作下进行的。然而，在每个参考坐标系中也导出稳态模型。最后简要介绍了永磁同步电机机械部分的动态方程。

习　题

P.2.1　空间矢量和复相量的区别是什么？哪一个被用于平衡系统中正弦信号的电路分析？

P.2.2　画出 $V_s = 220\sqrt{2}$最大电压的三相平衡电压系统及其 D 和 Q 电压随时间变化的变换系统，其中 a - b - c 和 D - Q 参考坐标系在空间上相差 30°。

P.2.3　研究一种三相以上的静止参考坐标系，用于三相永磁同步电机的分析。将一个 a－b－c 参考坐标系变换到该参考坐标系，并求出相应的变换矩阵。

P. 2. 4 用矩阵表示法将永磁同步电机方程直接从 a－b－c 参考坐标系变换为 x－y 参考坐标系，并给出变换矩阵。

P. 2. 5 根据转子永磁磁链的空间矢量（$\boldsymbol{\lambda}_{m}$），建立永磁同步电机转子参考坐标系的定子电压方程。

P. 2. 6 给出考虑铁损的永磁同步电机功率因数公式。

P. 2. 7 试着通过近似来简化铁损，得到比式（2. 8. 10）~式（2. 8. 15）更简单的电机方程。

P. 2. 8 绘制永磁同步电机的空间矢量图，表示转子参考坐标系中的电压和磁链方程。

P. 2. 9 给出永磁同步电机在磁体转矩等于磁阻转矩时的工作条件。然后根据凸极比计算出总转矩。

P. 2. 10 给出在额定电流下磁体转矩和磁阻转矩相等时的最佳凸极比。此外，对于一般的凸极比，根据电机参数确定 i_{d}/i_{q}的比值，以使磁体转矩与磁阻转矩相等。

P. 2. 11 建立 i_{d} 和 i_{q} 之间的关系，以实现在稳定状态下电机铜损最小。

P. 2. 12 考虑一个非常大的凸极比对电机模型和性能的影响。

P. 2. 13 提出一种与 d 轴和 q 轴电流分量串联起来的含铁损参数的等效电路。这样的电路与图 2. 20 中的常规电路有什么关系？

P. 2. 14 如果静止参考坐标系和旋转参考坐标系之间的夹角被假设为 a 轴和 q 轴（而不是本章中假设的 d 轴）之间的夹角，那么变换矩阵会变成什么？

P. 2. 15 当 d 轴和 q 轴电流分量相等时，利用电流矢量模研究永磁同步电机转矩。在此条件下，根据电机参数确定当前矢量模。

P. 2. 16 确定一个最佳 δ，使其具有一个常数 i_{s} 的最大转矩。然后计算 $L_{d}=L_{q}$ 和 $L_{d}>L_{q}$ 时的最大转矩。将 T_{e} 作为 δ 的函数，在一个图中画出这两种情况，并找出它们的区别。

P. 2. 17 根据电机参数计算式（2. 8. 13）和式（2. 8. 14）中的电流系数 a、b、c 和 d。

P. 2. 18 计算式（2. 8. 15）中机械参数的转矩系数 α、β、γ、λ、η 和 σ。

参考文献

Binns, K. and Wong, T. (1984). Analysis and performance of a high-field permanent-magnet synchronous machine. *IEE Proc. B-Electric Power Appl.* 131(6), 252–258.

Boldea, I. and Nasar, S.A. (1992). *Vector Control of AC Drives*. CRC Press, Boca Raton, FL.

Bose, B.K. (1988). A high-performance inverter-fed drive system of an interior permanent magnet synchronous machine. *IEEE Trans. Ind. Appl.* 24(6), 987–997.

Bracikowski, N., Hecquet, M., Brochet, P., and Shirinskii, S.V. (2012). Multiphysics modeling of a permanent magnet synchronous machine by using lumped models. *IEEE Trans. Ind. Electron.* 59(6), 2426–2437.

Chalmers, B. (1992). Influence of saturation in brushless permanent-magnet motor drives. *IEE Proc. B-Electric Power Appl.* 139(1), 51–52.

Chen, Z., Tomita, M., Doki, S., and Okuma, S. (2003). An extended electromotive force model for sensorless control of interior permanent-magnet synchronous motors. *IEEE Trans. Ind. Electron.* 50(2), 288–295.

Consoli, A. and Raciti, A. (1991). Analysis of permanent magnet synchronous motors. *IEEE Trans. Ind. Electron.* 27(2), 350–354.

Consoli, A. and Renna, G. (1989). Interior type permanent magnet synchronous motor analysis by equivalent circuits. *IEEE Trans. Energy Convers.* 4(4), 681–689.

Dehkordi, A.B., Gole, A.M., and Maguire, T.L. (2005). Permanent magnet synchronous machine model for real-time simulation. In: *International Conference on Power Systems. Transients (IPST'05)*, pp. 19–23. IPST, Montreal.

De La Ree, J. and Boules, N. (1989). Torque production in permanent-magnet synchronous motors. *IEEE Trans. Ind. Electron.* 25(1), 107–112.

Hendershot, J.R. and Miller, T.J.E. (2010). *Design of Brushless Permanent-Magnet Machines*, 2nd edn. Oxford University Press, Oxford.

Holm, S.R., Polinder, H., and Ferreira, J.A. (2007). Analytical modeling of a permanent-magnet synchronous machine in a flywheel. *IEEE Trans. Magnet.* 43(5), 1955–1967.

Honsinger, V. (1980). Performance of polyphase permanent magnet machines. *IEEE Trans. Power Apparat. Syst.* 99(4), 1510–1518.

Jannot, X., Vannier, J.C., Marchand, C., Gabsi, M., Saint-Michel, J., and Sadarnac, D. (2011). Multiphysic modeling of a high-speed interior permanent-magnet synchronous machine for a multiobjective optimal design. *IEEE Trans. Energy Convers.* 26(2), 457–467.

Li, J., Abdallah, T., and Sullivan, C.R. (2001). Improved calculation of core loss with nonsinusoidal waveforms. In: *Conference Record of the 2000 IEEE Industry Applications Conference 36th IAS Annual Meeting*, pp. 2203–2210. IEEE, Piscataway, NJ.

Krause, P.C. (1986). *Analysis of Electric Machinery.* McGraw-Hill, New York, NY.

Krause, P.C., Wasynczuk, O., Sudhoff, S.D., and Pekarek, S. (2013). *Analysis of Electric Machinery and Drive Systems.* John Wiley and Sons, Chichester.

Kulkarni, A.B., and Ehsani, M. (1992). A novel position sensor elimination technique for the interior permanent-magnet synchronous motor drive. *IEEE Trans. Ind. Appl.* 28(1), 144–150.

Mellor, P., Chaaban, F., and Binns, K. (1991). Estimation of parameters and performance of rare-earth permanent-magnet motors avoiding measurement of load angle. *IEEE Proc. B-Electric Power Appl.* 138(6), 322–330.

Mi, C., Slemon, G.R., and Bonert, R. (2003). Modeling of iron losses of permanent-magnet synchronous motors. *IEEE Trans. Ind. Appl.* 39(3), 734–742.

Miller, T.J.E. (1989). *Permanent Magnet and Reluctance Motor Drives.* Oxford Science Publications, Oxford.

Morimoto, S., Tong, Y., Takeda, Y., and Hirasa, T. (1994). Loss minimization control of permanent magnet synchronous motor drives. *IEEE Trans. Ind. Appl.* 41(5), 511–517.

Ojo, O. and Cox, J. (1996). Investigation into the performance characteristics of an interior permanent magnet generator including saturation effects. In: *Conference Record of the 1996 IEEE Industry Applications 31st IAS Annual Meeting*, San Diego, pp. 533–540. IEEE, Piscataway, NJ.

Parasiliti, F. and Poffet, P. (1989). A model for saturation effects in high-field permanent magnet synchronous motors. *IEEE Trans. Energy Convers.* 4(3), 487–494.

Pillay, P. and Krishnan, R. (1988). Modeling of permanent magnet motor drives. *IEEE Trans. Ind. Electron.* 35(4), 537–541.

Pillay, P. and Krishnan, R. (1989). Modeling, simulation, and analysis of permanent-magnet motor drives. I. The permanent-magnet synchronous motor drive. *IEEE Trans. Ind. Appl.* 25(2), 265–273.

Rabinovici, R. (1994). Eddy current losses of permanent magnet motors. *IEEE Proc. B-Electric Power Appl.* 141(1), 7–11.

Rahman, M., Little, T., and Slemon, G. (1985). Analytical models for interior-type permanent magnet synchronous motors. *IEEE Trans. Magnet.* 21(5), 1741–1743.

Rahman, M.A. and Zhou, P. (1994). Field-based analysis for permanent magnet motors. *IEEE Trans. Magnet.* 30(5), 3664–3467.

Rahman, M. A., and Zhou, P. (1996). Analysis of brushless permanent magnet synchronous motors. *IEEE Trans. Ind. Electron.* 43(2), 256–267.

Schiferl, R. and Lipo, T.A. (1988). Power capability of salient pole permanent magnet synchronous motors in variable speed drive applications. In: *Conference Record of the 1988 Industry Applications Society Annual Meeting*, pp. 23–31. IEEE, Piscataway, NJ.

Schifer, R. and Lipo, T. (1989). Core loss in buried magnet permanent magnet synchronous motors. *IEEE Trans. Energy Convers.* 4(2), 279–284.

Sebastian, T., Slemon, G., and Rahman, M. (1986). Modelling of permanent magnet synchronous motors. *IEEE Trans. Magnet.* 22(5), 1069–1071.

Sebastian, T. (1995). Temperature effects on torque production and efficiency of PM motors using NdFeB magnets. *IEEE Trans. Ind. Appl.* 31(2), 353–357.

Sebastiangordon, T. and Slemon, G.R. (1987). Operating limits of inverter-driven permanent magnet motor drives. *IEEE Trans. Ind. Appl.* 23(2), 327–333.

Slemon, G.R. and Liu, X. (1990). Core losses in permanent magnet motors. *IEEE Trans. Magnet.* 26(5), 1653–1655.

Sneyers, B., Novotny, D.W., and Lipo, T.A. (1985). Field weakening in buried permanent magnet ac motor drives. *IEEE Trans. Ind. Appl.* 21(2), 398–407.

Stumberger, B., Stumberger, G., Dolinar, D., Hamler, A., and Trlep, M. (2003). Evaluation of saturation and cross-magnetization effects in interior permanent-magnet synchronous motor. *IEEE Trans. Ind. Appl.* 39(5), 1264–1271.

Tseng, K-J. and Wee, S-B. (1999). Analysis of flux distribution and core losses in interior permanent magnet motor. *IEEE Trans. Energy Convers.* 14(4), 969–975.

Urasaki, N., Senjyu, T., and Uezato, K. (2000). An accurate modeling for permanent magnet synchronous motor drives. In: *15th Annual IEEE Applied Power Electronics Conference and Exposition, APEC* 2000, Vol. 1, pp. 387–392. IEEE, Piscataway, NJ.

Urasaki, N., Senjyu, T., and Uezato, K. (2004). Relationship of parallel model and series model for permanent magnet synchronous motors taking iron loss into account. *IEEE Trans. Energy Convers.* 19(2), 265–270.

Vaez, S., John, V., and Rahman, M. (1997). Energy saving vector control strategies for electric vehicle motor drives. In: *Proceedings of the Power Conversion Conference*, pp. 13–18. IEEE, Piscataway, NJ.

Vaez, S., John, V.I., and Rahman, M.A. (1999). An on-line loss minimization controller for interior permanent magnet motor drives. *IEEE Trans. Energy Convers.* 14(4), 1435–1440.

Vaez-Zadeh, S. (2001). Variable flux control of permanent magnet synchronous motor drives for constant torque operation. *IEEE Trans. Power Electron.* 16(4), 527–534.

Vas, P. (1992). *Electrical Machines and Drives, a Space-Vector Theory Approach.* Oxford University Press, Oxford.

Wijenayake, A.H. and Schmidt, P.B. (1997, May). Modeling and analysis of permanent magnet synchronous motor by taking saturation and core loss into account. In: *Proceedings of the 1997 International Conference on Power Electronics and Drive Systems*, Vol. 2, pp. 530–534. IEEE, Piscataway, NJ.

第3章

矢量控制

矢量控制（VC）作为第一种高性能电机控制方法，已成为业界20多年来使用最广泛的控制方法。它用交流电机模型的矢量表示来表示电流矢量控制。通过电流矢量的实部和虚部对其进行控制。参考交流电机的传统相变量模型，矢量控制除了控制电流的大小和频率外，还控制相角，以确定电机电压的瞬时值。矢量控制法的主要目的是使交流电机中的两个磁场尽可能地独立和垂直。因此，他励直流电机可能类似于矢量控制下的交流电机的性能，尽管两种电机的结构非常不同。

矢量控制要应用在不同的场景，都需要转子位置或定子磁链矢量位置的信息，还需要一种调制手段来确定逆变器电力电子开关器件的开关情况。矢量控制下的交流电机具有快速、准确、平滑等性能。在本章中，除了介绍各种矢量控制方案之外，还全面介绍了矢量控制的概念和原理。此外，还讨论了矢量控制下电机的许多理想运行特性，包括电流和电压限制、磁通减弱、最小损耗运行等。

本章首先对永磁同步电机的传统标量控制（SC）做必要性的综述，接着介绍了他励直流电机的类似操作，作为矢量控制的介绍。

3.1 永磁同步电机的标量控制

标量控制（SC）仍然是一种与感应电机相关的广泛使用的控制方法。它主要针对缓动态设备，如鼓风机、泵、压缩机和阀门。它也适用于永磁同步电机，尽管感应电机在使用标量控制时的频率较低。标量控制通常在设计阶段使用电机的稳态数学模型，并且在实施和运行时需要的计算量要低。这种系统常用于速度控制，其中电机速度追踪速度指令。

永磁同步电机的标量控制系统控制框图如图3.1所示。速度指令由最终用户直接提供，或者，在许多工业应用中，更常见的是由架空系统产生。速度控制通常是在闭环中，由一个反馈速度信号来实现。实际速度由速度传感器或位置传感器测量。速度传感器通常是测速发电机，位置传感器使用编码器。如果使用位置传感器，还需要使用检测电路来处理传感器输出信号以确定速度反馈信号。在与分解器连接到数字（RTD）电路时，也可以使用分解器作为传感器。作为指令信号和反馈信号之间差异形成的速度误差被连续计算，并反馈给速度控制器。控制器通常是比例积分（PI）类型，由标准软件程序实现。控制器的主要功能是通过及时提供快速平滑的速度轨迹来在动态下对速度信号进行修整，以在稳态下达到接近零的误差。

速度控制器还提供一个定子相电流幅值输出 I^*，作为内部电流回路的指令信号，如图 3.1 所示。在稳态时，输出是一个固定信号，用作所有三相电流的幅值。相电流相隔 120°，在稳态下形成对称的三相信号系统。电机电流的最重要特征源于电机运行的同步特性。事实上，这些电流会产生与磁体产生的磁链同相的合成旋转磁动势（mmf），从而在稳态下产生平稳的恒定转矩。这是根据转子磁极位置注入相电流来实现的。因此，即使没有速度控制回路，也必须为电机的正常运行提供转子位置信号。相电流指令由正弦波生成单元产生，如图 3.1 所示。该单元分别接收电流大小和位置信号 I 和θ_r，并生成 3 个输出信号 i_a^*、i_b^* 和 i_c^*，作为电流指令，都具有电流幅值 I 和角度θ_r，并且相距 120°，分别为

$$i_a^* = I\sin\theta_r \tag{3.1.1}$$

$$i_b^* = I\sin(\theta_r - 2\pi/3) \tag{3.1.2}$$

$$i_c^* = I\sin(\theta_r + 2\pi/3) \tag{3.1.3}$$

指令电流与实际相电流进行比较，作为电流传感器获得的反馈信号。因此，电流误差一直被测量并反馈给电流控制器。电流控制器通常是 PI 类型，以提供快速动态响应以及零稳态误差。也有用更复杂的控制器在各种运行和外部环境条件下实现最佳、自适应、鲁棒性和其他特色性能。如果电机绕组采用没有中性线连接的星形联结或三角形联结，则两个电机相上有两个电流传感器就足够了。第三个电流是从三个电流之和为 0 的事实得出的。电流控制器提供三相电压输出指令信号v_a^*、v_b^* 和v_c^*，如图 3.1 所示。电流控制回路示意图如图 3.2 所示。

相电压指令用作 PWM 单元的输入信号。该单元将它们与具有固定高频的载波进行比较，以确定三相逆变器的开关门控信号。逆变器作为功率传感器，通过处理直流电源将其输送到电机端子来产生电机电源电压。直流电源通常由 AC/DC 整流器通过二极管桥，或者是第 1 章中提到的电池来提供。忽略电机负载偏差引起的一个小的电压降通过直流侧，逆变器的输入电压，通常被认为是直流侧的恒定电压。逆变器输出的三相电压施加到电机定子绕组端子，使相电流流入绕组电路并产生电机转矩。

如前所述，转子位置信号在正弦波生成单元中用于产生电流指令，最终产生与转子产生的气隙磁通同相的旋转磁动势。尽管这是最常用的操作模式，但并非总是这样做。事实上，在高于额定速度的转速范围内，会使用相位提前模式，在这种模式下，电流产生的磁动势在达到转子磁通之前就产生了。这实际上是通过

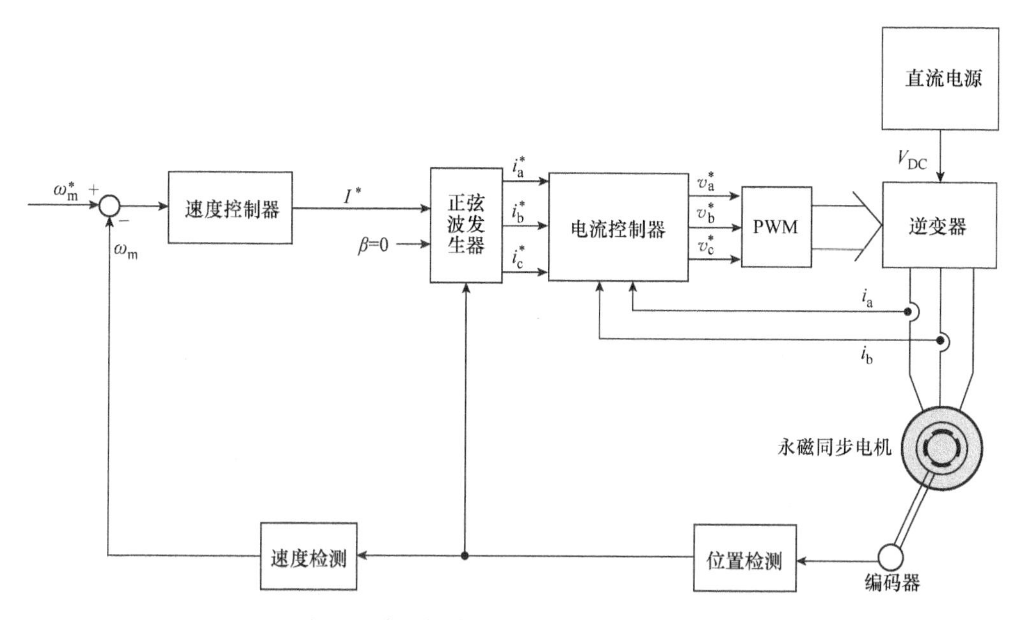

图 3.1 永磁同步电机的标量电流控制系统

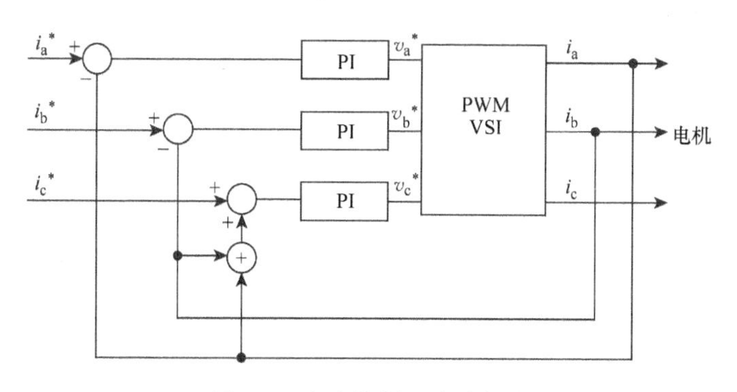

图 3.2 电流控制回路示意图

相位超前电流指令来实现的。通过查看前一章式（2.3.1）中给出的电机相电压方程，可以完全理解相位提前模式的优点，在这里“a”相电压仅为

$$v_a = R_s i_a + p\lambda_a \tag{3.1.4}$$

式（3.1.4）右侧的第二项是感应电压e_a，回忆式（2.3.2）可得

$$e_a = p\lambda_a = p[L_{aa} \quad M_{ab} \quad M_{ac}]\begin{bmatrix} i_a \\ i_b \\ i_c \end{bmatrix} - \lambda_m \omega_r \sin\theta_r \tag{3.1.5}$$

式（3.1.5）的总感应电压由两个分量组成，第一项是电流产生的分量，第二项是磁体产生的分量e_{ma}。当 a 相电流与磁体产生的电压同相时，总感应电压

达到一个比较高的值，该值受外加电压v_a的限制。因此，相电流受限，反过来，在高速范围内产生的转矩也将受到限制。可以通过将三相的电流提前预定角度β来解决该问题。该角度应用于正弦波生成单元，具有非零值，如图3.1所示。因此，相电流会找到一个充分上升而不会产生过多的感应电压的机会，从而在高速下提供足够的转矩。图3.3为关于“a”相永磁感应电压e_{ma}在带有和不带有超前角的相电流指令i_a^*和$i_{a\beta}^*$。必须提到的是，在实际中，e_{ma}包含更多或更少的谐波，如图3.3所示。然而，它在本章中被视为纯正弦电压，就像在第2章中一样。事实上，相位提前是磁通减弱的另一个方面，将在3.6节中讨论。

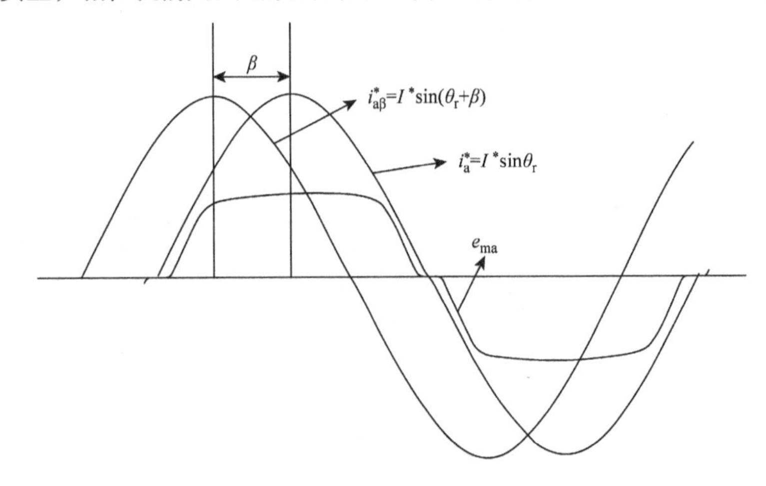

图3.3 带有和不带有相位超前控制的相电流指令

永磁同步电机的标量控制在理论上易于理解和设计。其系统成本低，并使用相对准确和简单的传感设备，标量控制系统需要的计算量也不大。但是，它存在瞬态响应缓慢和带宽低的问题。它不适合最优磁通减弱运行策略，因为它使用的相变量模型不适合这些类型的操作。事实上，在大多数运行策略下，电机模型会变得繁琐，控制系统会变得极其复杂。因此，永磁同步电机驱动无法在需要快速且准确的动态控制的高性能应用中发挥作用。这些缺点为高性能控制系统（包括矢量控制）带来了巨大的机遇，甚至是至关重要的必要性，以满足许多当前和新兴应用的挑战性要求。尽管如此，标量控制可以被视为实现高性能控制的第一步，这将在3.3节中详细说明。

3.2 矢量控制的基础原理

在本节中，首先介绍了直流电机的转矩产生，这类似于一种矢量控制下的交流电机的转矩产生。然后介绍了交流电机矢量控制的基础知识，最后是矢量控制下的永磁同步电机模型。

3.2.1 直流电机控制的特征

在任何电机中，都是通过两个磁场的相互作用而产生转矩。从数学意义上来讲，转矩与两个磁链矢量的外积成正比。在他励直流电机中，两个磁场由两个独立的磁通源提供，即定子或磁场绕组，以及转子或电枢绕组。此外，在这些电机中，换相系统总是将两个磁场在空间上相互垂直，从而为产生转矩提供两个磁场的最佳空间位置。或者，根据洛伦兹定律，可以认为电机转矩与磁链矢量和电流矢量的外积成正比。因此，直流电机的转矩表达式为

$$T_e = K_T \bar{\lambda}_f \times \bar{i}_a \tag{3.2.1}$$

式中，$\bar{\lambda}_f$是转子磁链矢量；$\bar{i}_a$是电枢电流矢量。由于这些矢量是垂直的，式（3.2.1）的外积变为

$$T_e = K_T \lambda_f i_a \tag{3.2.2}$$

式中，λ_f和i_a分别是转子磁链矢量和电枢电流矢量的幅值。对于这种情况的换相系统，由于磁链和电流矢量相距90°，因此发掘了产生转矩的全部潜力。

直流电机的自然特性是磁场绕组必须有足够多的匝数才能提供足够强的磁动势，从而提供强大的磁通链。我们都知道，绕组电感与其匝数的平方成正比，其电阻与其匝数成正比。因此，直流电机的励磁绕组具有很大的时间常数$\tau_f = L_f/R_f$。这就是为什么基于调整λ_f的转矩控制过程会缓慢且耗时。因此，通过保持转子磁链恒定，同时独立调整电枢电流，可以实现高性能转矩控制。不过，因为电枢绕组的匝数较低，从而时间常数相对较小，所以可以对电枢电流进行快速控制。

3.2.2 矢量控制的基本原理

在交流电机中，两个产生转矩的磁场通常既不独立也不正交。此外，没有换相系统可以将磁场定位在相互正交的位置。矢量控制方法的主要目的是使两个磁场尽可能独立和垂直。因此，他励直流电机的性能可能类似于矢量控制下的交流电机，尽管两种电机的结构完全不同。

矢量控制系统是一种快速控制系统。在比较一台电机分别在矢量控制下和标量控制下的性能时，必须首先强调矢量控制下的这个特性。标量控制和矢量控制之间的主要区别在于，在标量控制下，电机的稳态模型用于确定逆变器的指令变量，而在矢量控制中，电机的动态模型用于相同目的。参考2.1节中对动态模型的描述，我们强调动态模型的主要特征是考虑了电机变量为关于时间的函数。然而，当电机运行在稳态时，稳态模型确定电机变量相对于彼此的变化，而与时间

无关。在电机控制系统中使用稳态模型可以在稳态下将电机变量调整到它们的指令值。然而，当电机变量朝着它们的指令值或期望值移动时，它无法调整瞬态下电机变量的变化。因此，不能保证控制的迅速性。请注意，电机控制系统的主要目标是在瞬态下调整电机性能，在控制系统中使用电机的动态模型是一种自然的选择。这只能通过所谓的高性能电机控制方法（包括矢量控制）来实现。

矢量控制的另一个特点是它的精确性，使用动态模型有助于凸显此特点。但是，矢量控制中还有更多功能可以提供精确的控制响应。事实上，矢量控制在旋转参考坐标系中使用更紧凑的电机模型，并处理电机控制信号的更多方面，有必要将矢量控制下对电机控制变量的处理与标量控制下的处理方式进行比较，以强调矢量控制的这一特征。本次比较选择了一种非常好的交流电机标量控制方法，即 V/f 控制。在此控制方法中，根据指令速度，可以从稳态电机模型确定电机的指令电压的幅值和频率。然后通过 PWM 逆变器产生电压并施加到电机上。因此，电机电压的瞬时值不受控制。换句话说，可以认为所施加电压的相位不受控制。因此，电压的三个方面（幅度、频率和相位）中只有两个方面受到控制。然而，在矢量控制中，电机电压的瞬时值受到控制，也认为电机电压的三个方面都受到控制。通过控制瞬时电压，矢量控制试图在瞬态期间调整电机对指令信号的响应。因此，实现了更精确的控制并提供了更平稳的电机性能。

必须注意的是，矢量控制的意思并不表示控制工程学科中所理解的一种控制系统或方法。矢量控制源于这样一个事实，即控制的是矢量而不是标量。从这个意义上说，重点放在主要控制变量的幅值和相位上。事实上，在实际中，矢量控制是通过矢量分量找到电机电流的空间矢量来实现的，然后控制它的大小和角度。如前所述，角度控制对应于施加到电机上的电压相位控制。理论上，矢量控制是在旋转参考坐标系中得到解释的。因此，将电机模型从传统的静止（a－b－c）参考坐标系转换为旋转参考坐标系（如第 2 章所述）是矢量控制理论的重要组成部分。对于熟悉工程数学中的保形映射的人来说，这种变换可视为一种简单的映射。保形映射用于通过简化问题的边界条件来解决复杂物体中的传热、静电和电磁问题。参考坐标系变换在电机控制中执行类似的简化任务。如第 2 章所述的那样，更准确地说，静止 a－b－c 参考坐标系中电机模型的正弦变量被视为旋转参考坐标系中的 DC 变量。前一参考坐标系中电机的时变电感转换为后一参考坐标系中的恒定电感，转换简化了电机模型并简化了电流的控制器设计。此外，如前所述，在电流控制器下的电机性能更快速、更精确。

回顾在 2.5 节中阐述的 a－b－c 参考坐标系到 d－q 参考坐标系的变换，通过使用图 3.4 来说明永磁同步电机的矢量控制原理。旋转参考坐标系的 d 轴与转子磁极的磁轴对齐，如图 3.4 所示。必须注意，参考轴在电角度上是正交的。表贴式永磁同步电机的矢量控制是通过将定子电流矢量定向为与 q 轴一致来实现的，如图3.4所示。考虑到可用的定子电流，如此的一个方向能最大地产生转矩。因此，在此控制下，$i_d=0$。故而，定子绕组的d轴磁通量变得恒定且与定子电流无关，其值与磁链的大小相同，即$\boldsymbol{\lambda}_d=\boldsymbol{\lambda}_m$。这样，转矩独立于磁通瞬变并且仅跟随电流瞬变。

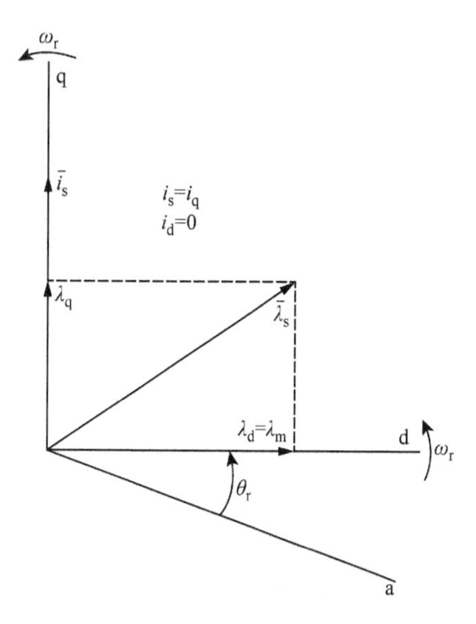

图3.4 表贴式永磁同步电机的矢量控制原理

3.2.3 矢量控制下的电机模型

如2.5节所述，将电机模型转换为旋转参考坐标系可以简化模型。对于带有表贴式磁体的永磁同步电机，电机沿q轴的电压方程进一步简化为

$$v_q=R_si_q+L_spi_q+\omega_r\boldsymbol{\lambda}_m \tag{3.2.3}$$

式中，d轴电流分量假定为0；L_s是电机同步电感。有趣的是，将电压方程式（3.2.3）与如下直流电机的电枢电压方程进行比较：

$$v_a=R_si_a+L_api_a+\omega_r\boldsymbol{\lambda}_f \tag{3.2.4}$$

可以看出，式（3.2.3）和式（3.2.4）本质上是相同的，其中永磁同步电机的q轴量类似于直流电机的电枢量，而且前一种电机的磁链类似于后一种电机的磁链。两种电机的转矩之间存在相同的类比，因为永磁同步电机的转矩表示为

$$T_e=\frac{3}{2}P\boldsymbol{\lambda}_mi_q \tag{3.2.5}$$

而直流电机的转矩为

$$T_e=K_T\boldsymbol{\lambda}_fi_a \tag{3.2.6}$$

比较式（3.2.5）和式（3.2.6），上面所提到的量，在永磁同步电机和直流电机之间的类比得到证实。控制电机机械特性的动态方程也是相同的。因此，可以得出结论，在$i_d=0$的转子参考坐标系中，由矢量控制的表贴式永磁同步电机可以视为具有恒定励磁磁场的他励直流电机。这是因为在这样的永磁同步电机中，交流定子电压转换为稳态直流电压，即q轴定子电压。此外，旋转磁体磁链转换为恒定磁链，并与定子磁链保持正交。因此，它们分别类似于电枢电压和直流电机的磁场。而且，出现在永磁同步电机q轴电压方程中的速度电压类似于直流电机电枢中感应的速度电压。

事实上，在永磁同步电机中，a-b-c参考坐标系到d-q参考坐标系的变换与$i_d=0$一起执行与直流电机中的换相系统相同的功能。换相系统在电枢绕组

端子处对直流电机的电枢绕组中的交流电压进行整流。它还使产生电枢电流的磁链垂直于磁场绕组产生的磁链。参考坐标系变换和 $i_d = 0$ 执行与前面提到的相同的任务。因此，如果两种电机的模型相似，也就不足为奇了。

3.3 带有相电流控制器的转子参考坐标系中的矢量控制

矢量控制是一种通过控制电流从而控制转矩的方法。因此，矢量控制与电机驱动控制系统中最内层的控制环有关，而与包括速度控制环的外环无关。因此，矢量控制电机驱动系统中的速度控制，与标量控制或其他控制方法的速度控制相同。而在这里要考虑速度控制，因为它是转矩控制之后最小的内控制环，其输出用作电流控制环的输入，由矢量控制方法来实现。不过，这里不再对速度控制回路进行阐述。

本节介绍了表贴式永磁同步电机的矢量控制，而对于内置式永磁（IPM）电机，将在以下几节中进行介绍。回顾带有表贴式磁极的永磁同步电机的转矩方程，即式（3.2.5），很明显 i_d对转矩没有影响。因此，转矩只是 i_q的线性函数。因此，控制 i_q实际上就是对转矩进行控制，两者之间只有一个常数系数（3/2）$P\lambda_m$的关系。可以根据式（3.2.4）的电机 q 轴电压方程，从根本上来设计对 i_q的控制。在这个方程中可以看出，i_q与v_q有一个线性微分方程的关系。这就意味着可以通过控制 i_q从而控制永磁同步电机的转矩，同时保持 $i_d = 0$。保持 $i_d = 0$ 不仅使 q 轴电压方程线性化，并能够设计出较简单的线性电流控制器，而且使电机对任何电流能够产生相应的最大转矩。出现这种情况是因为整个电流 i_s沿 q 轴流动，这有助于产生转矩，如图 3.4 所示。包括相电流控制的矢量控制永磁同步电机驱动系统如图 3.5 所示。如图所示，矢量控制系统有两个输入信号，即作为电流矢量的两个分量 i_q^* 和 i_d^*，其中前者是速度控制器的输出。该系统包括了参考坐标系的变换。它使用转子位置信号θ_r将 i_d^* 和 i_q^* 转换为相电流指令 i_a^*、i_b^*、i_c^*。转子位置由位置传感器测量。光学编码器通常用于感测位置以提供精准的信息。需要注意的是，由于旋转参考坐标系的错误定向，位置误差会导致矢量控制出现故障。实际相电流 i_a、i_b和 i_c由电流传感器测量并用作反馈信号以形成电流闭环。它们与相电流指令进行比较，形成误差信号，作为三个电流控制器的输入。电流控制器一般为 PI 控制器。然而，为了在特殊情况下或在额外需求的情况下提高性能，例如鲁棒性、最优性或自适应性，可以使用其他类型的控制器。这些控制器接收相电流误差并提供相电压指令v_a^*、v_b^*和v_c^*。电压指令应用到 PWM 系统以生成逆变器的门控信号。然后逆变器根据电压指令将直流输入电源转换为三相交流输出电源，向永磁同步电机供电。因此，电机产生精准的转矩并以与其自身惯量和负载相对应的速度旋转。由于在图 3.5 的系统中含有速度控制系统，电机速度通过速度控制回路调整到指令速度。在速度控制环中用作反馈信号的实际速度信号，是通过对转子位置信号进行微分计算得来的。指令速度与实际速度进行比较，并将两者的偏差施加到速度控制器以产生 q 轴电流指令。

必须提到的是，在 $i_d=0$ 的情况下，d 轴磁通要设定在λ_m，并且转子磁通不会发生弱磁。因此，定子磁通λ_s仅受 i_q控制。由于$\lambda_d=L_d i_d+\lambda_m$，将负的 i_d^* 作用到具有表贴式磁极的永磁同步电机会减弱电机的磁通。然而，它通常会带来负面效果，因为它会降低 i_q，从而降低在相同定子电流下产生的转矩。

将图 3.5 的矢量控制系统与图 3.1 的标量控制系统进行比较会发现有趣的事，可以看出，这两个控制系统之间的唯一区别是对偶的。第一，在矢量控制系统中，标量控制的正弦波生成块被 d－q 到 a－b－c 参考坐标系变换块代替。第二，前一个块的输入为 $I^*=0$ 和 $\beta=0$，后一个块的输入为替换为 $i_q^*=0$ 和 $i_d^*=0$，而两个块的输出是相同的。这意味着，由于正弦波生成和参考坐标系变换的相似性，标量控制系统和最简单的矢量控制系统之间存在对偶性。然而，图 3.5 的矢量控制系统只是一长串具有许多额外功能的矢量控制系统的开始，所以无论使用标量控制系统还是图 3.5 的矢量控制系统，许多功能还是无法实现。而实际上，图 3.5 的系统为矢量控制的第一步，提供了从标量控制到矢量控制的平滑过渡。

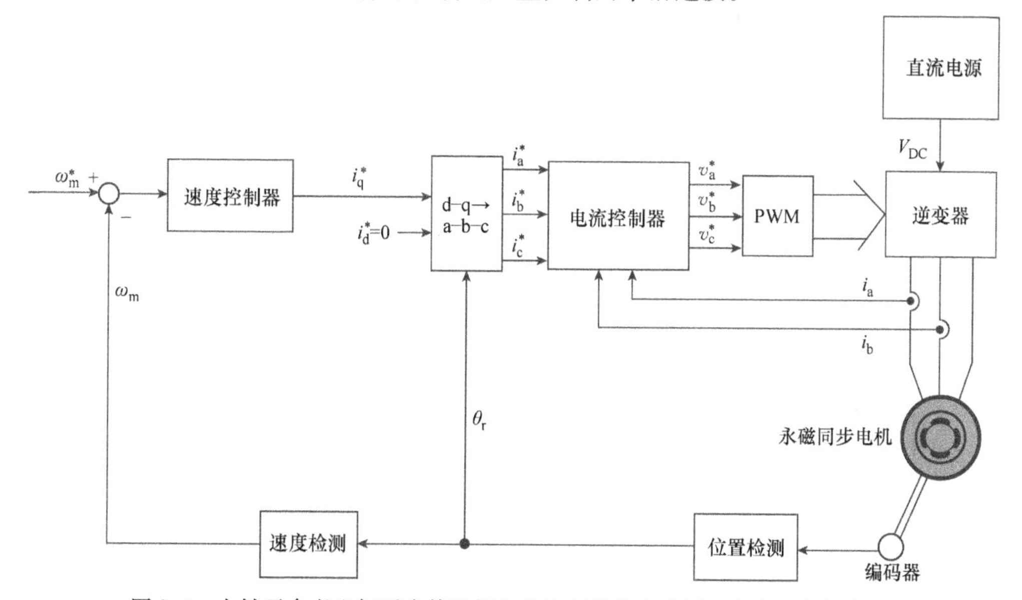

图 3.5　在转子参考坐标系中使用相电流控制器的永磁同步电机的矢量控制

带有相电流控制器的矢量控制存在带宽有限的问题。该系统中的电流控制器作用于电机的相电流，该电流以与电机速度成正比地交替变化。随着速度的提高，实际电流必须跟踪快速交替的相电流指令。在这种情况下，控制器的必要延迟可能会接近相电流周期。结果，实际信号可能无法跟随指令信号并产生不希望的误差。矢量控制理论有一个解决这个问题的方法，将在下一节中介绍。

3.4　带有 d－q 电流控制器的转子参考坐标系中的矢量控制

在一个矢量控制系统中可以控制 d－q 电流而不是 a－b－c 电流。这可以通过对电压而不是电流进行 d－q 到 a－b－c 参考坐标系变换来实现。本节将介绍此种控制方法及其基本解耦电路。

3.4.1　d－q 电流控制下的基本矢量控制方案

带有 d－q 电流控制器的矢量控制永磁同步电机驱动系统如图 3.6 所示。从该图中可以看出，系统输入信号，即 i_q^* 和 i_d^*，分别与反馈电流 i_q和 i_d进行比较，以确定电流误差。误差作用于两个控制器，以提供 q 轴和 d 轴电压指令v_q^* 和v_d^*。控制器连同解耦电路如图 3.6 所示，称为解耦电流控制器。本节稍后将介绍解耦电路。该系统中的当前控制器也通常为 PI 类型，可选择使用其他类型的控制器，该系统包括两个参考系坐标变换。第一个参考坐标系变换通过使用转子位置信号 θ_r将v_q^* 和v_d^* 转换为相电压指令v_a^*、v_b^* 和v_c^*，该信号在 3.3 节的系统中测量。第二个参考坐标系变换从电流传感器接收实际相电流 i_a、i_b和 i_c，并将它们转换为 i_q和 i_d以用作电流回路中的反馈。这里，在参考坐标系变换中使用了相同的转子位置信号。一旦第一次参考坐标系变换提供了相电压指令，系统的其余部分与带有相电流控制器的系统相同。一旦第一次参考坐标系变换提供了相电压指令，系统的其余部分与带有相电流控制器的系统相同。

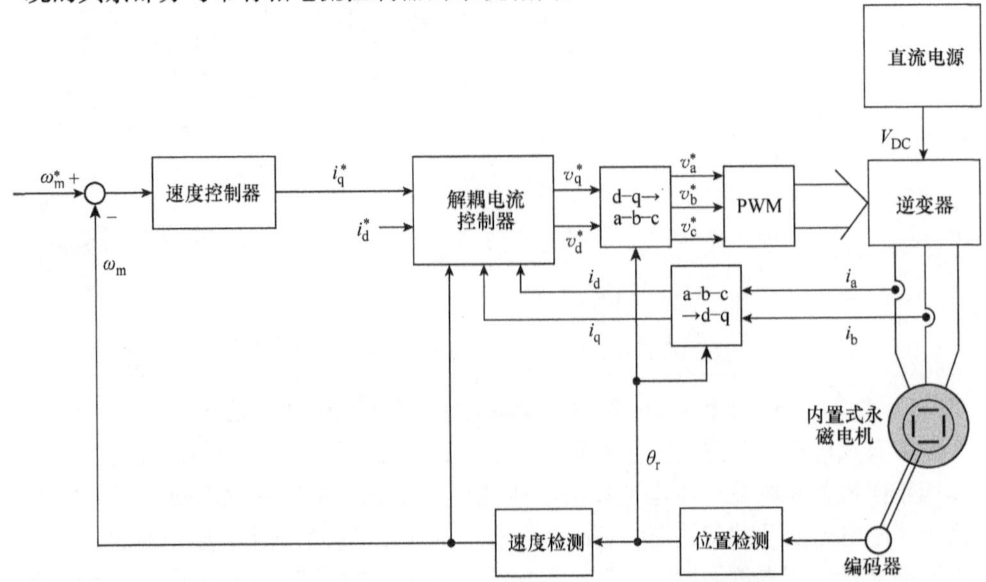

图 3.6　转子参考坐标系中带有 d－q 电流控制器的永磁同步电机的矢量控制

由于电流控制器作用于q轴和d轴电流，这些电流是稳态下的直流信号，所以该系统不会面临带宽有限的问题。实际上，该系统对交变反馈信号执行参考坐标系变换的代数计算，同时由电流控制器对非交变信号处理必要延迟信号。因此，在该系统中没有出现在带有相电流控制器的矢量控制系统中出现的带宽问题。这被认为是该系统相对于前一个的主要优势。因此，d－q电流控制比矢量控制系统中的相电流控制更受欢迎。

3.4.2 解耦电流控制器

如3.1节所述，矢量控制的目标是将交流电机像直流电机一样，将电机中的转矩控制与磁通控制分开。在永磁同步电机中，如果d轴电路与q轴电路分离，则可以通过i_q控制转矩和通过i_d控制磁通。然而，在转子参考坐标系中，内置式永磁电机的矢量控制的相关问题是d轴和q轴电路的耦合，因为两个电压分量都取决于两个电流分量。由式（2.5.14）和式（2.5.15）中给出的参考坐标系的电压方程为

$$v_d = R_s i_d + L_d p i_d - \omega_r L_q i_q \tag{3.4.1}$$

$$v_q = R_s i_q + L_q p i_q + \omega_r L_d i_d + \omega_r \lambda_m \tag{3.4.2}$$

这实际上会削弱简单线性控制器（如PI控制器）下的电机性能。事实上，只有非线性控制器可以处理这种非线性问题。在矢量控制系统中使用非线性电流控制器会使控制器设计复杂化并削弱矢量控制的优点。

对于耦合问题，在3.3节通过使$i_d=0$处理表贴式永磁同步电机的控制。这解决了q轴电压方程中的耦合问题，而不是d轴电压方程中的耦合问题。此外，在内置式永磁电机中，首选非零（负）的d轴电流以利用磁阻转矩。因此，需要一种与电流控制器相连接的解耦电路作为内置式永磁电机矢量控制的通用解决方案。

仔细观察电压方程式（3.4.1）和式（3.4.2）可以看出电机模型受到速度电压项（即$\omega_e L_d i_d$和$\omega_e L_q i_q$）的交叉耦合效应的影响。这些影响在电压方程中占主要地位，尤其是在高速时，因为内置式永磁电机中的L_d和L_q相对较大。因此，i_d和i_q不能由简单的线性控制器独立控制。线性控制理论只能应用于电机模型来使用，例如，如果首先将电压方程线性化，则对i_d和i_q均采用PI控制器。这意味着d轴电压必须仅取决于i_d，而q轴电压必须仅取决于i_q。

电压方程式（3.4.1）和式（3.4.2）提出了一个解耦电流控制器块，如图3.7所示，其中d轴和q轴电压指令分别由如下两个信号的组合提供：

$$v_d^* = v_{d1} + v_{d0} \tag{3.4.3}$$

$$v_q^* = v_{q1} + v_{q0} \tag{3.4.4}$$

式中，v_{d1}和v_{q1}分别由PI电流控制器$C_d(S)$和$C_q(S)$提供，而非线性项v_{d0}和v_{q0}作为前馈补偿信号提供，具体如下：

$$v_{d0} = -\omega_r L_q i_q^* \tag{3.4.5}$$

$$v_{q0} = \omega_r L_d i_d^* + \omega_r \lambda_m \tag{3.4.6}$$

通过这种方式，PI 控制器由于其自身的电流偏差而分别形成了 d 轴和 q 轴动态电压指令。然而，非线性项v_{d0}和v_{q0}通过分别将v_d^*与 i_q和v_q^*与 i_d解耦来线性化电机动态过程。因此，在图 3.8 中给出了 d 轴和 q 轴的等效线性化系统，其中线性化传递函数$G_d(S)$和$G_q(S)$为

$$G_d(s) = \frac{1}{L_d s + R_s} \tag{3.4.7}$$

$$G_q(s) = \frac{1}{L_q s + R_s} \tag{3.4.8}$$

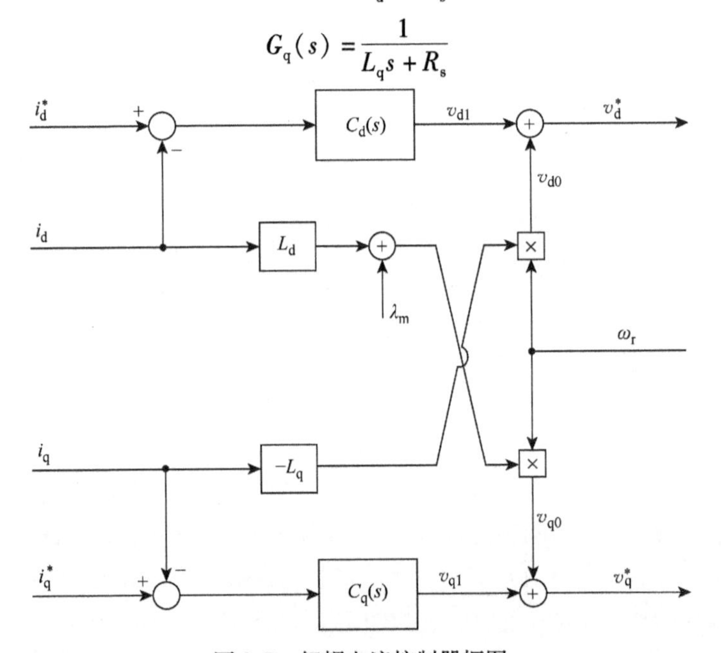

图 3.7 解耦电流控制器框图

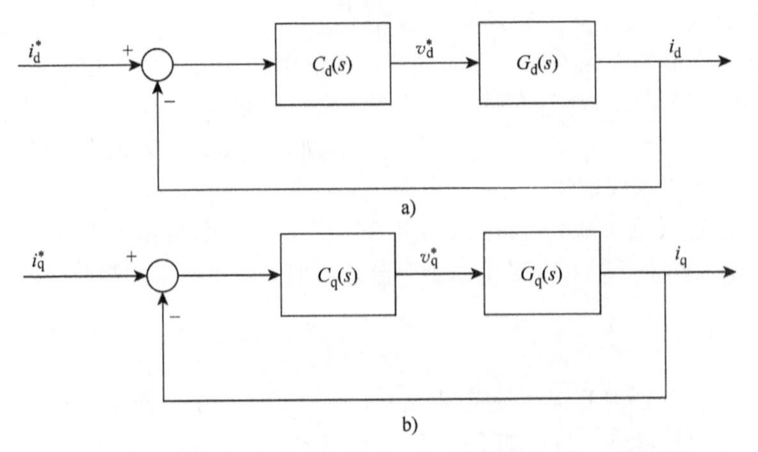

图 3.8 等效线性化的系统框图：a）d 轴框图；b）q 轴框图

3.5 操作极限和限制方法

在稳态下运行的永磁同步电机必须保持在某些运行限制内，以满足电机的基本设计规范。最重要的是对电流和电压限制，因为它们决定了其他方面的运行限制。由于电机的一些的基本限制，其定子电流不得超过某个值。对过电流最脆弱的电机部件是绕组的绝缘体。介电等级决定了绕组中可以产生的安全热量，从而决定了电流限制。冷却系统在设置电流限制方面也具有决定性作用，由于传热的时间常数相对较长，因此在稳态下受到的限制更多。

3.5.1 电流极限

稳态电流要限制在额定电流附近。然而，在瞬态电流中，对电流的限制可能达到额定电流的几倍。控制系统必须遵守电机的电流限制。定子电流 i_s 的矢量大小可能受到限制。在这里，根据其 d 轴和 q 轴分量，可以得到

$$i_s = \sqrt{i_d^2 + i_q^2} \leqslant i_{sL} \tag{3.5.1}$$

式中，i_{sL} 是定子电流的极限值。它主要由一个在 $i_d - i_q$ 坐标系中半径等于 i_{sL} 的圆表示，如图 3.9 所示。因此，对电流限制而言，控制系统必须将电流矢量保持在圆内。实际中对电流的限制可以通过在 d 轴和 q 轴电流指令上放置电流限制器来满足。如果电流小于限制值，限制器会不加任何改变地传递电流指令。但是，如果电流超过限制值，它会将电流固定到限制值。i_d^* 和 i_q^* 的限制由系统设计者根据电机基本关系决定。

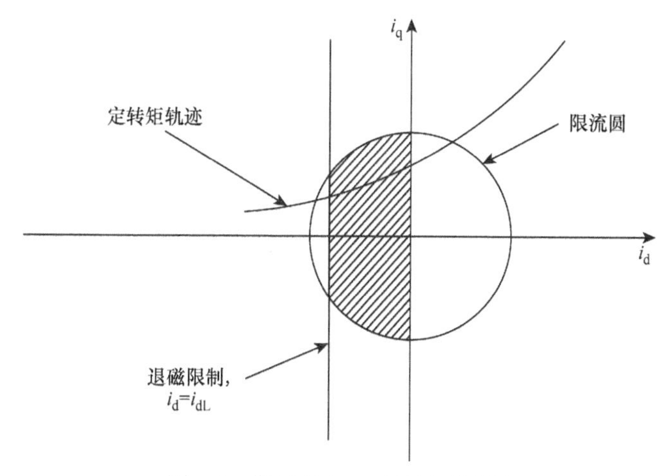

图 3.9 限流圆和永磁体退磁限制

对 i_d^* 的限制通常由 d 轴电流对转子磁极永磁材料的弱磁效应来设定。我们

都知道，当 d 轴沿着磁极的磁轴时，d 轴的负电流会减小磁通量。如果电流高于阈值，磁体将出现永久性的退磁，电机出现故障，包括磁体转矩的下降。该阈值被视为 d 轴的限制电流，即 i_{dL}，在 d 轴电流限制器中进行应用。退磁系数 ξ 定义为 d 轴电枢反应磁通与永磁磁链的比值：

$$\xi = -\frac{L_d i_d}{\lambda_m} \tag{3.5.2}$$

如果系数较大，而磁体材料的矫顽力不够，就会发生磁体退磁。在磁极后缘的磁通密度消失之前，d 轴电流可以在无永磁退磁风险下增大。在此工作极限下，退磁系数达到一个极限值 ξ_L，这是根据电机参数获得的。因此，安全工作区定义为

$$\xi \leqslant \xi_L \tag{3.5.3}$$

然后可以从式（3.5.2）和式（3.5.3）获得 d 轴电流限制为

$$i_{dL} = -\frac{\xi_L \lambda_m}{L_d} \tag{3.5.4}$$

还可以知道，以 $i_d > 0$ 时运行的永磁同步电机是没有增益的。这是因为按照式（2.5.21），当 i_d 取正值时，由于总是 $L_q \geqslant L_d$，磁阻转矩变为负值，总转矩开始减小。因此，就 d 轴电流而言，定子电流矢量必须位于图 3.9 中规定的限流圆的虚线区域内。

利用 i_d 限制器的输出，q 轴的电流限制由式（3.5.1）确定，最大允许电流为

$$i_{qL} = \sqrt{i_{sL}^2 - i_d^{*2}} \tag{3.5.5}$$

此值用于 i_q 限制器中。因此，图 3.10 所示的布置可用于限流器的实现。通过这种方式，转子磁极永磁体和绕组的电介质都分别受到保护，不会因过电流而永久退磁和高温损坏。从图 3.10 可以看出，较低的 i_d^* 为较高的 i_q^* 提供了更多空间，从而尽管对两个电流分量都有电流限制，但仍能使电机转矩的产生能力得到理想的利用。

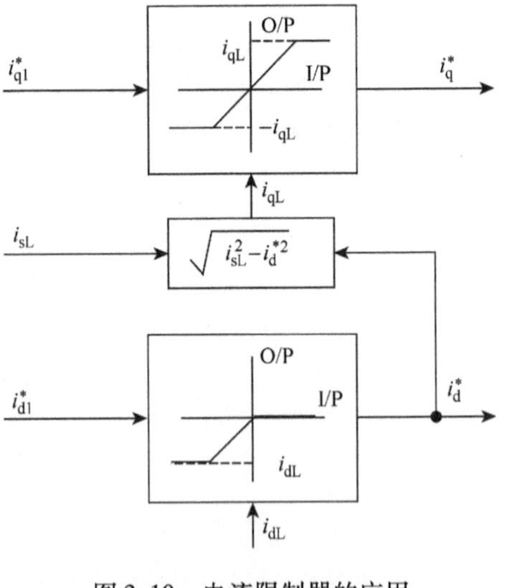

图 3.10　电流限制器的应用

另一种限制电机电流超过其允许值的方法是不断将定子总电流与其限值进行比较。如果电流将超过限值，则对转矩影响较小的电流分量的参考作用是有限的。这是通过计算每个参考点处产生的转矩相对于 i_d 和 i_q 的灵敏度来完成的，其灵敏度的计算分别为

$$S_{i_d}^{T_e} = \frac{\partial T_e}{\partial i_d} \Big|_{i_q = i_q^*} = \frac{3}{2} P (L_d - L_q) i_q^* \tag{3.5.6}$$

$$S_{i_q}^{T_e} = \frac{\partial T_e}{\partial i_q} \Big|_{i_d = i_d^*} = \frac{3}{2} P [\lambda_m + (L_d - L_q) i_d^*] \tag{3.5.7}$$

这两个灵敏度表明了 d 轴和 q 轴电流是如何影响每个电机工作点的转矩的。对应于较低灵敏度的参考电流是有限的。假设对 i_q的转矩灵敏度较高，则 d 轴和 q 轴电流指令的限值表示为

$$i_{qL} = i_{sL} \tag{3.5.8}$$

$$|i_{dL}| = \sqrt{i_{sL}^2 - i_q^{*2}} \tag{3.5.9}$$

而如果对 i_d的转矩灵敏度较高，则 d 轴和 q 轴电流指令的限值表示为

$$|i_{dL}| = i_{sL} \tag{3.5.10}$$

$$i_{qL} = \sqrt{i_{sL}^2 - i_d^{*2}} \tag{3.5.11}$$

3.5.2 电压极限

为了保护电力电子开关器件，对逆变器的电压指令同样也是需要进行限制的。理论上可以根据下式直接限制电压矢量的分量：

$$v_s = (v_d^2 + v_q^2)^{1/2} \leqslant v_{sL} \tag{3.5.12}$$

式中，v_{sL}为电压极限值，即开关器件所能承受的最大安全电压。然而，在实际中，更容易通过电流分量间接地限制电压。这是通过考虑稳态电压方程来完成的，两个稳态电压方程为

$$v_d = -\omega_r L_q i_q \tag{3.5.13}$$

$$v_q = \omega_r L_d i_d + \omega_r \lambda_m \tag{3.5.14}$$

为简单起见，这里忽略了由于绕组电阻引起的电压降。然后，将式（3.5.13)和式（3.5.14）代入如下电压极限值下的电压约束方程：

$$v_s = (v_d^2 + v_q^2)^{1/2} = v_{sL} \tag{3.5.15}$$

其结果是

$$i_d = -\frac{\lambda_m}{L_d} + \frac{1}{L_d}\sqrt{\frac{v_{sL}^2}{\omega_r^2} - (L_q i_q)^2} \tag{3.5.16}$$

这是 $i_d - i_q$坐标中椭圆的方程。因此，定子电流矢量必须保持在椭圆内以遵守电压限制。在式（3.5.16）中可以看出，椭圆取决于电机速度。图 3.9 显示了 3 个速度值的限制。可以看出，随着速度的增加，限制正在减小。因此，我们可以得出结论，电机所允许的电流在高速下会降低。这会导致随着速度的增加所产生的转矩减小。此外，这意味着对电机的控制在高速下变得更加严格，且需求更多。在实际应用中，可以观察到在指令阶段将椭圆引入矢量控制系统的电压极限。实

现这项任务并不难，因为现代控制系统是通过软件程序实现的。

在稳态时，电压和电流要同时限制。参考图3.11，可以说，通过拖动定子电流矢量到公共区域，电机必须在电流极限和电压极限的公共区域内运行。这可以通过电流的矢量控制来完成。

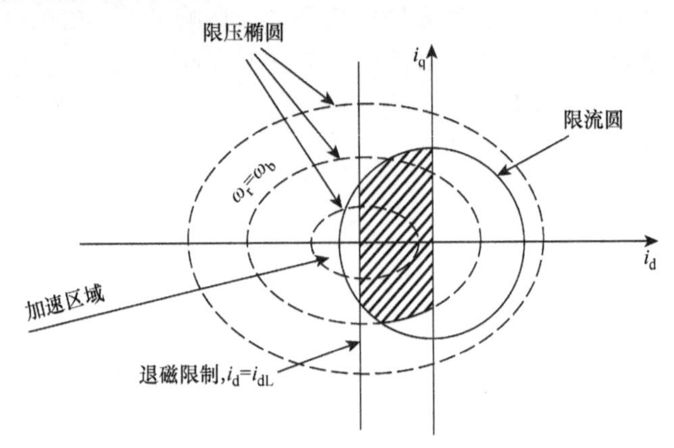

图3.11　限流圆和限压椭圆的公共区域

参考电机转矩方程式（2.5.19），转矩也可以显示在图3.11的d-q参考坐标系中。公共区域作为允许的运行区域，对转矩的开发施加了限制。事实上，在转矩轨迹上，位于允许区域内的定子电流矢量被应用到系统中，作为电流参考。相应的应用将在3.6节中结合磁通控制模式之间的转换进行讨论。

3.6　磁通控制

对于磁通控制，传统上，通常的做法是将电机的转矩转速特性划分为低于基速的定转矩区，即电机磁通恒定区，以及定功率区，即电机磁通减弱、电机功率保持不变区。由于功率限制，电机无法产生高于额定转速的额定转矩，因此后者的运行区域是合理的。一个常见的解决方案是降低产生的电机转矩，功率保持在限制以内。这通常是通过在基速以上减弱磁通来实现的。在无法改变由磁极产生的转子磁通的永磁同步电机中，磁通的减弱仅通过电枢反应控制来实现。这是为了控制定子电流，以便在主磁通遇到电枢磁通分量时产生所需的转矩。不过，利用矢量控制，可以通过同一控制系统来控制转矩产生和磁通减弱。特别是在转子参考坐标系中，负的i_d有助于产生正磁阻转矩，同时产生电枢磁通的一个分量，这个分量与主磁通相反。高速区域的弱磁现象也可以从电压-电流限制的角度来研究。当电机输入电压（逆变器输出电压）和电机电流达到它们的极限值时，应当调整电流矢量的分量i_d和i_q，这样电压和电流极限值都能够获得，同时转矩产生和磁通减弱都是可控的。

与传统电机的恒定磁通运行情况相反，在电机转矩－转速特性的定转矩区域内，低于额定转速且尚未达到电压限制时，有时需要进行某种磁通减弱。这种类型的磁通减弱不是为了防止电机功率超过极限，而是为了实现每单位电流流过电机所产生的转矩最大，或实现一个简单的最大转矩电流比（MTPA）运行。这意味着对于每个定子电流模，电流分量 i_d 和 i_q 都要进行调整，从而使转矩达到最大。

在某些情况下，类似的磁通减弱可能对实现单位功率因数运行是有用的。在这种情况下，必须调整和控制电流分量，以实现单位功率因数运行。本节介绍了适用于上述运行模式［即 MTPA、单位功率因数（PF）和高速运行］的磁通减弱控制系统。回想一下，在这些运行模式中，都需要一个合适的负的 i_d。事实上，一个正的 i_d 导致 d 轴方向的电机磁通增加并不常见，因为它会降低产生的转矩和电机损耗的增加。

在永磁同步电机弱磁控制中，一项具有挑战性的任务是电流和电压都要在各自极限内。另一个挑战是对电机的运行进行管理，以从一种弱磁模式过渡到另一种弱磁模式时，随着电机转速的变化，能够平稳地过渡。这些有挑战性的任务也将在本节来研究。

3.6.1　最大转矩电流比控制

当电机从静止状态起动或需要大幅度改变转速时，需要快速的电机加速。在这些情况下，电机必须产生很高的转矩。在这种转矩需求下，电机电流通常会达到其极限值。这会导致转矩受限，不足以快速加速。在这些情况下，要求每单元的定子电流都能尽可能地产生最大转矩，以能够利用电机产生转矩的全部潜力。这个 MTPA 运行，相当于在一个特定的转矩下，电流尽可能最小。因此，即使电机不需要产生高转矩，仍然需要在 MTPA 模式下运行，以减少电机的铜损，以及逆变器和整流器的传导损耗。MTPA 控制可以通过以下带有速度控制或转矩控制来实现。

3.6.1.1　带速度控制的 MTPA

转矩根据转子参考坐标系中的瞬时定子电流分量由式（2.5.19）来表示，此处记为

$$T_e=\frac{3}{2}P[\lambda_m+(L_d-L_q)i_d]i_q \tag{3.6.1}$$

这可以在 i_d-i_q 坐标系中描述，如图 3.12 所示。该图表明一个特定的转矩可以由无数个定子电流矢量产生；图中只描绘了其中的 4 个。具有最小模的电流矢量满足 MTPA 的条件。可以将其图形化地表示为与转矩轨迹相切的电流圆的电流矢

量，如图3.12所示。

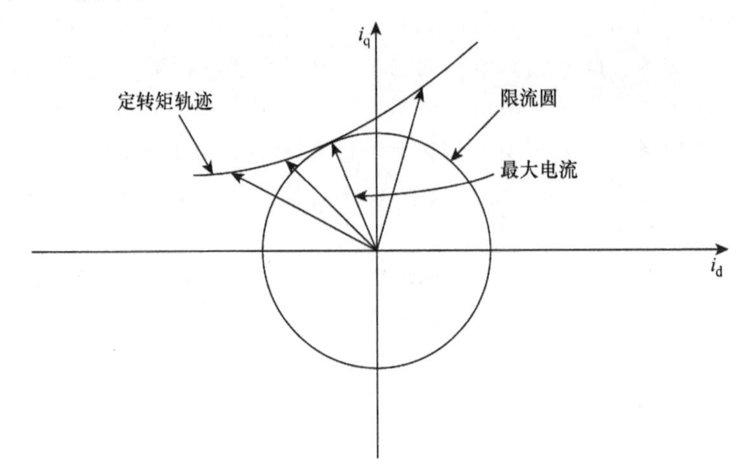

图3.12 MTPA运行条件

在凸极永磁同步电机中，其中$L_q > L_d$，由于式（3.6.1）中的磁阻转矩，在MTPA情况下的d轴电流始终为负。关于在MTPA下的电流分量，可以将式（3.5.1）中的i_s和i_d替代式（3.6.1）中的i_q，并求出合成转矩方程关于i_d的导数，令这个导数恒等于0，其中i_s为一个常数，可得

$$\frac{\partial T_e}{\partial i_d}\bigg|_{i_s = \text{const.}} = 0 \tag{3.6.2}$$

将式（3.6.2）的结果代入d轴和q轴的电流分量，会得到以下电流方程：

$$i_d^2 - i_q^2 + \frac{\lambda_m}{L_d - L_q} i_d = 0 \tag{3.6.3}$$

式（3.6.3）给出了在MTPA条件下对于每个转矩由i_s分量产生的轨迹。这是$i_d - i_q$坐标中的一条凸曲线，其中心位于

$$\begin{cases} i_d = \dfrac{\lambda_m}{(L_d - L_q)} \\ i_q = 0 \end{cases} \tag{3.6.4}$$

转矩分量的轨迹连同限流和限压轨迹如图3.13所示（Morimoto等，1990b）。d轴电流可以在式（3.6.3）中找到，为与相关i_q的函数：

$$i_d = \frac{\lambda_m}{2(L_q - L_d)} - \sqrt{\frac{\lambda_m^2}{4(L_q - L_d)^2} + i_q^2} \tag{3.6.5}$$

该方程可用于将MTPA策略纳入永磁同步电机的矢量控制中，其方法是将电流分量替换为其指令值，如图3.14所示。

控制系统包括一个模块，这个模块负责接收q轴电流指令并根据

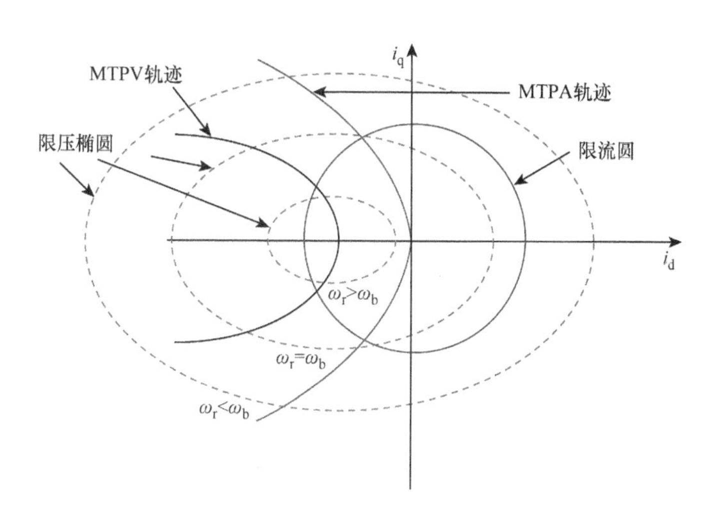

图 3.13 MTPA 和 MTPV 条件下定子电流矢量轨迹以及限流圆和限压椭圆（见文前彩图）

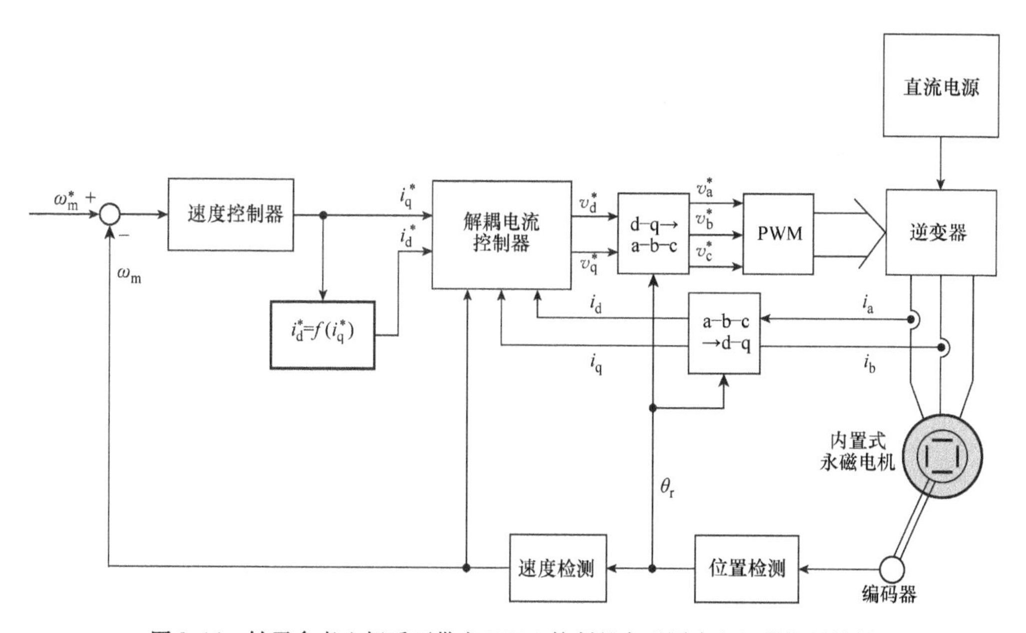

图 3.14 转子参考坐标系下带有 MTPA 控制的永磁同步电机的矢量控制

式（3.6.5）产生 d 轴电流指令。这确保了电流矢量始终保持在 MTPA 轨迹上。系统的其余部分如图 3.6 所示。

需要注意的是，在$L_d=L_q$的表贴式电机中，可以明显看出 MTPA 轨迹变为 q 轴，如式（3.6.3）所示，也就是 $i_s=i_q$。因此，表贴式电机的 MTPA 控制可以通过图 3.6 的控制系统实现，其中 i_d为常数 0。d 轴和 q 轴的相电流控制器的使用较为普遍，在图 3.5 中已经给出了这种情况。

3.6.1.2　带转矩控制的 MTPA

如果 MTPA 公式是按单位或归一化计算的，则对电机的特性能够获得很好的了解。归一化是通过对电机电流和转矩的特殊基准值（Jahn 等，1986）的选择来完成的，如下所示：

$$i_{\mathrm{b}}=\frac{\lambda_{\mathrm{m}}}{L_{\mathrm{d}}-L_{\mathrm{q}}}$$
$$T_{\mathrm{eb}}=\frac{3}{2}P\lambda_{\mathrm{m}}i_{\mathrm{b}} \tag{3.6.6}$$

d 轴和 q 轴电流分量以及所产生的转矩的标准值分别通过以下三式获得：

$$i_{\mathrm{dn}}=\frac{i_{\mathrm{d}}}{i_{\mathrm{b}}}$$
$$i_{\mathrm{qn}}=\frac{i_{\mathrm{q}}}{i_{\mathrm{b}}}$$
$$T_{\mathrm{en}}=\frac{T_{\mathrm{e}}}{T_{\mathrm{eb}}} \tag{3.6.7}$$

利用式（3.6.7）中的归一化值，单位转矩方程变为

$$T_{\mathrm{en}}=i_{\mathrm{qn}}(1-i_{\mathrm{dn}}) \tag{3.6.8}$$

可见，电机的所有参数都在转矩方程，即式（3.6.8）中被消除了。这可以对 MTPA 运行模式进行深入了解，如图 3.15 所示（Jahn 等，1986）。

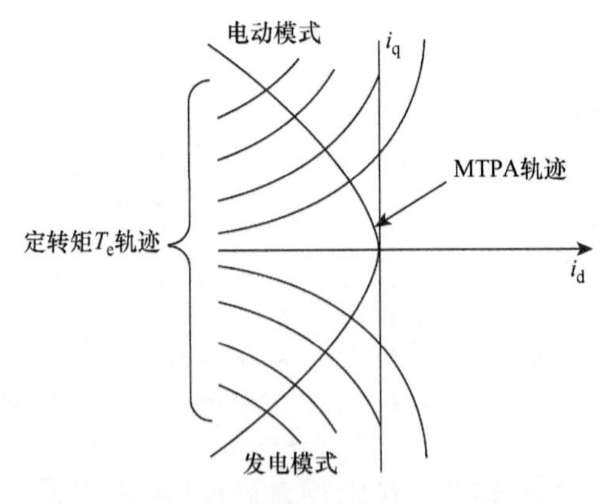

图 3.15　MTPA 下的定子电流矢量轨迹以及电动和发电模式下不同定转矩的轨迹

同样在图 3.15 中，MTPA 轨迹与原点处的 q 轴相切，这是磁体转矩单独作用的轨迹，并趋于渐近到 45°。这是因为，一般来说，在永磁同步电机中，磁阻转矩随着转矩的增加而占据主导地位。现在可以根据如下方程的归一化转矩获得 i_{dn} 和 i_{qn}：

$$T_{\mathrm{en}}=\sqrt{i_{\mathrm{dn}}(i_{\mathrm{dn}}-1)^{3}} \tag{3.6.9}$$

$$T_{en}=\frac{i_{qn}}{2}[1+\sqrt{1+4i_{qn}^2}] \tag{3.6.10}$$

图3.16中绘制了归一化电流与归一化转矩的关系（Jahns等，1986）。

这些电流轨迹给出了另一种矢量控制系统，即MTPA策略下的永磁同步电机的前馈转矩控制，如图3.17所示（Jahns等，1986）。可以看出，电流指令是由函数f_1和f_2生成的，将它们分别代入式（3.6.9）和式（3.9.10）中，仅使用转矩指令。转矩指令本身可以由最终用户直接应用，或者它可以提供给架空系统（例如速度控制器）作为其输出。如前所述，有了d轴和q轴电流指令，矢量控制可以使用a-b-c电流控制器或d-q电流控制器实现。

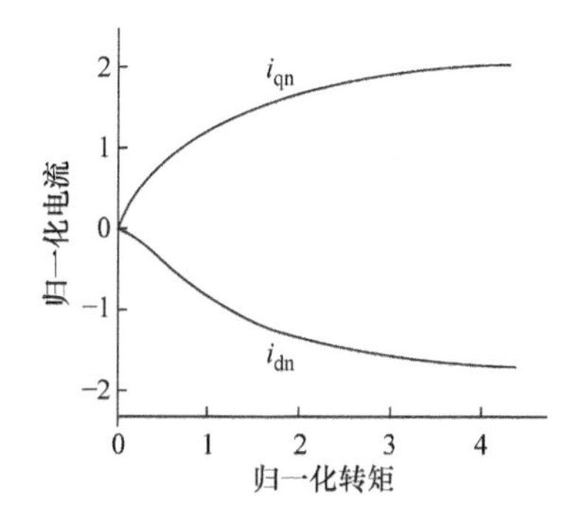

图3.16 MTPA控制中的归一化电流分量与归一化转矩的关系

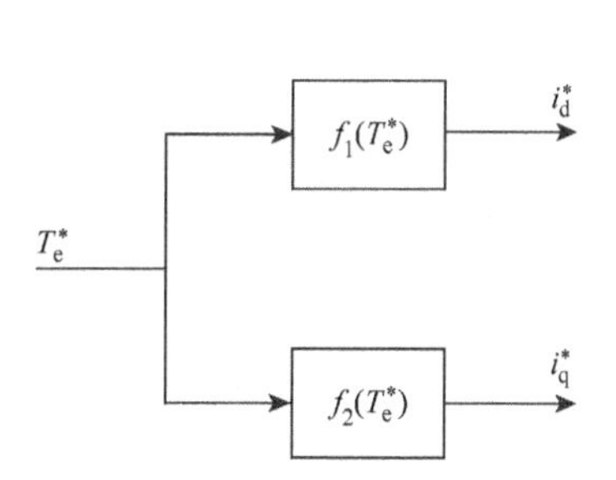

图3.17 转子参考坐标系下的前馈转矩控制系统

3.6.2 最大转矩电压比控制

当逆变器输出电压达到其最大可用值时，电机最好使用可用电压的最大电位。这是为了为每个电压单元开发出最大转矩。因此，就需要一个MTPV控制。为了获得这种控制策略下的运行条件，则需要根据电压分量而不是电流分量来表示转矩方程，过程如下。

使用稳态电压方程，即式（3.5.13）和式（3.5.14），可以由d轴和q轴电压获得d轴和q轴电流，分别为

$$i_d=\frac{v_q-\omega_r\lambda_m}{\omega_r L_d} \tag{3.6.11}$$

$$i_q=-\frac{v_d}{\omega_r L_q} \tag{3.6.12}$$

这些方程与转矩方程式（3.6.1）联立，可得出以v_d和v_q表示的转矩方程。还知道

$$v_s=(v_d^2+v_q^2)^{1/2} \tag{3.6.13}$$

它可以给出转矩，作为v_d和v_s的函数。下面的微分方程提供了一个MTPV

条件

$$\frac{\partial T_{\mathrm{e}}}{\partial v_{\mathrm{d}}}\bigg|_{V_{\mathrm{s}}=\mathrm{const.}}=0 \tag{3.6.14}$$

式(3.6.14)和式(3.6.13)联立可得

$$v_{\mathrm{q}}^{2}-v_{\mathrm{d}}^{2}+\frac{\omega_{\mathrm{r}}L_{\mathrm{q}}\lambda_{\mathrm{m}}}{L_{\mathrm{d}}-L_{\mathrm{q}}}v_{\mathrm{q}}=0 \tag{3.6.15}$$

这是 MTPV 在 d-q 电压坐标中的轨迹。当式(3.5.13)和式(3.5.14)的 d 轴和 q 轴电压代入上述轨迹时，d-q 电流坐标中的 MTPV 轨迹为

$$L_{\mathrm{d}}^{2}i_{\mathrm{d}}^{2}-L_{\mathrm{q}}^{2}i_{\mathrm{q}}^{2}+\frac{2L_{\mathrm{d}}-L_{\mathrm{q}}}{L_{\mathrm{d}}-L_{\mathrm{q}}}L_{\mathrm{d}}\lambda_{\mathrm{m}}i_{\mathrm{d}}+\frac{L_{\mathrm{d}}}{L_{\mathrm{d}}-L_{\mathrm{q}}}\lambda_{\mathrm{m}}^{2}=0 \tag{3.6.16}$$

式(3.6.16)根据 i_{d} 和 i_{q} 给出了 MTPV 的电流矢量轨迹，如图 3.13 所示。从图中可以看出，轨迹未通过坐标系原点。MTPV 控制策略可以通过从式（3.6.16）中，找到作为 i_{q} 的函数的 i_{d}，并将该函数代入图 3.14 控制系统中的 d 轴电流指令生成块，从而将 MTPV 控制策略纳入转子导向矢量控制。然后该块为每个 i_{q} 提供一个 i_{d}，以确保运行在 MTPV 下。

3.6.3 单位功率因数控制

众所周知，同步电机驱动器在单位功率因数下运行，会降低电力电子逆变器的额定值，从而节省系统成本。功率因数是稳态下电机驱动性能的重要衡量标准。因此，采用稳态下的模型对其运行条件进行数学建模。

功率因数控制可以并入任何参考坐标系中的矢量控制系统。本节在转子参考坐标系中对比进行介绍。在这个参考坐标系中，是通过对 i_{d} 的控制来实现的。首先推导出在单位功率因数运行下的条件。这是通过考虑在这种控制策略下，功率因数始终保持恒定不变的事实而获得的。因此，在这种控制策略下，定子电流矢量和定子电压矢量必须对齐。在转子参考坐标系中的转换关系为

$$\frac{v_{\mathrm{d}}}{v_{\mathrm{q}}}=\frac{i_{\mathrm{d}}}{i_{\mathrm{q}}} \tag{3.6.17}$$

用稳态电压方程代替式（3.6.17）中的电压分量，忽略绕组电阻引起的电压降，可根据其 d 轴和 q 轴电流分量获得以下定子电流矢量轨迹：

$$L_{\mathrm{d}}i_{\mathrm{d}}^{2}+L_{\mathrm{q}}i_{\mathrm{q}}^{2}+\lambda_{\mathrm{m}}i_{\mathrm{d}}=0 \tag{3.6.18}$$

在对式（3.6.18）求解 i_{d} 时，根据 i_{q} 可以得到 d 轴电流

$$i_{\mathrm{d}}=-\frac{\lambda_{\mathrm{m}}}{2L_{\mathrm{d}}}-\sqrt{\frac{\lambda_{\mathrm{m}}^{2}}{4L_{\mathrm{d}}^{2}}-\frac{L_{\mathrm{q}}}{L_{\mathrm{d}}}i_{\mathrm{q}}^{2}} \tag{3.6.19}$$

然后，用它们的指令值替换式（3.6.19）中的电流分量，它可以用于图 3.14的 d 轴电流指令生成块，以实现单位功率因数控制。

3.6.4 磁通控制模式之间的转换

为了总能获得与电机工作点对应的最佳电机性能，同时兼顾到电流和电压限制，需要将不同的磁通控制运行模式合并到矢量控制系统中，并促进它们之间的转换。这里将介绍MTPA控制和MTPV控制之间的转换，这种是最常见的一种转换，来确保电机的功率处于最大。控制模式的另一种转换将在3.9.4节中的混合损耗最小化和MTPA控制中介绍。

MTPA和MTPV下的定子电流矢量轨迹，以及两种速度下的限流圆和限压椭圆，如图3.18中的i_d-i_q坐标系中所示。MTPA条件下的定子电流矢量位于OA_1轨迹上，其中轨迹上的"O"点对应于零转矩。定子电流可以在轨迹上增加到A_1处，这是轨迹和电流圆的交叉点，对应于允许电流下的最大转矩。电机可以在此电流下，在所谓的定转矩区域，具有最大转矩地运行。A_1处的最大电机转速为ω_{r1}。在此点，电机提供最大功率，同时在电流限制和电压限制内。该速度下的限压椭圆用虚线画出。随着电机速度的增加并超过ω_{r1}，如果电机要提供最大功率，则定子电流矢量不能再停留在MTPA轨迹上。实际上，电流矢量在电流圆上逼近A_2点，而电压椭圆收缩。因此，圆上的A_1-A_2对应于电机所谓的恒功率运行。速度ω_{r2}是考虑电压限制，最大电机功率下的最大速度。高于此速度，因为由于MTPV轨迹与电流圆之外的电压椭圆相交，所以无法获得电压限制的最大电机功率。

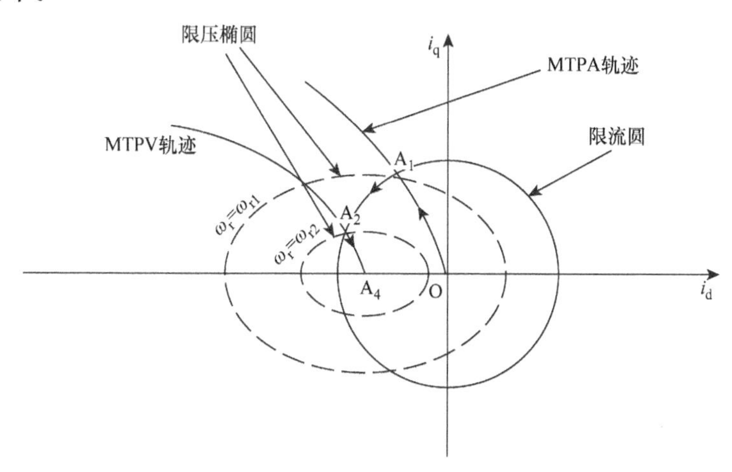

图3.18 $\lambda_m<L_d i_{sL}$时电机磁通控制模式之间的转换

考虑到前面介绍的电机性能，如果要图3.19中的定子电流矢量强制遵循以下3种运行模式，电机可以在整个转速范围内产生最大功率，同时在电流和电压限制内（Morimoto等，1990b）。

1）$\omega_r \leqslant \omega_{r1}$：电流矢量固定在 A_1 点。d 轴和 q 轴定子电流分量通过求解 MTPA条件和电流限制，即式（3.6.3）和式（3.5.1）给出。因此，$i_s = i_{sL}$，$v_s < v_{sL}$。

2）$\omega_{r1} < \omega_r \leqslant \omega_{r2}$：电流矢量沿限流圆从 A_1点移动到 A_2点，同时转速从ω_{r1}向ω_{r2}增加。d 轴和 q 轴定子电流分量通过求解限流圆和限压椭圆，即式（3.5.1）和式（3.5.15）给出。因此，$i_s = i_{sL}$，$v_s = v_{sL}$。

3）$\omega_r \geqslant \omega_{r2}$：电流矢量沿 MTPV 轨迹从 A_2点移动到 A_4点，此时转速超过ω_{r2}。d 轴和 q 轴定子电流分量通过求解 MTPA 条件和电压椭圆，即式（3.6.3）和式（3.5.16）给出。因此，$i_s < i_{sL}$，$v_s = v_{sL}$。

如前所述，图 3.18 与永磁同步电机的运行模式相关联，其中$\lambda_m < L_d i_{sL}$。如果电机设计为$\lambda_m > L_d i_{sL}$，则 MTPV 轨迹落在限流圆之外，如图 3.19 所示。因此，$\omega_r \geqslant \omega_{r2}$时，定子电流矢量不能沿 MTPV 轨迹移动。结果，定子电流矢量在限流圆上向 A_3点移动，如图 3.19 所示。在这一点，$i_q = 0$，因此，电机产生转矩和电机随后的功率变为 0，而电机转速在$\omega_r = \omega_{r3}$处达到其最大值。ω_{r3}由下式给出：

$$\omega_{r3} = \frac{v_{sL}}{\lambda_m - L_d i_{sL}} \tag{3.6.20}$$

如果电机设计在$\lambda_m = L_d i_{sL}$这一特殊情况下，理论上电机转速接近无穷大，并且从式（3.6.20）可以看出，限压椭圆将消失。

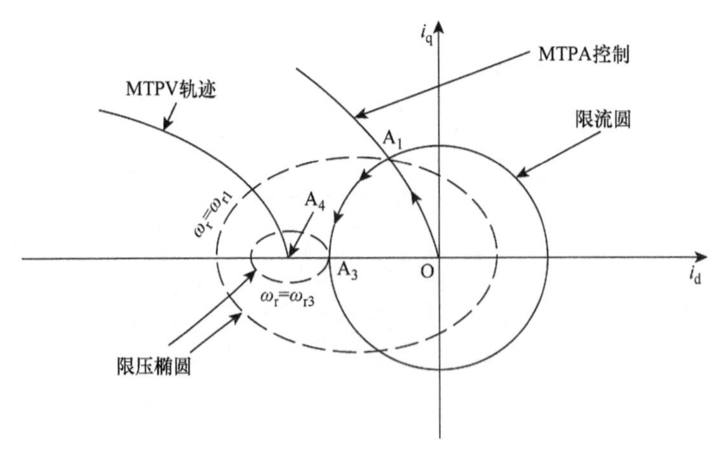

图 3.19　$\lambda_m > L_d i_{sL}$时电机磁通控制模式之间的转换

在表贴式永磁同步电机中，与前面描述的运行模式相同。但是，必须重新绘制图 3.18 和图 3.19，使电压限制区变为圆形，MTPA 轨迹位于 q 轴上，MTPV 轨迹变为在 $i_d = -\lambda_m / L_d$处的垂线。

当电机转速在其整个范围内变化时，在上述三种操作模式之间的转换，可以通过一个转换程序在实践中进行。该例程作为整个电机控制系统的一部分来执行，并根据 q 轴电流指令确定 d 轴电流指令。它取代了图 3.14 中的弱磁模块（i_d^* 确定模块）。

3.6.5 电流控制器的饱和

电流控制器的饱和是指电流控制器发生故障，在此期间，电流控制部分失控。这种故障既不是由于绕组电流容量达到其极限，也不是由于电流控制器的设计问题。事实上，这是因为在电机高速运行时的电压限制，电机电流无法跟随其指令信号造成的。考虑到电机 d 轴电压方程有助于明确问题产生的原因。此处给出方程

$$v_d + \omega_r L_q i_q = R_s i_d + L_d p i_d \tag{3.6.21}$$

在式（3.6.21）中可以看出，当电机转速增加时，沿 d 轴的速度电压也增加。结果，式（3.6.21）右侧的总电压（作为驱动电位，使 d 轴电流流过电机）降低。这是因为，由于内置式永磁电机中的 d 轴电流为负，导致 d 轴端电压为负。因此，d 轴电流控制部分失控，也就是电流控制器饱和。速度电压作为电机的内部反馈，如图 3.20 的电机框图所示，对应于式（3.6.21）。当反馈高速增加时，动态电流块的误差以及块的输出（即 i_d）减小。反过来，这会导致产生的转矩发生漂移。如果向电机施加额外的端电压，则可以避免该问题。然而，由于电机运行转速超出基速，是通过给电机施加与逆变器的直流侧电压相对应的全电压来维持的，因此，在高速时，没有额外的电压能够避免电流控制器的饱和。

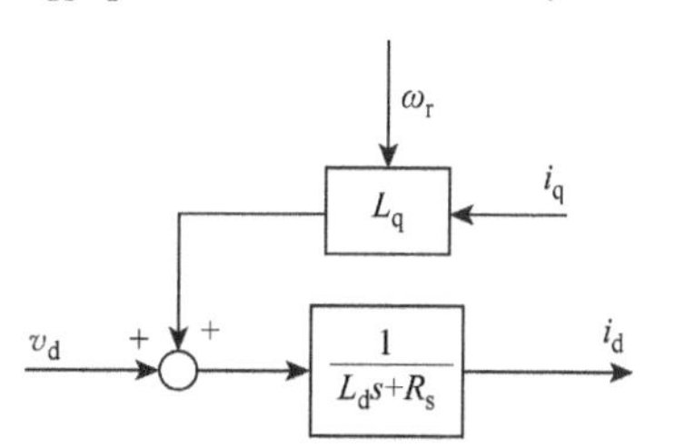

图 3.20 速度电压作为电机的内部反馈时导致 d 轴电流控制器饱和

一种解决方案是通过更严格地限制 q 轴电流，来降低式（3.6.21）中的速度电压$\omega_r L_q i_q$，从而为图 3.20 中的动态模块提供足够的电压。然而，除非 i_q 相应地改变，否则 i_q 的降低会改变电机产生的转矩。不过，i_q 减小增加了式（3.6.21）左边的负电压，起到了驱动 i_d 流动的作用，因此提高了负 i_d 并增大了所产生的转矩。对于在减速期间出现的负 i_q，必须强制执行更高的限制。

电流控制器的饱和及其解决方案，也可以通过电流空间矢量必须始终保持在电压极限椭圆内来图形化解释。当电压椭圆外的电流矢量指令 i_{s1}，被施加到电机上以产生所需的转矩时，电流控制器就会饱和，如图 3.21 所示。但由于电压限制，无法满足指令。解决方案是将椭圆内的电流矢量指令回移，而它会保留在所需的转矩轨迹上，如图 3.21 中的 i_{s2} 所示。

该解决方案可以通过如图 3.22 所示的系统来实现（Jahns，1987）。d 轴电

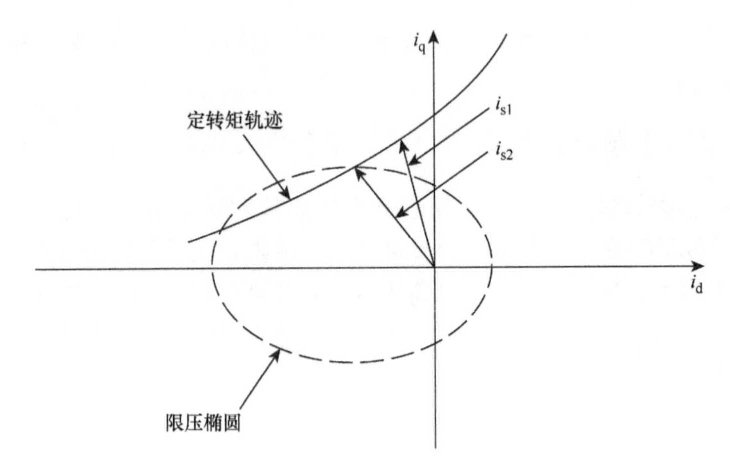

图 3.21 通过将定子电流矢量移动到限压椭圆中来解决电流控制器的饱和问题

流的饱和通过 d 轴电流的指令值和反馈值之间的误差 Δi_d 来检测。当饱和发生时，这个误差就会很大。该值提供给 PI 电流调节器，以提供电流分量 i_{df}，作为弱磁电流。该电流将调整 q 轴电流限制。由于 q 轴电流指令受到限制，并且系统需要产生转矩指令所给出的转矩，因此 i_d 会变成更小的负值，并且其误差减小。因此，电流控制饱和。i_0 和 i_{qmax} 的值是恒定的，这两个值的确定，可以在正常运行和弱磁运行进行充分解耦，并且从一种运行模式向另一种运行模式过渡期间确保期望的动态特性。

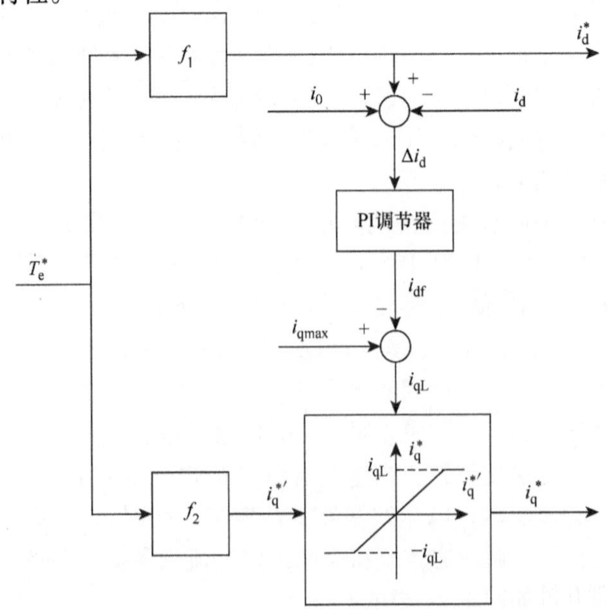

图 3.22 为防止电流控制器饱和而改进的内置式永磁电机控制框图

3.7 定子磁通参考坐标系中的矢量控制

定子磁通（x-y）参考坐标系中的永磁同步电机模型显示了由式（2.6.13）给出的与$\lambda_x i_y$成正比的产生转矩。这个紧凑的转矩方程是该参考坐标系中模型相对于转子参考坐标系中的电机模型的一个显著特征，在转子参考坐标系中，电机转矩更为复杂，且与式（2.5.18）中的（$\lambda_d i_q - \lambda_q i_d$）成正比。如3.3节所示，要获得d-q参考坐标系中与$\lambda_m i_q$成正比的紧凑转矩方程，只能要么是表贴式电机，要么在$i_d = 0$下受控。有时会提到，由于前一种参考坐标系中转矩方程的一项性质，在x-y参考坐标系中的矢量控制下的动态特性比在d-q参考坐标系中更快。但是，必须慎重考虑，稍后将在3.7.2节中详细说明。

x-y参考坐标系中的矢量控制，本质上是x-y参考坐标系中的定子电流矢量控制。该参考坐标系中的矢量控制可以通过两种形式实现，分别是使用x-y电流控制器和使用a-b-c电流控制器，就像3.3节和3.4节中介绍的d-q参考坐标系中的矢量控制一样。在这里，两种形式都进行了介绍。

3.7.1 带有相电流控制器的定子磁通参考坐标系中的矢量控制

带有相电流控制器的矢量控制永磁同步电机驱动系统如图3.23所示。可以看出，转矩指令可以作为速度控制器的输出。或者，也可以由用户直接决定。磁链指令也根据所需磁通调节的类型提供。通常，磁通指令可以通过图3.23的函

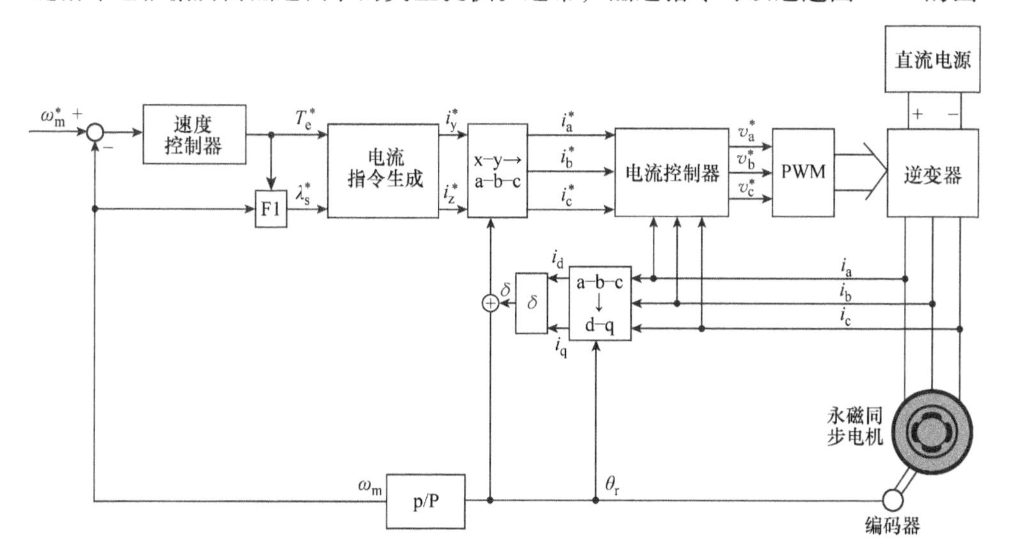

图3.23 带有相电流控制器的定子磁通参考坐标系中永磁同步电机的矢量控制

数 F1 生成。该函数产生了电机从静止到额定转速在定转矩区域内的额定磁链。然而，它会降低高于额定转速的磁链指令。可以通过弱磁，使电机输出功率在额定功率下保持恒定。如果转矩和定子磁链指令可用，则参考电流生成块会生成电流指令，如图 3.23 所示。该模块在图 3.24中进行了详细说明。从图 3.24 中可以看出，y 轴电流指令 i_y^* 是由式（2.6.13）的转矩指令产生的。

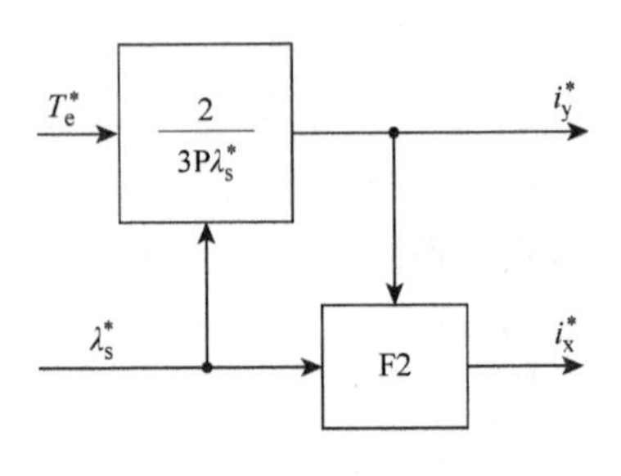

图 3.24　参考电流的生成

尤其是在不需要明确转矩控制的情况下，也可以将 i_y^* 确定为速度控制器的输出。利用式（2.6.22）和式（2.6.23）可以确定 x 轴电流指令为 i_y^* 和$\boldsymbol{\lambda}_s^*$ 的函数，如图 3.24 中函数 F2 所示。对于表贴式永磁同步电机，如果使用快速处理器，则可以在线计算。也可以离线计算 i_y^* 和$\boldsymbol{\lambda}_s^*$ 的范围，并将结果保存到查找表中。在这种情况下，需要更多内存。随着当今可用于实现电机控制系统的先进数字信号处理器的出现，两种方法都非常实用。而对于内置式永磁电机，计算过于复杂，无法进行在线计算。

从图 3.23 可以看出，系统包括通过使用定子磁通位置信号δ_s，从 i_x^* 和 i_y^* 到相电流指令 i_a^*、i_b^* 和 i_c^* 的参考坐标系变换。这个位置信号由式（2.6.9）确定如下：

$$\delta_s = \delta + \theta_r \tag{3.7.1}$$

如果图 3.23 中的 i_d和 i_q已知，在式（3.7.1）中，转子位置δ_r由位置传感器测量，功率角 δ 由式（2.5.10）、式（2.5.11）和式（2.6.2）计算。i_q是通过使用实际相电流的坐标变换提供的，如图 3.23 中的对 δ 的计算所执行的那样。实际相电流 i_a、i_b和 i_c由电流传感器测量，并用作反馈信号以关闭电流回路。它们分别与相电流指令进行比较，以形成电流偏差作为三个电流控制器的输入。电流控制器通常为 PI 型。但是，为了在特殊情况，即除了满足鲁棒性、最优性或自适应性等额外要求的情况下，来提高性能，也可以使用其他类型的控制器。它们接收相电流误差并提供相电压指令v_a^*、v_b^* 和v_c^*。电压指令用于 PWM 系统以生成逆变器的门控信号。逆变器然后根据电压指令将直流输入电源转换为三相交流输出电源，来向永磁同步电机供电。因此，电机产生精确的转矩，并以与其自身惯量和负载相对应的转速运行。由于图 3.23 中的系统也包含速度控制，电机转速通过速度控制回路调整，来生成为速度指令。在速度控制回路中用作反馈信号的实际速度信号，是通过对转子位置信号进行微分来计算的。

3.7.2　带有 x－y 电流控制器的定子磁通参考坐标系中的矢量控制

带有相电流控制器的矢量控制存在带宽有限的问题。该系统中的电流控制器作用于电机相电流，该电流以与电机转速成正比的频率交替。随着速度的增加，实际电流必须跟踪快速交替的相电流指令。在这种情况下，控制器的延迟可能会接近相电流的时间周期。结果，实际信号可能无法跟随指令信号并产生误差。而如图 3.25 所示，带有 x－y 电流控制器的定子参考坐标系中的矢量控制，可以解决这个问题。

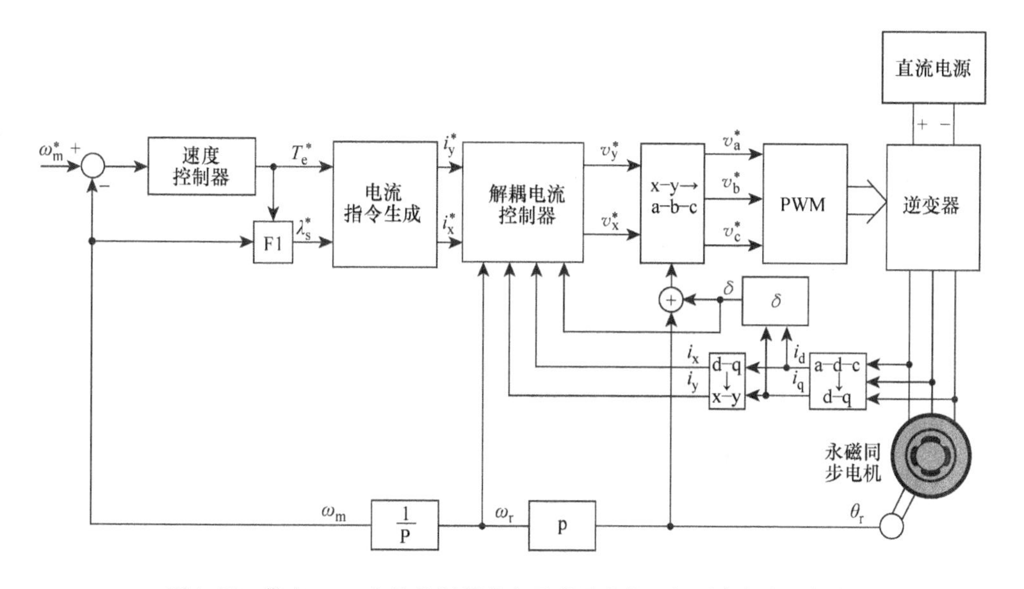

图 3.25　带有 x－y 电流控制器的定子磁通参考坐标系中的矢量控制

从图 3.25 中可以看出，电流指令 i_x^* 和 i_y^* 可以由像之前所提到的控制系统提供。如之前的系统一样，也可以确定 i_y^* 为速度控制器的输出，尤其是在不需要明确转矩控制的情况下。受到指令的电流分量然后被施加到解耦电流控制器以提供电压指令，后面将对它们进行详述。将电流指令与定子磁通参考坐标系中的实际电机电流进行比较，以确定电流误差。因此，必须检测实际 a－b－c 参考坐标系下的相电流，然后分别使用转子位置和负载角，通过式（2.5.4）和式（2.6.5）将其转换为 x－y 参考坐标系下的电流。电流误差施加到两个电流控制器来控制转矩，通过 y 轴和 x 轴电流控制器间接控制磁通。电流控制器生成 y 轴和 x 轴电压分量指令。控制器通常是 PI 型的。而非线性控制器可用于增强电机的动态性能。然后通过类似于图 3.24 中的电流执行的 x－y 到 a－b－c 参考坐标系变换，电压指令被变换为 a－b－c 参考坐标系下的电压指令。一旦有了 a－b－c 参考坐标系中的电压指令，它们就会作用于 PWM 系统。控制系统的其余部分与图 3.24 中的矢量控制系统相同。

迄今为止描述的控制系统集中在独立的 x 轴和 y 轴电流控制回路上，以实现独立的磁通控制和转矩控制，因为它们是矢量控制的主要目标。然而，x 轴和 y 轴电流控制回路实际上并不是独立的。可参考式（2.6.13）的转矩方程来阐述，它表明通过控制 i_y来控制转矩。而式（2.6.21）表明 i_x取决于 i_y。因此，在 i_y的瞬态期间，i_x以及定子磁链λ_s会发生变化。因此，如式（2.6.13）所示，转矩动态受到 i_y和λ_s的瞬态行为的影响。考虑到磁通动态基本上是缓慢的，尽管矢量控制的主要目标是非线性的，因此会产生迟滞的转矩动态。这个问题可以通过在 x－y 参考坐标系中设计一个解耦电路来解决，就像在 3.5 节中所述的 d－q 参考坐标系中的矢量控制的情况。然而，因为两个参考坐标系中的电压方程不同，所以这里的解耦电路与 d－q 参考坐标系中的解耦电路不同。通过回忆第 2 章中 x－y参考坐标系中的电压方程，设计如下：

$$v_x = R_s i_x + p\lambda_s \tag{3.7.2}$$

$$v_y = R_s i_y + \lambda_s p\delta + \omega_r \lambda_s \tag{3.7.3}$$

解耦方法将式（3.7.2）的右侧，看作是快速动态部分和慢速动态部分两部分的组合，其中，快速动态部分由前两项组成，慢速动态部分由第三项组成。这表明，y 轴电压指令是由两个信号的组合提供的，如下所示：

$$v_y^* = v_{y1} + v_{y0} \tag{3.7.4}$$

方程右边第一项为 y 轴电流控制器提供的快速动态信号，第二项是前馈补偿信号，定义为

$$v_{y0} = \omega_r \lambda_s^* \tag{3.7.5}$$

在控制系统的实施过程中，该补偿信号被添加到 y 轴电流控制器的输出，以解耦 x 轴和 y 轴电流的部分动态。

3.7.3　x－y 参考坐标系中的最大转矩电流比控制

MTPA 运行条件可以通过确定最佳参考磁链作为指令转矩的函数来获得。这可以根据类似于 3.6.1 节中，转子参考坐标系中的前馈 MTPA 控制中遵循的程序，找到作为指令转矩函数的 i_d和 i_q的参考值来实现。然后，将上述电流分量代入式（3.7.6）中，可得到参考磁链

$$\lambda_s = \sqrt{(\lambda_m + L_d i_d)^2 + L_q^2 i_q^2} \tag{3.7.6}$$

因此，无论参考坐标系如何，参考定子磁链作为指定转矩的函数为

$$\lambda_s^* = f(T_e^*) \tag{3.7.7}$$

在图 3.25 的控制系统中，参考磁链由式（3.7.7）产生，而不是由函数 F1 提供。

3.7.4　x－y 参考坐标系中的最大转矩电压比控制

我们知道，可以在 MTPV 控制方法下控制永磁同步电机。在 3.6.2 节中，我

们介绍了这种控制方法在 d－q 参考坐标系下的目的和优点。根据转矩指令获得参考定子磁链，可推导出在 x－y 参考坐标系中运行在 MTPV 的条件。这是通过将稳态转矩方程中的 d 轴和 q 轴电压分量代替 d 轴和 q 轴电流分量来实现的，以使转矩方程仅为v_s和v_q的函数。求解转矩对v_q的导数，解出最优v_q，进而解出$\boldsymbol{\lambda}_q$。随后，也可以得到$\boldsymbol{\lambda}_d$的最优值，最后还可以得到$\boldsymbol{\lambda}_s$。控制系统与图 3.25 的常规系统相同，但是参考磁链是由磁链和与其对应的转矩模块给出的，参考转矩作为其输入。

3.7.5 x－y 参考坐标系中的单位功率因数控制

单位功率因数控制也可以在定子磁通参考坐标系中实现。在这种控制策略下，定子电流矢量和定子电压矢量必须对齐。由此就有

$$\frac{v_x}{v_y}=\frac{i_x}{i_y} \tag{3.7.8}$$

另一方面，定子磁链参考坐标系中的稳态电机电压方程简化为

$$\begin{aligned} v_x &= 0 \\ v_y &= \boldsymbol{\omega}_s \boldsymbol{\lambda}_s \end{aligned} \tag{3.7.9}$$

式中，忽略电阻降压。这些方程与式（3.7.8）联立可得

$$\begin{aligned} i_x &= 0 \\ i_y &= i_s \end{aligned} \tag{3.7.10}$$

因此，具有 x 轴电流指令为零的矢量控制系统，在定子磁通参考坐标系中实现单位功率因数控制。事实上，这实际上比得到转子参考坐标系中实现单位功率因数控制的条件，即式（3.6.18）更容易实现。如图 3.25 所示，该参考坐标系中的常规矢量控制系统演变为一个较简单的系统。

3.8 极坐标中的矢量控制

在本章中，到目前为止，都是在直角坐标系中来讨论矢量控制。而矢量控制也可以应用在极坐标下来研究。在极坐标下，用电机矢量变量的模和角度代替 d 轴和 q 轴分量对电机进行建模，从而进行控制。因此，如果设定电机转矩和磁链指令为矢量控制系统的输入，则必须通过某种方式得到电流矢量的模和角度。

极坐标中的矢量控制可以根据参考坐标系方向，在不同的参考坐标系中使用，其中转子参考坐标系和定子磁链参考坐标系最为常用。如 2.7 节所述，电流矢量的模，在用于交流电机建模和控制，在所有常规参考坐标系中是相同的。因此，电流矢量模的控制相对于参考坐标系是不变的。然而，电流矢量的角度取决于电机模型所在的参考坐标系。可以在转子、定子磁链或其他参考坐标系中控制

该角度。此外，控制电流矢量的模的电流控制器可以在旋转或静止参考坐标系中应用。因此，需要一到两个参考坐标系的变换来为 PWM 模块生成电压指令，并为电流控制器提供反馈电流。同样，如 2.7 节所述，空间矢量域中，参考坐标系之间的空间矢量变换是通过矢量旋转来实现的。这是在空间矢量控制中，通过将两个参考坐标系之间的角度或将电流矢量的角度相加或相减来完成的。这简化了控制系统的运行过程并减少了控制软件的执行时间。没有必要在极坐标中呈现矢量控制的所有可能的结构。但是，为了强调前面以一般形式提到的这类控制的特点，必须提出这种控制的例子。

3.8.1 极坐标系中的基本控制系统

在本小节中，将详细介绍极坐标中面向转子的矢量控制，因为它是最常用的。该系统主要针对表贴式永磁同步电机的转矩控制。但是，速度和位置控制回路也可以添加到转矩控制的核心系统中。控制系统如图 3.26 所示，其中转矩指令由最终用户或速度控制器提供。转矩指令与反馈转矩进行比较，以确定瞬态运行模式期间的转矩误差。该误差适用于转矩控制器，通常用 PI 型控制器，也可选择更复杂的控制器以实现额外的性能指标。控制器输出正或负电流矢量模，这取决于电机是在加速或在减速运行模式。控制器输出的绝对值由图 3.26 中的 ABS 模块确定的简单程序来选择。

电机的运行模式可由一个符号模块确定，该模块提供正（加速模式）或负（减速模式）的单一输出。这与弱磁模块的输出相乘，以提供转子参考坐标系中的电流矢量角。根据弱磁的目的，弱磁模块有不同的形式。本章采用了一种适用于表贴式永磁同步电机的传统弱磁方法，提供了垂直于转子磁链矢量的电流矢量控制，该矢量垂直于电机基速并增加了超过基速的角度。还可以确定电流的角度，以满足 3.6 节中介绍的内置式永磁电机弱磁方法的目的。现在已经确定了转子参考坐标系中的电流矢量角，加上转子位置，将其转换为稳态参考坐标系中的电流矢量角。转子位置可以通过编码器或估计器获得。然后通过式（2.7.10）的逆，将静止极坐标的电流矢量变换到相变量参考坐标系，从而提供相电流指令。这些指令用于电流控制的 PWM 逆变器中，以产生电机所需的电压。反馈转矩可由实际电机电流得到。它是通过将测量到的相电流转换到静止极坐标中来做到。从静止参考坐标系中电流矢量的角度减去转子位置，给出了转子参考坐标系中电流矢量的角度。现在通过将电流模乘以角度的正弦，然后乘以 $3P\lambda_m/2$ 来计算反馈转矩。

3.8.2 极坐标系中的最大转矩电流比控制

MTPA 轨迹在 i_d-i_q坐标下，已经由式（3.6.3）给出，在极坐标下为

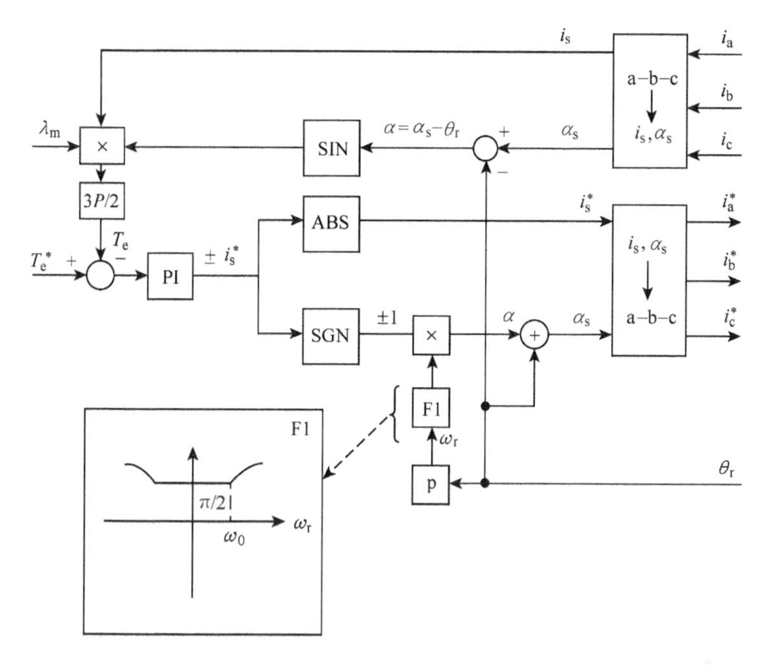

图3.26 永磁同步电机在极坐标中的矢量控制

$$i_d^2 - i_q^2 + \frac{\lambda_m}{(L_d - L_q)} i_d = 0 \tag{3.8.1}$$

极坐标中定子电流矢量的 d 轴和 q 轴分量为

$$i_d = i_s \cos\alpha \tag{3.8.2}$$

$$i_q = i_s \sin\alpha \tag{3.8.3}$$

式中，α 是转子参考坐标系中定子电流空间矢量的角度，如图 2.19 所示。将电流分量代入式（3.8.1）中，得到极坐标中的 MTPA 轨迹为

$$i_s \cos 2\alpha + \frac{\lambda_m}{L_d - L_q} \cos\alpha = 0 \tag{3.8.4}$$

$$\cos\alpha = -\frac{\lambda_m}{4(L_d - L_q) i_s} - \sqrt{\frac{\lambda_m^2}{16(L_d - L_q)^2 i_s^2} + \frac{1}{2}} \tag{3.8.5}$$

然后，极坐标下 MTPA 的控制系统在图 3.26 的控制系统中给出，除了式（3.8.5）提供的以定子电流矢量幅值指令为输入的参考电流角外。

3.8.3 极坐标系中的单位功率因数控制

在单位功率因数运行下，定子电流矢量和定子电压矢量必须对齐。此外，忽略电阻压降的稳态电压矢量，与定子磁链矢量相差 π/2rad，即

$$\bar{v}_s = j\omega_s \bar{\lambda}_s \tag{3.8.6}$$

显然，只有当定子电流矢量也与定子磁链矢量相差 π/2rad 时，才能实现单位功率因数，即

$$\chi = \alpha - \delta = \frac{\pi}{2} \tag{3.8.7}$$

图 3.27 描绘了在忽略电阻压降情况下相应的矢量图。因此，转矩方程最简形式为

$$T_e = \frac{3}{2}P\lambda_s i_s \tag{3.8.8}$$

与前面介绍的直角坐标系下的转子参考坐标系中更常见的矢量控制系统相比，这个方程有助于减少控制过程中所涉及的系统元件，如图 3.28 所示。

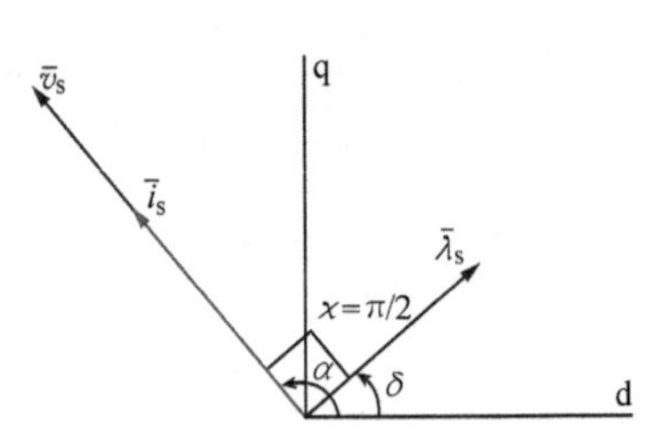

图 3.27　永磁同步电机在单位功率因数下的矢量图

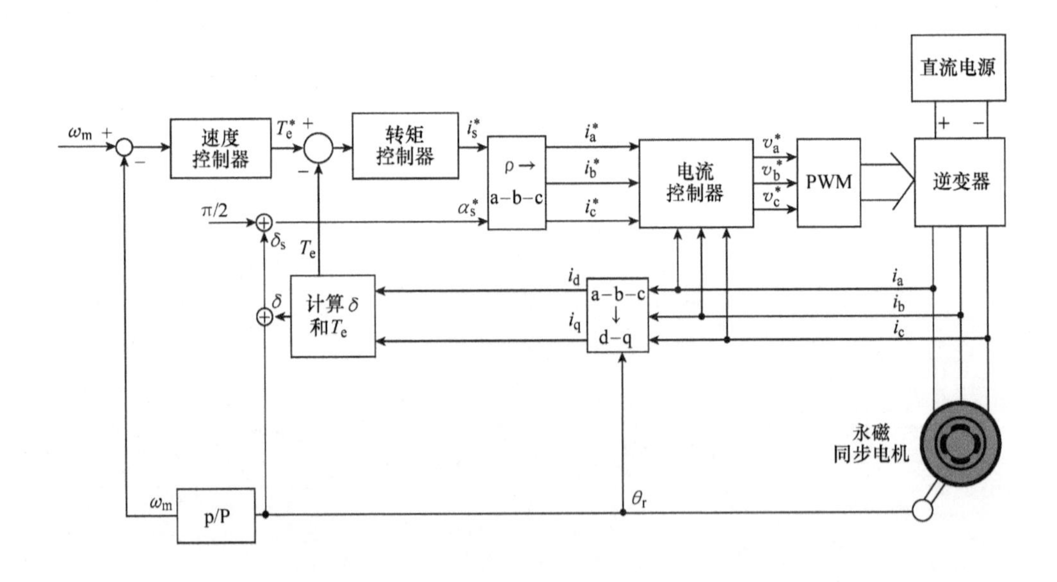

图 3.28　运行在单位功率因数下的永磁同步电机的极坐标矢量控制图

可以看出，作为 3.8.1 节的基本控制的转矩控制器决定了定子电流矢量指令的幅值。电流角度指令是通过$\delta_s = \delta + \theta_r$再加上 π/2 得到的。然后，将电流矢量变换到 a − b − c 参考坐标系中以应用于 PWM 逆变器。角度 δ 由式（2.5.10）和式（2.5.11）分别计算得到的 q 轴和 d 轴磁链分量的比值得出。有了这些磁链分量与 d 轴和 q 轴电流，转矩反馈也可以通过式（2.5.18）或式（2.5.19）计算。

3.9 损耗最小化控制

如第1章所述，永磁同步电机普遍具有较高效率，主要是因为转子中没有励磁绕组和转差频率。然而，在损耗最小化控制（LMC）方案下，才可以发挥这些电机高效率的潜力。在LMC下，无论电机在哪个工作点，电机的总电气损耗可以降到最低。假设电机中没有铁损，则只有定子铜损必须最小化。这可以通过最小化定子电流来实现。因此，具有此假设的LMC归结为MTPA控制。然而，在许多使用稀土永磁材料的永磁电机中，尤其是现代永磁电机，由于转子磁极的高能永磁材料提供的高磁通密度，电机铁损不容忽视。因此，LMC通常可用于稳态运行下的节能。LMC是一种类似于如3.6节所述的MTPA控制、MTPV控制和单位功率因数控制的磁通控制。然而，由于对环保的手段和方法的需求不断增加，因此在本书中优先介绍LMC，并在本节中详细介绍。

3.9.1 损耗减少的方法

可以通过以下不同的方法来减少电机驱动器的损耗：

1）通过密切匹配使用要求和电机规格来选择电机。例如，对于电动汽车，重要的是要考虑单电机或多电机驱动系统、固定齿轮或换档齿轮、所需的最大转矩、电池可用的最高电压等。

2）设计低损耗电机（高效电机）。这是通过设计优化方法以及使用更多和更高质量的材料来实现的。例如，使用更多的铜来降低铜损和使用低磁滞叠片铁心来降低铁损。

3）改善电机电源的电压和电流波形，减少谐波损耗。波形整形技术可以通过逆变器产生所需的电压和电流波形。

4）在所有运行情况下，将电机电气损耗控制值尽可能控制在最小。它在文献中被称为LMC或效率优化控制。LMC基于这样一个事实，即每个工作点（转速和转矩）都可以通过电压和电流等独立电机变量的多种组合获得，并给出不同水平的总损耗，然后选择损耗最小的那个。这种损耗最小化方法用于直流和感应电机，受到了越来越多的关注。F. Nola通过功率因数控制实现感应电机的LMC，获得了热烈反响。他将所施加的电压调整为负载的函数（Nola，1980）。在许多参考文献中，LMC也用于永磁电机。

到目前为止，已经从两种方式研究了LMC：一种是优化控制，最大限度地减少封闭循环或超过预定速度曲线的能量损失（瞬态损失最小化）；另一种是在转矩-转速特性的每个工作点处的损耗最小化（稳态损耗最小化）。后者包括离线 LMC，其中最佳定子磁链或定子电流矢量根据电机工作点（负载和转速）从永磁同步电机的稳态数学模型中获得，并存储在查找表中。然后在每个工作点将它们用作参考信号。另一种方法是在线 LMC，其中定期监测逆变器的输入功率，并有意改变电机磁链或定子电流分量以寻找最小输入功率，同时通过某种方式保持输出功率恒定。在线 LMC 有不同的方案，包括控制变量的逐步和连续变化。图 3.29 总结了如上所述的 LMC 方法。本节仅阐述稳态 LMC。

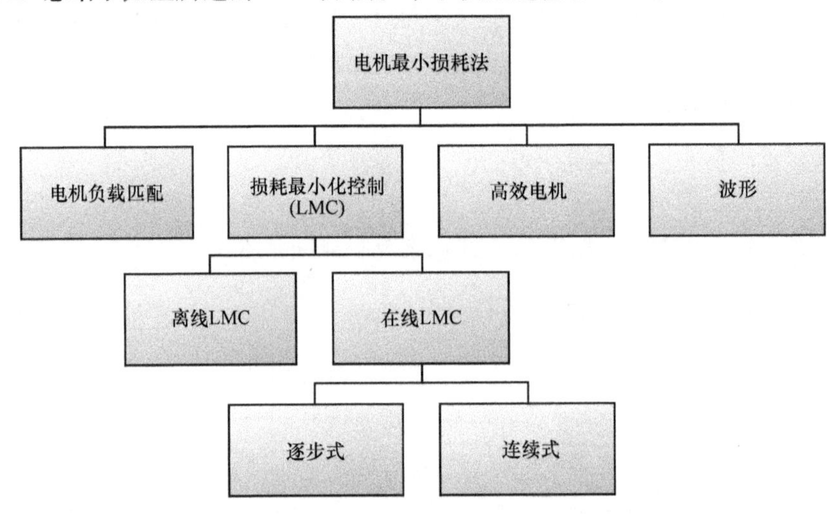

图 3.29　损耗最小化控制法的分类

3.9.2　电气损耗的建模

电机损耗由几个部分组成，其中电气损耗占主要部分。减少电气损耗，可以提高电机效率。参考 2.8 节中介绍的转子参考坐标系中的稳态电机模型，电机电气损耗P_L主要由铁损和铜损组成，其表达式为

$$P_L = \frac{3}{2}R_s(i_d^2 + i_q^2) + \frac{3}{2}R_c(i_{dc}^2 + i_{qc}^2) \tag{3.9.1}$$

式中，第一项为铜损；第二项为铁损。在特定的电机转速和负载下，并假设电机参数恒定，可以证明电气损耗是定子电流 d 轴分量 i_d的凸函数。这是通过用 i_d替换式（3.9.1）中的所有的电流分量，然后绘制P_L与 i_d的关系来完成的。另一种方法是使用从图 2.20 的等效电路中获得的电流方程，用 i_{dT}和 i_{qT}来表示电损耗：

$$\begin{aligned} &i_{dT} = i_d - i_{dc}, i_{qT} = i_q - i_{qc} \\ &i_{dc} = -\frac{\omega_r \rho L_d i_{qT}}{R_c}, i_{qc} = \frac{\omega_r(\lambda_m + L_d i_{dT})}{R_c} \end{aligned} \tag{3.9.2}$$

其结果表示为

$$P_{\mathrm{L}}=R_{\mathrm{s}}\left\{\left(i_{\mathrm{dT}}-\frac{\omega_{\mathrm{r}}\rho L_{\mathrm{d}}i_{\mathrm{qT}}}{R_{\mathrm{c}}}\right)^{2}+\left(i_{\mathrm{qT}}+\frac{\omega_{\mathrm{r}}(\lambda_{\mathrm{m}}+L_{\mathrm{d}}i_{\mathrm{dT}})}{R_{\mathrm{c}}}\right)^{2}\right\}+\frac{\omega_{\mathrm{r}}^{2}(\rho L_{\mathrm{d}}i_{\mathrm{qT}})^{2}}{R_{\mathrm{c}}}+\frac{\omega_{\mathrm{r}}^{2}(\lambda_{\mathrm{m}}+L_{\mathrm{d}}i_{\mathrm{dT}})^{2}}{R_{\mathrm{c}}} \tag{3.9.3}$$

此外，转矩以这些电流分量表示为

$$T_{\mathrm{e}}=\frac{3}{2}Pi_{\mathrm{qT}}[\lambda_{\mathrm{m}}+(L_{\mathrm{d}}-L_{\mathrm{q}})i_{\mathrm{dT}}] \tag{3.9.4}$$

现在，将式（3.9.4）中的i_{qT}代入式（3.9.3）中，每个转矩和转速的P_{L}仅作为i_{dT}的函数。该函数图形在图3.30中用实线画出，对于表3.1中所示规格的电机，电机的铜损P_{Cu}和铁损P_{Fe}分别用点画线和虚线表示（Vaez和John，1995）。在永磁同步电机中，P_{L}与i_{dT}关系的形状源于这样一个事实，即定子电流与i_{dT}呈V形曲线。

可以通过求解P_{L}关于i_{dT}的导数来找到对应于最小P_{L}的i_{dT}的最优值（Morimoto等，1994b），即

$$AB=T_{\mathrm{e}}^{2}C \tag{3.9.5}$$

式中

$$\begin{aligned}
A&=4P^{2}[R_{\mathrm{s}}R_{\mathrm{c}}^{2}i_{\mathrm{dT}}+\omega_{\mathrm{r}}^{2}L_{\mathrm{d}}(R_{\mathrm{s}}+R_{\mathrm{c}})(\lambda_{\mathrm{m}}+L_{\mathrm{d}}i_{\mathrm{dT}})]\\
B&=[\lambda_{\mathrm{m}}+(1-\rho)L_{\mathrm{d}}i_{\mathrm{dT}}]^{3}\\
C&=[R_{\mathrm{s}}R_{\mathrm{c}}^{2}+(R_{\mathrm{s}}+R_{\mathrm{c}})(\omega_{\mathrm{r}}\rho L_{\mathrm{d}})^{2}](1-\rho)L_{\mathrm{d}}
\end{aligned} \tag{3.9.6}$$

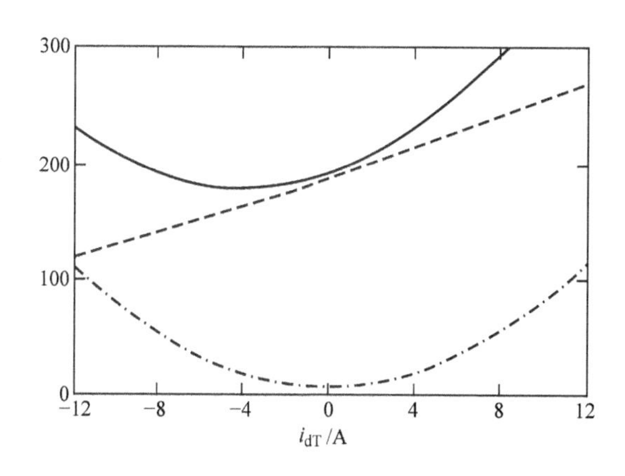

图3.30 典型电机的电机损耗（W）与i_{dT}的关系；P_{L}：实线；P_{Fe}：虚线；P_{Cu}：点画线（Vaez和John，1995）

表 3.1 电机规格（Morimoto 等，1994b）

额定转速/(r/min)	1800	$R_s, R_c/\Omega$	1.93,460
额定转矩/(N·m)	3.96	L_d/mH	42.44
额定电流/A	3	L_q/mH	79.57
磁极数 P	2	λ_m/Wb	0.314
粘滞系数 B/(N·m/rad/s)	0.0008	转动惯量 J/（kg·m^2）	0.003

i_{dT}的最优值可以从式（3.9.6）中的转矩和转速两个方面通过数值计算得到。如果为隐极电机，且其中$L_d=L_q=L_s$，因此$\rho=1$，$C=0$，$A=0$。现在从条件$A=0$获得i_{dT}的最优值

$$i_{dT}=\frac{\omega_r^2 L_s(R_s+R_c)\lambda_m}{R_s R_c^2+\omega_r L_s^2(R_s+R_c)} \tag{3.9.7}$$

可以看出，对于此类电机，i_{dT}的最优值与转矩无关。通过将式（3.9.7）代入式（3.9.4）的转矩方程中，可以找到i_{dT}的最优值对应的当前i_{qT}。i_d和i_q的最优值被用作控制系统的参考电流值，这两个值可以由式（3.9.2）和式（3.9.4）联立可得。

一般的电机参数的变化范围很大，这取决于电机的工作状态和环境温度。而对于永磁同步电机，这些变化主要取决于电机的结构。特别是饱和度会影响L_q、L_d和磁通这些参数。R_s的变化主要是由于温升的原因；而R_c的变化取决于电机转速，也会因为转子磁体之间的铁桥饱和而变化。这些变化会影响电机特性和性能，其中就包括最小损耗运行。一种计算参数变化的方法是根据电机变量，如定子电流分量来进行电机参数建模。将L_q、L_d和λ_m表示为关于i_{dT}和i_{qT}的函数关系式，可以通过式（2.9.1）~式（2.9.6）的实验测量找到。R_c也可以通过式（2.8.4)表示为电机频率的函数，以反映铁损的两个分量，即磁滞损耗和涡流损耗。

使用图2.20等效电路中的可变参数，仍然可以将P_L仅仅建模为i_{dT}的函数，并找出i_{dT}的最优值。显然，不同电机参数的变化组合增加了最优i_{dT}值之间的差异，无论有无参数变化。这些结果的重要含义是i_{dT}的最优值很大程度上取决于这些参数。然而，通过进一步的考虑与证实，当电机工作在额定转速和转矩下时，其最优值与参数的相关性会最小。

3.9.3 离线损耗最小化控制

对于永磁同步电机，可以利用电流矢量控制的离线LMC以实现节能的目的。控制系统示意图如图3.31所示（Morimoto 等，1994b）。除了确定i_d^*的方法外，该系统与3.6节中所述的磁通控制系统相同。在该系统中，定子电流分量的控制

方式是使 d 轴电流始终处于最佳值。i_d的最优值和对应的 i_q值是按照上述流程对多个工作点进行离线计算得到的。在实际操作中，许多电机转速下的最优 i_d值和相应的 i_q值作为一个查找表存储在内存中。查找表给出了一个响应一对输入（电机转速和 i_q指令）的输出（最优 i_d和与之对应的最小电机损耗）。这一对输入信号又是速度控制器的输出。查找表的输出连同速度控制器的输出，即 d 轴和 q 轴电流指令，分别作用于电机电流控制器。这样就保证了电机在每个工作点的节能运行。

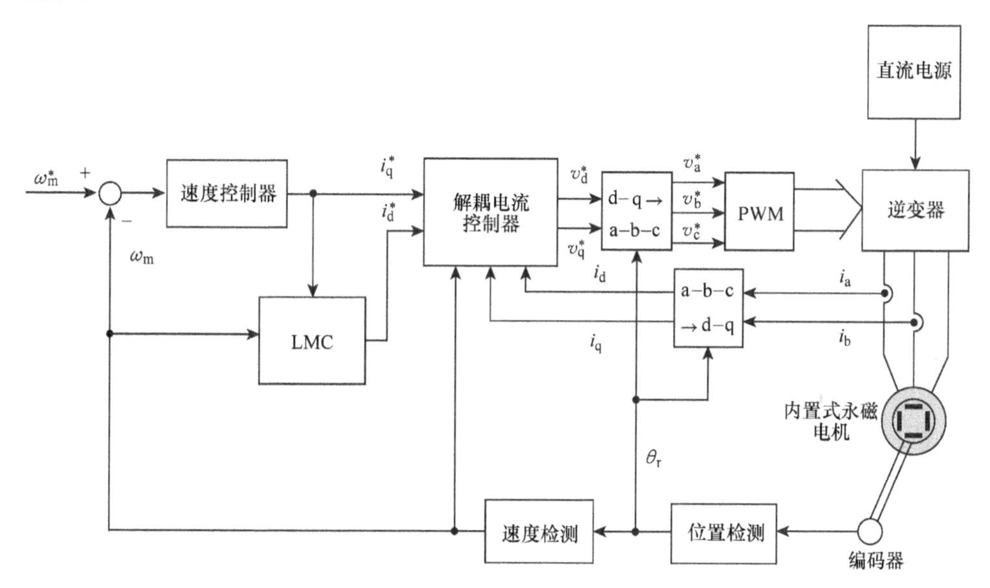

图 3.31 永磁同步电机的离线损耗最小化控制（LMC）系统示意图

3.9.4 损耗最小化控制和最大转矩电流比的混合控制

如上所述的最佳运行会使得电机的电气损耗降到最小，但当新的速度指令应用于电机时可能无法确保理想的电机动力。这是因为在 LMC 下无法产生最佳转矩。一种解决方案是在瞬态期间切换到最佳转矩开发控制，例如最大转矩电流比（MTPA）控制。这可以通过一直监视电机转速误差来实现。当误差超过预先指定的阈值时，它被视为偏稳态运行的漂移，此时就需要 MTPA 控制而不是 LMC。因此就触发了 MTPA 控制暂停了 LMC。电机要在这种模式下运行到转速误差降到阈值之下才会恢复 LMC。如图 3.32 所示的一个 LMC 和 MTPA 混合控制系统，这样同时确保了电机在稳态运行下的最大效率和瞬时最大动力（Vaez - Zadeh 等，2006a）。可见 d 轴电流指令可以在两种控制模式之间切换。3.5.1 节中介绍的电流灵敏度限制法也可以应用在图 3.32 所示的系统中。

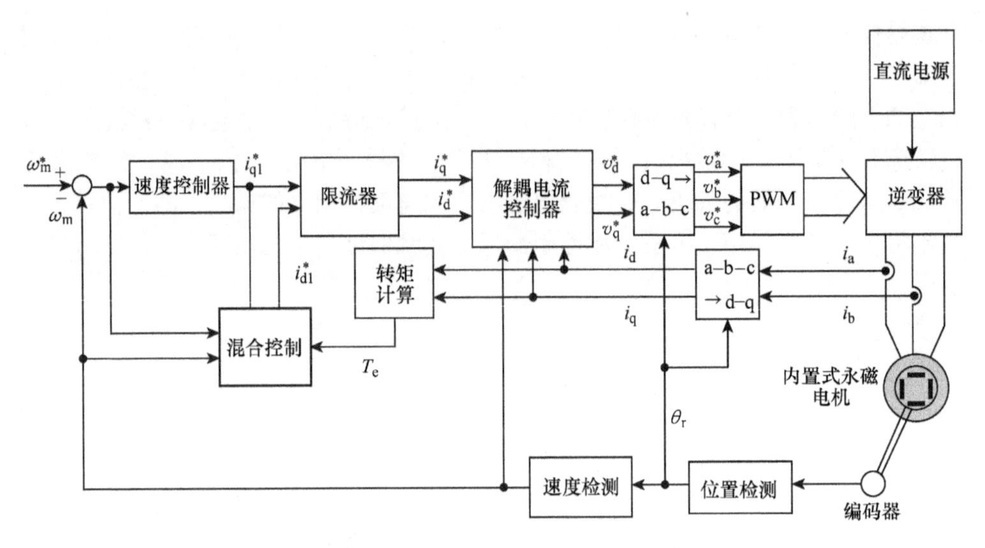

图 3.32　LMC 和 MTPA 的混合控制系统

参数为表 3.1 中所示的电机性能如图 3.33 ~ 图 3.55 所示（Vaez - Zadeh 等，2006a）。响应 2000r/min 转速步长的空载电机起动如图 3.33 所示。电机在 MTPA 控制下快速起动，如图 3.33a 所示。这是由于速度控制器产生大的 i_q，如图 3.33b所示。这也是因为 MTPA 模块提供了非常小的负 i_d，如图 3.33c 所示。如图 3.32 所示，限流器在瞬态期间生效并限制效率较低的电流分量，使总电流不超过电流限值 i_{sL}，该值设定为额定电流的 3 倍。电流限制器的动作可以在瞬态条件下的 i_d图上看到，且电流经常低于限值。然而，当电机达到稳态时，不仅 i_q会降低到对应于空载条件的低值，而且 i_d也被 LMC 调整到一个新值。图 3.34 显示了负载扰动测试下的电机性能。必须提到的是，在相同的工作点上，通常 LMC 比 MTPA 控制能提供更小的 i_d。然而，这里的转矩在 MTPA 控制和 LMC 下是不一样的。在 0 ~ 3000r/min 转速范围内和 1.65N · m 的恒定负载下，在电机效率和电机损耗两个方面的节能能力如图 3.35 所示。效率随着转速的增加而增加，如图 3.35a 所示达到约 95% 的这样一个较大的值，对应的低电气损耗如图 3.35b所示。

3.9.5 在线损耗最小化控制

尽管离线 LMC 具有很多优势，但是在实际应用中也会面临一些困难。事实上，由于需要大量的测量和建模，所以开发用于计算最优 i_d值的可变参数模型比较复杂。在某些电机参数具有多个相关性的情况下，此任务变得更加困难。例如，R_c可能同时取决于电机频率和 i_d两个方面。因此，可以知道，离线 LMC 不适用于具有可变参数的电机，如电动汽车那样在广泛的运行条件下工作。

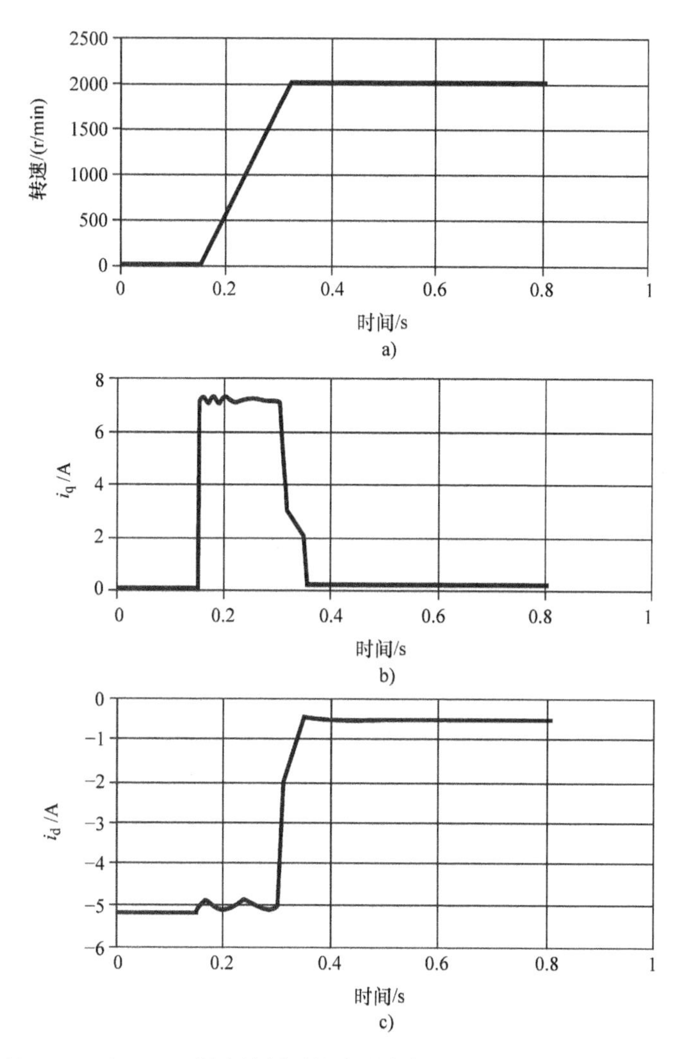

图3.33 LMC 和 MTPA 混合控制下的阶跃响应（0~200r/min）的电机性能：
a）转速；b）q 轴电流；c）d 轴电流（Vaez-Zadeh 等，2006a）

与离线 LMC 相反，对于在线 LMC，可以通过在线搜索的方式找到对应于最小损失控制变量的最优值。这种控制策略的常见做法是在电机转速达到稳态值后立即激活控制算法，然后对图 3.36a 所示的电机磁链或定子电流 d 轴分量等控制变量施加一个阶跃变化，等待足够长的时间后，使电机渡过随后的暂态而达到相对稳定的状态。在改变控制变量之前和之后测量电机输入功率值。如果功率减小，如图 3.36b 所示，则在相同方向上对控制变量再应用一个阶跃变化。否则，在相反的方向应用第二个阶跃变化。这个过程一直持续到控制变量的阶跃变化不再引起输入功率的改变。这意味着已获得最小输入功率，如图 3.36b 所示。在调

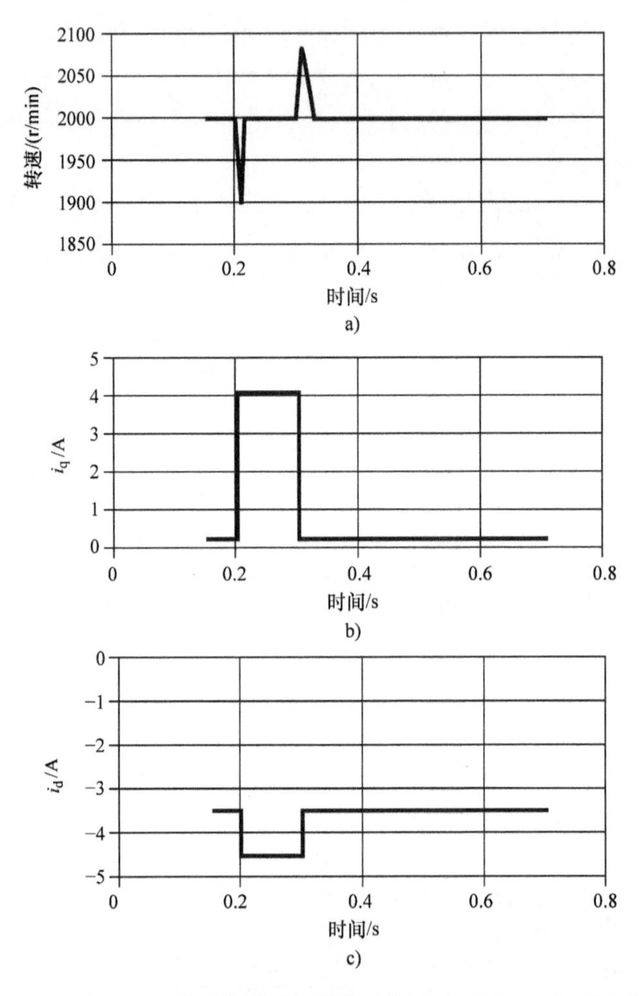

图 3.34　LMC 和 MTPA 混合控制下负载扰动测试（2000r/min）的电机性能：
a）转速；b）q 轴电流；c）d 轴电流（Vaez - Zadeh 等，2006a）

节器的搜索过程中，电机输出功率保持恒定，如图 3.36c 所示。如果电机指令转速或转矩发生变化，LMC 算法会对明显的转速误差做出反应而停用，并且电机控制返回到正常控制以产生足够的转矩并提供所需的电机动力。

在线 LMC 系统的功能框图如图 3.37 所示（Vaez - Zadeh 和 Hendi，2005）。它由一个稳态检测器、一个损耗最小化内核和一个转矩补偿器组成。这三个部分都是基于软件的。不过，这三部分的输入信号由电压、电流和速度传感器为它们提供。

当电机达到指令转速时，在线损耗最小化控制器达到稳态。因此，当转速误差信号（指令转速减去实际转速）变得足够小时，稳态检测器启用损耗最小化

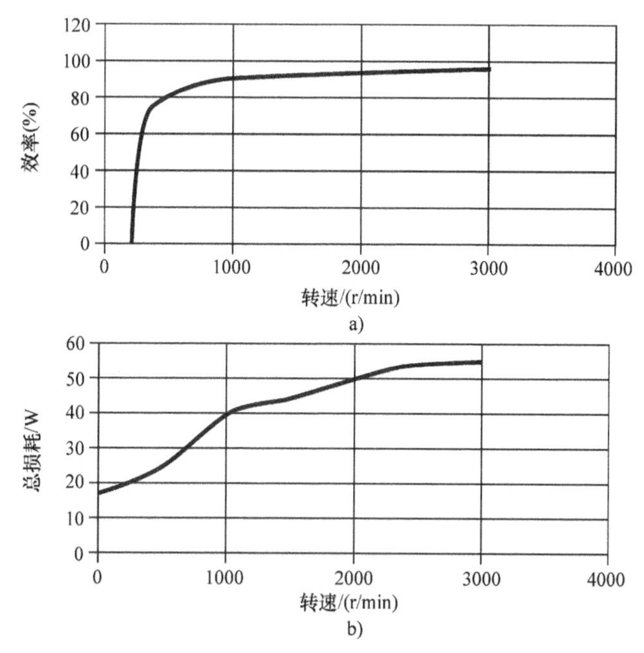

图3.35 在0~3000r/min转速范围内，LMC下带有1.65N·m负载的节能测试：a）电机效率；b）电机总电气损耗状态（Vaez-Zadeh等，2006a）

内核和转矩补偿器。检测器接收到来自速度传感器的电机转速信号后，将在短时间内与指令转速信号重复比较。如果误差小于一个预定值，则系统检测到稳态。否则，检测器将继续循环工作，直到检测到稳态。当检测到稳态时，使能信号被发送到控制器的其他部分，如图3.37所示。因此，损耗最小化内核通过将Δi_d的连续值应用到其对应于驱动器的最小输入功率，逐步改变i_d，从而找到i_d的最优值。必须首先确定i_d（Δi_d的符号）的正确变化方向，以确保降低驱动器输入功率。i_d的变化方向必须在整个损耗最小化期间反转。损耗最小化内核不断改变i_d并降低输入功率，直到达到i_d的最优值。在此电流下，输入功率最小，i_d的进一步变化会导致输入功率增加。因此，阶跃变化的方向反复改变，输入功率在其最小值附近摆动，直到稳态检测器确定瞬态并禁用损耗最小化内核。当向电机驱动系统施加负载或指令信号时，可能会出现瞬态。

在损耗最小化期间，i_d的变化会引起电机磁链的改变。因此，电机所产生的转矩最终与电机转速变化有关。所以，电机的输出功率不会保持恒定。另一方面，只有在电机的输出功率保持不变的情况下，输入功率随着i_d的变化而减小，系统的损耗才会减小。由于损耗最小化内核工作在恒定的电机转速下，即使i_d发生变化，也可以通过保持电机转矩不变来保证恒定的输出功率。为此采用了转矩补偿器。补偿器根据i_d的变化调整i_q，使转矩保持不变。这可以用不同的方式来完成，这将在后面描述。

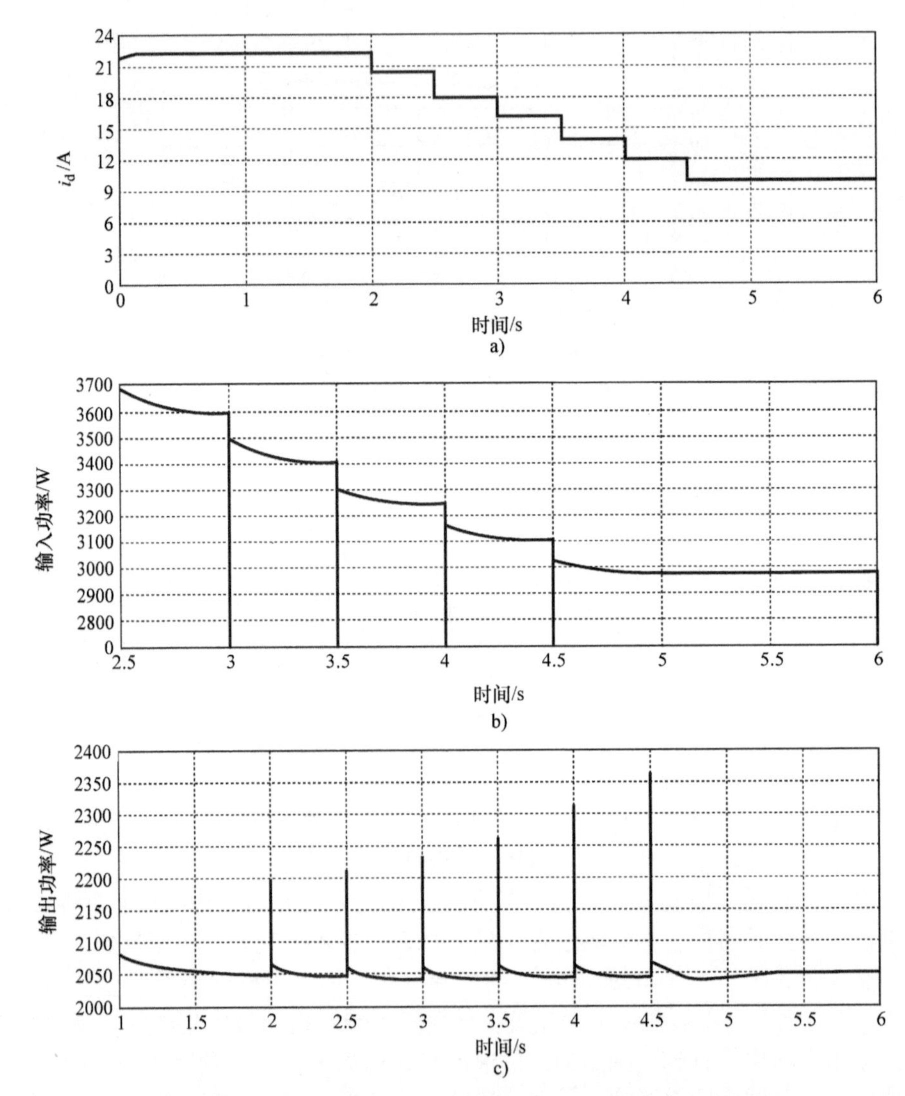

图 3.36　逐步在线 LMC：a）d 轴电流；b）驱动输入功率；c）电机输出功率（Vaez - Zadeh 和 Hendi，2005）

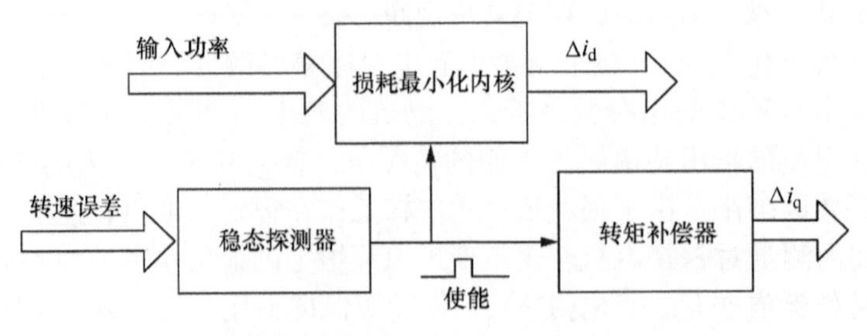

图 3.37　在线 LMC 的要素（Vaez - Zadeh 和 Hendi，2005）

速度控制器良好的动态性能，可以在 i_d发生阶跃变化后保持转矩不变，并减少瞬态期（Kirschen 等，1985）。如果后续的电机转速瞬态变化是允许的，并且可以使用一个慢损耗控制器，那么这种方法是有效的。否则，就要使用其他的转矩补偿方法。它计算 q 轴电流指令的变化 Δi_q，用于补偿转矩变化，这是由 LMC 控制变量（d 轴电流指令）根据下式变化引起的：

$$\Delta i_q \approx -\frac{(L_d - L_q)\, i_q}{\lambda_m + (L_d - L_q)\, i_q}\Delta i_d, \quad \forall\, \Delta i_d \ll i_d \tag{3.9.8}$$

必须注意的是，转矩补偿器与参数有关［见式（3.9.8）］。因此，它在一定程度上破坏了在线 LMC 内核的非参数依赖性。有关文献提出了另一种补偿方法，它不取决于参数，但是成本更高，后面会进行介绍。

3.9.6 连续在线损耗最小化控制

在线 LMC 能够引起注意，因为它不需要系统损耗模型。此外，电机参数的变化也自然地被考虑其中，从而更加节能。尽管有这些特点，但同样也有一个很重要的缺陷，当在线 LMC 应用于高能设备时，达到最小输入功率所需的搜索时间很长。在许多运行条件（速度和负载）频繁变化的应用中，例如电动汽车，稳态时间较短，没有足够的时间达到最小输入功率条件。这是因为只有在电机达到稳态后才开始寻找控制变量的最优值。在瞬态运行期间，当工作点发生变化时，输入功率的降低不能作为节能的标准。即使稳态周期允许找到最小输入功率，在搜索时间内也会损失一些能量。如果像电动汽车那样频繁运行在瞬态，则总的节能效果可能并不明显。

搜索时间长主要是由于控制变量的阶跃变化和负责维持输出功率的补偿器响应迟缓造成的。通过避免控制变量的阶跃变化，避免了每个步骤之后相对较长的瞬态以及步骤之间的后续等待时间，从而实现更快、更顺畅的节能运行。

可以使用在线 LMC 来实现，控制变量 d 轴电流的阶跃变化可以由向其最优值进行连续调整所替代（Vaez 等，1999），并且还得考虑到 i_d随时间的线性变化模式。结果就是，驱动器输入功率连续降低至其最小值。LMC 的原理结合图 3. 38进行了描述。

在电机转速处于瞬态期间，当转速向其指令值变化且转速误差较大时，LMC 关闭且电机在最初的 i_d下工作，从而产生理想的动态特性，如图 3. 38a ~ c 所示。一旦稳态检测器检测达到稳态转速后，结合图 3. 37，损耗最小化内核被使能信号激活。损耗最小化内核通过输入功率的减少程度决定了 i_d变化方向。这可以通过在短时间内测量对 i_d连续变化作出响应的输入功率变化实现。然后 i_d在确定的方向上向其最优值变化，如图 3. 38a 所示，从而输入功率P_{DC}向其最小值减小，如图 3. 38b 所示。当P_{DC}在短时间间隔内的变化低于限值时，确定最小输入功率。

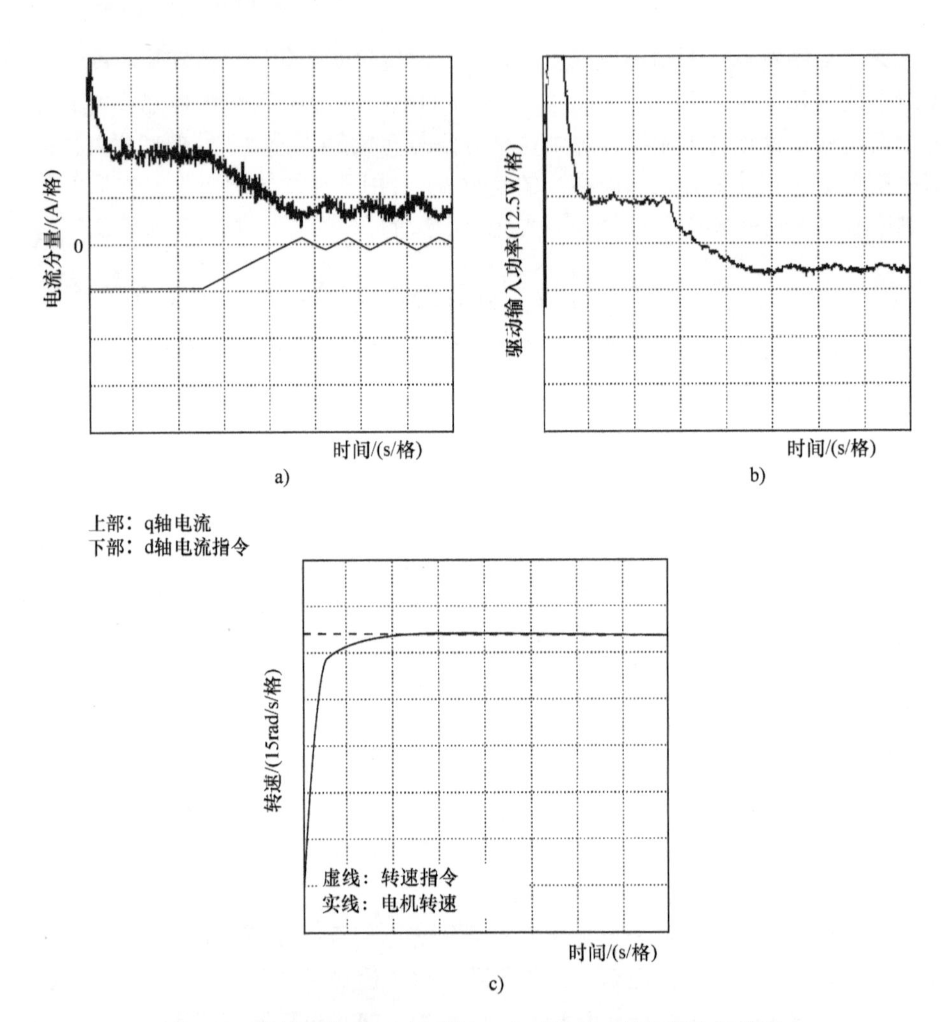

图 3.38　连续在线 LMC 原理图：a）d 轴和 q 轴定子电流分量；b）驱动输入功率；c）电机转速（Vaez 等，1999）

此时输入功率变得平直，这意味着 i_d的进一步变化对输入功率没有明显影响。然后就进入了一种新的运行模式，在这种运行模式下，i_d在短时间内向相反的方向重复变化，此时 i_d以一个三角形的方式进行变化。这样，如果电机工作点变化缓慢，这可确保节能运行。

一个包括连续在线 LMC 和非线性速度控制器/补偿器的矢量控制系统的示意图如图 3.39 所示（Vaez - Zadeh，1999）。可以确定最初的 d 轴电流指令 i_{d0}^*，从而实现所需的电机动态性能。例如可以使用在 3.6 节所述的最大转矩电流比（MTPA）方案实现。LMC 的输出不断地将该信号朝着最优 i_d^* 变化。随着 i_d变化以降低驱动输入功率，产生的转矩往往会发生变化。由于假设负载是恒定的，转矩的变化会导致电机转速发生变化。然而，速度控制器会使转速保持在指定转速。因此，它会根据 i_d的变化修改 q 轴电流指令。这种自然补偿过程取决于电机转矩转速动态，这在本质上是缓慢的。因此，一旦 LMC 改变了 i_d，在自然补偿过程恢复指令转速之前，转速会经历一个过渡期。当 LMC 改变 i_d时，通过加强自然补偿过程来补偿电机转速瞬变。这由一个非线性速度控制器来实现。当 LMC 处于工作状态时，控制器会增加速度控制器的输入（转速误差信号）。

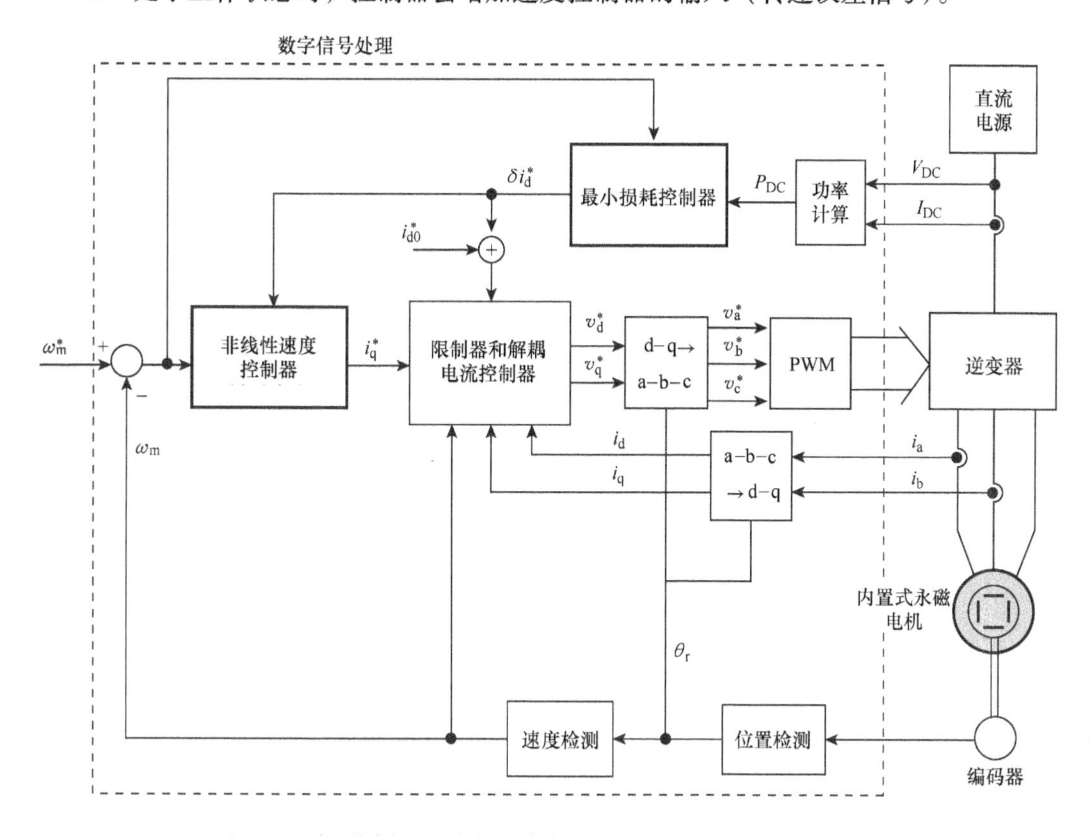

图 3.39 永磁同步电机在转子参考坐标系下的连续在线 LMC 系统

i_d^* 变化越大，转速误差信号越明显。这导致速度控制器的输出 i_q^* 受 i_d^* 变化的影响。因此，由 i_d^* 引起的磁阻转矩变化由 i_q^* 引起的磁体转矩变化补偿。因此，电机的总转矩以及电机转速保持恒定。然而，当电机损耗达到最小且转速误差不再增大时，速度控制器也会正常工作（Vaez－Zadeh，2001）。

图 3.40 显示了 LMC 下驱动性能的实验结果。电机处于中等转速时，在低负载情况下的起动响应如图 3.40a 所示。将原 d 轴电流指令 i_{d0}^*设为一个负值，以产生快速的动态响应。在时间 t 约为 2.7s 时，检测到电机转速处于稳态。然后，对 i_d进行连续地调整，直到调整到最优值，并对相应的 i_q进行修正以保持转矩不

变，如图3.40b 所示。大约 2s 后，输入功率达到其最小值，如图 3.40c 所示。此时输入功率降低了约 30%。然后，起动三角运行模式，当 d 轴电流开始变化时，可以看到电机转速的微小变化。不过，它在速度控制器的作用下很快就会消失。

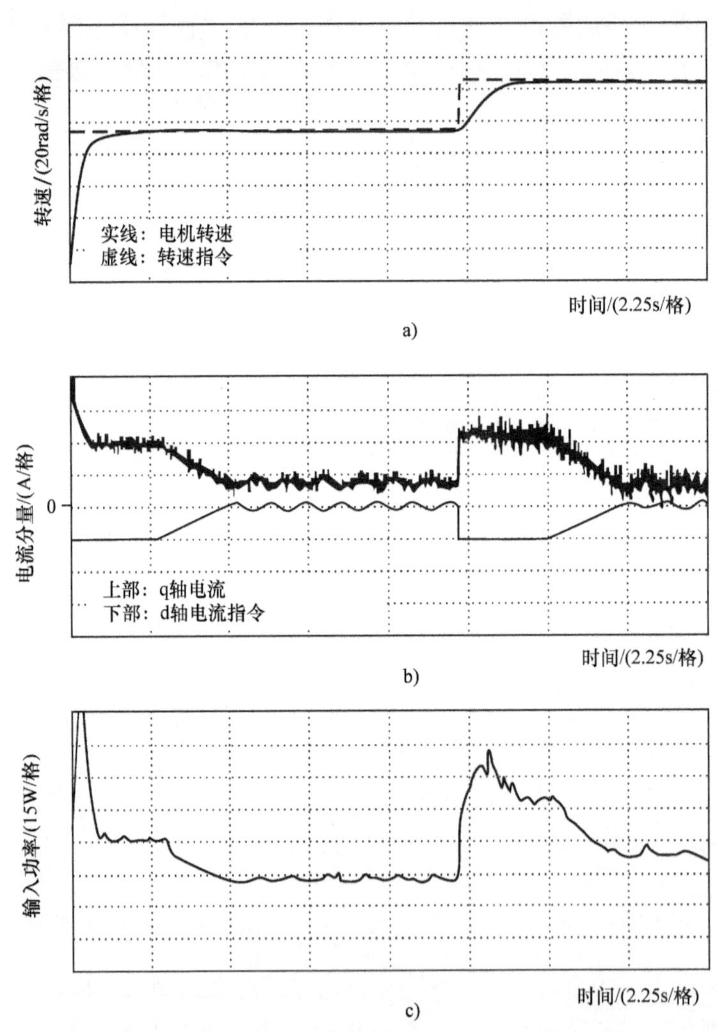

图 3.40　永磁同步电机的连续在线 LMC 实验结果：a）电机转速；b）d 轴和 q 轴定子电流分量；c）驱动输入功率（Vaez－Zadeh，2001）

LMC 下的电机动态通过在 $t=11\text{s}$ 时用改变转速指令来验证。结果，损耗最小化内核被停用，d 轴电流指令值返回其原始值 i_{d0}^*。电机在此电流下经过一个瞬态期，直到损耗最小化内核再次激活时达到一个新的稳态转速，并在新的工作点获得另一个最小输入功率，实验结果如图 3.40a～c 所示。

3.10 小结

本章首先描述了具有正弦波电流指令生成、相位超前和相位电流控制器的永磁同步电机的标量控制。而对于标量控制，在相应的电机建模、控制设计和性能方面，是一种不成熟的控制方法，不过也是首先要做的一步，从而也说明了朝向高性能的永磁同步电机矢量控制发展是正确的。然后通过与直流电机工作原理的类比，来介绍永磁同步电机矢量控制的基本原理。然后在带有相电流控制器和d－q电流控制器的转子参考坐标系中，详细阐述了表贴式电机的矢量控制。其次是内置式永磁电机的矢量控制，其中会通常执行一种弱磁操作。永磁同步电机的电流和电压运行限制在d－q电流坐标系中，以数学和图形方式显示，并讨论了将它们纳入控制系统的方法。作为本书的一个特点，还详细介绍了永磁同步电机运行的磁通控制方式及其相应的控制方法。这些方法主要包括：最大转矩电流比（MTPA）控制，最大转矩电压比（MTPV）控制和单位功率因数控制。之后，介绍了定子磁链参考坐标系中矢量控制的基础知识，以及该参考坐标系中不同的弱磁控制系统。同样，利用不同参考坐标系中的空间相量讨论极坐标下的矢量控制。然后介绍了电流控制器的饱和及其补救措施。最后，给出了电机降损方法和永磁同步电机损耗建模，阐述了离线和在线损耗最小化控制（LMC）。

习　题

P.3.1　根据i_d和i_q，找出永磁同步电机电压极限椭圆的焦点，并画出它们在较大ω_r范围内的轨迹，讨论零转速和极限转速。

P.3.2　如表3.1所示，在永磁同步电机中，消磁极限为$\lambda_d=0$。在退磁的边缘，确定在最大发展转矩下的d轴和q轴电流。

P.3.3　在单位功率因数工作模式下，根据负载角（δ），计算定子电流矢量和定子磁链矢量。

P.3.4　图3.12将MTPA操作描述为具有特定电机转矩的最小定子电流。另外，MTPA操作可以被更明确地看作是在特定定子电流下电机可能产生的最大转矩。通过对第二个MTPA的描述，与图3.12的MTPA进行比较，表明两种MT-PA的解释是相同的。

P.3.5　计算MTPA控制下的d轴和q轴电流，其中电机电流指令超过电流限制i_{sL}。

P.3.6　确定图3.17前馈控制中T_{en}函数的f_1和f_2。

P.3.7　根据式（3.6.7）中给出的归一化电流分量确定MTPA轨迹。

P. 3. 8　内置式永磁电机是否可能在 MTPA 控制和 PF = 1 的条件下同时运行？如果可以，确定数学条件。否则，证明这是不可能做到的。

P. 3. 9　为实现磁通控制模式之间转换的软件程序制定流程图。

P. 3. 10　在转子定向的极坐标下，确定单位功率因数操作下的磁链矢量轨迹。

P. 3. 11　假设内置式永磁电机需要在恒定磁通下运行。在恒定磁通条件下，根据负载角确定最大转矩轨迹。

P. 3. 12　在 3. 9 节中介绍的离线 LMC 是基于具有固定铁损电阻 R_c的电机模型。考虑电源频率（电机转速）对电阻、电机铁损以及永磁同步电机的 LMC 的影响。

参考文献

Adnanes, A., Sulkowski, W., Aga, L., and Norum, L. (1991). A fully digital permanent magnet synchronous motor drive with flux weakening. In: *5th International Conference on Electrical Machines and Drives*, pp. 227–231. IET, London.

Adnanes, A.K., Nilsen, R., Loken, R., and Norum, L. (1993). Efficiency analysis of electric vehicles, with emphasis on efficiency optimized excitation. In: *Conference Record of the IEEE Annual Meeting of the Industry Applications Society*, pp. 455–462. IEEE, Piscataway, NJ.

Andersen, H.R. and Pedersen, J.K. (1996). Low cost energy optimized control strategy for a variable speed three-phase induction motor. In: *27th Annual Meeting of the IEEE, Power Electronics Specialists Conference*, pp. 920–924. IEEE, Piscataway, NJ.

Babb, M. (1995). Premium efficiency motors promise to save billions. *Control Eng.* 42(6), 1–4.

Bates, B. (1992). *Electric Vehicles, a Decade of Transition, Selected Papers Through 1990*. Society of Automotive Engineers, Warrendale, PA.

Bilewski, M., Fratta, A., Giordano, L., Vagati, A., and Villata, F. (1993). Control of high-performance interior permanent magnet synchronous drives. *IEEE Trans. Ind. Appl.* 29(2), 328–337.

Binns, K. and Wong, T. (1984). Analysis and performance of a high-field permanent-magnet synchronous machine. *IEE Proc. B-Electric Power Appl.* 131(6), 252–258.

Bonnett, A.H. (1992). Understanding the changing requirements and opportunities for improvement of operating efficiency of AC motors. In: *Conference Record of Annual Pulp and Paper Industry Technical Conference*, pp. 600–610. IEEE, Piscataway, NJ.

Bose, B.K. (1986). *Power Electronics and AC Drives.* Prentice-Hall, Upper Saddle River, NJ.

Bose, B.K. (1988). A high-performance inverter-fed drive system of an interior permanent magnet synchronous machine. *IEEE Trans. Ind. Appl.* 24(6), 987–997.

Cavallaro, C., Di Tommaso, A.O., Miceli, R., Raciti, A., Galluzzo, G.R., and Trapanese, M. (2005). Efficiency enhancement of permanent-magnet synchronous motor drives by online loss minimization approaches. *IEEE Trans. Ind. Electron.* 52(4), 1153–1160.

Cerruto, E., Consoli, A., Raciti, A., and Testa, A. (1995). A robust adaptive controller for PM motor drives in robotic applications. *IEEE Trans. Power Electron.* 10(1), 62–71.

Chaaban, F., Chedid, R., and Mellor, P. (1996). Steady state and sensitivity analysis of high-field permanent magnet machines. *Electric Machines Power Syst.* 24(6), 639–651.

Chalmers, B. (1992). Influence of saturation in brushless permanent-magnet motor drives. *IEE Proc. B-Electric Power Appl.* 139(1), 51–52.

Chan, C. (1993). An overview of electric vehicle technology. *Proc. IEEE* 81(9), 1202–1213.

Chang, L. (1993). Recent developments of electric vehicles and their propulsion systems. *IEEE Aerospace Electron. Syst. Mag.* 8(12), 3–6.

Chang, L. (1994). Comparison of AC drives for electric vehicles-a report on experts opinion survey. *IEEE Aerospace Electron. Syst. Mag.* 9(8), 7–11.

Chapman, P., Sudhoff, S., and Whitcomb, C. (1999). Optimal current control strategies for surface-mounted permanent-magnet synchronous machine drives. *IEEE Trans. Energy Convers.* 14(4), 1043–1050.

Chen, S. and Yeh, S-N. (1992). Optimal efficiency analysis of induction motors fed by variable-voltage and variable-frequency source. *IEEE Trans. Energy Convers.* 7(3), 537–543.

Cleland, J. G., McCormick, V. E., and Turner, M. W. (1995). Design of an efficiency optimization controller for inverter-fed AC induction motors. In: *Conference Record of the IEEE 30th IAS Annual Meeting, Industry Applications Conference*, pp. 16–21. IEEE, Piscataway, NJ.

Colby, R.S. and Novotny, D.W. (1987). Efficient operation of surface-mounted PM synchronous motors. *IEEE Trans. Ind. Appl.* 23(6), 1048–1054.

Colby, R.S. and Novotny, D.W. (1988). An efficiency-optimizing permanent-magnet synchronous motor drive. *IEEE Trans. Ind. Appl.* 24(3), 462–469.

Consoli, A., Raciti, A., Dobrucky, B., and Hrabovcova, V. (1993).

Static and dynamic behaviour of disk synchronous motors. In: *Proceedings of IEEE International Symposium on Industrial Electronics*, pp. 646–651. IEEE, Piscataway, NJ.

Consoli, A. and Renna, G. (1989). Interior type permanent magnet synchronous motor analysis by equivalent circuits. *IEEE Trans. Energy Convers.* 4(4), 681–689.

Doncker, R.D., Pulle, D.W., and Veltman, A. (2010). *Advanced Electrical Drives, Analysis, Modeling, Control.* Springer Science & Business Media, Berlin.

Famouri, P. and Cathey, J.J. (1989). Loss minimization control of an induction motor drive. In: *Conference Record of the IEEE Industry Applications Society Annual Meeting* , pp. 226–231. IEEE, Piscataway, NJ.

Famouri, P. and Cooley, W. L. (1994). Design of DC traction motor drives for high efficiency under accelerating conditions. *IEEE Trans. Ind. Appl.* 30(4), 1134–1138.

Favre, E., Cardoletti, L., and Jufer, M. (1993). Permanent-magnet synchronous motors: A comprehensive approach to cogging torque suppression. *IEEE Trans. Ind. Appl.* 29(6), 1141–1149.

Fukino, M., Irie, N., and Ito, H. (1992). *Development of an Electric Concept Vehicle with a Super Quick Charging System*, SAE Technical Paper Series 920422, pp. 25–27. SAE, Oxford.

Funabiki, S. and Fukushima, T. (1991). Current commands for high-efficiency torque control of DC shunt motor. *IEE Proc. B-Electric Power Appl.* 138(5), 227–232.

Holtz, J. and Springob, L. (1996). Identification and compensation of torque ripple in high-precision permanent magnet motor drives. *IEEE Trans. Ind. Electron.* 43(2), 309–20.

Honsinger, V. (1980). Performance of polyphase permanent magnet machines. *IEEE Trans. Power Apparat. Syst.* 4(PAS-99), 1510–1518.

Jahns, T.M. (1987). Flux-weakening regime operation of an interior permanent-magnet synchronous motor drive. *IEEE Trans. Ind. Appl.* 23(4), 681–689.

Jahns, T.M. (1994). Motion control with permanent-magnet AC machines. *Proc. IEEE* 82(8), 1241–1252.

Jahns, T.M., Kliman, G.B., and Neumann, T.W. (1986). Interior permanent-magnet synchronous motors for adjustable-speed drives. *IEEE Trans. Ind. Appl.* 22(4), 738–747.

Jahns, T.M. and Soong, W.L. (1996). Pulsating torque minimization techniques for permanent magnet AC motor drives-a review. *IEEE Trans. Ind. Electron.* 43(2), 321–330.

Kadjoudj, M., Benbouzid, M.E.H., Ghennai, C., and Diallo, D. (2004). A robust hybrid current control for permanent-magnet synchronous motor drive. *IEEE Trans. Energy Convers.* 19(1),

109–115.

Kim, J-M., Park, K., Kang, S-J., Sul, S-K., and Kwon, J-L. (1996). Improved dynamic performance of interior permanent magnet synchronous motor drive in flux-weakening operation. In: *27th Annual Meeting of the IEEE, Power Electronics Specialists Conference*, pp. 1562–1567. IEEE, Piscataway, NJ.

Kim, J-M. and Sul, S-K. (1997). Speed control of interior permanent magnet synchronous motor drive for the flux weakening operation. *IEEE Trans. Ind. Appl.* 33(1), 43–48.

King, R., Turnbull, F., Delgado, E., and Szczesny, P. (1988). *High-performance ETX-11 70-hp Permanent Magnet Motor Electric Drive System*. Electric Vehicle Association of Canada, Vancouver.

Kirschen, D. S., Novotny, D. W., and Lipo, T. A. (1985). On-line efficiency optimization of a variable frequency induction motor drive. *IEEE Trans. Ind. Appl.* 21(3), 610–616.

Krause, P., Nucera, R., Krefta, R., and Wasynczuk, O. (1987). Analysis of a permanent magnet synchronous machine supplied from a 180° inverter with phase control. *IEEE Trans. Energy Convers.* 2(3), 423–431.

Krause, P.C. (1986). *Analysis of Electric Machinery*. McGraw-Hill, New York, NY.

Krishnan, R. (2010). *Permanent Magnet Synchronous and Brushless DC Motor Drives*. CRC Press, Boca Raton, FL.

Kusko, A. and Galler, D. (1983). Control means for minimization of losses in AC and DC motor drives. *IEEE Trans. Ind. Appl.* 19(4), 561–570.

Leonhard, W. (2001). *Control of Electrical Drives*. Springer Science & Business Media, Berlin.

Macminn, S.R. and Jahns, T.M. (1988). Control techniques for improved high-speed performance of interior PM synchronous motor drives. In: *Conference Record of the IEEE Industry Applications Society Annual Meeting*, pp. 272–280. IEEE, Piscataway, NJ.

Mademlis, C. and Agelidis, V.G. (2001). On considering magnetic saturation with maximum torque to current control in interior permanent magnet synchronous motor drives. *IEEE Trans. Energy Convers.* 16(3), 246–252.

Mademlis, C., Kioskeridis, I., and Margaris, N. (2004). Optimal efficiency control strategy for interior permanent-magnet synchronous motor drives. *IEEE Trans. Energy Convers.* 19(4), 715–723.

Miller, T. J. E. (1989). *Brushless Permanent-magnet and Reluctance Motor Drives*. Oxford University Press, Oxford.

Morimoto, S., Takeda, Y., and Hirasa, T. (1990a). Current phase control methods for permanent magnet synchronous motors. *IEEE*

Trans. Power Electron. 5(2), 133–139.

Morimoto, S., Takeda, Y., Hirasa, T., and Taniguchi, K. (1990b). Expansion of operating limits for permanent magnet motor by current vector control considering inverter capacity. *IEEE Trans. Ind. Appl.* 26(5), 866–871.

Morimoto, S., Hatanaka, K., Tong, Y., Takeda, Y., and Hirasa, T. (1993a). Servo drive system and control characteristics of salient pole permanent magnet synchronous motor. *IEEE Trans. Ind. Appl.* 29(2), 338–343.

Morimoto, S., Takeda, Y., Hatanaka, K., Tong, Y., and Hirasa, T. (1993b). Design and control system of inverter-driven permanent magnet synchronous motors for high torque operation. *IEEE Trans. Ind. Appl.* 29(6), 1150–1155.

Morimoto, S., Sanada, M., and Takeda, Y. (1994a). Wide-speed operation of interior permanent magnet synchronous motors with high-performance current regulator. *IEEE Trans. Ind. Appl.* 30(4), 920–926.

Morimoto, S., Tong, Y., Takeda, Y., and Hirasa, T. (1994b). Loss minimization control of permanent magnet synchronous motor drives. *IEEE Trans. Ind. Electron.* 41(5), 511–517.

Muni, B., Pillai, S., and Saxena, S. (1996). A PC based internal power factor angle controlled interior permanent magnet synchronous motor drive. In: *27th Annual Meeting of the IEEE Power Electronics Specialists Conference*, pp. 931–937. IEEE, Piscataway, NJ.

Myers, C.J., Christian, J.M., and Reibsamen, G.G. (1980). *World Guide to Battery-Powered Road Transportation, Comparative Technical and Performance Specifications.* McGraw-Hill, New York, NY.

Nakai, H., Ohtani, H., Satoh, E., and Inaguma, Y. (2005). Development and testing of the torque control for the permanent-magnet synchronous motor. *IEEE Trans. Ind. Electron.* 52(3), 800–806.

Nakamura, Y., Kudo, T., Ishibashi, F., and Hibino, S. (1995). High-efficiency drive due to power factor control of a permanent magnet synchronous motor. *IEEE Trans. Power Electron.* 10(2), 247–253.

Nola, F. (1980). Power factor controller-An energy saver. In: *IEEE Industry Application Society Annual Meeting*, pp. 194–198. IEEE, Piscataway, NJ

Ojo, O. and Cox, J. (1996). Investigation into the performance characteristics of an interior permanent magnet generator including saturation effects. In: *Conference Record of the IEEE 31st IAS Annual Meeting, Industry Applications Conference*, pp. 533–540. IEEE, Piscataway, NJ.

Ojo, O., Osaloni, F., Wu, Z., and Omoigui, M. (2003). A control strategy for optimum efficiency operation of high performance interior permanent magnet motor drives. In: *Conference Record of the*

IEEE 38th IAS Annual Meeting, Industry Applications Conference, pp. 604–610. IEEE, Piscataway, NJ.

Parasiliti, F. and Poffet, P. (1989). A model for saturation effects in high-field permanent magnet synchronous motors. *IEEE Trans. Energy Convers.* 4(3), 487–494.

Pillay, P. and Krishnan, R. (1989). Modeling, simulation, and analysis of permanent-magnet motor drives. I. The permanent-magnet synchronous motor drive. *IEEE Trans. Ind. Appl.* 25(2), 265–273.

Pillay, P. and Krishnan, R. (1990). Control characteristics and speed controller design for a high performance permanent magnet synchronous motor drive. *IEEE Trans. Power Electron.* 5(2), 151–159.

Pillay, P. and Krishnan, R. (1991). Application characteristics of permanent magnet synchronous and brushless DC motors for servo drives. *IEEE Trans. Ind. Appl.* 27(5), 986–996.

Rahman, M., Zhone, L., and Lim, K. (1996). A DSP based instantaneous torque control strategy for interior permanent magnet synchronous motor drive with wide speed range and reduced torque ripples. In: *Conference Record of the IEEE 31st IAS Annual Meeting, Industry Applications Conference,* pp. 518–524. IEEE, Piscataway, NJ.

Schiferl, R. and Lipo, T. A. (1988). Power capability of salient pole permanent magnet synchronous motors in variable speed drive applications. In: *Conference Record of the IEEE Industry Applications Society Annual Meeting,* pp. 23–31. IEEE, Piscataway, NJ.

Sneyers, B., Novotny, D.W., and Lipo, T.A. (1985). Field weakening in buried permanent magnet ac motor drives. *IEEE Trans. Ind. Appl.* 21(2), 398–407.

Soong, W.L. and Miller, T. (1994). Field-weakening performance of brushless synchronous AC motor drives. *IEE Proc. Electric Power Appl.* 141(6), 331–340.

Sousa, G.C., Bose, B.K., and Cleland, J.G. (1995). Fuzzy logic based on-line efficiency optimization control of an indirect vector-controlled induction motor drive. *IEEE Trans. Ind. Electron.* 42(2), 192–198.

Sun, T., Wang, J., and Chen, X. (2015). Maximum torque per ampere (MTPA) control for interior permanent magnet synchronous machine drives based on virtual signal injection. *IEEE Trans. Power Electron.* 30(9), 5036–5045.

Sun, T., Wang, J., Koc, M., and Chen, X. (2016). Self-Learning MTPA Control of interior permanent-magnet synchronous machine drives based on virtual signal injection. *IEEE Trans. Ind. Appl.* 52(4), 3062–3070.

Toliyat, H. A., Campbell, S. G. (2003). *DSP-based Electromechanical Motion Control.* CRC Press, Boca Raton, FL.

Vaez, S. and John, V.I. (1995). Minimum loss operation of PM motor drives. In: *Canadian Conference on Electrical and Computer Engineering*, pp. 284–287. IEEE, Piscataway, NJ.

Vaez, S., John, V., and Rahman, M. (1997). Energy saving vector control strategies for electric vehicle motor drives. In: *Proceedings of the* IEEE, *Power Conversion Conference*, pp. 13–18. IEEE, Piscataway, NJ.

Vaez, S., John, V., and Rahman, M. (1999). An on-line loss minimization controller for interior permanent magnet motor drives. *IEEE Trans. Energy Convers.* 14(4), 1435–1440.

Vaez-Zadeh, S. (2001). Variable flux control of permanent magnet synchronous motor drives for constant torque operation. *IEEE Trans. Power Electron.* 16(4), 527–534.

Vaez-Zadeh, S. and Hendi, F. (2005). A continuous efficiency optimization controller for induction motor drives. *Energy Convers. Manag.* 46(5), 701–713.

Vaez-Zadeh, S., Nasiri-Gheidari, Z., and Tootoonchian, F. (2006a). Vector control of IPM motor with maximum torque and efficiency. In: *Proceedings of 14th Iranian Conference on Electrical Engineering.* Tehran, Iran [In Persian.]

Vaez-Zadeh, S., Zamanifar, M., and Soltani, J. (2006b). Nonlinear efficiency optimization control of IPM synchronous motor drives with online parameter estimation. In: *37th IEEE Power Electronics Specialists Conference*, pp. 1–6. IEEE, Piscataway, NJ.

Vas, P. (1998). *Sensorless Vector and Direct Torque Control.* Oxford University Press, Oxford.

Williamson, S. and Cann, R.G. (1984). A comparison of PWM switching strategies on the basis of drive system efficiency. *IEEE Trans. Ind. Appl.* 20(6), 1460–1472.

Zeng, Z., Zhou, E., and Liang, D. (1996). A new flux weakening control algorithm for interior permanent magnet synchronous motors. In: *Proceedings of the IEEE IECON 22nd International Conference on Industrial Electronics, Control, and Instrumentation*, pp. 1183–1186. IEEE, Piscataway, NJ.

第4章

直接转矩控制

自20世纪80年代中期，直接转矩控制（Direct Torque Control，DTC）作为和矢量控制（Vector Control，VC）相比的主要竞争控制方法已经吸引了研究人员的极大兴趣（Depenbrock，1986；Takahashi 和 Noguchi，1986）。20世纪90年代，DTC 应用于永磁同步电机，此后，其在文献中引起了广泛关注，尽管其在电机驱动领域的市场份额是另一回事。尽管如此，该方法已经在行业获得充分认可及部分应用。

DTC 在建立之初就已经考虑了交流电机的相关已知情况，以有效地形成一个可行的高性能控制系统。那些相关情况作为该方法的原理在本章的第一节中提出。由 DTC 引起的电机控制领域的一个重大转变是考虑电机控制系统中逆变器不可或缺的离散行为，以避免系统实施中的额外负担。因此，与矢量控制相比，DTC 明确确定每种情况下所需的电压矢量。该矢量通过逆变器施加到电机上，从而在逆变器的开关间隔期间控制电机。通过这种方式，可以更密切地控制逆变器下的电机行为。

在介绍了 DTC 的原理之后，本章继续介绍基本的 DTC 系统。然后讨论永磁同步电机的运行条件，包括电流、电压和磁通限制，接着讨论 DTC 下的磁通控制方案。还研究了可选择的 DTC 系统，包括具有空间矢量调制（SVM）的最优 DTC。接下来介绍与损耗最小化控制相关的 DTC。最后，在小结之前对 DTC 和矢量控制进行比较。

4.1 直接转矩控制的原理

在本节中回顾了 DTC 的基本原理。系统地理解这些原理对于深入了解 DTC 至关重要。原理包括：电机转矩偏差与负载角偏差的关系；磁链偏差与电压空间矢量的关系；逆变器电压矢量的产生；最优电压矢量的选择规则；最后是电机运行过程中限制磁链幅值变化的方法。

4.1.1 转矩偏差与转矩角偏差

表贴式永磁同步电机在定子磁通参考坐标系中的电磁转矩可以表示为

$$T_e = \frac{3}{2}P\lambda_s i_y \tag{4.1.1}$$

式中，λ_s和i_y分别是定子磁链矢量和定子电流矢量的x和y分量，像第2章中式（2.6.13）提到的一样。参考第2章，表贴式永磁同步电机的i_y由下式给出：

$$i_y = \frac{1}{L_s}\lambda_m \sin\delta \tag{4.1.2}$$

式中，λ_m是转子磁链矢量的幅值；δ是两个磁链矢量之间的角度，即如图4.1所示的负载角。另外，L_s是定子绕组电感。将式（4.1.2）代入式（4.1.1）得出

$$T_e = \frac{3}{2}\frac{P}{L_s}\lambda_m\lambda_s \sin\delta \tag{4.1.3}$$

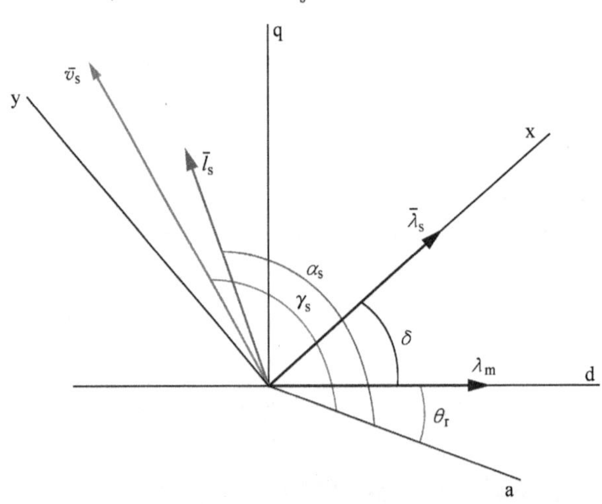

图4.1　永磁同步电机的矢量图，显示在转子和定子磁链参考坐标系中的电流、电压和磁链矢量

转子磁链的幅值取决于磁体材料的类型、磁极尺寸和电机配置。因此，如果忽略其他边际效应，它对于特定电机是固定的。定子磁链幅值也被假定为常数，因为恒定磁链控制是许多电机控制方法中用于实现电机快速动态的常见做法。稍后将介绍恒定的定子磁链幅值是通过特定方式在DTC中实现的。因此转矩仅取决于单个变量δ，如式（4.1.3）所示。在很短的时间内转矩的时间变化可以由式（4.1.3）的微分表示为

$$\frac{dT_e}{dt} = \frac{3}{2}\frac{P}{L_s}\lambda_m\lambda_s\dot{\delta}\cos\delta \quad t=0 \tag{4.1.4}$$

式中，变量上的点表示导数。在微分的微小区间内，δ发生了变化，这对转矩偏差有影响，但相对于δ本身可以忽略不计。因此$\cos\delta$可以认为是区间内的常数。因而式（4.1.4）表明转矩的小偏差几乎完全取决于δ的时间导数。这个结果有

一个重要的意义，它奠定了DTC的基础，即转矩动态几乎与定子和转子磁链矢量之间角度的“变化率”成正比，如图4.1所示。值得一提的是

$$\delta=(\omega_s-\omega_r)t+\delta_0 \tag{4.1.5}$$

在稳态下，定子和转子磁链矢量以相同的速度旋转。因此，式（4.1.5）的导数为零，即

$$\delta=\delta_0\Rightarrow\dot{\delta}=0 \tag{4.1.6}$$

因此，式（4.1.5）的转矩偏差消失，转矩是恒定的。然而在瞬态下，定子磁链和转子磁链矢量以不同的速度旋转。因此，在瞬态条件下

$$\dot{\delta}=\omega_s-\omega_r \tag{4.1.7}$$

参考图4.1和式（4.1.4），表明要获得快速的转矩响应，式（4.1.5）中的速度差必须很大。因此，如果在电机转矩指令变化时，速度差变得尽可能大，则可以提供理想的电机控制。考虑到转子磁链随转子速度旋转，转子作为机械体具有很大的时间常数，转子速度不能快速变化。因此，定子磁链的速度必须快速变化。实际上这就是DTC方法的本质，根据电机指令改变定子磁链矢量的旋转速度以改变δ。

对于内置式永磁电机，$L_d\neq L_q$，转矩方程式（4.1.3）变成式（2.6.17），这里记为

$$T_e=\frac{3P\boldsymbol{\lambda}_s}{4L_dL_q}[2\boldsymbol{\lambda}_mL_q\sin\delta+\boldsymbol{\lambda}_s(L_d-L_q)\sin2\delta] \tag{4.1.8}$$

那么式（4.1.8）的导数变为

$$\frac{dT_e}{dt}=\frac{3P\boldsymbol{\lambda}_s}{2L_dL_q}[\boldsymbol{\lambda}_mL_q\cos\delta+\boldsymbol{\lambda}_s(L_d-L_q)\cos2\delta]\dot{\delta}\quad t=0 \tag{4.1.9}$$

又一次看出在内置式永磁电机的情况下，转矩偏差几乎取决于负载角偏差δ。因此，同样的原理也适用于内置式永磁电机。

4.1.2 磁链偏差与电压空间矢量的对应

空间矢量域中永磁同步电机的电压方程可写为

$$\bar{v}_s=R_s\bar{i}_s+\mathrm{p}\,\bar{\boldsymbol{\lambda}}_s \tag{4.1.10}$$

式中，$\bar{v}_s$、$\bar{i}_s$和$\bar{\boldsymbol{\lambda}}_s$分别是静止参考坐标系中的定子电压、电流和磁链矢量；p是导数算子。式（4.1.10）已在第2章中详细阐述。该式右侧的第一项对应于定子绕组上的电压降，第二项对应于定子绕组中的感应电压。由于R_s值较小，前者通常相对于正常电机运行下的定子电压较小。唯一的例外是在馈送逆变器电机的极低速运行中，当施加的电压较低时，关于施加电压的相对性不能被忽略。抛开极低速运行放在一边，当效率分析不是问题时，人们可能会忽略该条件。使用这种合理的简化，定子电压空间矢量与感应电压空间矢量相似：

$$\bar{v}_s \approx p\bar{\lambda}_s \tag{4.1.11}$$

线性化方程式（4.1.11）后得出

$$\Delta\bar{\lambda}_s \approx \bar{v}_s \Delta t \tag{4.1.12}$$

式中，变量前面的Δ代表变量的线性增量。当涉及DTC的原理时，这个简单的方程极其重要。简单地说，通过将特定的电压矢量施加到定子绕组上一小段时间可以获得特定的磁链偏差矢量。考虑式（4.1.12）中的Δt实际上是一个标量，该方程进一步证明了两个空间矢量$\Delta\bar{\lambda}_s$和$\bar{v}_s$方向相同。另一方面，知道所需的$\Delta\bar{\lambda}_s$和Δt，就可以找出应用于电机的正确电压矢量。

现在让我们结合前面讨论的DTC的原理来看看刚刚从式（4.1.12）中发现的情况。图4.2有助于形象化这些情况。它描述了转子磁链矢量增量偏差前后两种情况下的磁链矢量，即$\Delta\delta$。式（4.1.12）中的空间矢量磁链偏差如图4.2所示为两个磁链矢量相减。如前所述，引起$\Delta\delta$的电压矢量与$\Delta\bar{\lambda}_s$平行，如图4.2中$\bar{v}_s$所示。

总之，所需的转矩偏差需要定子磁链矢量的逐步旋转，而这又决定了要施加到电机的特定电压矢量。这可以从如下因果关系中看出：

$$\Delta T_e \Rightarrow \Delta\delta \Rightarrow \Delta\bar{\lambda}_s \Rightarrow \bar{v}_s \tag{4.1.13}$$

为了通过式（4.1.13）中给出的关系找到$\bar{v}_s$，它必须由逆变器产生并在Δt时间内施加到电机绕组上。基本上这就是DTC的工作方式。

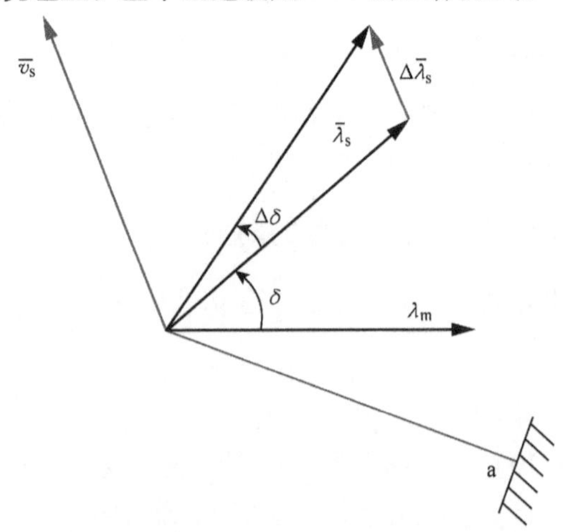

图4.2 通过电压矢量调整负载角和转矩

4.1.3 逆变器电压空间矢量

所需的电压矢量必须由逆变器产生。已在1.2节中简要介绍的两电平三相电压源逆变器提供的有效电压矢量，将在此处进一步说明。图1.2显示了这样一种逆变器，在它的三个桥臂中的每个桥臂上都有两个电力电子开关。开关有两种工作状态——ON即导通状态，或OFF即非导通状态。然而支路的两个开关必须为相反的状态，以防止通过开关的短路造成危险。逆变器的开关状态见表1.1。根据开关的开/关状态，两电平逆变器有6个非零电压矢量和2个零电压矢量。它们可以表示为

$$\bar{v}_s = \frac{2}{3}V_{DC}(S_a + aS_b + a^2S_c) \tag{4.1.14}$$

式中，a和a^2是120°和240°的单位矢量，即

$$a = e^{j\frac{2\pi}{3}}, a^2 = e^{j\frac{4\pi}{3}} \tag{4.1.15}$$

S_a、S_b、S_c表示逆变器中各支路的状态，即0或1。当支路接零电压时，支路的状态为0，即下开关打开，上开关关闭。相反，当支路连接到直流母线电压V_{DC}时，支路的状态为1，即上开关打开，下开关关闭。当所有支路为相同状态（0或1）时，电压矢量为零。当上面的三个开关具有相同的状态（开或关），而所有下面的开关具有相反的状态（即分别为关或开）时，就会发生这种情况。电压矢量如图4.3所示，其中开关状态由三位数字表示，例如$\bar{v}_2$（110）。可以看出，除了零电压之外矢量具有相同的幅值。然而，矢量在它们的相位上相差60°。

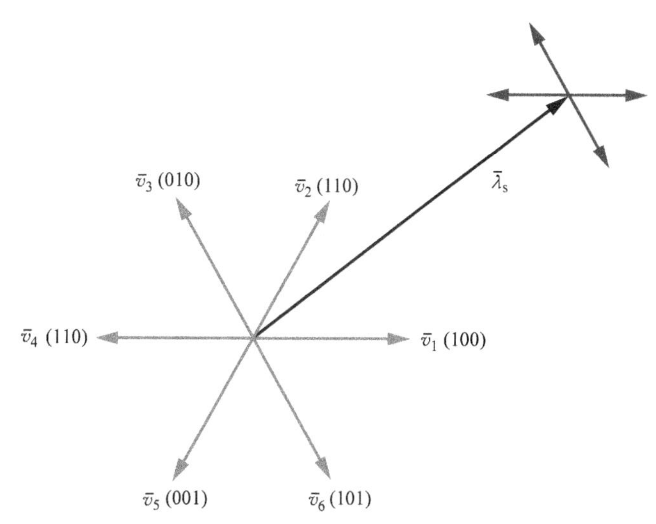

图4.3　电压矢量选项可引起快速动态以增加或减少开发的电机转矩

4.1.4　直接转矩控制的黄金法则

事实证明转矩动态取决于定子磁链矢量相对于磁体磁链矢量的旋转速度。换

句话说，要获得快速的转矩响应，应尽快改变负载角 δ。参考图 4.2 并牢记 $\Delta\bar{\lambda}_s$ 是与 $\bar{v}_s$ 对齐的，获得最快的 $\bar{\lambda}_s$ 旋转最合适的是保持电压矢量始终垂直于 $\bar{\lambda}_s$。这就是 DTC 的黄金法则。逆变器只能产生 6 个非零电压，但是它们通常不垂直于 $\bar{\lambda}_s$。因此，合理的解决方案是在每一个逆变器开关周期内，找到逆变器最佳的电压矢量。作为快速转矩响应的条件，这样的电压矢量必须与 $\bar{\lambda}_s$ 的角度尽可能接近 90°。根据磁链矢量的位置，总是有两对电压矢量可以较好地提供这种条件。图 4.3 显示的电压，即 $\bar{v}_3$ 和 $\bar{v}_4$，以及 $\bar{v}_1$ 和 $\bar{v}_6$，是特定定子磁链位置的最优选择。可以看出，$\bar{v}_3$ 或 $\bar{v}_4$ 应用于电机将旋转 $\bar{\lambda}_s$ 以增加 δ 来增大转矩。类似地，将两个电压 $\bar{v}_1$ 或 $\bar{v}_6$ 中的任何一个施加到电机上都会旋转 $\bar{\lambda}_s$ 以减小 δ 来减小转矩。采用系统方法可以确定磁链矢量不同位置的所有电压矢量。首先将逆变器电压矢量平面划分为 6 个相等的区域或扇区，每个区域覆盖平面的 60°，如图 4.4 所示。电压矢量位于每个区域的中间。这些区域按其电压矢量的号码编号。正如刚才所说，可以确定与每个区域中的磁链矢量对应的一组不同的 4 个电压矢量。该集合可以通过以下方法表达：

$$\begin{aligned}&\text{为了使 } \Delta\delta>0\text{，施加的电压必须是 } \bar{v}_{k+1} \text{ 或 } \bar{v}_{k+2}\text{，} \forall k=1\sim6\\&\text{为了使 } \Delta\delta<0\text{，施加的电压必须是 } \bar{v}_{k-1} \text{ 或 } \bar{v}_{k-2}\text{，} \forall k=1\sim6\end{aligned} \tag{4.1.16}$$

式中，k 是磁链矢量所在的区域编号。第一个方法增大转矩，而第二个方法根据式（4.1.4）或式（4.1.9）减小转矩。必须注意的是，这两个方法对应于转子的逆时针旋转。

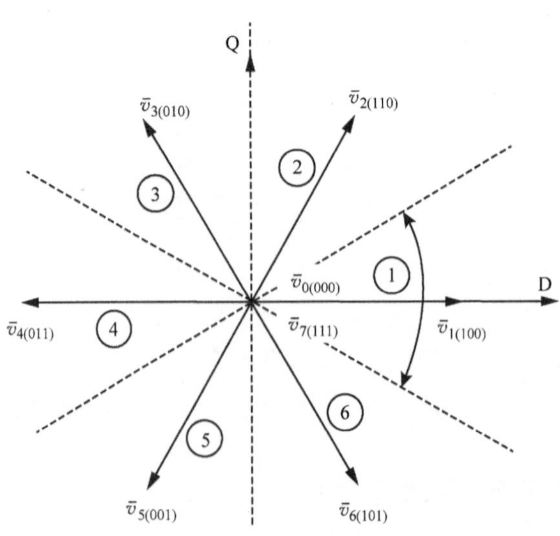

图 4.4　基于逆变器电压矢量的电机磁通区域（扇区）

4.1.5　磁链幅值变化的限制

在电机瞬态下需要保持$\bar{\lambda}_s$的幅值恒定以改善电机动态。在作为 DTC 方法的基础方程式（4.1.4）和式（4.1.9）的推导中，还假设了恒定的磁链幅值。这只能在快速旋转的磁链矢量期间实现，前提是逆变器可以向电机提供无限多的电压矢量，从而在所有情况下保持施加的电压垂直于磁链矢量。然而，一个两电平电压源逆变器只能产生 6 个非零电压矢量。当这些电压施加到永磁同步电机时，它们通常会旋转$\bar{\lambda}_s$并改变其幅值。回顾图 4.3，如果将 $\bar{v}_3$ 和 $\bar{v}_4$ 应用于电机，它们将旋转$\bar{\lambda}_s$以增大 δ 来增大转矩，而 $\bar{v}_3$ 增大$\bar{\lambda}_s$的幅值，$\bar{v}_4$ 减小$\bar{\lambda}_s$的幅值。类似地，通过将 $\bar{v}_1$ 或 $\bar{v}_6$ 应用于电机，它们旋转$\bar{\lambda}_s$以减小 δ 来减小转矩，而 $\bar{v}_1$ 增大$\bar{\lambda}_s$的幅值，$\bar{v}_6$ 减小$\bar{\lambda}_s$的幅值。因此，在逆变器开关周期期间将电压矢量施加到电机时，尽量保持$\bar{\lambda}_s$的幅值不变是明智的。DTC 方法包括通过在逆变器开关周期期间将不需要的磁链幅值变化限制在预先指定的量内，同时增加磁链矢量的旋转来完成任务的手段。为了明确范围，限定了具有上下限的磁链带。这在图 4.5 中通过其宽度 $\Delta\lambda$ 显示。该磁链带允许磁链变化约为磁链信号的指令值。指令的磁链轨迹由图 4.5 中的虚线圆圈表示。当电压矢量施加到电机上时，磁链在磁链带内发生变化直到极限。当磁链达到磁链带极限时，逆变器会自动切换施加的电压。图 4.5 显示了根据式（4.1.16）在不同开关情况下将电压矢量连续施加到电机上。通过这种方式，磁链矢量旋转得很快，而其幅值被限制在磁链带内。必须注意的是为了清楚起见，图 4.5 中的磁链带比指令磁链大得多。

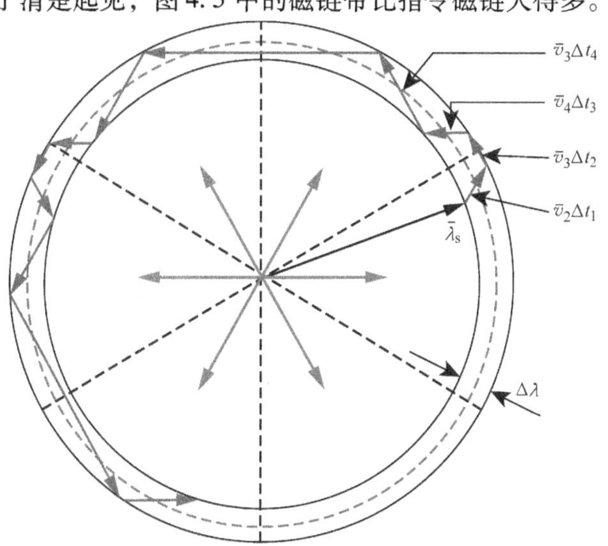

图 4.5　DTC 中的磁链带和连续电压矢量（见文前彩图）

4.2 基本直接转矩控制系统

DTC 实现了前面系统阐述的图 4.6 所示的原理。转矩和磁链幅值指令 T_e^* 和 λ_s^* 分别与它们的估计值进行比较，并将误差应用到相应的滞环控制器，以分别产生转矩和磁链标志 τ 和 φ。这些标志与定子磁链矢量状态一起通过开关表来确定所需的电压矢量指令。逆变器实现指令电压并将其施加到电机上，然后电机迅速响应以减小转矩和磁链误差。通过处理测量的相电压和电流来给出估计的转矩和磁链幅值。此处描述了图 4.6 的系统组件。

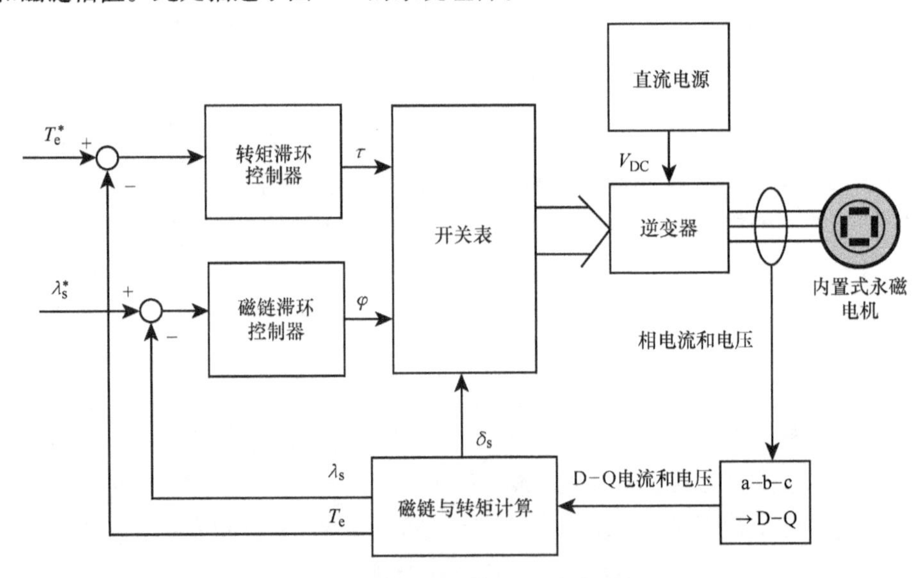

图 4.6　永磁同步电机的基本 DTC 系统

4.2.1 滞环控制器

在每个电机控制系统中，转矩指令是最重要的，由应用程序直接或间接决定。例如，在牵引应用中它是直接决定的，或在速度控制器的输出例如在电梯中它被间接决定。在产业应用中可能由架空控制系统决定。在可接受的微小偏差内，推荐转矩与稳态下的电机估计开发转矩相同。然而在应用程序将指令更改为新值之后，指令转矩和产生的转矩在瞬态下是不同的。指令转矩与估计产生的转矩进行比较来产生转矩误差。

在每个基于当前和先前的误差值的逆变器的开关实例中，滞环转矩控制器接受转矩误差并在其输出端提供 0 或 1 的转矩标志 τ。转矩滞环控制器的基本特性可以在图 4.7a 中看到，其中水平轴和垂直轴上分别显示了误差和标志。稳态下估计转矩和指令转矩的可接受偏差的上下限定义为微小的转矩滞环带 ΔT，如图 4.7a所示。如果转矩误差在该范围内，则控制器输出保持原样。但是，如果输入超出图中所示方向的滞环带，则输出会发生变化，即如果误差超过 $+\Delta T/2$，则标志从 0 变为 1。此外，如果误差减小到超过 $-\Delta T/2$，则标志从 1 变为 0。因此，标志在滞环带外遵守以下规则：

$$\begin{aligned} \tau &= 1, \text{如果 } \Delta T_e > \Delta T/2 \\ \tau &= 0, \text{如果 } \Delta T_e < -\Delta T/2 \end{aligned} \tag{4.2.1}$$

DTC 系统提供了将所需定子磁链幅值直接应用于系统的机会。它通常是通过弱磁程序产生的，这将在后面描述。在可接受的微小偏差内，指令磁链与稳态下的估计磁链相同。但是在指令更改为新值后，指令磁链和估计磁链在瞬态下是不同的。指令磁链与估计磁链进行比较产生磁链误差。

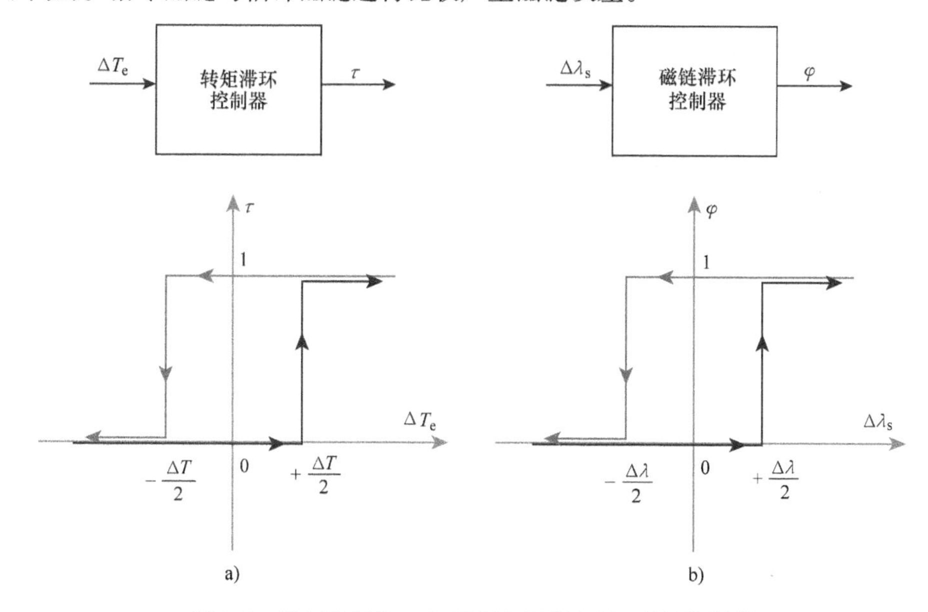

图 4.7 滞环控制器：a）转矩控制器和 b）磁链控制器

滞环磁链控制器接受磁链误差并根据当前和先前的误差值在每个逆变器开关实例中产生一个 0 或 1 的磁链标志 φ 作为其输出。滞环控制器的基本特性可以在图 4.7b 中看到，其中误差和标志分别显示在水平轴和垂直轴上。稳态下估计磁链和指令磁链的可接受偏差定义为微小的磁链带 $\Delta\lambda$。它由下限和上限决定，如图 4.7b 所示。该带已在图 4.5 中显示。如果磁链误差在该范围内，则控制器输出保持原样。但是，如果输入超出图中所示方向的带，则输出会发生变化，即如果误差超过 $+\Delta\lambda/2$，则标志从 0 变为 1。此外，如果误差减小到超过 $-\Delta\lambda/2$，则标志从 1 变为 0。因此，标志在滞环带外遵守以下规则：

$$\varphi=1\text{，如果 }\Delta\lambda_s>\Delta\lambda/2$$
$$\varphi=0\text{，如果 }\Delta\lambda_s<-\Delta\lambda/2 \tag{4.2.2}$$

4.2.2 开关表

开关查找表如表 4.1 所示，是一种以系统方式实现式（4.1.16）逻辑的简单方法。该表采用三个输入，即两个标志和定子磁链矢量的区域编号 k，并确定所需的电压矢量指令作为其输出。

表 4.1 开关表

τ	φ	电压矢量
1	1	$\bar{v}_{k+1}$
	0	$\bar{v}_{k+2}$
0	1	$\bar{v}_{k-1}$
	0	$\bar{v}_{k-2}$

该表通过第一列和第二列中的相应标志确定电机转矩和磁链幅值是增加还是减少。第一行的六个区域是图 4.4 的磁链区域，由 $k=1\sim6$ 确定。开关表的第三列给出了磁通区域的四种电压选择。对于位于 $k=2$ 的第二个区域特定磁链矢量，这些电压选项如图 4.3 中所示。在这种情况下

$$\begin{aligned}\bar{v}_{k+1}&=\bar{v}_3\\\bar{v}_{k+2}&=\bar{v}_4\\\bar{v}_{k-1}&=\bar{v}_1\\\bar{v}_{k-2}&=\bar{v}_6\end{aligned} \tag{4.2.3}$$

值为 1 或 0 的转矩标志在四个选项中选择两个电压矢量，值为 1 或 0 的磁链标志确定最近两个选项中的所需电压矢量。因此唯一具有两个标志和磁通区域编号的电压值，由开关表确定并被施加到逆变器。

4.2.3 磁链和转矩估计

磁链和转矩估计是确定相应误差所必需的。这就需要用相应的传感器来检测电机的相电流和电压。然后可以综合图 4.8 来进行估计。相电流和电压被检测并用于三相或两相静止参考坐标系变换，以提供 D－Q 参考坐标系中的电流和电压分量，如 2.4 节所述。然后将它们用于计算 D 轴和 Q 轴磁链，如下所示：

$$\lambda_D=\int_{T_s}(v_D-R_si_D)\,dt \tag{4.2.4}$$

$$\lambda_Q=\int_{T_s}(v_Q-R_si_Q)\,dt \tag{4.2.5}$$

然后估计的定子磁链幅值λ_s和角度δ_s计算为

$$\lambda_s = \sqrt{\lambda_D^2 + \lambda_Q^2} \tag{4.2.6}$$

$$\delta_s = \tan \frac{\lambda_Q}{\lambda_D} \tag{4.2.7}$$

最后，估计的电磁转矩由下式得到：

$$T_e = \frac{3}{2}P[\lambda_D i_Q - \lambda_Q i_D] \tag{4.2.8}$$

磁链角的估计值δ_s决定了磁链矢量所在的区域。因此获得了作为开关表输入的 k 值。磁链幅值λ_s和转矩 T_e的估计值用作反馈信号，并与前面提到的相应指令值进行比较。

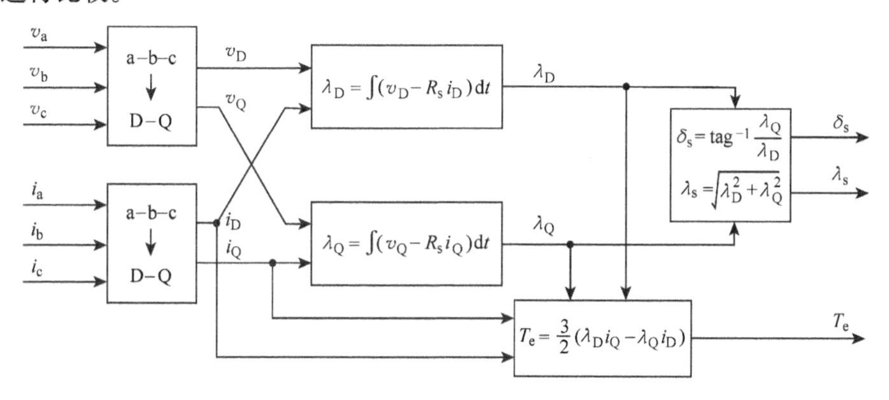

图 4.8　定子磁链和转矩的综合

4.3　直接转矩控制中的操作极限和限制方法

永磁同步电机在电流和电压限制下的运行已在 3.5 节的矢量控制部分进行了讨论。在矢量控制部分中所述的相同原因同样适用于 DTC 下的永磁同步电机运行限制。

4.3.1　电流极限

与矢量控制相比，在 DTC 中不使用电机电流指令。因此，无法通过限制电流指令来防止电机过电流运行。然而实际的电机电流是在 DTC 中测量并来估计磁链和转矩。因此可以监测这些测量的电流以防止过电流。一种可能的方法是将电机相电流转换为两相静止 d－q 参考坐标系中的 i_D和 i_Q电流分量，并计算定子电流矢量的大小来与电流限制 i_{sL}进行比较。如果 i_s接近 i_{sL}，则将减小转矩和（或）磁链指令以防止过电流。在这种方法中，需要确定并遵循一定的策略来优化调整转矩和磁链，同时考虑电机转矩、磁链和电流之间的关系。

另一种防止过电流的离线方法是根据 i_{sL} 限制转矩和磁链指令。在这种方法中，转矩和磁链是根据 i_s 计算的，而后者又必须受 i_{sL} 的限制。计算在 d－q 参考坐标系中开始。然而定子电流的 d 轴和 q 轴分量稍后会从等式中省略，如下所示。

根据 i_d 和 i_q 考虑定子电流、转矩和磁链为

$$i_s = \sqrt{i_d^2 + i_q^2} \tag{4.3.1}$$

$$T_e = \frac{3}{2}P[\lambda_m + (L_d - L_q)i_d]i_q \tag{4.3.2}$$

$$\lambda_s = \sqrt{\lambda_d^2 + \lambda_q^2} = \sqrt{[\lambda_m + L_d i_d]^2 + L_q^2 i_q^2} \tag{4.3.3}$$

使用式（4.3.1）~式（4.3.3），省略 i_d 和 i_q，就可以推导出 T_e 关于 i_s 和 λ_s 的函数为

$$T_e = f(i_s, \lambda_s) \tag{4.3.4}$$

现在，如果定子磁链幅值的参考信号是固定的或作为所产生转矩的函数给出，则转矩极限可作为电流极限的函数获得：

$$T_{eL} = f(i_{sL}) \tag{4.3.5}$$

然后，转矩指令受转矩极限的限制：

$$T_e^* \leqslant T_{eL} \tag{4.3.6}$$

转矩限制器在实践中的实现需要式（4.3.6），它很复杂，不适合实际系统中的在线计算。但是有了 i_{sL}，式（4.3.6）就能离线计算。

4.3.2 电压极限

DTC 中的过电压预防是需要的，这和矢量控制中的一样。这是根据电机磁链指令实现的。静止参考坐标系中永磁同步电机的电压方程表示为

$$\bar{v}_s = R_s \bar{i}_s + \mathrm{p}\,\bar{\lambda}_s \tag{4.3.7}$$

忽略绕组电阻两端的压降，式（4.3.7）意味着定子电压等于定子磁链的导数。这在稳态下表示为

$$v_s = \omega_r \lambda_s \tag{4.3.8}$$

已知电机的电压限制为 v_{sL}，因此磁链指令必须限制为

$$\lambda_{sL} = \frac{v_{sL}}{\omega_r} \tag{4.3.9}$$

可以看出，磁链极限取决于电机转速。然后，磁链指令受磁链极限的限制：

$$\lambda_s^* \leqslant \lambda_{sL} \tag{4.3.10}$$

4.3.3 磁链极限

在永磁同步电机的 DTC 中正确选择定子磁链指令非常重要，因为它直接影

响电机性能。它有助于降低稳态下的定子电流或电机损耗。此外，尤其是在电机起动时需要同时调整定子磁链角度和大小，以获得快速的转矩响应。图4.9显示了具有磁凸极的典型永磁同步电机的电磁转矩与λ_s和δ的关系。可以看出，较小的磁链幅值导致接近线性的转矩曲线，而较大的值导致非线性曲线。这意味着通过较低的磁链幅值实现了关于δ的快速转矩响应。特别是，$\delta=0$附近的转矩曲线斜率对于高磁链幅值变为负值。这意味着在该磁链处δ的增加会降低电机转矩，而不是像4.1.1节中DTC原理所述的那样增加电机转矩。该论点可以概括为在DTC下电机的适当动态取决于磁链大小。另一方面，磁链的值越小，可实现的最大电磁转矩就越小。这是一个缺点，特别是在电机负载很大并且需要更大的电磁转矩才能快速起动的情况下。因此，重要的是计算最大磁链值作为增加转矩的限制，对于低于该限制的磁链值，δ增加。

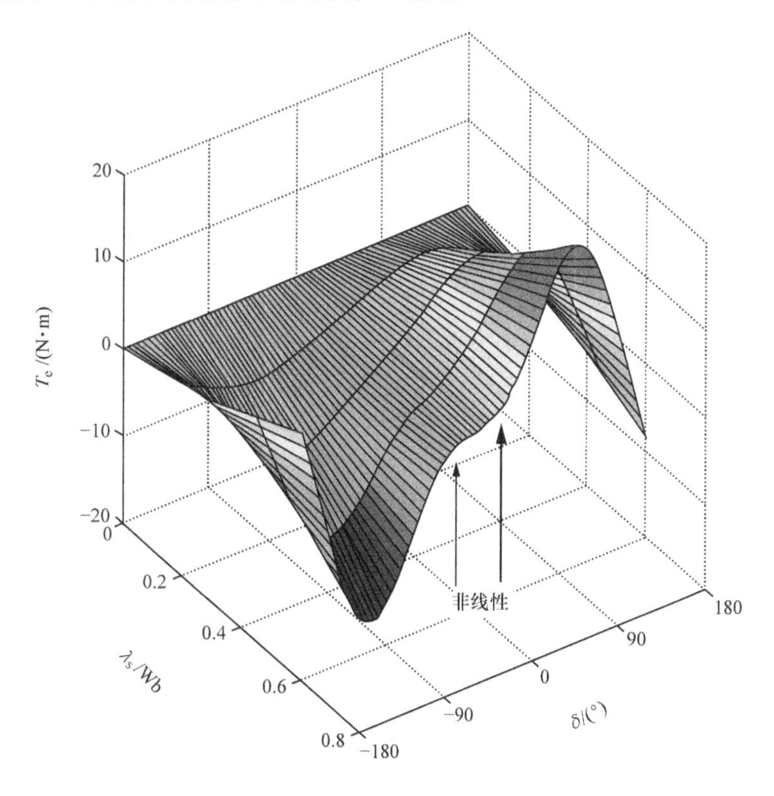

图4.9　电机提供的转矩是定子磁链大小和角度的函数（见文前彩图）

$\delta=0$时，式（4.1.9）为

$$\frac{\mathrm{d}T_e}{\mathrm{d}t}=\frac{3P\lambda_s}{2L_dL_q}[\lambda_mL_q+\lambda_s(L_d-L_q)]\dot{\delta},\quad t=0 \tag{4.3.11}$$

这表明如果括号内的项为正，则转矩导数对于正$\dot{\delta}$为正。这导致了条件

(Zhong 等，1997)

$$\lambda_s < \frac{L_q}{L_q - L_d}\lambda_m = \lambda_{sL} \tag{4.3.12}$$

在决定对 DTC 系统的磁链指令时必须遵守这一点。如果不考虑限制，则违反式（4.1.16）的 DTC 原理。表贴式永磁同步电机的极限趋于无穷大，因为在这些电机中$L_d = L_q = L_s$。

内置式永磁电机中的负载角 δ 也受到最大值的限制，该最大值是通过将式（4.1.8）的转矩方程关于 δ 微分并求解所得方程得到

$$\delta_L = \cos^{-1}\left\{\frac{\lambda_{sL}/\lambda_s - \sqrt{(\lambda_{sL}/\lambda_s)^2 + 8}}{4}\right\} \tag{4.3.13}$$

得到 δ_L后，内置式永磁电机还必须满足以下条件：

$$\delta \leqslant \delta_L \tag{4.3.14}$$

4.4 直接转矩控制中的磁通控制

在介绍矢量控制下不同类型的弱磁方案之前，3.6 节开头介绍了有关永磁同步电机中的弱磁控制的一般讨论。这些讨论同样适用于 DTC 下的永磁同步电机。在这里，弱磁被用作达到高速以及最大转矩电流比（MTPA）、最大转矩电压比（MTPV）、单位功率因数和最小损耗的一种方式。磁通控制在矢量控制中主要通过调整不同参考坐标系中定子电流矢量 d 轴分量的指令信号来进行。但是在 DTC 中没有如 4.2 节中所述的指令电流。好在定子磁链可以作为指令信号直接应用于 DTC 系统。因此，可以根据定子磁链来制定磁通控制方案的条件。针对不同的操作方案，根据电机转矩和转速的磁链公式将在本节中进行介绍。

4.4.1 最大转矩电流比控制

永磁同步电机 DTC 中的 MTPA 控制是通过调整定子磁链的幅值λ_s来实现的，以最小化每个转矩参考的定子电流幅值 i_s。因此，必须获得产生转矩 T_e的函数所需的λ_s。获得这样一个函数的方法是从矢量控制中的 MTPA 条件开始，由式（3.6.5）可知

$$i_d = \frac{\lambda_m}{2(L_q - L_d)} - \sqrt{\frac{\lambda_m^2}{4(L_q - L_d)^2} + i_q^2} \tag{4.4.1}$$

以下磁链和转矩方程也适用于 d－q 参考坐标系中的永磁同步电机：

$$\lambda_d = L_d i_d + \lambda_m \tag{4.4.2}$$

$$\lambda_q = L_q i_q \tag{4.4.3}$$

$$T_e = \frac{3}{2}P[\lambda_m + (L_d - L_q)i_d]i_q \tag{4.4.4}$$

当将式（4.4.2）~式（4.4.4）代入式（4.4.1）时，得到以下两个磁链分量方程（Hoang 等，2012）：

$$(L_q - L_d)^2\lambda_q^4 + \frac{2}{3P}T_e\lambda_m L_q^3\lambda_q - \left(\frac{2}{3P}T_e\right)^2 L_q^4 = 0 \tag{4.4.5}$$

$$\lambda_d = \frac{L_q}{(L_q - L_d)}\left(\lambda_m - \frac{2}{3}\frac{L_d T_e}{P\lambda_q}\right) \tag{4.4.6}$$

同时也可知

$$\lambda_s = \sqrt{\lambda_d^2 + \lambda_q^2} \tag{4.4.7}$$

使用式（4.4.5）~式（4.4.7），可以计算λ_s作为T_e的函数。然后有了T_e的参考值，可以计算出λ_s的参考值以满足 MTPA 操作。这个过程需要从式（4.4.5)得到λ_q的解。然而，由于式（4.4.5）是变量λ_q的四阶方程，λ_q的解很麻烦。因此提出了两种替代解决方案。第一种是基于牛顿－拉夫森迭代法的近似解，如果式（4.4.5）中的第一项明显小于其他项，那么（Hoang 等，2012）

$$\lambda_q \approx \frac{2L_q T_e}{3P\lambda_m} - \frac{2L_q T_e}{12P\lambda_m + \dfrac{27P^3\lambda_m^5}{4(L_q - L_d)^2 T_e^2}} \tag{4.4.8}$$

当式（4.4.8)、式（4.4.6）和式（4.4.7）储存为电机控制系统的一部分时，可以在线计算T_e的每个指令值的方程，以产生在 DTC 中使用的参考值λ_s。第二种解决方案是离线计算式（4.4.1）~式（4.4.7）并将结果存储在查找表中。然后根据图 4.10 的框图进行 MTPA 控制，其中在所谓的恒定转矩区域中磁链指令是低于基速查找表的输出确定的。

具有$L_d = L_q = L_s$的表贴式永磁同步电机的 MTPA 被简化，其中$i_d = 0$和$i_q = i_s$，如 3.6 节所述。由此可得

$$\lambda_s = \sqrt{\lambda_d^2 + \lambda_q^2} = \sqrt{\lambda_m^2 + L_s^2 i_s^2} \tag{4.4.9}$$

$$T_e = \frac{3}{2}P\lambda_m i_s \Rightarrow i_s = \frac{2}{3P}\cdot\frac{T_e}{\lambda_m} \tag{4.4.10}$$

将式（4.4.10）代入式（4.4.9）得到

$$\lambda_s = \sqrt{\lambda_m^2 + \frac{4L_s^2}{9P^2}\cdot\frac{T_e^2}{\lambda_m^2}} \tag{4.4.11}$$

表贴式永磁同步电机的 MTPA 控制的实施借助图 4.10 中的框图进行，其中式（4.4.11）替换了 MTPA 查找表。

4.4.2 高速弱磁

稳态运行时的电压方程，忽略定子参考坐标系，由下式给出：

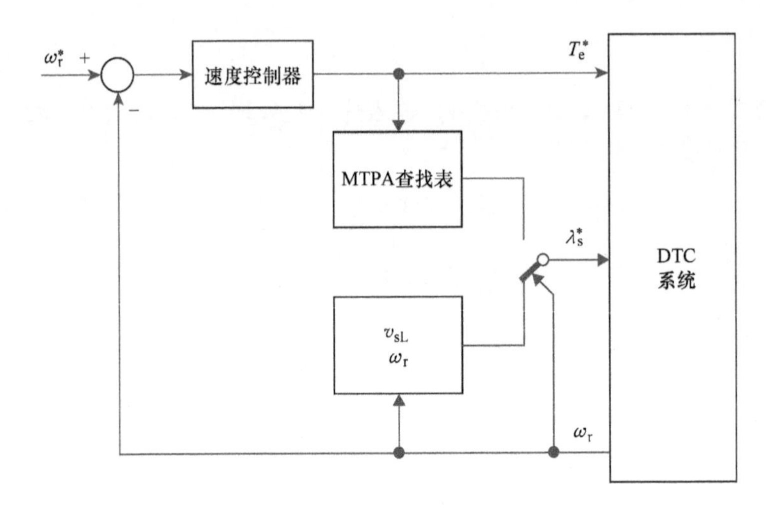

图 4.10　低于基速的 MTPA 控制和高于基速的弱磁控制框图

$$v_s \approx \omega_r \lambda_s \tag{4.4.12}$$

这表明定子磁链的幅值与电机转速成反比。在所谓的弱磁区域中这用于产生高于基速的参考磁链。在该区域中，电压达到电压限值v_{sL}。因此，参考磁链由下式确定（见图 4.10）：

$$\lambda_s = \frac{v_{sL}}{\omega_r} \tag{4.4.13}$$

4.4.3　单位功率因数控制

与 DTC 相关的单位功率因数（PF = 1）控制可以通过根据 T_e调整λ_s来实现。因此λ_s函数需要用T_e表示。这可以通过 3.6 节矢量控制中 PF = 1 的条件获得：

$$\frac{v_q}{v_d} = \frac{i_q}{i_d} \tag{4.4.14}$$

式（4.4.14）中的电压和电流分量可以根据磁链分量λ_d和λ_q从以下方程中找到，忽略定子电阻：

$$v_d = -\omega_r \lambda_q \tag{4.4.15}$$

$$v_q = \omega_r \lambda_d \tag{4.4.16}$$

$$\lambda_d = \lambda_m + L_d i_d \tag{4.4.17}$$

$$\lambda_q = L_q i_q \tag{4.4.18}$$

将式（4.4.15）~式（4.4.18）代入式（4.4.14）得到

$$\frac{\lambda_q^2}{L_q} + \frac{\lambda_d^2}{L_d} - \frac{\lambda_m \lambda_d}{L_d} = 0 \tag{4.4.19}$$

连同方程

$$\lambda_s^2 = \lambda_d^2 + \lambda_q^2 \tag{4.4.20}$$

可以解出λ_d和λ_q表示λ_s的函数。同时

$$i_s = \sqrt{i_d^2 + i_q^2} \tag{4.4.21}$$

将式（4.4.17）和式（4.4.18）中的i_d和i_q代入式（4.4.21）得到

$$i_s = \sqrt{\left(\frac{\lambda_d - \lambda_m}{L_d}\right)^2 + \left(\frac{\lambda_q}{L_q}\right)^2} \tag{4.4.22}$$

现在，将已经获得的用λ_d和λ_q表示λ_s的函数代入式（4.4.22），可以得到用λ_s表示的i_s函数

$$i_s = f(\lambda_s) \tag{4.4.23}$$

另一方面，都知道在单位功率因数下，$\bar{i}_s$垂直于$\bar{\lambda}_s$，如3.7节所示，因此

$$T_e = \frac{3}{2} P \lambda_s i_s \tag{4.4.24}$$

现在，将式（4.4.23）代入式（4.4.24），可以根据产生的转矩给出定子磁链。如果参考转矩T_e^*像DTC中的情况一样是已知的，则参考定子磁链可通过下式获得：

$$\lambda_s^* = f(T_e^*) \tag{4.4.25}$$

可以在软件例程中对式（4.4.24）进行编程作为控制软件的一部分。然后对于每个T_e^*，通过使用式（4.4.24）作为DTC中的磁链指令，在线计算适当的λ_s^*。但是像式（4.4.24）这样的闭式方程很难获得和实现。另一种解决方案是离线进行计算并将结果存储在查找表中作为λ_s^*与转矩参考的范围。这也可以通过图4.10所示来实现。

4.5 替代磁通控制的直接转矩控制

基本DTC使用转矩和定子磁链作为指令信号。然而，可以用另一个相关信号代替定子磁链。

4.5.1 带有i_d控制的直接转矩控制

一种选择是使用定子电流矢量的d轴分量而不是定子磁链幅值。i_d是定子电流矢量的磁通产生的分量这一事实可以证明这种替换是合理的。相应的控制系统框图如图4.11所示（Vas，1998）。

该系统仍可称为DTC，因为转矩是直接控制的，而不是通过电流控制回路。然而在图4.11的控制系统中违反了基本DTC的一个特征，即没有电流变换到旋转参考坐标系。这是因为电机相电流应变换为d－q电流分量以生成i_d来与i_d^*进

行比较。变换已在2.5节中详细说明。然后，滞环电流控制器接收d轴电流误差并生成电流标志d，作为开关表的输入。除了转子位置之外，开关表还接收两个标志即τ和d，来确定电压矢量（Vas，1998）。

在这个DTC系统中，实际转矩是根据i_d和i_q然后通过传统的转矩方程估计的。该系统不需要以要求转子位置和电流变换为代价进行相当困难的定子磁链计算。因此，与基本DTC系统相比，该系统无法识别为无传感器系统。

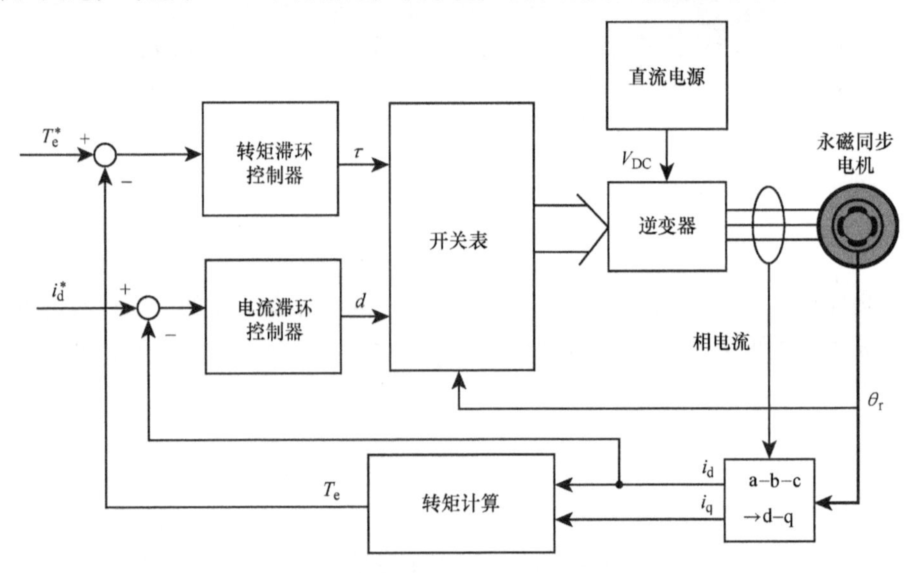

图4.11 i_d控制的永磁同步电机DTC系统

4.5.2 带有无功转矩控制的直接转矩控制

也可以用无功转矩T_Q控制代替$\boldsymbol{\lambda}_s$控制，同时保持电磁转矩T_e控制不变作为基本DTC。无功转矩与电机无功功率有关。反过来，无功功率与电机磁链有关，因此可以代替定子磁链作为参考信号。无功转矩在数学上定义为

$$T_Q=\frac{3}{2}P[\lambda_D i_D+\lambda_Q i_Q] \tag{4.5.1}$$

式（4.5.1）中$\bar{\lambda}_s$和$\bar{i}_s$的D−Q分量通过a−b−c到D−Q电压和电流变换获得，其中相电压和电流分别由电压和电流传感器给出，如图4.12所示。然后将计算出的无功转矩与其参考值进行比较来产生相应的误差。误差被送入滞环控制器，类似于电磁转矩控制器，就像4.2节中基本DTC系统相关的描述。滞环控制器提供一个标志Q，与另一个标志τ一起用作开关表的输入，如图4.12所示。开关表类似于4.2节中介绍的基本DTC（Vas，1998）。该表还接收定子磁链矢量的角度，其计算方法与4.2节中基本DTC系统所述的方法相同。

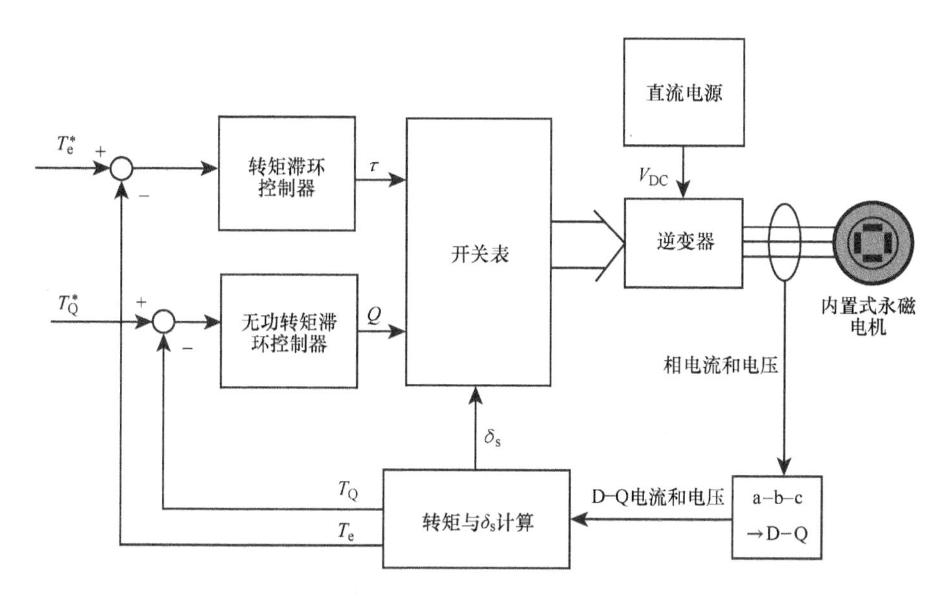

图 4.12　无功转矩控制的永磁同步电机直接转矩控制系统

必须提到的是，与用 i_d控制的 DTC 系统相比，用无功转矩控制的 DTC 系统不需要转子位置信号。因此，前者的控制系统实际上是无传感器系统。

4.6　空间矢量调制直接转矩控制

具有滞环控制器和开关表的传统 DTC 方案尽管具有吸引人的特性，例如提供快速的电机动态、在静止参考坐标系中的实现以及缺少参考坐标系变换、无传感器特性和易于实现，但仍存在一些缺点。基于磁通和转矩控制器的小滞环带，采样周期非常短。比如该周期是矢量控制周期的约 1/10。这是因为需要对受控信号的参考值和实际值进行多次比较，即相应滞环带中的转矩和磁链大小。反过来，这需要非常准确地估计实际信号。滞环控制器还会触发变频逆变器开关，通常具有较高的最大频率。如果滞环带很窄，这个问题就会很严重。在选择更宽的滞环带以缓解较短采样周期和高开关频率问题的情况下，电机转矩、磁链和电流脉动会变高，并限制系统在灵敏应用中的使用。此外，使用开关表会导致电压矢量开关引起的电流和转矩脉动。另外，电机会随着磁链区域的变化而发生电流和转矩畸变。

将滞环控制器替换为 PI 控制器，将开关表替换为电压矢量计算和空间矢量调制，可以避免上述困难。这些可以通过本节中介绍的不同方案来完成。

4.6.1 静止参考坐标系中带有闭环转矩控制的 SVM－DTC

式（4.1.9）表明，转矩偏差取决于δ及其偏差。这种关系使得难以根据转矩偏差计算负载角偏差。但是研究表明通过线性转矩控制器，分别以转矩误差ΔT_e和负载角偏差$\Delta\delta$作为其输入和输出，可以获得线性负载角偏差。这样根据式（4.1.9），无需使用λ_s和δ即可获得负载角偏差。如图4.13所示，这用于SVM－DTC，其中λ_s^*和$\Delta\delta$应用于电压矢量计算模块（Fu和Xu，1997，1999）。如图4.13所示，该模块与SVM模块一起替代了基本DTC的开关表。

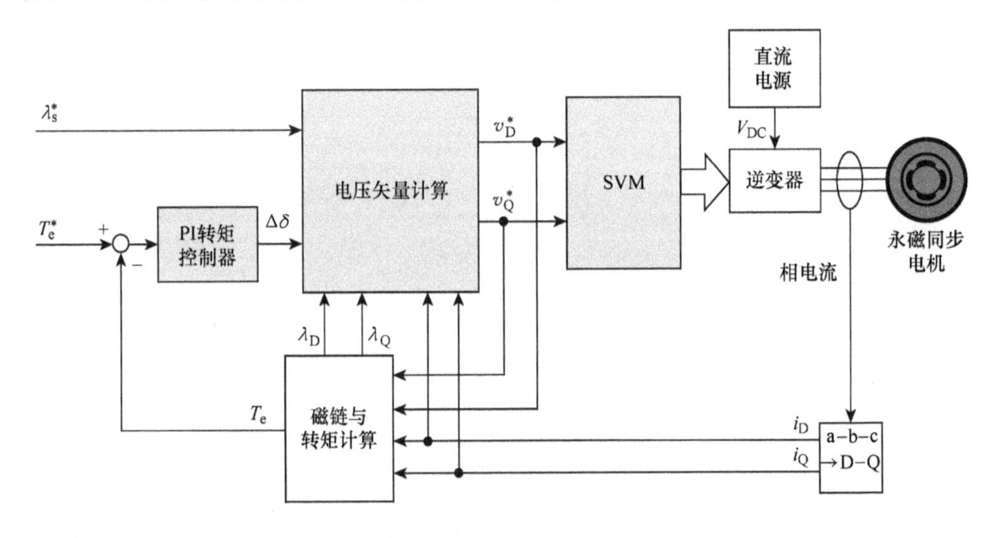

图4.13 闭环转矩控制的SVM－DTC

电压矢量计算模块如图4.14所示。在这个模块中，$\Delta\delta$被视为

$$\Delta\delta = \delta_s^* - \delta_s \tag{4.6.1}$$

式中，δ_s^*和δ_s是静止参考坐标系中参考和实际磁链矢量的角度。式（4.6.1）是通过假设在负载角偏差期间转子位置不变而得出的，如4.1节所述。因此，如图4.8所示，通过λ_Q和λ_D来估计实际磁链角δ_s，参考角δ_s^*可从式（4.6.1）中找到。现在用λ_s^*和δ_s^*计算静止参考坐标系中参考磁链矢量的D轴和Q轴分量为

$$\lambda_D^* = \lambda_s^* \cos\delta_s^* \tag{4.6.2}$$

$$\lambda_Q^* = \lambda_s^* \sin\delta_s^* \tag{4.6.3}$$

将这些磁链分量与其计算值进行比较，以分别提供沿D轴和Q轴的磁链误差$\Delta\lambda_D$和$\Delta\lambda_Q$。最后在采样时间内，用dq参考坐标系中的电压方程来计算电压矢量的D轴和Q轴分量

$$v_D^* = R_s i_D + \frac{\Delta\lambda_D}{T_s} \tag{4.6.4}$$

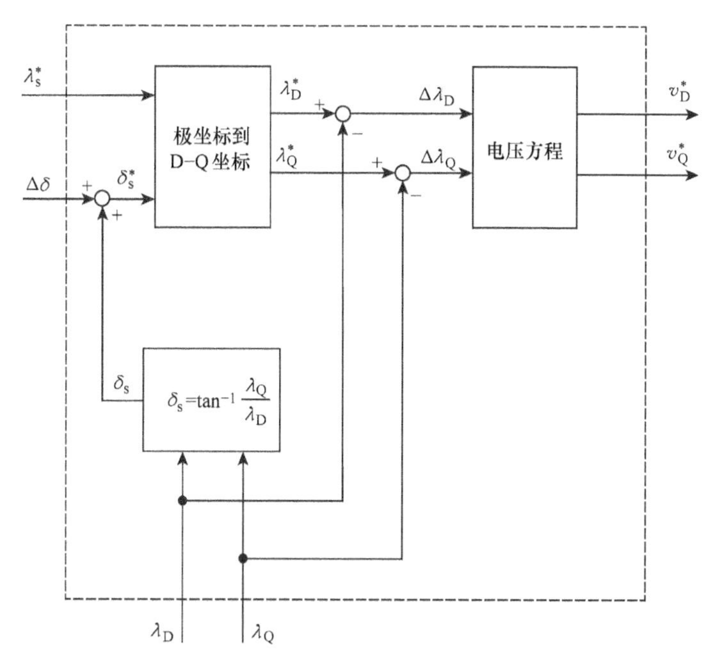

图 4.14　电压矢量计算

$$v_Q^* = R_s i_Q + \frac{\Delta\lambda_Q}{T_s} \tag{4.6.5}$$

式中，T_s是采样时间。

用于转矩控制回路和电压矢量计算的磁链和转矩通过式（4.2.4）~式（4.2.8）获得。这些计算需要 i_D和 i_Q，它们通过从 a – b – c 参考坐标系到 D – Q 参考坐标系的电流参考变换获得，如图 4.13 所示。此外电压矢量计算模块的输出，用作上述等式中所需的 D 轴和 Q 轴电压。

4.6.2　定子磁通参考坐标系中带有闭环转矩和磁通控制的 SVM – DTC

基于 DTC 方法和 SVM 技术提出了一种双回路控制系统。x – y 定子磁链参考坐标系中的永磁同步电机模型可以用于证明和实现该系统。回顾 2.6 节，该模型为

$$v_x = R_s i_x + p\lambda_x \tag{4.6.6}$$

$$v_y = R_s i_y + \omega_s \lambda_x \tag{4.6.7}$$

$$T_e = \frac{3}{2} P \lambda_s i_y \tag{4.6.8}$$

$$\lambda_x = \lambda_s, \lambda_y = 0 \tag{4.6.9}$$

将式（4.6.8）和式（4.6.9）中的 i_y和λ_x代入式（4.6.6）和式（4.6.7）

中可得

$$v_x = R_s i_x + p\lambda_s \tag{4.6.10}$$

$$v_y = \frac{2R_s}{3P} \cdot \frac{T_e}{\lambda_s} + \omega_s \lambda_x \tag{4.6.11}$$

最后两个方程表明电机磁链大小受v_x调节，电机转矩受v_y调节。因此呈现了如图4.15所示的控制系统（Xue等，1990；Foo和Rahman，2010）。转矩和磁链误差发送到PI控制器，以提供沿x轴和y轴的电压分量信号指令v_x^*和v_y^*。根据式（4.6.11），前馈电压信号$\omega_s\lambda_s$被添加到转矩控制器的输出中。该信号使用通过$\omega_s = p\delta_s$获得的磁链矢量速度，其中δ_s由磁通和转矩计算块计算。电压指令被转移到v_D^*和v_Q^*中。电压分量通过SVM技术向逆变器提供开关信号。磁链大小、角度和转矩的计算方法与图4.13和图4.14相同。

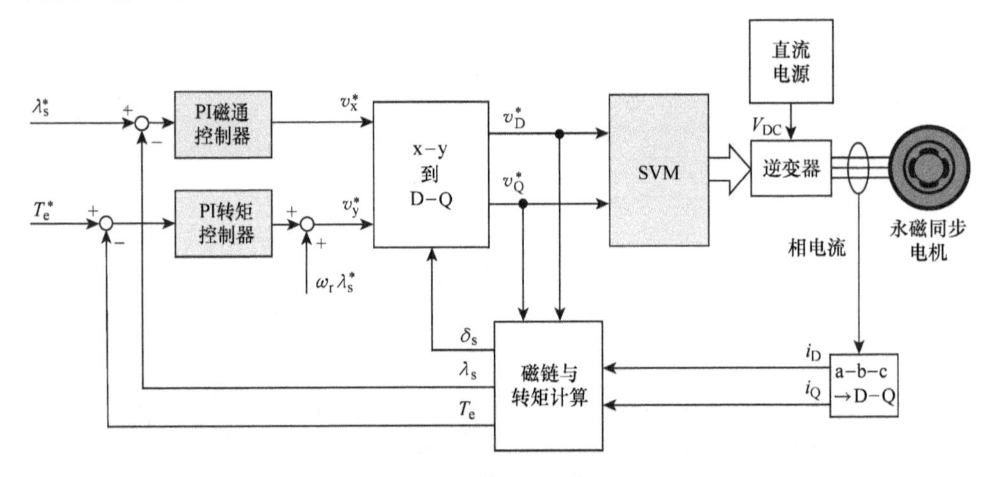

图4.15 闭环转矩和磁链控制的SVM－DTC

控制系统虽然不使用滞环控制器和开关表，但可以通过直接控制转矩和磁链而不是通过电流控制回路来保持DTC的本质不变。由于PI控制器和SVM技术，与传统DTC下的性能相比，控制系统下的电机性能有更小的电流和转矩纹波。当磁链指令固定时，系统受益于在稳态和近似瞬态中的恒定磁链幅值下式（4.6.10）中的$p\lambda_s = 0$。这有助于获得更平稳的电机性能。

4.6.3 最佳SVM－DTC

在本节中，详细阐述了使用SVM作为电压调制手段的DTC系统。要实现比在传统DTC下获得的转矩响应更快的转矩响应，要对SVM的电压指令进行计算。

4.6.3.1 转矩随磁链变化

定子磁链矢量的大小和角度与电磁转矩之间的关系已经在4.3.3节中讨论过。已经表明，为了实现快速转矩响应，需要正确选择磁通指令。此处将进一步讨论这一点，以便为DTC中的最优电压选择提供基础。图4.16显示了典型永磁同步电机的电磁转矩相对于不同磁链大小值的转矩角（Ghassemi和Vaez－Zadeh，2005）。可以看出，磁链幅值的小值会导致相对于δ的线性转矩变化，如前所述。然而，磁链的值越小，可实现的最大电磁转矩就越小。这是一个缺点，特别是在电机负载很重并且需要更大的电磁转矩才能快速起动的情况下。因此，重要的是在转矩转换期间适当地改变定子磁通以克服上述缺点。因此，为了在每个采样周期中获得最大转矩增长，找到用于改变定子磁链大小和角度的最优电压矢量的有效策略是合乎需要的。

电机转矩对磁链大小和角度的依赖性，如式（4.1.8）所示，表明更大的磁链指令会导致更大的转矩。然而，随着磁通指令的增加，转矩响应可能变得非线性，这是不希望的。因此，任何能够提供高转矩值和线性响应的控制方法都是可取的。这个目标可以在DTC中转化为找到能够尽快增加转矩动态的电压矢量。

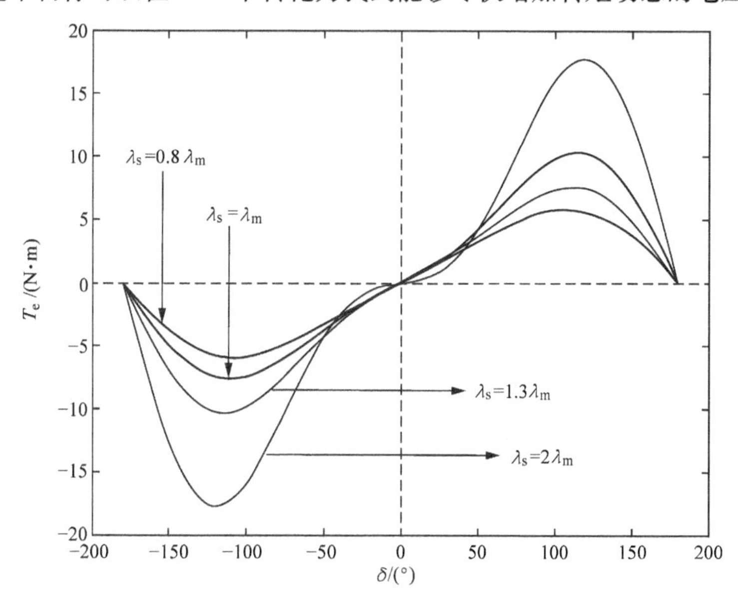

图4.16 对于不同定子磁链幅值，永磁同步电机产生的转矩是负载角的函数

4.6.3.2 最佳电压选择

最优DTC可以找到电压矢量来改变磁链角度和幅值，从而实现快速的转矩响应（Ghassemi和Vaez－Zadeh，2005）。为使每次采样时间内转矩变化最大，推导出最优电压矢量的公式。

永磁同步电机的转矩为

$$T_e = \frac{3}{2}Pi_q[\lambda_m + (L_d - L_q)i_d] \tag{4.6.12}$$

根据 i_d和 i_q，它可以微分为

$$dT_e = \frac{3}{2}P\{(L_d - L_q)i_q di_d + [\lambda_m + (L_d - L_q)i_d]di_q\} \tag{4.6.13}$$

在每个逆变器开关周期 T_s期间，式（4.6.13）的转矩差可以近似为

$$\Delta T_e = A\Delta i_d + B\Delta i_q \tag{4.6.14}$$

式中

$$A = \frac{3}{2}P(L_d - L_q)i_q \tag{4.6.15}$$

$$B = \frac{3}{2}P[\lambda_m + (L_d - L_q)i_d] \tag{4.6.16}$$

通过忽略定子电阻两端的压降，从转子参考坐标系中的电机电压方程很容易获得沿 d 轴和 q 轴的以下方程：

$$\Delta i_d = \frac{v_d + e_d}{L_d}T_s,\ e_d = \omega_e\lambda_q \tag{4.6.17}$$

$$\Delta i_q = \frac{v_q - e_q}{L_q}T_s,\ e_q = \omega_e\lambda_d \tag{4.6.18}$$

将式（4.6.17）和式（4.6.18）代入式（4.6.14）得到

$$\Delta T_e = f(v_d, v_q) = av_d + bv_q + c \tag{4.6.19}$$

式中

$$a = \frac{AT_s}{L_d}, b = \frac{BT_s}{L_q},\ c = \left(\frac{Ae_d}{L_d} - \frac{Be_q}{L_q}\right)T_s \tag{4.6.20}$$

非常快的转矩响应要求 ΔT_e在每个开关周期都具有最大值。这可以通过在每个周期向电机施加最优电压矢量来实现。该电压是根据其 d 和 q 分量得到的，其中

$$v_q = \sqrt{\left(\frac{2}{3}V_{DC}\right)^2 - v_d^2} \tag{4.6.21}$$

将式（4.6.21）代入式（4.6.19），转矩变化仅作为v_d的函数给出，即 $f(v_d)$。然后获得最优电压作为以下方程的解：

$$\frac{\partial f(v_d)}{\partial v_d} = 0 \tag{4.6.22}$$

与式（4.6.21）有关的最后一个方程得出

$$v_d^* = \frac{2aV_{DC}}{3\sqrt{a^2 + b^2}} \tag{4.6.23}$$

$$v_q^* = \frac{2bV_{DC}}{3\sqrt{a^2+b^2}} \tag{4.6.24}$$

这代表最优电压矢量 $\bar{v}_s^*$ 的 d 和 q 分量，这是为了在每个开关周期 T_s内使转矩变化最大化而导出的。空间矢量调制（SVM）可用于将计算出的最优电压应用于永磁同步电机。

4.6.3.3　使用 SVM 向电机施加最优电压

先前在转子参考坐标系中获得了最优电压矢量。但是，DTC 基本上是在静止参考坐标系中执行的。因此，需要从转子参考坐标系变换到静止参考坐标系。这是在对转子角度的最低要求下完成的。然后使用 SVM 将最优电压矢量应用于电机。

通过使用式（4.6.23）和式（4.6.24）以及初始的转子位置θ_r，可以找到如第 2 章所示两相静止参考坐标系中的最优电压矢量分量

$$\begin{bmatrix} v_D^* \\ v_Q^* \end{bmatrix} = \begin{bmatrix} \cos\theta_r & -\sin\theta_r \\ \sin\theta_r & \cos\theta_r \end{bmatrix} \begin{bmatrix} v_d^* \\ v_q^* \end{bmatrix} \tag{4.6.25}$$

对于中小型电机，在通常不到 10ms 的转矩产生期间，转子位置θ_r变化不大，可以假设为恒定。因此需要知道初始转子位置，不需要连续的转子位置。最优电压矢量是通过 SVM 方法实现的，它产生了一个两电平逆变器的最小谐波失真。在这种方法中，叠加被用作

$$\bar{v}_s^* T_s = \bar{v}_k t_a + \bar{v}_{k+1} t_b \tag{4.6.26}$$

式中，$\bar{v}_k$ 和 $\bar{v}_{k+1}$是与 $\bar{v}_s^*$ 相邻的两个电压矢量，并且相位相差 60°。通过求解式（4.6.26）获得施加这些电压矢量的持续时间 t_a 和 t_b。结果由下式给出：

$$t_a = \frac{3T_s}{2V_{DC}}\left[v_D^* - \frac{v_Q^*}{\sqrt{3}}\right] \tag{4.6.27}$$

$$t_b = \left[\frac{\sqrt{3}T_s}{V_{DC}}\right] v_Q^* \tag{4.6.28}$$

由于t_a和t_b计算的值之和应等于逆变器开关周期 T_s，因此它们应归一化为

$$t_{an} = \frac{t_a T_s}{t_a + t_b} \tag{4.6.29}$$

$$t_{bn} = T_s - t_{an} \tag{4.6.30}$$

4.6.3.4　系统框图

最优 SVM - DTC 系统框图如图 4.17 所示（Ghassemi 和 Vaez - Zadeh，2005）。基于所推导的最优电压矢量方程［式（4.6.23）和式（4.6.24）］，系统采用了新的计算最优电压模块和软件模式选择开关，取代了传统 DTC 中使用的恒磁链指令。最优 DTC 有两种工作模式。在起动过程中，转矩指令有阶跃变化，

开关为“1”，每个开关周期的最优电压通过式（4.6.23）和式（4.6.24）计算，并通过逆变器应用于电机。然而，当电机转矩达到其设定点值即在滞环带之间时，开关变为“0”，滞环带控制器用于维持磁链和转矩控制，就像在传统的DTC系统中一样。

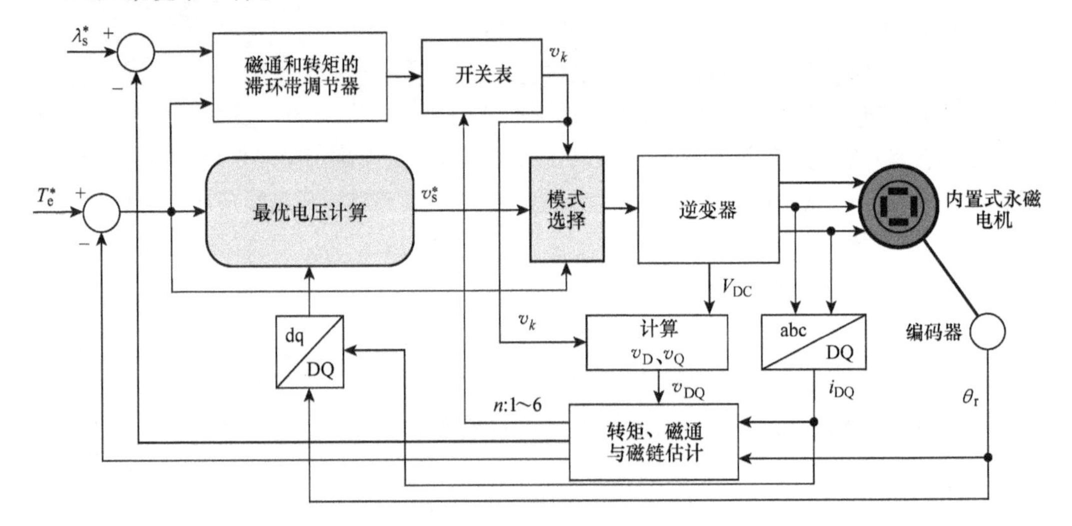

图4.17　最优SVM－DTC系统框图

4.6.3.5　性能评估

将最优SVM－DTC策略下的电机性能与具有恒定磁链指令的常规DTC下获得的电机性能进行比较。在这两种情况下，都测试了具备表3.1中数据的永磁同步电机。电机应该从静止状态起动，设定点等于200%额定转矩（3.96N·m）。用于该电机的传统DTC的最小磁链指令为1.3 λ_m，如图4.18所示（Ghassemi和Vaez－Zadeh，2005）。选择小于1.3 λ_m的磁链指令会导致系统不稳定，因为最大可实现的电机转矩小于转矩指令。

从图4.18中可以看出，最优SVM－DTC实现了更快的转矩响应。如图4.19a所示，常规DTC倾向于在起动期间增加定子磁链及其角度。然而，最优DTC往往主要增加磁链角度，而不是其大小，这可以在图4.19b的磁链轨迹中看到。如图4.20所示，在传统的DTC下，电机产生正 i_d。由于在内置式永磁同步电机中，d轴电感L_d小于q轴电感L_q，因此正 i_d会产生负磁阻转矩。相比之下，电机在最优SVM－DTC下吸收负 i_d，如图4.20所示，产生正磁阻转矩，从而有更快的转矩响应。

图4.21显示了转子位置和速度。可以看出，在差不多为3ms的转矩变化期间内，转子位置的变化小于0.5°。这支持了前面提到的假设，即转子位置在转矩产生期间几乎是恒定的，因此初始位置足以进行参考坐标系变换。

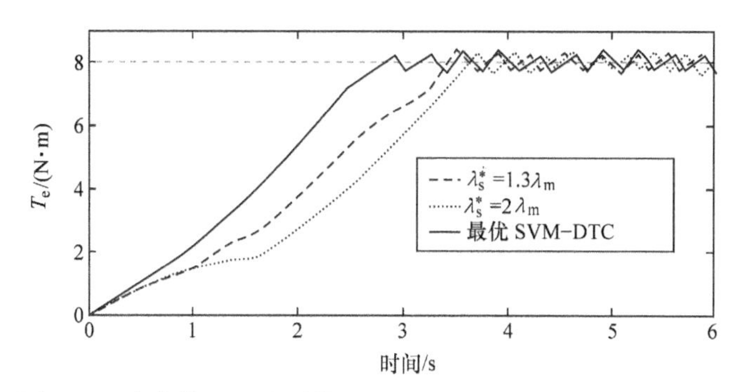

图4.18　在传统 DTC 和最优 SVM - DTC 下电机起动期间的电机转矩（Ghassemi 和 Vaez - Zadeh，2005）

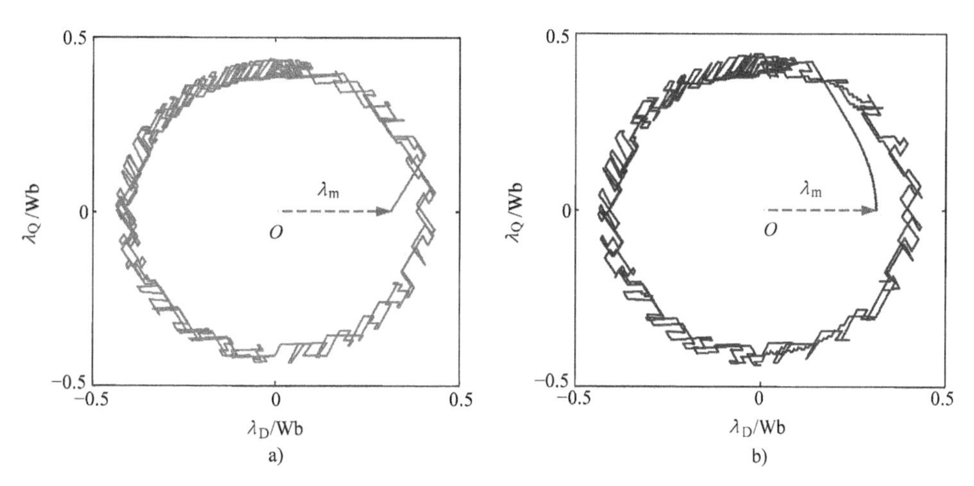

图4.19　磁链矢量的轨迹：a）在 $\lambda_s^*=1.3\lambda_m$ 的传统 DTC 下；b）在最优 SVM - DTC 下（Ghassemi 和 Vaez - Zadeh，2005）

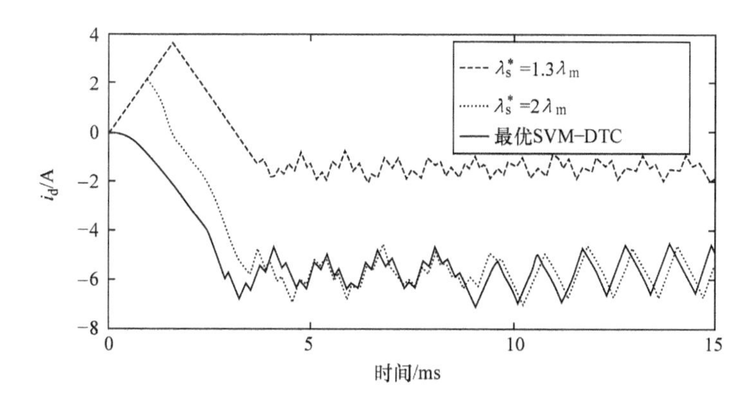

图4.20　传统 DTC 和最优 SVM - DTC 下电机起动时的定子 d 轴电流（Ghassemi 和 Vaez - Zadeh，2005）

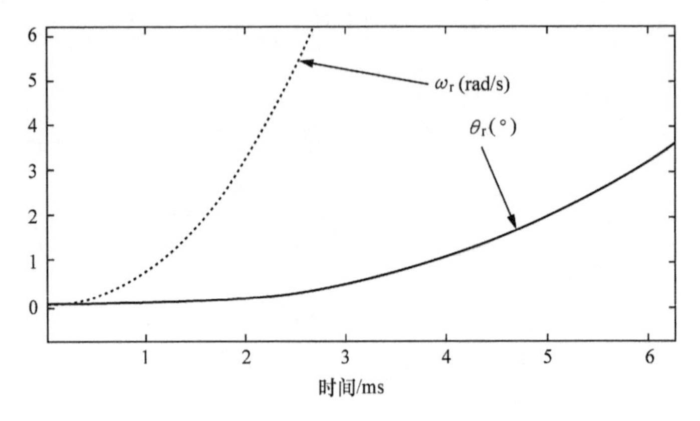

图4.21 最优 SVM - DTC 下的转子角和电速度（Ghassemi 和 Vaez - Zadeh，2005）

4.7 损耗最小化直接转矩控制

关于损耗最小化控制（Loss Minimization Control，LMC）已在3.9节中介绍，其中提到存在两种类型的LMC用于提供电机的损耗最小化，即离线和在线。可以考虑将模型搜索LMC作为第三种LMC方法。在离线LMC中，根据电机参数和运行条件，首先离线计算损耗函数。然后函数的最小化将产生最优控制信号。该信号作为指令应用于电机。这种类型的LMC取决于参数。在在线LMC中，遵循搜索程序，其中控制变量连续或逐步变化，以便找到电机的最小输入功率。这种策略对电机参数不敏感，它最大限度地减少了电机和逆变器的总损耗。然而它很慢，因为搜索过程是在稳态下进行的。因此，在经历重复瞬态的应用中，它可能不会带来可观的节能效果。在模型搜索LMC中，电机损耗是根据电机模型针对不同控制变量值在线计算的。当找到最小损耗时，控制变量的相应值被用作指令信号并应用于电机控制系统。在本节中，首先介绍离线LMC，然后是与DTC相关的模型搜索LMC。

4.7.1 离线损耗最小化直接转矩控制

在离线损耗最小化DTC中，最优运行条件是根据定子磁链大小找到的（Siahbalaee 和 Vaez - Zadeh，2010）。考虑2.8节中介绍的具有铁损的永磁同步电机的稳态等效电路，电损耗可以表示为

$$P_{\mathrm{L}}=\frac{3}{2}\frac{(\omega_{\mathrm{r}}\lambda_{\mathrm{d}})^2+(\omega_{\mathrm{r}}\lambda_{\mathrm{q}})^2}{R_{\mathrm{c}}}+\frac{3}{2}R_{\mathrm{s}}(i_{\mathrm{d}}^2+i_{\mathrm{q}}^2) \tag{4.7.1}$$

其中，可以从等效电路导出以下电流方程：

$$i_{\mathrm{d}}=i_{\mathrm{dT}}+i_{\mathrm{dc}},i_{\mathrm{q}}=i_{\mathrm{qT}}+i_{\mathrm{qc}} \tag{4.7.2}$$

$$i_{\mathrm{dT}} = -\frac{\omega_{\mathrm{r}}\lambda_{\mathrm{q}}}{R_{\mathrm{c}}}, i_{\mathrm{qT}} = \frac{\omega_{\mathrm{r}}\lambda_{\mathrm{d}}}{R_{\mathrm{c}}} \tag{4.7.3}$$

$$i_{\mathrm{dT}} = \frac{\lambda_{\mathrm{d}} - \lambda_{\mathrm{m}}}{L_{\mathrm{d}}}, i_{\mathrm{qT}} = \frac{\lambda_{\mathrm{q}}}{L_{\mathrm{q}}} \tag{4.7.4}$$

将式（4.7.3）和式（4.7.4）代入式（4.7.2）得到 i_{d} 和 i_{q}；然后由式（4.7.1）得到基于λ_{d}和λ_{q}的损耗函数为

$$P_{\mathrm{L}} = a\lambda_{\mathrm{d}}^{2} + b\lambda_{\mathrm{q}}^{2} + c\lambda_{\mathrm{d}}\lambda_{\mathrm{q}} + d\lambda_{\mathrm{d}} + e\lambda_{\mathrm{q}} + f \tag{4.7.5}$$

式中，系数 $a \sim f$ 在表 4.2 中给出。此外，当将式（4.7.4）代入转矩方程式（2.8.12）时，磁链的 q 轴分量计算为

$$\lambda_{\mathrm{q}} = \frac{2}{3P} \cdot \frac{L_{\mathrm{d}}L_{\mathrm{q}}T_{\mathrm{e}}}{L_{\mathrm{q}}\lambda_{\mathrm{m}} + (L_{\mathrm{d}} - L_{\mathrm{q}})\lambda_{\mathrm{d}}} \tag{4.7.6}$$

将上述磁链分量代入式（4.7.5）的电损耗，得出电损耗仅为λ_{d}的函数。然后达到损耗最小化的条件为

$$\frac{\partial P_{\mathrm{L}}}{\partial \lambda_{\mathrm{d}}} = 0 \tag{4.7.7}$$

从最后两个方程，可以得到损耗最小化条件为

$$k_4\lambda^4 + k_3\lambda_{\mathrm{d}}^3 + k_2\lambda_{\mathrm{d}}^2 + k_1\lambda_{\mathrm{d}} + k_0 = 0 \tag{4.7.8}$$

式中，系数$k_0 \sim k_4$在表 4.2 中给出（Siahbalaee 等，2009a）。

表 4.2　损耗函数参数和损耗最小化条件（Siahbalaee 等，2009a）

$a = \frac{R_{\mathrm{s}}}{L_{\mathrm{d}}^2} + \frac{\omega_{\mathrm{r}}^2}{R_{\mathrm{c}}} + \frac{R_{\mathrm{s}}\omega_{\mathrm{r}}^2}{R_{\mathrm{c}}^2}$	$d = -\frac{2R_{\mathrm{s}}\lambda_{\mathrm{m}}}{L_{\mathrm{d}}^2}$	$k = 2T_{\mathrm{e}}L_{\mathrm{d}}L_{\mathrm{q}}$	$K_0 = ckz^2 + dz^3 - uz - uekz$	$K_3 = 6au^2z + du^3$
$b = \frac{R_{\mathrm{s}}}{L_{\mathrm{q}}^2} + \frac{\omega_{\mathrm{r}}^2}{R_{\mathrm{c}}} + \frac{R_{\mathrm{s}}\omega_{\mathrm{r}}^2}{R_{\mathrm{c}}^2}$	$e = \frac{2R_{\mathrm{s}}\lambda_{\mathrm{m}}\omega_{\mathrm{r}}}{L_{\mathrm{d}}R_{\mathrm{c}}}$	$u = 3P\ (L_{\mathrm{d}} - L_{\mathrm{q}})$	$K_1 = 2az^3 + 2ckuz + 3duz^2 - u^2 - u^2ek$	$K_4 = 2au^3$
$c = -\frac{2R_{\mathrm{s}}\omega_{\mathrm{r}}}{L_{\mathrm{d}}R_{\mathrm{c}}} + \frac{2R_{\mathrm{s}}\omega_{\mathrm{r}}}{L_{\mathrm{q}}R_{\mathrm{c}}}$	$f = \frac{R_{\mathrm{s}}\lambda_{\mathrm{m}}^2}{L_{\mathrm{d}}^2}$	$z = 3PL_{\mathrm{q}}\lambda_{\mathrm{m}}$	$K_2 = 6az^2u + cku^2 + 3du^2$	

损耗最小化λ_{d}是式（4.7.8）的解。将此解代入式（4.7.6）得到相应的λ_{q}。最后，将损耗最小化磁链分量代入方程，得到损耗最小化磁链

$$\lambda_{\mathrm{s}} = \sqrt{\lambda_{\mathrm{d}}^2 + \lambda_{\mathrm{q}}^2} \tag{4.7.9}$$

对于具备表 3.1 规格的永磁同步电机的特定工作点，图 4.22 给出了电损耗及其铜和铁组件的电损耗图。很明显，电损耗具有凸面形状，具有对应于损耗最小化磁链的唯一最小值（Siahbalaee 等，2009a）。

有了每个工作点的转矩指令和电机转速，按照上述程序，可以得到每个工作点的损耗最小化磁链。然而，在线求解式（4.7.8）很耗时。因此计算是离线进行的，以转矩指令和转速作为输入，磁链作为输出结果并存储为查找表。这种查找表如图 4.23 所示。然后将磁链用作任何 DTC 系统中的磁链指令。转速可以被

估计而不是被测量。这几乎不需要计算，因为稳态时的电机转速与定子磁链矢量的旋转速度相同。后者的速度可以从磁链角计算出来，而磁链角又是 DTC 系统的重要组成部分。

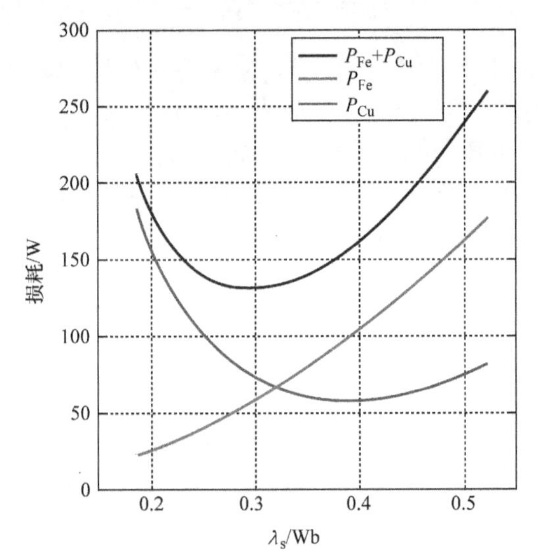

图 4.22　电、铜和铁损与定子磁链的关系（Siahbalaee 等，2009a）（见文前彩图）

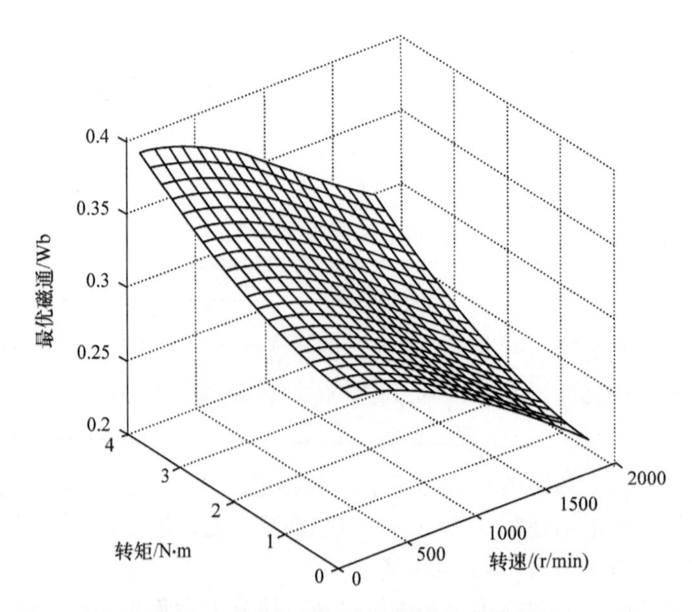

图 4.23　最优损耗最小化磁链与转矩和转速的关系（Siahbalaee 等，2009a）

离线 LMC 应用于使用 SVM 的 DTC 永磁同步电机（Siahbalaee 等，2009a）。尽管 DTC 铁心的参数独立，但需要如表 3.1 所示的电机参数来获得查找表的定子磁链。下面研究永磁同步电机的动态和稳态性能。采用 2kHz 逆变器开关频率。

电机在 3.96N·m 的额定负载下起动，并在大约 0.5s 内达到 1800r/min 的稳态转速，如图 4.24 所示（Siahbalaee 等，2009a）。起动 0.6s 后，负载降低至 2N·m并保持在该负载，直到起动 1s 后重新施加额定负载。产生的转矩如图 4.25所示。稳态和额定负载下的转矩为 4.12N·m。$\lambda_D-\lambda_Q$平面中的定子磁链矢量轨迹和稳态下的相电流分别如图 4.26 和图 4.27 所示（Siahbalaee 等，2009a）。

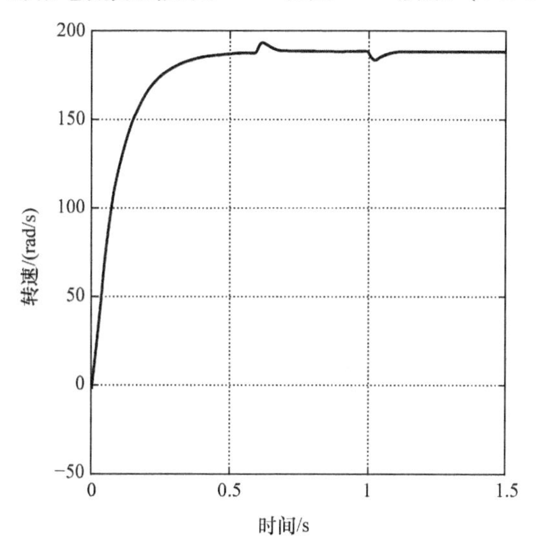

图 4.24　离线损耗最小化 DTC 下的电机转速（Siahbalaee 等，2009a）

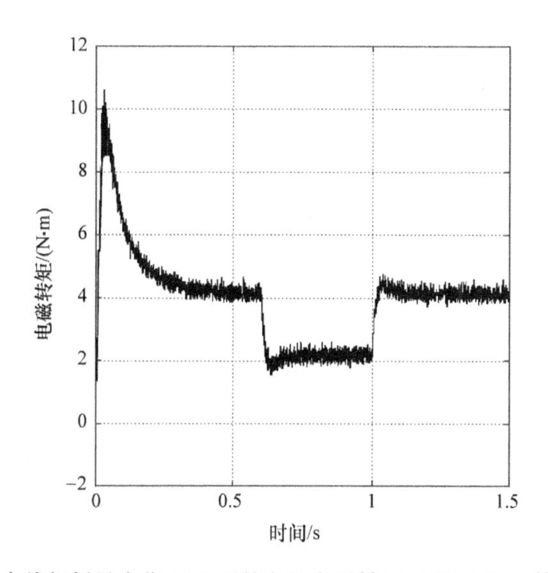

图 4.25　离线损耗最小化 DTC 下的电机电磁转矩（Siahbalaee 等，2009a）

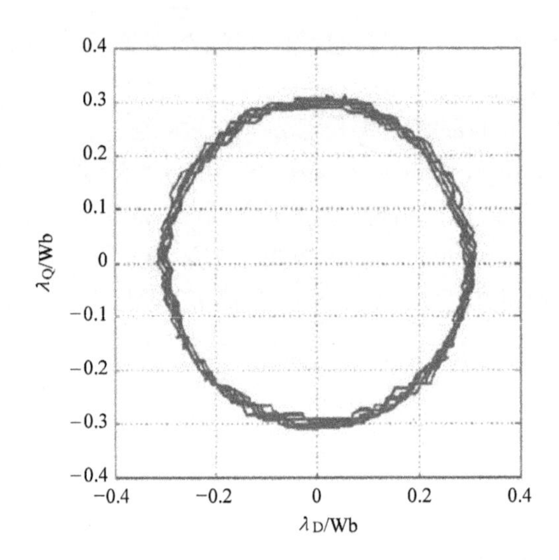

图 4.26 离线损耗最小化 DTC 下稳态定子磁链矢量轨迹（Siahbalaee 等，2009a）

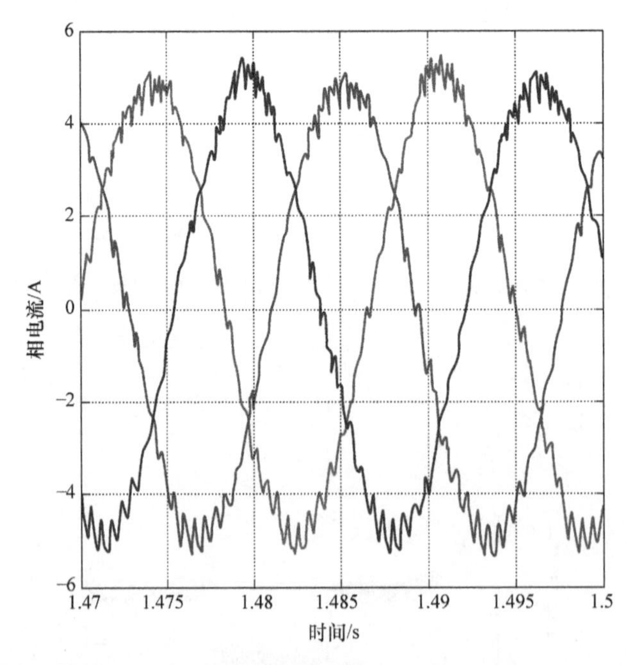

图 4.27 离线损耗最小化 DTC 下的稳态相电流（Siahbalaee 等，2009a）（见文前彩图）

由于 SVM 方案，转矩和磁链具有适度的纹波。此外，相电流是带有一些谐波的正弦曲线。谐波不仅会影响电机的平稳运行，还会导致电机损耗。

LMC 下的电机效率与 $\lambda_d = \lambda_m$（对应于 $i_d = 0$）条件下的电机效率对比如图 4.28所示。LMC 下的效率提升在该图中显示得很明显。

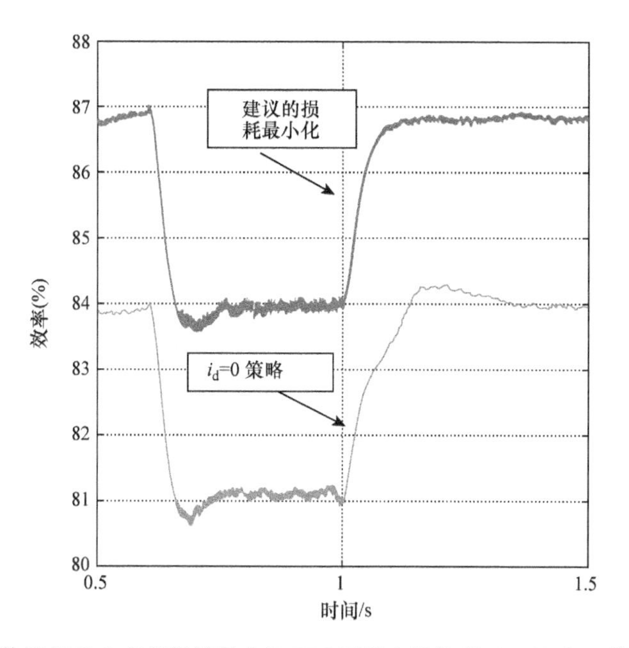

图4.28　传统 DTC 和离线损耗最小化 DTC 下的电机效率（Siahbalaee 等，2009a）

4.7.2　直接转矩控制下模型搜索损耗最小化控制

模型搜索损耗最小化控制可以集成到任何电机控制方法中，包括 DTC。这里介绍永磁同步电机的损耗最小化 DTC 方法，其中通过使用电机损耗模型预测定子磁链变化对电损耗的影响。随后，为了减少电损耗，定子磁链将被选定的电压矢量强制改变。电损耗是作为定子磁通幅值、负载角和电机工作点的函数得到的。下面结合不同于前面介绍的那些 DTC 来介绍电损耗最小化的搜索方法（Siahbalaee 等，2009b）。最后，评估损耗最小化 DTC 下典型永磁同步电机的性能。

4.7.2.1　损耗计算

DTC 方法的性质决定了定子磁链大小是处理电损耗的唯一控制变量。因此，电损耗函数直接作为定子磁链的函数导出。式（4.7.1）中的电损耗写为

$$P_{\mathrm{L}} = \frac{3}{2}\frac{(\omega_{\mathrm{r}}\lambda_{\mathrm{s}})^2}{R_{\mathrm{c}}} + \frac{3}{2}R_{\mathrm{s}}(i_{\mathrm{d}}^2 + i_{\mathrm{q}}^2) \tag{4.7.10}$$

使用式（4.7.2）~式（4.7.4）以及

$$\begin{aligned}\lambda_{\mathrm{d}} &= \lambda_{\mathrm{s}}\cos\delta \\ \lambda_{\mathrm{q}} &= \lambda_{\mathrm{s}}\sin\delta\end{aligned} \tag{4.7.11}$$

根据λ_{s}和 δ 给出损耗函数，必须对其进行估计。

由于 DTC 的性质如前所述是离散的，因此在离散域中可以更好地呈现负载角估计。在 DTC 中，在每个采样时间，定子磁链估计如下：

$$\lambda_{\mathrm{D}}(k)=\{v_{\mathrm{D}}(k-1)-R_{\mathrm{s}}i_{\mathrm{D}}(k)\}T_{\mathrm{s}}+\lambda_{\mathrm{D}}(k-1) \tag{4.7.12}$$

$$\lambda_{\mathrm{Q}}(k)=\{v_{\mathrm{Q}}(k-1)-R_{\mathrm{s}}i_{\mathrm{Q}}(k)\}T_{\mathrm{s}}+\lambda_{\mathrm{Q}}(k-1) \tag{4.7.13}$$

$$\lambda_{\mathrm{s}}(k)=\sqrt{\lambda_{\mathrm{D}}^{2}(k)+\lambda_{\mathrm{Q}}^{2}(k)} \tag{4.7.14}$$

此外，负载角可以从式（4.1.9）的离散形式估计为

$$\Delta\delta=\frac{2L_{\mathrm{d}}L_{\mathrm{q}}}{3P\lambda_{\mathrm{s}}}\cdot\frac{T_{\mathrm{e}}(k)-T_{\mathrm{e}}^{*}(k-1)}{G(k-1)} \tag{4.7.15}$$

式中

$$G(k-1)=\lambda_{\mathrm{m}}L_{\mathrm{q}}\cos\delta(k-1)+(L_{\mathrm{d}}-L_{\mathrm{q}})\lambda_{\mathrm{s}}\cos2\delta(k-1) \tag{4.7.16}$$

图4.29显示了负载角估计框图。因此，电损耗计算的框图将类似于图4.30中的框图。

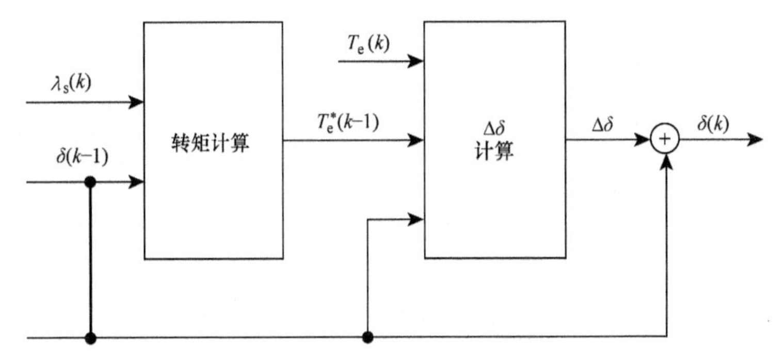

图4.29　搜索损耗最小化DTC中的负载角估计框图

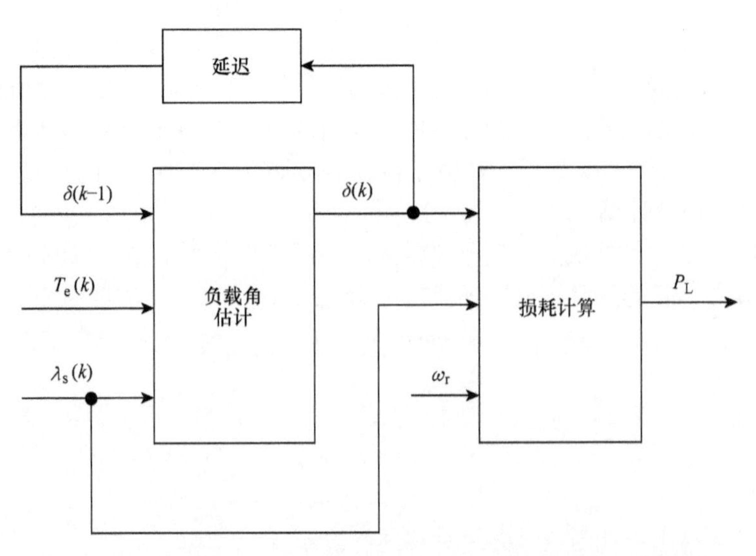

图4.30　搜索损耗最小化DTC中的内置式永磁电机电损耗计算框图

4.7.2.2 损耗最小化策略

损耗最小化策略背后的主要思想是预测每个采样周期定子磁链振幅的微小变化的影响，以在磁链指令的任何变化应用于系统之前降低电损耗。为此，从电机的静态模型预测变化的影响；然后通过适当的电压矢量指令磁链大小以电损耗逐渐减小的方式改变。重复此过程将最大限度地减少电损耗。换句话说，预测相对于磁链大小的损耗梯度，并将改变磁链大小以减少施加到逆变器的电损耗。假设电机的工作点在每个采样周期内都是恒定的。因此，可以从稳态电机模型计算电损耗。因此，在每个采样时间，先前的工作点被新的工作点替换。

该 LMC 方案不同于 3.9 节中介绍的与矢量控制相关的传统在线损耗最小化控制方案，其中电机定子磁链的阶跃变化在稳态下重复应用。然后，测量由定子磁链变化引起的电机输入功率的最终变化，以寻找对应于最小输入功率的最优磁通。然而，在模型搜索损耗最小化控制方案中，在实际调整磁链之前，从电机的静态模型可以预见定子磁链变化对电损耗的影响。另一方面，它不同于离线或基于模型的损耗最小化控制方案，其中磁链的最优值是从 4.7.1 节中介绍的最小损耗函数中获得的。

由于在 DTC 中，磁链和转矩控制是独立执行的，指令转矩和最小损耗可以分别通过转矩控制和磁链控制来实现。为了遵循损耗最小化程序，假设定子磁链矢量位于静止平面的第一个区域，如图 4.5 所示，其中电磁转矩小于参考转矩。DTC 可以将电压矢量 $\bar{v}_2$ 或 $\bar{v}_3$ 之一应用于电机，其中 $\bar{v}_2$ 增大，$\bar{v}_3$ 减小定子磁链幅值。在这种情况下，基本 DTC 选择 $\bar{v}_2$ 以提供更大的磁链矢量旋转，从而增加更大的转矩。然而，损耗最小化策略不一定选择这个电压矢量。通过考虑哪个电压矢量能调整磁链以降低电机损耗来选择两个选项中的期望电压矢量。这在图 4.31中凸显的是损耗函数相对于磁链变化的梯度。如果损耗函数相对于磁链大小变化的梯度为正，则选择v_3；如果为负，则选择v_2。因此，在每个采样周期中，损耗最小化过程如下：

1）根据常规 DTC 原理确定两个可以补偿转矩误差的电压矢量。

2）预测两个电压矢量的电损耗。

3）选择使损耗相对于当前损耗降低的电压矢量，前提是工作点是恒定的。

4）通过逆变器将选定的电压施加到电机上，持续时间为 T_s。

在连续的采样周期中重复上述过程会将磁链调整为最优值，对应于最小损耗，如图 4.31 所示（Siahbalaee 等，2009b）。

4.7.2.3 控制系统

模型搜索损耗最小化 DTC 系统框图如图 4.32 所示。损耗最小化控制是结合不同的 DTC 方案实现的。与传统的 DTC 方法相比，两个比较器取代了磁链和转矩滞环控制器，同时开关频率保持恒定（Tang 等，2004）。

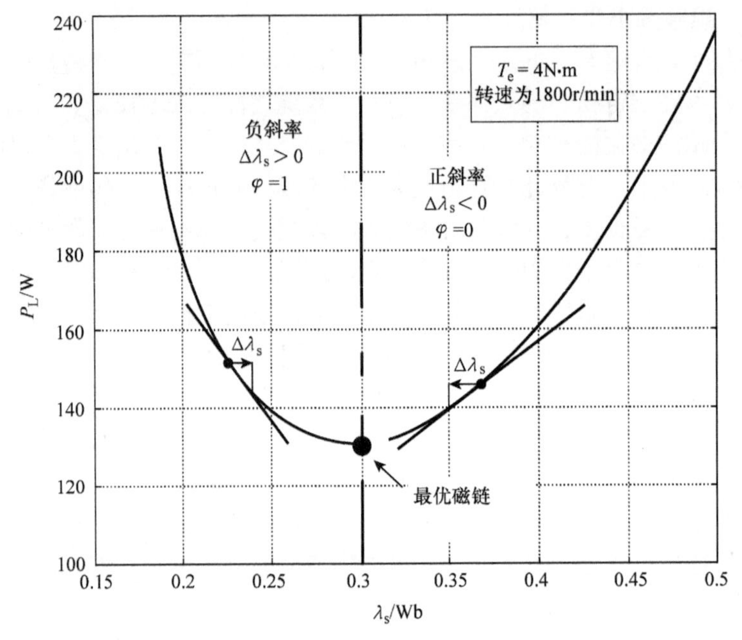

图 4.31　电损耗与磁链振幅（Siahbalaee 等，2009b）

为了实现速度控制，参考电磁转矩通过速度控制器施加到电机上。在估计振幅为$\boldsymbol{\lambda}_s(k)$及其下一个值是$\boldsymbol{\lambda}_s(k)+\Delta\boldsymbol{\lambda}_s$的永磁同步电机中，首先计算每个磁链的电机电损耗。然后标志φ和τ由式(4.7.17)和式(4.7.18)定义，如图 4.32 所示。

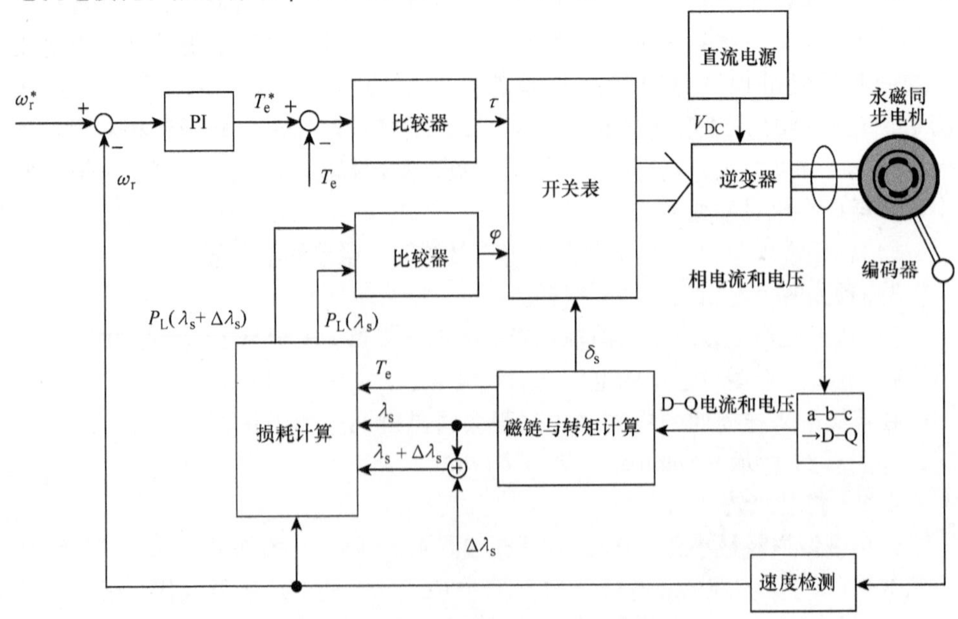

图 4.32　模型搜索损耗最小化 DTC 系统框图

$$\text{如果 } P_L(\lambda_s(k)+\Delta\lambda_s)-P_L(\lambda_s(k))<0\rightarrow\varphi=1\text{（增量磁链）}$$
$$\text{如果 } P_L(\lambda_s(k)+\Delta\lambda_s)-P_L(\lambda_s(k))>0\rightarrow\varphi=0\text{（减量磁链）} \quad (4.7.17)$$
$$\text{如果 } T_e<T_e^*\rightarrow\tau=1\text{（增量转矩）}$$
$$\text{如果 } T_e>T_e^*\rightarrow\tau=0\text{（减量转矩）} \quad (4.7.18)$$

与无法直接计算损耗函数梯度的表贴式永磁同步电机相比，在隐极永磁同步电机中$L_d=L_q=L_s$，损耗函数梯度的计算很简单，由下式给出（Siahbalaee 等，2012）：

$$\frac{\partial P_L}{\partial\lambda_s}=A\lambda_s+\frac{B}{\sqrt{1-\left(\frac{C}{\lambda_s}\right)^2}} \quad (4.7.19)$$

式中，系数 A、B 和 C 取决于电机参数和工作条件。因此，标志 φ 表示如下：

$$\text{如果}\frac{\partial P_L}{\partial\lambda_s}<0\rightarrow\varphi=1\text{（增量磁链）}$$
$$\text{如果}\frac{\partial P_L}{\partial\lambda_s}>0\rightarrow\varphi=0\text{（减量磁链）} \quad (4.7.20)$$

开关表与传统 DTC 方案中使用的相同。

4.7.2.4　采样时间

如前所述，选择比较器而不是磁链和转矩控制器。因此，逆变器开关将具有恒定频率。与传统的 DTC 方案一样，通过减少采样时间，磁通和转矩脉动会减少。但是，数据处理速度应该更快。此外，开关频率越高，逆变器开关的损耗就越大。另一方面，采样时间的任何增加都会导致磁链和转矩的脉动增加。允许的磁链和转矩带分别定义为 $\Delta\lambda$ 和 ΔT。此外，T_{s1} 和 T_{s2}是最大开关时间，因此磁链和转矩都不会超出它们的带宽。它们为

$$T_{s1}=\frac{\Delta\lambda_s^*}{v_s}=\frac{\Delta\lambda_s^*}{\frac{2}{3}V_{DC}} \quad (4.7.21)$$

$$T_{s2}=\frac{\Delta T_e^* T_e}{T_0} \quad (4.7.22)$$

式中，T_0是电机从静止加速到 T_e^* 所需的时间。因此，最小采样时间为

$$T_s=\min(T_{s1},T_{s2}) \quad (4.7.23)$$

4.7.2.5　电机性能

在当前损耗最小化 DTC 下，与$\lambda_d=\lambda_m$的条件（对应于矢量控制中的 $i_d=0$ 控制）相比，检测具备表 3.1 中列出的规格和参数的永磁同步电机的性能。忽略电机参数的变化，并选择 50μs 的采样时间。

可以看出，在 $T_e=3.96\text{N}\cdot\text{m}$ 和 $N=1800\text{r/min}$ 的标称运行条件下，定子磁

链的大小为$\lambda_s=0.468\text{Wb}$。$i_d=0$下电机的电损耗和效率以及损耗最小化控制策略分别如图4.33和图4.34所示。可以看出，使用前面描述的方法，与$\lambda_d=\lambda_m$条件相比，电损耗降低，电机效率提高。图4.35显示了两种情况下的磁链轨迹。

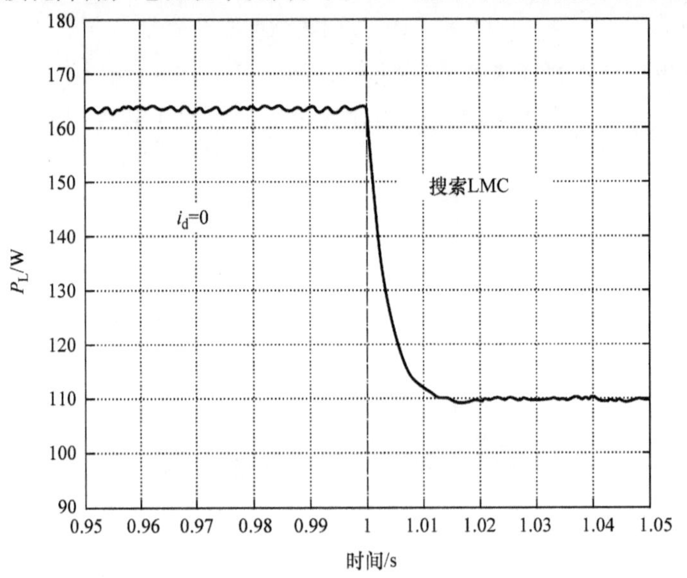

图4.33　$i_d=0$对应的恒磁链控制下和搜索损耗最小化控制下的电损耗比较（Siahbalaee等，2009b）

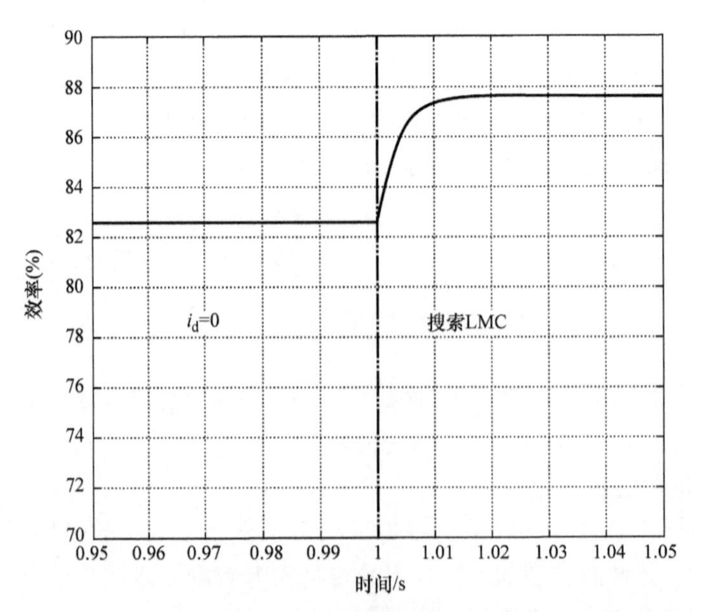

图4.34　$i_d=0$对应的恒磁链和搜索损耗最小化控制下的电机效率比较（Siahbalaee等，2009b）

假设电机以额定转矩（$T_L = 3.96\text{N}\cdot\text{m}$）起动。$t = 1\text{s}$ 后，当达到额定转速（$N = 1800\text{r/min}$）时，电机的负载转矩降低到 $T_L = 1\text{N}\cdot\text{m}$。在额定转矩和转速（$T_L = 3.96\text{N}\cdot\text{m}$ 和 $N = 1800\text{r/min}$）以及稳态下，电磁转矩 $T_e = 4.1108\text{N}\cdot\text{m}$。电机转速、电磁转矩、最小电损耗和电机的最优效率分别如图 4.36 ~ 图 4.39 所示。可以看出，损耗最小化 DTC 方法使损耗最小化过程快速平滑。

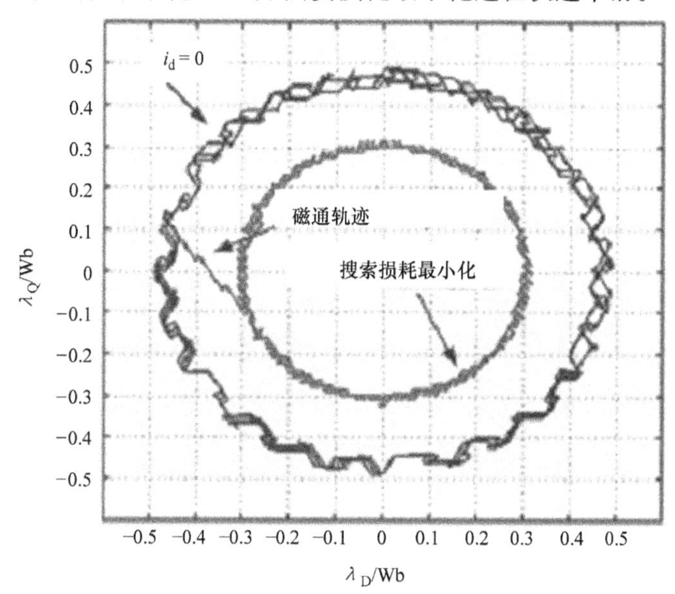

图 4.35　两种控制方法下的定子磁链轨迹（Siahbalaee 等，2009b）

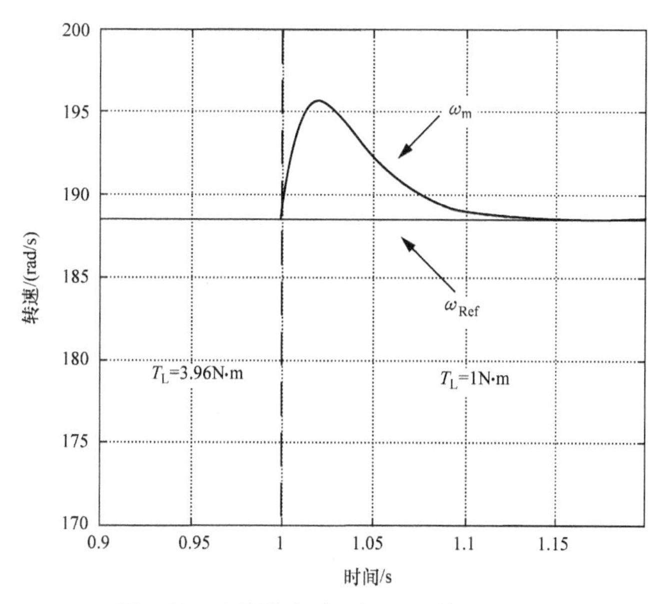

图 4.36　电机转速（Siahbalaee 等，2009b）

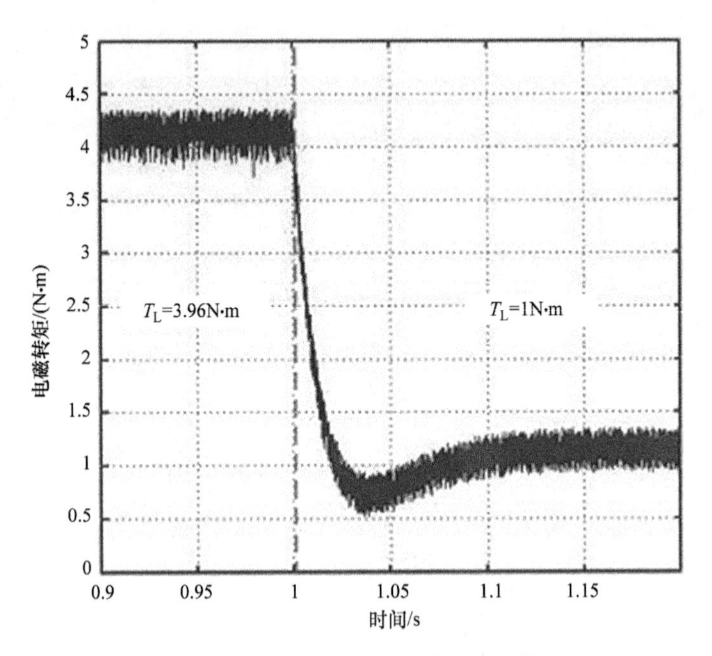

图 4.37 电磁转矩（未滤波）（Siahbalaee 等，2009b）

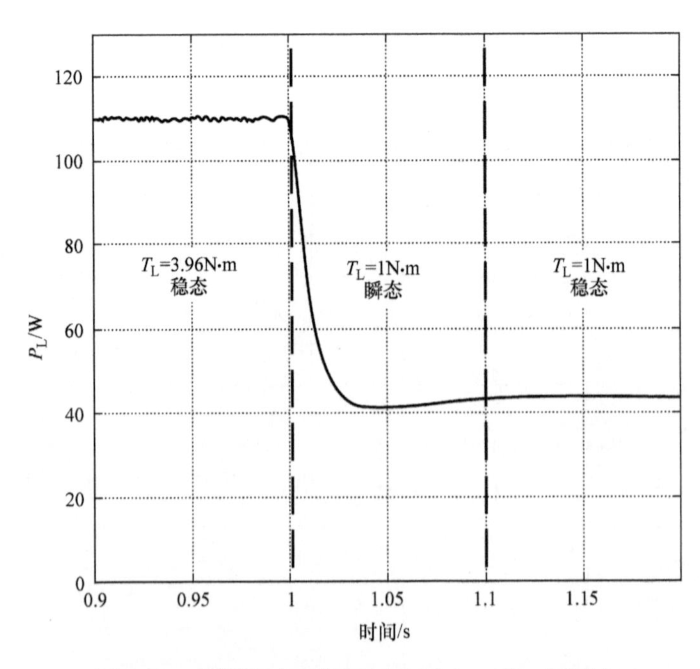

图 4.38 电损耗（已滤波）（Siahbalaee 等，2009b）

图 4.40 显示了在 $t=1$s 时负载转矩变化时定子磁链的轨迹，它在大约 0.15s

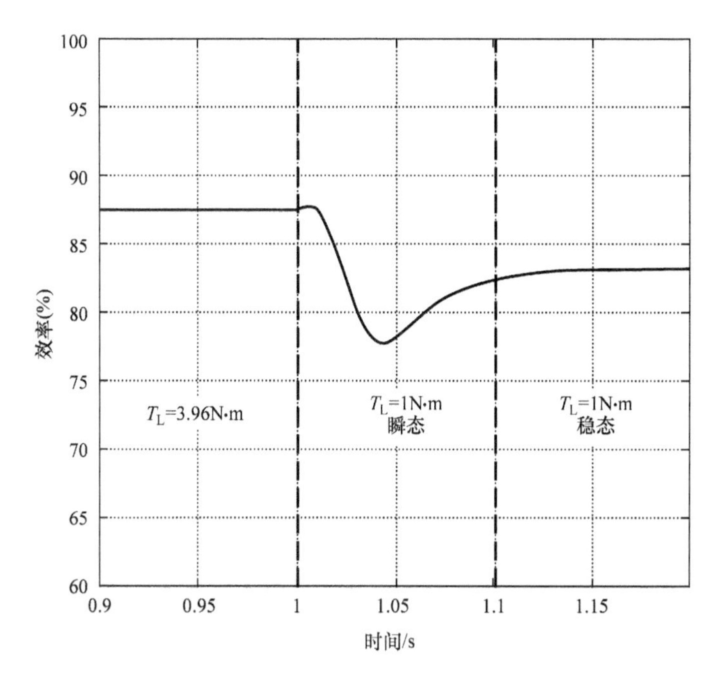

图 4.39　电机最优效率（已滤波）（Siahbalaee 等，2009b）

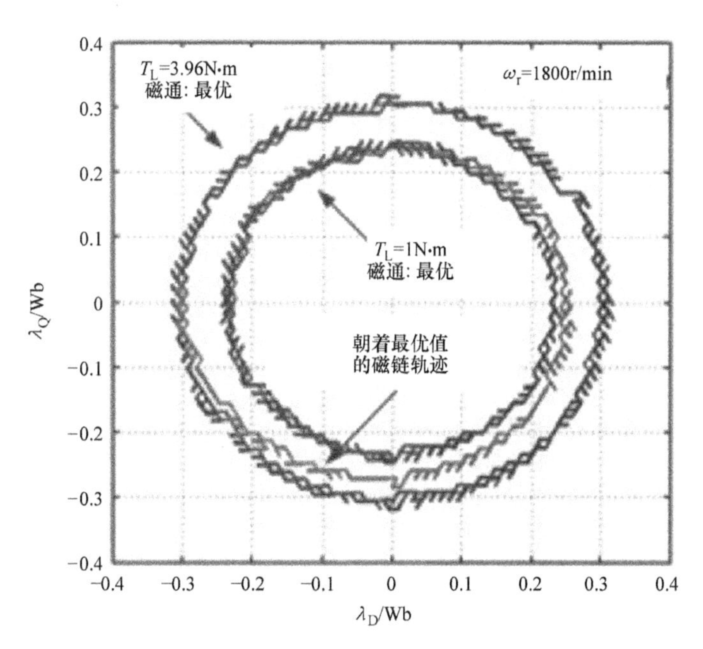

图 4.40　$t=1$s 时负载转矩变化的最优磁通轨迹（Siahbalaee 等，2009b）

内从最优稳态值变为新的最优值。

4.8 直接转矩控制和矢量控制的比较

对基本 DTC 有更深入的了解是有意义的，特别是与矢量控制相比。DTC 在发展控制方法的理论和实践时考虑了电机电源的开关特性。事实上，它将逆变器的基本行为视为控制中不可或缺的一部分。因此，它专注于在每个逆变器开关周期通过确定在该周期开始时施加到电机的特定电压矢量来自愿控制电机，而标量控制和矢量控制都没有这样做。矢量控制更喜欢为电机提供持续的能量供应，并且无论如何都要应对电源的不连续性。另一方面，DTC 采用的是断续供电，并对电机进行相应的控制。这可以通过将式（4.1.4）发展为用于呈现控制基础的方程来观察，其中研究转矩偏差信号而不是转矩信号。这意味着控制的重点是在短时间内调整转矩变化，这在后来被定义为逆变器开关周期。然后该信号与转矩误差联合来确定标志。转矩和磁链标记是使控制系统适应逆变器开关特性的主要手段，因为它们取值为 0 或 1，与逆变器开关状态相同为 0 或 1。矢量控制系统基本上间接做了类似的选择，但不是那么专注于每个开关周期。

DTC 的所有程序都在静止参考坐标系中执行。因此不需要参考重构变换。变换需要精确的转子位置，正如矢量控制中高分辨率光学编码器以及相应的编码器板和接口所提供的那样。参考坐标系变换的实现还需要特殊的软件例程，占用处理器内存，消耗处理时间。这增加了采样周期的持续时间。相反，DTC 系统需要关于定子磁链角度的非常近似的信息。知道磁链矢量位于 60°宽的哪个区域就足够了。总之，DTC 系统作为一种无传感器系统并且对磁链位置没有严格要求，可以节省实施和处理时间及费用。

DTC 系统不使用 PI 或其他类型的传统控制器，而是使用滞环控制器。传统控制器通常会经历必须由软件实现的瞬态周期，因此需要时间，而滞环控制器仅采用离散值而没有动态。因此，它既快速又准确。

DTC 中的开关表可以看作是 PWM 模块的替代品。然而开关表不需要计算来确定逆变器的电压矢量指令。开关表根据标志和磁链位置提供预定的电压矢量，而软件 PWM 模块需要大量的在线计算来确定逆变器的开关信号。硬件 PWM 模块可以作为处理器的片上外围设备或作为单独的芯片包含在内，在后一种情况下，这会增加电机控制系统的复杂性。如今，软件或硬件 PWM 模块的负担不像以前那么严重。事实上，许多处理器芯片包括单个或多个集成硬件 PWM 模块。尽管如此，对于 DTC 来说，取消 PWM 模块仍然是一个明显的简化。

转矩和磁链控制是大多数电机控制系统的两个目标。这些控制通常通过电流控制回路进行。DTC 中使用电流信号来估计磁链和转矩。但是，DTC 中没有电流控制回路。因此，正如方法名称所述，转矩和磁链直接受到控制。一方面这是一个优势，但同时也可能被视为不足，因为无法直接控制电机电流。

很明显，必须在每个采样周期在线估计转矩和磁链大小。DTC 中的采样周期通常比矢量控制中的采样周期短得多。这是因为在一个开关周期内，电机磁链误差和转矩误差必须分别与磁链和转矩带进行多次比较。因此，采样周期远小于开关周期。由于开关周期可变，可用于估计电机磁链和转矩的计算时间将受到强烈限制。可以说 DTC 需要准确快速的磁链大小（和转矩）信息，而矢量控制需要快速准确的定子磁链角或转子角信息。

通过对感应电压进行积分来估计磁链。可以看出，当在低速时施加到电机的电压很小时，绕组电阻上的电压降与施加的电压相当。因此，积分电压很小。因此，相对于施加的电压，积分误差很高。这可能会导致低速下的控制性能不准确。

永磁同步电机的 DTC 与矢量控制相比对参数的依赖性较小。事实上，它取决于一个电机参数，即R_s。这是一个主要优势，尤其是在使用高能永磁材料的现代永磁同步电机的控制中。强磁通增加了铁饱和和漏磁通的可能性。因此，电机电感L_d和L_q取决于电机电流，从而取决于电机负载和转速。无需L_d和L_q信息，用于控制程序的 DTC 系统提供了针对参数变化的更高性能鲁棒性。

最后不得不提到 DTC 下纹波增加的问题。DTC 中滞环控制器的开关特性是许多电机变量（包括转矩）波动的主要原因。由于逆变器开关频率低，当纹波频率低时，这在低速下尤其成问题。纹波太高而无法被电机的过滤特性抑制。转矩脉动会导致可闻噪声、电机效率降低和控制精度损失。后者尤其是高精度应用中的障碍。在具有小惯性常数的低功率电机中，脉动可能会转移到电机转速，并干扰转速和位置控制。有关文献中介绍了许多降低纹波的方法，包括本章所述的 SVM - DTC。表 4.3 中给出了基本 DTC 和矢量控制的简明比较。

表 4.3 基本 DTC 和矢量控制的比较

特性	DTC	矢量控制
参考系	静止，D - Q	旋转
控制变量	转矩和磁链	电流
感应信号	电流和电压	电流和转子位置
控制方式	滞环	PI 或滞环
参数灵敏度	对定子电阻	对所有电机参数
采样频率	很高	高
开关频率	多变的	固定的

4.9 小结

交流电机的转矩可视为转子和定子磁链的外积。在永磁同步电机中转子磁链取决于磁极，并且对于特定电机来说是固定的。因此，如果定子磁链的大小在电机瞬态期间保持恒定，则转矩响应在很大程度上取决于两个磁链之间的角度。基于此推理，本章介绍了 DTC 作为定子磁链矢量控制的基本原理。然后通过详细说明磁链和转矩控制的滞环控制器来描述基本的 DTC 系统。此外，还描述了选择逆变器电压矢量和开关表以实现该逻辑的思路。最后给出了磁链和转矩估计。

在 DTC 下永磁同步电机的操作限制以电流限制、电压限制和磁链限制的形式呈现。此外，还导出了磁链控制，包括 MTPA、单位功率因数和高速下的弱磁。然后给出了替代 DTC 方案，控制另一个电机变量而不是定子磁链，包括 d 轴电流和无功转矩。此外，还介绍了提供平稳电机操作的不同 SVM－DTC 方案。除了最优 SVM－DTC 方案外，这些还包括闭环转矩控制及闭环磁链和转矩控制方案。顺应工业应用节能趋势的增加，重点放在损耗最小化 DTC 上。详细介绍了两种损耗最小化方法，即离线方法和模型搜索方法，以及控制方法下的电机性能。最后对基本 DTC 和矢量控制进行综合比较，强调 DTC 相对于矢量控制的优劣。

习　题

P.4.1　在假定定子磁链矢量大小和负载角均随时间变化的情况下，推导内置式永磁电机转矩方程的时间导数。然后，讨论转矩控制系统的可行性。

P.4.2　DTC 的原理是在每个开关周期定子电压矢量始终与磁链偏差矢量 $\Delta\bar{\lambda}_s$ 一致。由于忽略了绕组电阻上的电压降，所以忽略了原理中所涉及的近似。考虑其对 DTC 中电压矢量选择的影响。

P.4.3　基于基本 DTC 的黄金法则，在开关区间提供快速转矩瞬态时，选择的电压矢量有多理想？

P.4.4　DTC 是在定子磁链矢量上施加电压矢量，使定子磁链矢量尽可能正常地快速旋转。当定子磁链幅值仍然远远小于其参考值，并位于磁滞带之外时，观察这一规则在电机起动期间的执行情况。

P.4.5　考虑 DTC 和矢量控制中需要精确计算磁链幅值和负载角之间的权衡。比较 DTC 相较于矢量控制的需求程度。

P.4.6　在 DTC 中，将逆变器零电压与 $\bar{v}_1 \sim \bar{v}_6$ 一起使用有多大用处？查阅文献，确定在永磁同步电机的 DTC 中如何实现。

P. 4. 7 假设 DTC 在每个磁链区域只有一个开关。绘制整个旋转的磁链矢量轨迹和每个区域的适当电压矢量（见图 4. 5）。

P. 4. 8 如何实现上述 DTC 系统？

P. 4. 9 将常规 DTC 的磁链区域旋转 30°。确定相应的开关表。

P. 4. 10 考虑一个三电平滞环转矩控制器，而不是一个两电平控制器。根据此控制器确定开关表。可以使用变频器零电压 $\bar{v}_0$ 和 $\bar{v}_7$，以及非零电压 $\bar{v}_1 \sim \bar{v}_6$。讨论开关表的利弊。

P. 4. 11 如 4. 2 节所示的磁链计算，在低速时，当电机相位电压值较小时，可能无法提供准确的结果。通过查阅文献来研究这一问题及其补救措施。就这个问题写一份技术报告。

P. 4. 12 演示内置式永磁电机在 $T_s - \lambda_s$ 平面和 $\lambda_s - \delta$ 平面上的电流和电压限制。

P. 4. 13 在习题 4. 12 的平面上画出 MTPA 轨迹，并讨论电机在 MTPA 条件下的性能约束。

P. 4. 14 计算式（4. 4. 24），并在整个转速范围内进行描述。

P. 4. 15 通过在适当的平面上作图，比较暂态下的最优 SVM - DTC 和基本 DTC 下的磁链轨迹，如 4. 6. 3 节所示。

参考文献

Choi, C.H., Seok, J.K., and Lorenz, R.D. (2013). Wide-speed direct torque and flux control for interior PM synchronous motors operating at voltage and current limits. *IEEE Trans. Ind. Appl.* 49(1), 109–117.

Depenbrock, M. (1986). Direct self-control (DSC) of inverter-fed induction machine. *IEEE Trans. Power Electron.* 3(4), 420–429.

Faiz, J. and Mohseni-Zonoozi, S.H. (2003). A novel technique for estimation and control of stator flux of a salient-pole PMSM in DTC method based on MTPF. *IEEE Trans. Ind. Electron.* 50(2), 262–271.

Fernandez-Bernal, F., Garcia-Cerrada, A., and Faure, R. (2001). Determination of parameters in interior permanent-magnet synchronous motors with iron losses without torque measurement. *IEEE Trans. Ind. Appl.* 37(5), 1265–1272.

Foo, G. and Rahman, M. (2010). Sensorless direct torque and flux-controlled IPM synchronous motor drive at very low speed without signal injection. *IEEE Trans. Ind. Electron.* 57(1), 395–403.

Foo, G., Sayeef, S., and Rahman, M. (2010). Low-speed and standstill operation of a sensorless direct torque and flux controlled

IPM synchronous motor drive. *IEEE Trans. Energy Convers.* 25(1), 25–33.

Foo, G.H.B. and Zhang, X. (2016). Constant switching frequency based direct torque control of interior permanent magnet synchronous motors with reduced ripples and fast torque dynamics. *IEEE Trans. Power Electron.* 31(9), 6485–6493.

Fu, M. and Xu, L. (1997). A novel sensorless control technique for permanent magnet synchronous motor (PMSM) using digital signal processor. *IEEE National Aerospace and Electronics Conference, NAECON*, pp. 403–408. IEEE, Piscataway, NJ.

Fu, M. and Xu, L. (1999). A sensorless direct torque control technique for permanent magnet synchronous motors. *IEEE 34th IAS Annual Meeting*, pp. 159–164. IEEE, Piscataway, NJ.

Ghassemi, H. and Vaez-Zadeh, S. (2005). A very fast direct torque control for interior permanent magnet synchronous motors start up. *Energy Convers. Manag.* 46(5), 715–726.

Gulez, K., Adam, A.A., and Pastaci, H. (2007). A novel direct torque control algorithm for IPMSM with minimum harmonics and torque ripples. *IEEE/ASME Trans. Mechatron.* 12(2), 223–227.

Habibi, J. and Vaez-Zadeh, S. (2005). Efficiency-optimizing direct torque control of permanent magnet synchronous machines. *IEEE 36th Power Electronics Specialists Conference*, pp. 759–764. IEEE, Piscataway.

Haque, M.E., Zhong, L., and Rahman, M.F. (2003). A sensorless initial rotor position estimation scheme for a direct torque controlled interior permanent magnet synchronous motor drive. *IEEE Trans. Power Electron.* 18(6), 1376–1383.

Hoang, K.D., Zhu, Z.Q., and Foster, M. (2012). Online optimized stator flux reference approximation for maximum torque per ampere operation of interior permanent magnet machine drive under direct torque control. In: *Proceedings of the IET International Conference on Power Electronics, Machine Drives (PEMD)*, pp. 27–29, IET, UK.

Inoue, T., Inoue, Y., Morimoto, S., and Sanada, M. (2015). Mathematical model for MTPA control of permanent-magnet synchronous motor in stator flux linkage synchronous frame. *IEEE Trans. Ind. Appl.* 51(5), 3620–3628.

Inoue, T., Inoue, Y., Morimoto, S., and Sanada, M. (2016). Maximum torque per ampere control of a direct torque-controlled PMSM in a stator flux linkage synchronous frame. *IEEE Trans. Ind. Appl.* 52(3), 2360–2367.

Inoue, Y., Morimoto, S., and Sanada, M. (2008). Examination and linearization of torque control system for direct torque controlled IPMSM. In: *IEEE Industry Applications Society Annual Meeting*, pp. 1–7. IEEE, Piscataway, NJ.

Inoue, Y., Morimoto, S., and Sanada, M. (2012). Control method suitable for direct-torque-control-based motor drive system satisfying voltage and current limitations. *IEEE Trans. Ind. Appl.* 48(3), 970–976.

Jiaqun, X., Minggao, O., and Renyuan, T. (2006). Study on direct torque control of permanent magnet synchronous motor in electric vehicle drive. In: *9th IEEE International Workshop on Advanced Motion Control*, pp. 774–777. IEEE, Piscataway, NJ.

Koç, M., Wang, J., and Sun, T. (2017). An inverter nonlinearity-independent flux observer for direct torque-controlled high-performance interior permanent magnet brushless AC drives. *IEEE Trans. Power Electron.* 32(1), 490–502.

Llor, A., Retif, J., Lin-Shi, X., and Arnalte, S. (2003). Direct stator flux linkage control technique for a permanent magnet synchronous machine. In: *IEEE 34th Annual Power Electronics Specialists Conference*, pp. 246–250. IEEE, Piscataway, NJ.

Luukko, J. and Pyrhonen, J. (1998). Selection of the flux linkage reference in a direct torque controlled permanent magnet synchronous motor drive. In: *5th International Workshop on Advanced Motion Control*, pp. 198–203. IEEE, Piscataway, NJ.

Niu, F., Wang, B., Babel, A.S., Li, K., and Strangas, E.G. (2016). Comparative evaluation of direct torque control strategies for permanent magnet synchronous machines. *IEEE Trans. Power Electron.* 31(2), 1408–1424.

Paicu, M.C., Boldea, I., Andreescu, G.D., and Blaabjerg, F. (2009). Very low speed performance of active flux based sensorless control: interior permanent magnet synchronous motor vector control versus direct torque and flux control. *IET Electric Power Appl.* 3(6), 551–561.

Pellegrino, G., Armando, E., and Guglielmi, P. (2012). Direct-flux vector control of IPM motor drives in the maximum torque per voltage speed range. *IEEE Trans. Ind. Electron.* 59(10), 3780–3788.

Rahman, M.F. and Zhong, L. (1999). Voltage switching tables for DTC controlled interior permanent magnet motor. In: *25th Annual Conference of the IEEE Industrial Electronics Society*, pp. 1445–1451. IEEE, Piscataway, NJ.

Rahman, M.F., Zhong, L., and Lim, K.W. (1998). A direct torque-controlled interior permanent magnet synchronous motor drive incorporating field weakening. *IEEE Trans. Ind. Appl.* 34(6), 1246–1253.

Rahman, M.F., Zhong, L., and Lim, K.W. (1999). A direct torque control for permanent magnet synchronous motor drives. *IEEE Trans. Energy Convers.* 14(3), 637–642.

Rahman, M.F., Zhong, L., Haque, M.E., and Rahman, M. (2003). A direct torque-controlled interior permanent-magnet synchronous motor drive without a speed sensor. *IEEE Trans. Energy Convers.* 18(1), 17–22.

Rahman, M.F., Haque, M.E., Tang, L., and Zhong, L. (2004). Problems associated with the direct torque control of an interior permanent-magnet synchronous motor drive and their remedies. *IEEE Trans. Ind. Electron.* 51(4), 799–809.

Ren, Y., Zhu, Z.Q., and Liu, J. (2014). Direct torque control of permanent-magnet synchronous machine drives with a simple duty ratio regulator. *IEEE Trans. Ind. Electron.* 61(10), 5249–5258.

Sayeef, S., Foo, G., and Rahman, M.F. (2010). Rotor position and speed estimation of a variable structure direct-torque-controlled IPM synchronous motor drive at very low speeds including standstill. *IEEE Trans. Ind. Electron.* 57(11), 3715–3723.

Shinohara, A., Inoue, Y., Morimoto, S., and Sanada, M. (2014). Correction of reference flux for MTPA control in direct torque controlled interior permanent magnet synchronous motor drives. In: *International Power Electronics Conference*. Hiroshima, Japan, ECCE ASIA, pp. 324–329. IEEE.

Shinohara, A., Inoue, Y., Morimoto, S., and Sanada, M. (2017). Direct Calculation Method of Reference Flux Linkage for Maximum Torque per Ampere Control in DTC-Based IPMSM Drives. *IEEE Trans. Power Electron.* 32(3), 2114–2122.

Siahbalaee, J., Vaez-Zadeh, S., and Tahami, F. (2009a). A new loss minimization approach with flux and torque ripples reduction of direct torque controlled permanent magnet synchronous motors. In: *13th European Conference on Power Electronics and Applications*, pp. 1–8. IEEE, Piscataway, NJ.

Siahbalaee, J., Vaez-Zadeh, S., and Tahami, F. (2009b). A loss minimization control strategy for direct torque controlled interior permanent magnet synchronous motors. *J. Power Electron.* 9(6), 940–948.

Siahbalaee, J. and Vaez-Zadeh, S. (2010). Model-based loss minimization of direct torque controlled permanent magnet synchronous motors. In: *1st Power Electronic & Drive Systems & Technologies Conference*, pp. 273–278. IEEE, Piscataway, NJ.

Siahbalaee, J., Vaez-Zadeh, S., and Tahami, F. (2012). A predictive loss minimisation direct torque control of permanent magnet synchronous motors. *Aust. J. Electric. Electron. Eng.* 9(1), 89–98.

Sun, D. and He, Y-k. (2005). Space vector modulated based constant switching frequency direct torque control for permanent magnet synchronous motor. *Proc. Chin. Soc. Electric. Eng.* 25(12), 112.

Swierczynski, D. and Kazmierkowski, M.P. (2002). Direct torque control of permanent magnet synchronous motor (PMSM) using space vector modulation (DTC-SVM)-simulation and experimental results. In: *IEEE 28th Annual Conference of the Industrial*

Electronics Society, pp. 751–755. IEEE, Piscataway, NJ.

Takahashi, I. and Noguchi, T. (1986). A new quick-response and high-efficiency control strategy of an induction motor. *IEEE Trans. Ind. Appl.* 22(5), 820–827.

Tang, L., Zhong, L., Rahman, M.F., and Hu, Y. (2003). A novel direct torque control for interior permanent-magnet synchronous machine drive with low ripple in torque and flux-a speed-sensorless approach. *IEEE Trans. Ind. Appl.* 39(6), 1748–1756.

Tang, L., Zhong, L., Rahman, M.F., and Hu, Y. (2004). A novel direct torque controlled interior permanent magnet synchronous machine drive with low ripple in flux and torque and fixed switching frequency. *IEEE Trans. Power Electron.* 19(2), 346–354.

Vaez, S., John, V., and Rahman, M. (1999). An on-line loss minimization controller for interior permanent magnet motor drives. *IEEE Trans. Energy Convers.* 14(4), 1435–1440.

Vaez-Zadeh, S. and Siahbalaee, J. (2010). A loss minimization strategy for PMS motors under direct torque control. In: *IEEE PES General Meeting*, pp. 1–4. IEEE, Piscataway, NJ.

Vas, P. (1998). *Sensorless Vector and Direct Torque Control.* Oxford University Press, Oxford.

Xu, Z., and Rahman, M.F. (2007). Direct torque and flux regulation of an IPM synchronous motor drive using variable structure control approach. *IEEE Trans. Power Electron.* 22(6), 2487–2498.

Xue, Y., Xu, X., Habetler, T. G., and Divan, D. M. (1990). A low cost stator flux oriented voltage source variable speed drive. In: *Conference Record of the 1990 IEEE Industry Applications Society Annual Meeting*, pp. 410–415. IEEE, Piscataway, NJ.

Zhang, Y. and Zhu, J. (2011). Direct torque control of permanent magnet synchronous motor with reduced torque ripple and commutation frequency. *IEEE Trans. Power Electron.* 26(1), 235–248.

Zhong, L., Rahman, M.F., Hu, W., Lim, K., and Rahman, M. (1999). A direct torque controller for permanent magnet synchronous motor drives. *IEEE Trans. Energy Convers.* 14(3), 637–642.

Zhong, L., Rahman, M.F., Hu, W.Y., and Lim, K. (1997). Analysis of direct torque control in permanent magnet synchronous motor drives. *IEEE Trans. Power Electron.* 12(3), 528–536.

Zolghadri, M.R., Guiraud, J., Davoine, J., and Roye, D. (1998). A DSP based direct torque controller for permanent magnet synchronous motor drives. In: *PESC 98 Record. 29th Annual IEEE Power Electronics Specialists Conference, 1998.* Vol. 2, pp. 2055–2061. IEEE, Piscataway, NJ.

第 5 章

预测、无差拍和组合控制

矢量控制（VC）作为交流电机第一个开发的高性能控制方法经过几十年的发展，在电机控制领域保持了稳固的统治地位；直接转矩控制（DTC）作为交流电机的第二种广泛开发的电机控制方法已被广泛研究。DTC 在工业中有许多应用。自那时以来，交流电机控制多种多样。在 DTC 建立的每个开关间隔中选择逆变器电压矢量的做法被证明是许多较新的控制方法的常见做法。其中，预测控制（PC）虽然起源不是很近，但最近受到了关注。该控制方法在电机模型上测试所有可能的逆变器电压矢量，然后比较矢量下的电机性能，最后根据期望的标准选择最佳的应用于电机。该方法已经为感应电机和永磁同步电机找到了许多控制方案。相比之下，无差拍控制（DBC）作为另一种交流电机控制方法，通过求解电机的逆模型来确定在一个开关间隔内满足转矩指令的电压矢量。有趣的是它不需要在电机模型上测试不同的电压选项。组合控制（CC）使用电流控制和开关表来确定每种情况下所需的逆变器电压矢量。它结合了矢量控制和 DTC 的选择性元素，以实现两种控制方法的显著性能特征。这些方法以及其他一些方法仍在不断发展，以易于实施和性能优势服务于电机控制领域。已经提到的三种控制方法在本章中进行介绍，并以永磁同步电机为例。

5.1 预测控制

自 20 世纪 60 年代以来，预测控制就作为最优控制理论的一部分而为人所知。首先，它预先确定系统在不同驱动输入下可能的性能。其次，它决定系统的最佳驱动输入以实现最佳性能。该方法选择最佳输入，以将控制变量（如电流）保持在频带内或使其遵循所需的轨迹。从更一般的意义上讲，它选择输入来优化目标函数，并在不同目标之间做出折中。此外，它可能会对受控变量以外的变量施加限制。

预测控制包含一系列控制方案。其中，模型预测控制（MPC）利用被控制系统的动态模型来预测系统的未来性能。因此，模型的准确性直接影响系统性能。此外，参数变化可能会使性能偏离所需目标。在这种情况下，可能需要参数自适应或在线参数估计。反过来，MPC可以通过不同的方法实现。有助于在某些领域应用该方法的一个事实是，可以将该方法与其他控制方法结合使用。当涉及电机控制时，预测控制可以与矢量控制、DTC等一起使用。

尽管有上述优势，预测控制仍面临一些挑战，包括计算强度。该方法的本质是寻找系统在多种可能的驱动信号下的性能，但实际只应用一种驱动信号。由于该方法是由微处理器实现的，因此需要在很短的采样时间内以数字方式进行所有计算。这给处理器带来了计算负担。为了减少负担，有关文献中提出了一些方法，包括部分计算转移到离线计算。在该解决方案下，计算结果作为系统状态的函数保存在查找表中。它们根据系统的当前状态被使用（Mariethoz等，2009）。另一种方法是解析地解决优化问题。这可以在系统是线性的或者模型可以通过某种近似线性化时执行（Kennel等，2001；Hassaine等，2007）。

电机驱动器中的预测控制简化为在可用电压矢量作为驱动输入下的系统性能预测。考虑到逆变器电压的有限集，快速处理器可以处理电机驱动预测控制的在线计算应用程序。然而，随着多电平变换器中开关状态的增加，考虑到较短的采样时间，处理器可能会过载。

5.1.1 基于模型的预测控制原理

MPC的一般表示使用离散时间状态空间系统模型来计算系统的未来性能（Rodriguez和Cortes，2012）：

$$\boldsymbol{x}(k+1)=\boldsymbol{A}\boldsymbol{x}(k)+\boldsymbol{B}\boldsymbol{u}(k) \tag{5.1.1}$$

$$\boldsymbol{y}(k)=\boldsymbol{C}\boldsymbol{x}(k)+\boldsymbol{D}\boldsymbol{u}(k) \tag{5.1.2}$$

式中，$\boldsymbol{x}(k)$和$\boldsymbol{x}(k+1)$分别是当前和下一瞬间的系统状态矢量。此外，$\boldsymbol{u}(k)$和$\boldsymbol{y}(k)$分别是当前时刻输入和输出矢量。$\boldsymbol{A}$、$\boldsymbol{B}$、$\boldsymbol{C}$和$\boldsymbol{D}$分别是系统、输入、输出和干扰矩阵。由式（5.1.1）和式（5.1.2）表示的模型用于预测系统性能。

作为系统状态和输入的函数的目标函数$\boldsymbol{J}$被定义为将系统的最喜欢的性能公式化为

$$\boldsymbol{J}=\boldsymbol{f}(\boldsymbol{x}(k),\boldsymbol{u}(k),\cdots,\boldsymbol{u}(k+N)) \tag{5.1.3}$$

式中，N是一个正数，称为预测范围，是控制可以预测系统性能的未来实例的数量。长远来看，以更高的计算为代价，加强了系统行为的可预测性。矢量$\boldsymbol{u}(k+N)$是实例$k+N$处的系统输入。$\boldsymbol{u}(k+N)$之前的输入也包含在$\boldsymbol{J}$中，如图5.1所示（Rodriguez和Cortes，2012）。该图显示了参考和系统的实际状态，以及从过去到实例$k+N$的连续实例中的离散输入。可以看出，系统误差随着时间的推移而减少，实际状态越来越接近参考。

系统最喜欢的性能，包含在$\boldsymbol{J}$中，取决于受控制的系统和应用者的期望。然而，$\boldsymbol{J}$的公共部分是系统输出误差的某种度量，即系统输出的参考值和预测值之间的误差，如图 5.1 所示。为此，经常使用平方误差。通过将这部分包含在目标函数中，实现了控制系统的调节功能。因此，不需要像 PI 这样的控制器。目标函数可能包括其他部分，以实现非监管目标，如高效率、高功率因数和有限的开关频率。通常定义目标函数作为不同目标的权重总和。每个权重是根据相应目标的重要性确定的。还可以定义更复杂的目标函数就像在许多优化方法中一样。

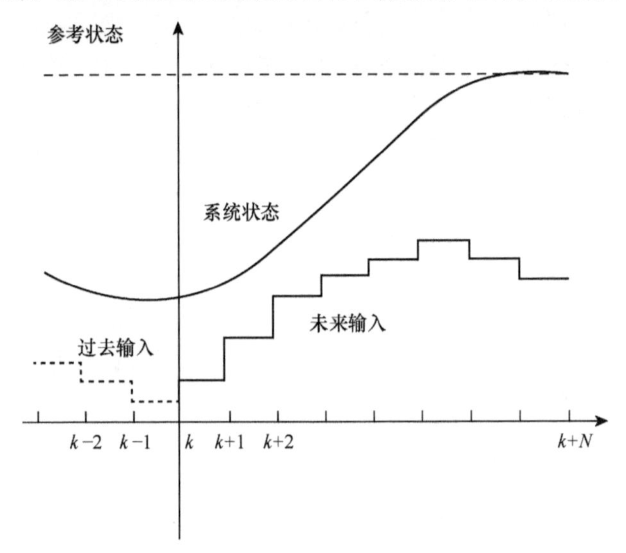

图 5.1　基于模型的预测控制的工作原理

优化问题是找到输入使得 $\boldsymbol{J}$ 最小化，受系统限制。系统模型是由式（5.1.1）和式（5.1.2）给出的，用于寻找解决方案。一般的解决方案是复杂的。然而，一个简单的解决方案是检查每个采样中所有可能输入的 $\boldsymbol{J}$ 值。然后，$\boldsymbol{J}$ 的最小值决定了每次采样的最佳输入。这个解决方案由一系列 N 个最优输入信号组成。然而，控制器将只应用序列的第一个元素。一旦选定的输入应用于系统，使用通过测量获得的最新数据更新系统模型和目标函数。因此，预测范围被视为 N 个实例的移动窗口如图 5.2 所示。

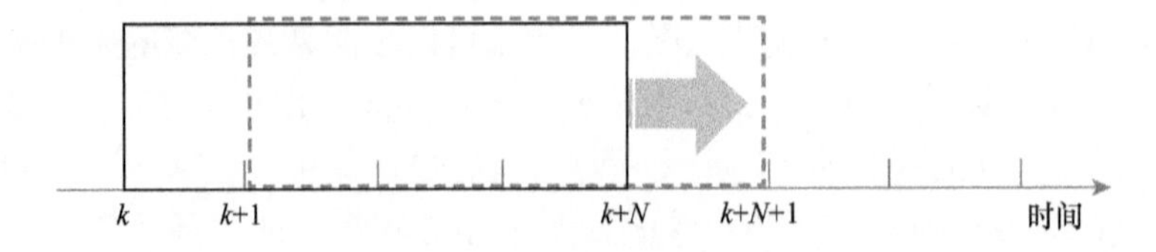

图 5.2　作为 N 个采样时间的移动窗口的预测范围

根据前面的介绍，基于模型的预测控制执行两个主要任务，如图 5.3 所示。任务定义为：

• **预测**：系统的模型，称为预测模型，用于预测控制变量的行为，通常是系统输出，用于预测范围内所有可能的驱动输入。执行任务需要系统输入和实际输出的当前和过去值。

• **优化**：形成并最小化目标函数以找到最佳驱动输入。预测变量和参考变量之间的误差的代表是前面提到的目标函数的一部分，此外还有其他可能的项来根据需要优化系统性能。然后将最佳驱动输入应用于系统。

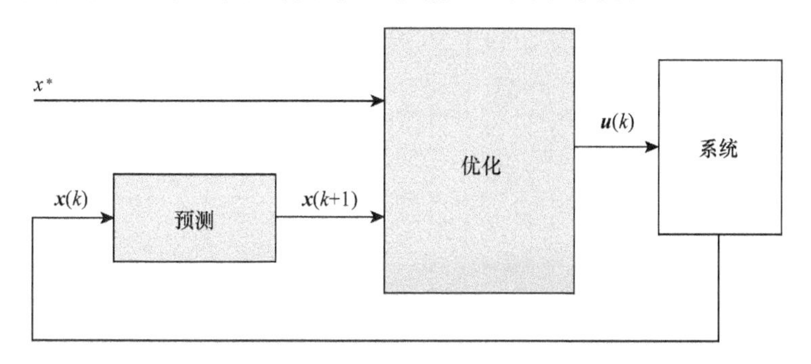

图 5.3　基于模型的通用预测控制的功能框图

5.1.2　永磁同步电机的预测电流控制

用于永磁同步电机驱动器的基于模型的预测电流控制框图如图 5.4 所示，其中离散时间状态变量矢量在转子参考坐标系中的定义为

$$\boldsymbol{x}(k) = [i_{\mathrm{d}}(k) \quad i_{\mathrm{q}}(k)]^{\mathrm{T}} \tag{5.1.4}$$

在这个系统中，参考量或要跟踪的输出量与状态矢量相同。因此，要通过使用 MPC 实施当前的矢量控制，而不是用于 i_{q} 和 i_{d} 的单独的 PI 控制器。这里的预测模型是由以下方程表示的永磁同步机的离散时间状态空间模型：

$$i_{\mathrm{d}}^{\mathrm{p}}(k+1) = \left(1 - \frac{R_{\mathrm{s}}T_{\mathrm{s}}}{L_{\mathrm{s}}}\right)i_{\mathrm{d}}(k) + T_{\mathrm{s}}\omega_{\mathrm{r}}i_{\mathrm{q}}(k) + \frac{T_{\mathrm{s}}}{L_{\mathrm{s}}}v_{\mathrm{d}} \tag{5.1.5}$$

$$i_{\mathrm{q}}^{\mathrm{p}}(k+1) = \left(1 - \frac{R_{\mathrm{s}}T_{\mathrm{s}}}{L_{\mathrm{s}}}\right)i_{\mathrm{q}}(k) - T_{\mathrm{s}}\omega_{\mathrm{r}}i_{\mathrm{d}}(k) - \lambda_{\mathrm{m}}T_{\mathrm{s}}\omega_{\mathrm{r}} + \frac{T_{\mathrm{s}}}{L_{\mathrm{s}}}v_{\mathrm{q}} \tag{5.1.6}$$

作为预测模型的电机方程预测每个可能的驱动输入的定子电流分量。如果考虑一个两电平逆变器，8 个开关状态产生 7 种不同的电压矢量是可能的。逆变器电压从静止参考坐标系变换到转子参考坐标系。

就像在矢量控制中，速度控制器产生 q 轴电流指令 i_{q}^*。将此电流与预测的 q 轴电流 $i_{\mathrm{q}}^{\mathrm{p}}$ 进行比较，以产生 q 轴电流误差。此外，由于 $i_{\mathrm{d}}^*=0$，d 轴电流误差等于预测的 d 轴电流 $i_{\mathrm{d}}^{\mathrm{p}}$。有了这些误差，优化器为所有 7 个可能的逆变器电压矢量计算目标函数的值。目标函数包括当前误差函数。或者，它可能包含与电机和逆

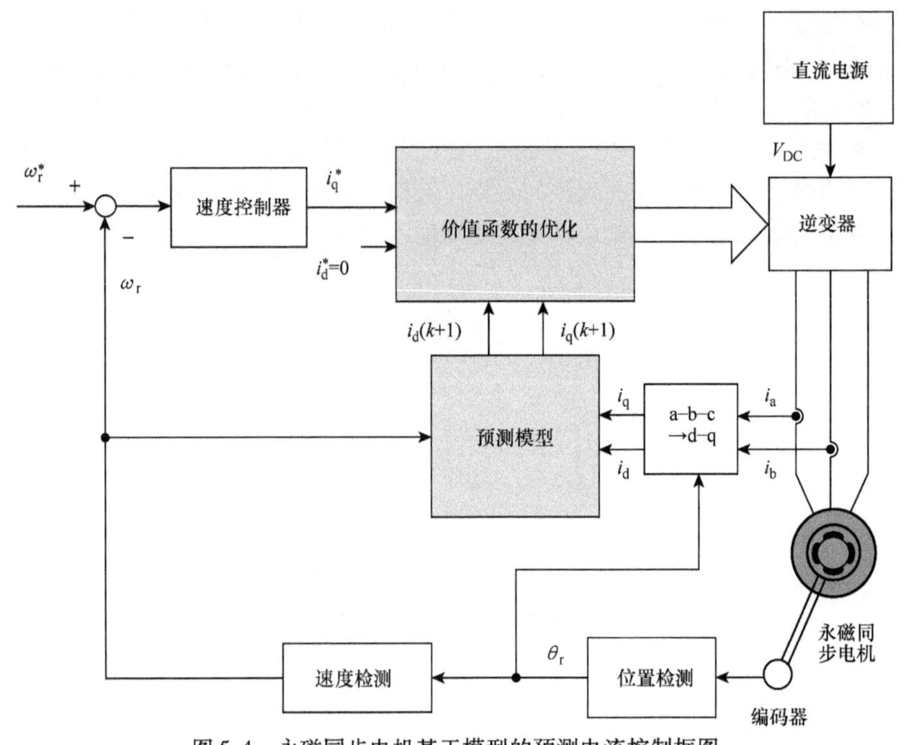

图 5.4　永磁同步电机基于模型的预测电流控制框图

变器所需的稳态和/或动态性能相关的其他方面。目标函数的选择可以表示为（Rodriguez 和 Cortes，2012）

$$\boldsymbol{J} = (i_q^* - i_q^p(k+1))^2 + (i_d^p(k+1))^2 + \hat{f}(i_d^p(k+1), i_q^p(k+1)) \tag{5.1.7}$$

式中，第一项是 q 轴电流误差的平方。该项的最小化保证了对电机定子电流的转矩产生分量的理想跟踪，从而产生良好的动态和稳态转矩响应。第二项将定子电流的 d 轴分量降低到 0，从而导致最大转矩电流比（MTPA）运行。最后一项是非线性函数，用于通过其最大允许值限制定子电流矢量的幅值，如 3.5 节所述。它被定义为

$$\hat{f}(i_d^p(k+1), i_q^p(k+1)) = \begin{cases} \infty, & \text{如果} |i_q^p| > i_{sL} \text{ 或 } |i_d^p| > i_{sL} \\ 0, & \text{如果} |i_q^p| \leqslant i_{sL} \text{ 和 } |i_d^p| \leqslant i_{sL} \end{cases} \tag{5.1.8}$$

式中，i_{sL}是最大允许定子电流幅值。根据该项，导致过电流的电压矢量不会被选为最佳输入，因为 $\boldsymbol{J}$ 在过电流条件下趋于无穷大。另一方面，当没有过电流时，只有 $\boldsymbol{J}$ 的前两项生效，并且将选择最小化电流误差的电压矢量。然后在下一个采样间隔期间将选定的电压矢量施加到逆变器。所选电压矢量可以是有效电压矢量或零矢量。

还可以在单个采样间隔中连续施加两个电压矢量，即一个有效电压和一个零电压（Morel 等，2009）。在这种情况下，施加有源电压的占空比被确定为类似于 4.6 节中介绍的空间矢量调制。

5.1.3　永磁同步电机的预测磁通和转矩控制

在预测磁通和转矩控制（PFTC）中，使用与预测电流控制相同的原理。但在 PFTC 方案中，定子磁链和转矩的未来值被预测，而不是电流分量。因此，由目标函数制定的期望条件与磁链和转矩的变化有关。对逆变器的每个可能的驱动电压进行预测。然后优化模块选择最小化目标函数的电压矢量。

PFTC 的框图如图 5.5 所示。估计定子磁链的电流值$\hat{\lambda}_s(k)$和转矩$\hat{T}_e(k)$是通过使用 DTC 中的电机电流和电压获得的，如 4.2.3 节所示。然后，包含电机方程的预测模型通过使用两相静止参考坐标系中的电流和电压分量，计算下一时刻受控变量的未来值，即 $\lambda_s^p(k+1)$和 $T_e^p(k+1)$。磁链分量计算为

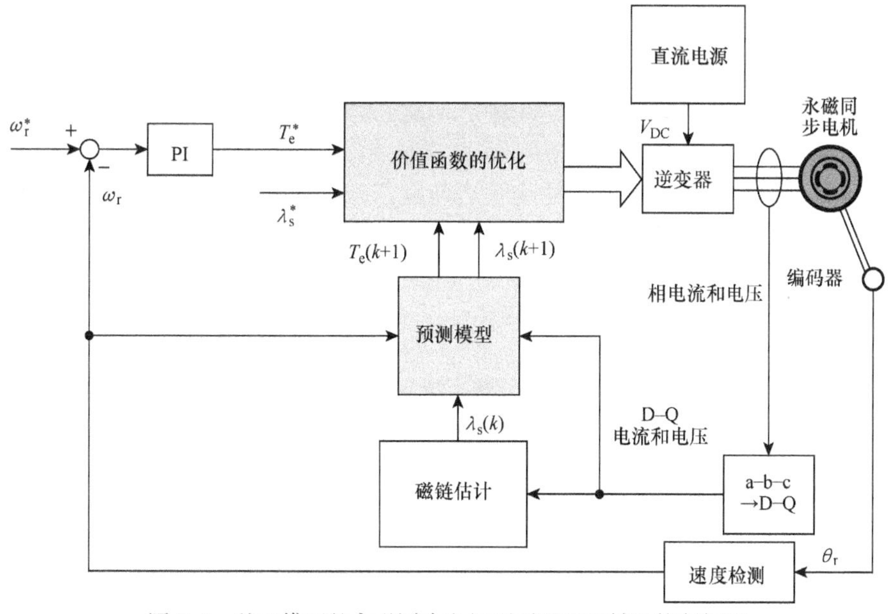

图 5.5　基于模型的永磁同步电机预测磁通和转矩控制框图

$$\lambda_D^p(k+1) = \hat{\lambda}_D(k) + T_s v_D(k) - R_s T_s i_D(k) \tag{5.1.9}$$

$$\lambda_Q^p(k+1) = \hat{\lambda}_Q(k) + T_s v_Q(k) - R_s T_s i_Q(k) \tag{5.1.10}$$

$K+1$ 时刻的电机转矩预测需要此时电流分量的预测值。因此，由式（2.10.10）可得

$$\bar{\lambda}_s = \bar{\lambda}_m + L_s \bar{i}_s \tag{5.1.11}$$

假设转子磁链矢量在一个采样时间内不发生变化，在两相静止参考坐标系中得到一个离散形式的式（5.1.11），由此可得

$$i_{\mathrm{D}}^{\mathrm{p}}(k+1)=i_{\mathrm{D}}(k)+\frac{\lambda_{\mathrm{D}}^{\mathrm{p}}(k+1)-\hat{\lambda}_{\mathrm{D}}(k)}{L_{\mathrm{s}}} \tag{5.1.12}$$

$$i_{\mathrm{Q}}^{\mathrm{p}}(k+1)=i_{\mathrm{Q}}(k)+\frac{\lambda_{\mathrm{Q}}^{\mathrm{p}}(k+1)-\hat{\lambda}_{\mathrm{Q}}(k)}{L_{\mathrm{s}}} \tag{5.1.13}$$

预测转矩为

$$T_{\mathrm{e}}^{\mathrm{p}}(k+1)=\frac{3}{2}P(\lambda_{\mathrm{D}}^{\mathrm{p}}(k+1)i_{\mathrm{Q}}^{\mathrm{p}}(k+1)-\lambda_{\mathrm{Q}}^{\mathrm{p}}(k+1)i_{\mathrm{D}}^{\mathrm{p}}(k+1)) \tag{5.1.14}$$

现在，通过将式（5.1.9）、式（5.1.10）和式（5.1.12）、式（5.1.13）代入式（5.1.14）来预测转矩。对两电平逆变器产生的每个可能的电压矢量（即7个不同的电压矢量）进行磁链、电流和转矩预测。

在求出这些值后，优化选择逆变器的最佳开关状态，对应于最优电压矢量，从而使目标函数最小化。此函数包含实现适当的转矩和磁通调节的控制原则。目标函数的一个简单选择是构造转矩误差和磁链误差的平方和：

$$\boldsymbol{J}=(T_{\mathrm{e}}^{*}-T_{\mathrm{e}}^{\mathrm{p}})^{2}+w_{\lambda}(\boldsymbol{\lambda}_{\mathrm{s}}^{*}-\boldsymbol{\lambda}_{\mathrm{s}}^{\mathrm{p}})^{2} \tag{5.1.15}$$

式中，w_{λ} 是一个加权因子，它用于强调转矩或磁链。在转矩和磁链误差同等重要的情况下，加权因子减小到额定转矩与额定磁链的比值，为 $\boldsymbol{J}$ 提供单位一致性。通过其额定值将转矩和磁链误差归一化，可以形成一个细化的目标函数，分别为（Rodriguez 和 Cortes，2012）

$$\boldsymbol{J}=\frac{(T_{\mathrm{e}}^{*}-T_{\mathrm{e}}^{\mathrm{p}})^{2}}{T_{\mathrm{er}}^{2}}+w_{\lambda}\frac{(\boldsymbol{\lambda}_{\mathrm{s}}^{*}-\boldsymbol{\lambda}_{\mathrm{s}}^{\mathrm{p}})^{2}}{\boldsymbol{\lambda}_{\mathrm{sr}}^{2}} \tag{5.1.16}$$

式中，T_{er}和 $\boldsymbol{\lambda}_{\mathrm{sr}}$分别是额定转矩和磁链。式（5.1.16）中的加权因子没有任何单位，因为归一化项没有单位。因此，当转矩和磁链并重时，它为1。可以通过考虑额外的性能目标来定义更复杂的目标函数。

现在将MPC与DTC进行比较是很有用的。DTC所需要的电压是根据一个启发式方法的结果表来选择的，而MPC是基于数学优化选择电压矢量。DTC利用滞后控制器，导致可变的逆变器开关频率，而MPC具有固定的开关频率。最后，在DTC中，较长的估计时间可能会导致转矩和磁链超过滞后带并导致不必要的错误，而在MPC中，控制器误差是提前预测的，不需要的误差不会发生（Morel等，2009）。然而，MPC需要更多计算。

5.2　无差拍控制

DBC是一种预测控制，可对受控系统提供非常快速的动态响应。本控制方

案与传统的预测控制方案之间的主要区别是本控制方案中的参考信号由系统在一个采样时间内满足。这意味着参考信号是由一拍获得。控制输出是受控系统的输入，通过求解系统的逆模型获得。因此，需要一个准确的系统模型。

DBC 可作为电流矢量控制或直接转矩和磁通控制应用于电机驱动器。在这两种方案中，无差拍控制器计算要施加到电机的所需电压分量，以便在下一个采样间隔内达到参考信号。然而，在前一种方案中，参考信号是电机定子电流分量；而在后一种方案中，参考信号是参考转矩和磁链。在这两种方案中，都需要像正弦 PWM 或 SVM 这样的调制器来为逆变器生成开关信号。

在电机驱动控制中，DBC 的直接转矩和磁通控制比 DBC 的电流控制更为常见（Kenny 和 Lorenz，2001）。因此，本节将详细介绍前者。然而，结合电流控制，可以更容易地理解电机中 DBC 的概念。因此，在开始介绍转矩和磁通控制无差拍控制器之前，将简要介绍一个简单的电流控制无差拍控制器。

5.2.1 无差拍控制的基本原理

带有无差拍控制器的电流控制永磁同步电机驱动器如图 5.6 所示（Rodriguez 和 Cortes，2012）。考虑一个隐极式永磁同步电机，电机在两相静止参考坐标系中的状态变量模型以矩阵形式表示为

$$\begin{bmatrix} \dot{i}_D \\ \dot{i}_Q \end{bmatrix} = \begin{bmatrix} -\dfrac{R_s}{L_s} & 0 \\ 0 & -\dfrac{R_s}{L_s} \end{bmatrix} \begin{bmatrix} i_D \\ i_Q \end{bmatrix} + \begin{bmatrix} \dfrac{1}{L_s} & 0 \\ 0 & \dfrac{1}{L_s} \end{bmatrix} \begin{bmatrix} v_D \\ v_Q \end{bmatrix} \tag{5.2.1}$$

该模型已在 2.4 节中详细推导出，其中使用相同的符号。矩阵形式的式（5.2.1）的离散时间版本如式（5.2.2）所示，假设采样间隔 T_s期间的变量恒定：

$$\boldsymbol{i}_s(k+1) = \boldsymbol{\Phi}\boldsymbol{i}_s(k) + \boldsymbol{\Gamma}\boldsymbol{v}_s(k) \tag{5.2.2}$$

式中，$\boldsymbol{v}_s$和 $\boldsymbol{i}_s$分别是输入和输出矢量，并且

$$\boldsymbol{\Phi} = e^{-(R/L)T_s} \tag{5.2.3}$$

$$\boldsymbol{\Gamma} = \int_0^{T_s} e^{-(R/L)\tau} d\boldsymbol{\tau} \cdot \frac{1}{L} \tag{5.2.4}$$

求解式（5.2.2）的逆以找到电压矢量，以便在一个采样间隔内达到零电流误差。由此产生的电压矢量作为电机的输入通过下式得到：

$$\boldsymbol{v}_s^*(k) = \frac{1}{\boldsymbol{\Gamma}}(\boldsymbol{i}_s^*(k+1) - \boldsymbol{\Phi}\boldsymbol{i}_s(k)) \tag{5.2.5}$$

从图 5.6 中可以看出，通过施加如式（5.2.5）所获得的电压到调制器，精确的参考电流将流入电机，因此通过反馈环实现零电流误差。

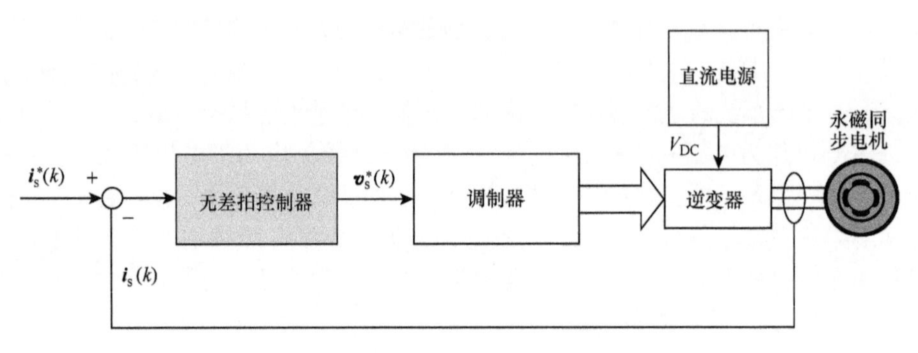

图 5.6　电流控制永磁同步电机 DBC 的基本原理

5.2.2　转矩和磁链的无差拍控制

在 DBC 对永磁同步电机的直接转矩和磁链控制中，电机的逆模型可以通过电机的输入电压（无差拍控制器的输出）求解，其中输入到无差拍控制器的是转矩和磁链误差，如图 5.7 所示（Lee 等，2009；Lee 等，2011a）。下面将参考离散时域的电机模型对该方法进行描述。

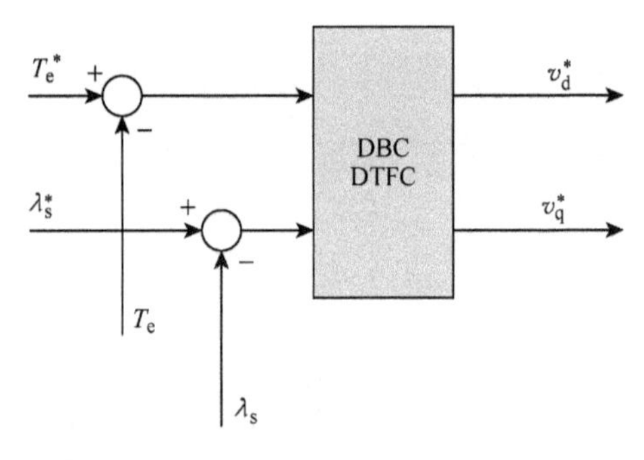

图 5.7　DBC 以估计的磁链和转矩作为输入，转子参考坐标系中的电压分量作为输出

回想一下，转子参考坐标系中的转矩可以表示为如下磁链和电流分量的函数：

$$T_e = \frac{3}{2}P[\lambda_d i_q - \lambda_q i_d] \tag{5.2.6}$$

由式（2.5.18）得到转矩微分为

$$\dot{T}_e = \frac{3}{2}P[\dot{\lambda}_d i_q + \lambda_d \dot{i}_q - \dot{\lambda}_q i_d - \lambda_q \dot{i}_d] \tag{5.2.7}$$

参考 2.5 节，该参考坐标系中的电压方程

$$v_d = R_s i_d + \mathrm{p}\lambda_d - \omega_r \lambda_q \tag{5.2.8}$$

$$v_q = R_s i_q + \mathrm{p}\lambda_q + \omega_r \lambda_d \tag{5.2.9}$$

从最后两个方程中找出电流分量，代入式（5.2.7），并将结果转化为离散形式，得到

$$\frac{T_e(k+1) - T_e(k)}{T_s} = \frac{3}{2}P\left[v_d(k)\lambda_q(k)\frac{L_d - L_q}{L_d L_q} + v_q(k)\frac{(L_d - L_q)\lambda_d(k) + \lambda_m L_q}{L_d L_q} + \right.$$

$$\frac{\omega_r(k)}{L_dL_q}\Big((L_q-L_d)(\lambda_d(k)^2-\lambda_q(k)^2)-\lambda_d(k)\lambda_mL_q\Big)+$$
$$\frac{R_s\lambda_q(k)}{(L_dL_q)^2}((L_q^2-L_d^2)\lambda_d(k)-L_q^2\lambda_m)\Big] \tag{5.2.10}$$

式中

$$\Delta T_e(k) = T_e(k+1) - T_e(k) \tag{5.2.11}$$

与式（5.2.11）有关的离散方程式（5.2.10）可以重新排列为如下包含转矩偏差的电压方程：

$$v_q(k)T_s = Mv_d(k)T_s + B \tag{5.2.12}$$

式中

$$M = \frac{(L_q - L_d)\lambda_q(k)}{(L_d - L_q)\lambda_d(k) + \lambda_m l_q}$$

$$B = \frac{L_qL_d}{(L_q-L_d)\lambda_q(k)+\lambda_mL_q}\times$$
$$\Big[\frac{2\Delta T_e}{3P}-\frac{\omega_rT_s}{L_dL_q}\Big((L_q-L_d)(\lambda_d(k)^2-\lambda_q(k)^2)-\lambda_q(k)\lambda_mL_q\Big)-$$
$$\frac{R_s\lambda_q(k)T_s}{(L_dL_q)^2}((L_q^2-L_d^2)\lambda_d(k)-L_q^2\lambda_m)\Big] \tag{5.2.13}$$

式（5.2.12）显示了以 d－q 伏秒分量表示的转矩的线性轨迹如图5.8所示。为了求解式（5.2.12）中电压矢量的分量，需要额外的方程，因为M和B包含磁链分量。所以，式（5.2.8）和式（5.2.9）的离散形式如式（5.2.14）和式（5.2.15）所示，其中电压降由于定子电阻被忽略，定子磁链的交叉耦合项被解耦：

$$\lambda_d(k+1) = \lambda_d(k) + v_d(k)T_s \tag{5.2.14}$$

$$\lambda_q(k+1) = \lambda_q(k) + v_q(k)T_s \tag{5.2.15}$$

磁链分量必须满足总磁链大小的指令值。这种情况可以用一个恒定半径等于指令磁链幅值的圆表示，如图5.8所示。这在数学上也可由下式表示：

$$\lambda_s^*(k)^2 = \lambda_d(k+1)^2 - \lambda_q(k+1)^2 = (\lambda_d(k)+v_d(k)T_s)^2 +$$
$$(\lambda_q(k)+v_q(k)T_s)^2 \tag{5.2.16}$$

求解式（5.2.12）~式(5.2.16)，得到每对转矩和磁链误差的电压分量值，如图5.8所示。该图将求解图形描述为转矩线［式（5.2.12）］和磁链圆［式（5.2.16）］的横截面。

可以看出，在可能的逆变器电压矢量中，两个电压矢量在恒定的定子磁链轨迹上以其伏秒特性表示。逆变器的电压限制也用图5.8中的六边形表示。选取六边形内的电压矢量作为无差拍控制器的输出。实际情况下的解决方案的特写表示

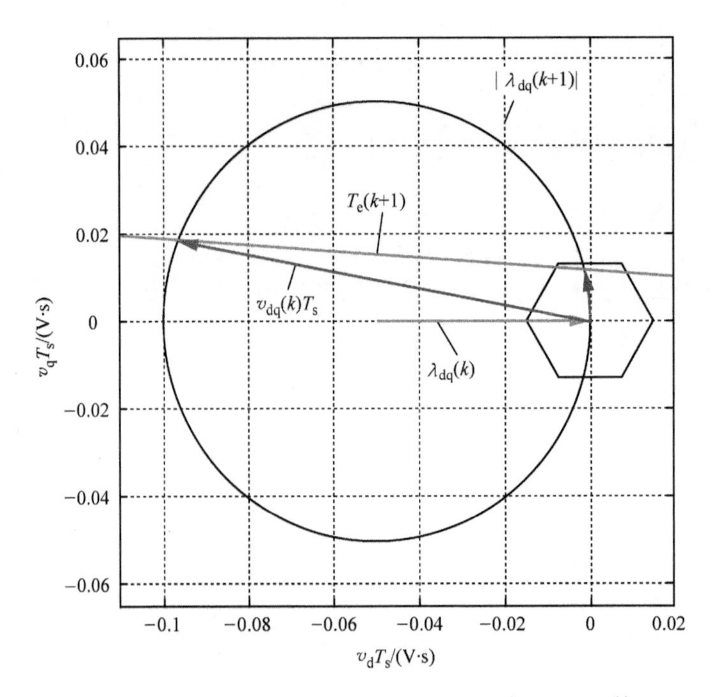

图 5.8 对于直接转矩和磁通控制无差拍解的图形表示（Lee 等，2011a）

如图 5.9 所示，其中所选择的电压矢量通过其伏秒特性清楚地表示出来。

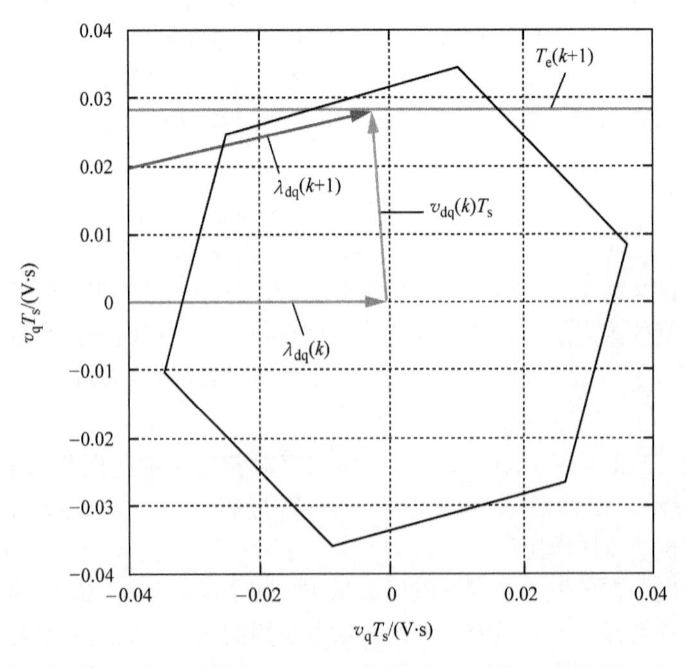

图 5.9 DBC 的选定电压以伏秒表示（Lee 等，2011a）

5.3　组合控制

第3章和第4章中介绍的矢量控制和DTC的不同方案，应用于永磁同步电机，表现出卓越的性能，例如快速的动态和准确的响应。然而，矢量控制和DTC的实施方式大不相同。矢量控制主要处理电机电流矢量控制，通过控制回路控制电机转矩和磁链；而DTC直接控制电机磁链幅值和转矩，没有任何电流控制。矢量控制通过脉宽调制（PWM）技术［如正弦PWM或空间矢量调制（SVM）］生成相应的电压指令，而DTC通过预定义的逆变器开关表确定所需的电压矢量指令。电机转子位置信息对于矢量控制下电机的正常运行是必不可少的，而DTC不需要这些信息。相反，DTC使用电流和电压测量来计算定子磁链位置。事实上，DTC可以看作是一种无传感器的电机控制方法。

更重要的是，矢量控制和DTC的数学基础和原理相去甚远。虽然矢量控制下的电机是在一个旋转参考坐标系中进行表述的，定向于转子或定子磁链，但DTC需要一个静止参考坐标系中的电机公式。矢量控制顾名思义就是电流矢量控制，而DTC可以看成是磁链矢量控制。

迄今为止，矢量控制和DTC之间的主要区别一直是许多研究的重点。这些研究通常试图将这些差异转化为具体的性能差异，包括转矩和磁链脉动、逆变器开关频率等。事实上，矢量控制和DTC的理论和实践上的分歧掩盖了两种方法基本性能的相似性，即迅速和准确。这两种方法下电机的基本性能非常接近，除非寻求特定操作条件下的特定应用，否则很难得出支持任何一种方法的一般结论。甚至，在许多应用中，这两种方法都可以通过对原始矢量控制和DTC的微小修改提供卓越的电机性能。

尽管矢量控制和DTC在理论和实践上存在差异，但两者的性能相似，这就提出了一个关于矢量控制和DTC基本原理的严肃问题：矢量控制和DTC是否存在一个共同的基础，使得这两种方法尽管存在差异，但仍具有卓越的性能？答案是肯定的。这两种方法在理论和实践上具有共同的基础。然而，采用常规的电机模型很难得到这个基础。利用电机转矩和磁链的偏差模型，可以证明矢量控制和DTC之间有相似之处，并达到了控制方法的共同基础（Vaez－Zadeh和Jalali，2007；Shafaie和Vaez－Zadeh，2011）。该基础显示了如何用磁链控制取代电流控制，反之亦然。因此，选择矢量控制和DTC中一致的部分来构建组合控制系统，该系统既保持了矢量控制和DTC的共同性能特征，又克服了这些方法在结构和性能上的一些缺陷。

5.3.1 组合控制的共同基础

组合控制方法的主要作用是提高被控制系统的动态性能。系统的动态特性是由系统变量对时间的相互偏差决定的。因此，在考虑控制方法时，处理电机变量的偏差比处理变量本身更方便。电力电子变换器的开关特性提供了考虑开关间隔中的可变偏差的机会。考虑到开关的高频率，在开关间隔期间假设电机变量的线性偏差是方便的。因此，在分析电机时使用电机的线性化偏差模型，以达到控制方法的基础。这个简化的模型为基本的电机动力学提供了清晰的见解，并使找到共同的基础成为可能。

回忆一下第2章中电机产生的转矩

$$T_e = \frac{3}{2}P[\lambda_d i_q - \lambda_d i_d] \tag{5.3.1}$$

式中，d轴和q轴磁链分量分别为

$$\lambda_d = L_d i_d + \lambda_m,\ \lambda_q = L_q i_q \tag{5.3.2}$$

式中，L_d和L_q分别代表d轴和q轴电感。

将式（5.3.2）中的d轴和q轴磁链代入式（5.3.1）得到

$$T_e = \frac{3}{2}P[\lambda_m + (L_d - L_q)i_d]i_q \tag{5.3.3}$$

假设在短时间间隔内线性变化，式（5.5.3）的偏差模型为

$$\Delta T_e = K_1\Delta i_d + K_2\Delta i_q \tag{5.3.4}$$

式中

$$\begin{aligned} K_1 &= \frac{3}{2}P(L_d - L_q)i_q \\ K_2 &= \frac{3}{2}P[\lambda_m + (L_d - L_q)i_d] \end{aligned} \tag{5.3.5}$$

这意味着围绕工作点的小转矩偏差，由当前分量i_d和i_q决定，是当前分量偏差Δi_d和Δi_q的一个加权函数。

因此，可以通过控制这两个电流偏差来控制T_e，换句话说，可以通过控制如下电流偏差矢量$\Delta\bar{i}_s$来控制电机转矩：

$$\Delta\bar{i}_s = \Delta i_d + j\Delta i_q \tag{5.3.6}$$

另一方面，可以从式（5.3.2）中找到d轴和q轴电流并将它们代入式（5.3.1）以获得

$$T_e = \frac{3}{2}P\left[\frac{\lambda_m}{L_d} + \left(\frac{L}{L_q} - \frac{1}{L_d}\right)\lambda_d\right]\lambda_q \tag{5.3.7}$$

假设在短时间间隔内线性变化，式（5.3.7）的偏差模型为

$$\Delta T_e = K_3 \Delta\lambda_d + K_4 \Delta\lambda_q \tag{5.3.8}$$

式中

$$K_3 = \frac{3}{2}P\left(\frac{1}{L_q} - \frac{1}{L_d}\right)\lambda_q$$
$$K_4 = \frac{3}{2}P\left[\frac{\lambda_m}{L_d} + \left(\frac{1}{L_q} - \frac{1}{L_d}\right)\lambda_d\right] \tag{5.3.9}$$

这意味着围绕工作点的小转矩偏差，由磁链分量 λ_d 和 λ_q 决定，是分量偏差 $\Delta\lambda_d$ 和 $\Delta\lambda_q$ 的加权和。

因此，可以通过控制这两个磁链偏差来控制 T_e，换句话说，可以通过控制如下磁链偏差矢量 $\Delta\bar{\lambda}_s$ 来控制电机转矩：

$$\Delta\bar{\lambda}_s = \Delta\lambda_d + j\Delta\lambda_q \tag{5.3.10}$$

将式（5.3.4）和式（5.3.5）与式（5.3.8）和式（5.3.9）分别进行比较，则下式是成立的：

$$\frac{\Delta\lambda_d}{\Delta i_d} = \frac{K_1}{K_3} = L_d,\quad \frac{\Delta\lambda_q}{\Delta i_q} = \frac{K_2}{K_4} = L_q \tag{5.3.11}$$

这意味着在 $K_1 \sim K_3$ 和 $K_2 \sim K_4$ 之间的线性关与 $\Delta\lambda_d - \Delta i_d$ 和 $\Delta\lambda_q - \Delta i_q$ 之间的线性关系相同。这表明用电流偏差或磁链偏差来表示转矩动力的明显对比是表面的，它们与式（5.3.11）所示基本相同。其共同基础是电机转矩偏差等于两个偏差变量的加权和，可以表示为电流分量，也可以表示为等效磁链分量。尽管这两种方法在数学表述和实际应用中存在差异，但该共同基础在矢量控制和 DTC 下提供了相同的基本电机性能。

矢量控制和 DTC 的共同基础也可以在定子磁链参考坐标系中来证明。现在结合表贴式永磁同步电机解释此参考系的基础。这些电机的转矩方程

$$T_e = \frac{3}{2}P\lambda_m i_q = \frac{3}{2}\frac{P}{L_s}\lambda_m\lambda_s\sin\delta \tag{5.3.12}$$

然后获得线性化转矩偏差为

$$\Delta T_e = \frac{3}{2}\frac{P}{L_s}\lambda_m(\sin\delta\Delta\lambda_s + \lambda_s\cos\delta\Delta\delta) \tag{5.3.13}$$

参考图5.10，可以定义磁链矢量偏差 $\Delta\bar{\lambda}_s$ 如式（5.3.14）所示，具有实分量 $\Delta\lambda_F$ 和虚分量 $\Delta\lambda_T$，分别沿磁链矢量和垂直于磁链矢量：

$$\Delta\bar{\lambda}_s = \Delta\lambda_F + j\Delta\lambda_T \tag{5.3.14}$$

式中，分量以如下良好的近似值给出：

$$\Delta\lambda_F = \Delta\lambda_s,\quad \Delta\lambda_T = \lambda_s\Delta\delta \tag{5.3.15}$$

将式（5.3.15）代入式（5.3.13）可得

$$\Delta T_e = K_5\Delta\lambda_F + K_6\Delta\lambda_T \tag{5.3.16}$$

式中，系数 K_5 和 K_6 是线性化工作点处的常数，表示如下：

$$K_5 = \frac{3}{2}\frac{P}{L_s}\lambda_m \sin\delta, \ K_6 = \frac{3}{2}\frac{P}{L_s}\lambda_m \cos\delta \tag{5.3.17}$$

这意味着围绕工作点的小转矩偏差，由磁链分量 λ_F 和 λ_T 决定，是一个加权分量偏差的总和。因此，通过其分量控制 $\Delta\bar{\lambda}_s$ 可以控制 T_e。

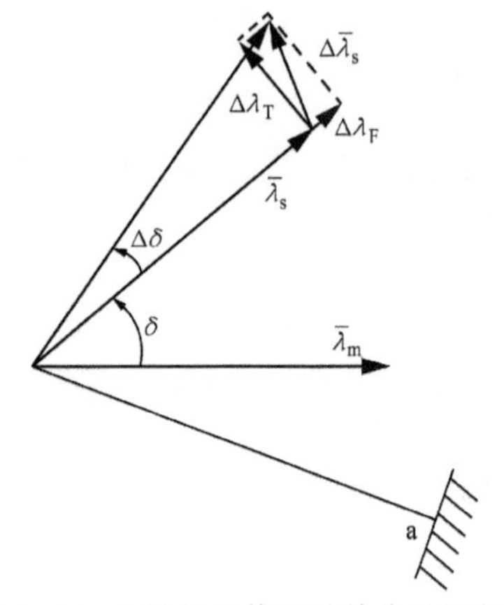

图 5.10 磁链矢量偏差随其分量的变化

此外，从表贴式永磁同步电机方程式（5.1.11）可以获得以下线性化关系，其中假设在起动时转子磁链矢量在逆变器开关周期的短间隔内没有明显变化：

$$\Delta\bar{\lambda}_s = L_s \Delta\bar{i}_s \tag{5.3.18}$$

使用式（5.3.18），得到以下磁链偏差：

$$\Delta\lambda_F = L_s\Delta i_F, \quad \Delta\lambda_T = L_s\Delta i_T \tag{5.3.19}$$

将式（5.3.19）中的磁链偏差代入式（5.3.16）得到

$$\Delta T_e = K_7\Delta i_F + K_8\Delta i_T \tag{5.3.20}$$

式中

$$K_7 = \frac{3}{2}P\lambda_m \sin\delta, \quad K_8 = \frac{3}{2}P\lambda_m \cos\delta \tag{5.3.21}$$

这意味着工作点附近的小转矩偏差是电流分量偏差 Δi_F 和 Δi_T 的线性函数。因此，可以通过控制这两个电流偏差来控制 T_e，换句话说，可以通过控制如下电流矢量偏差 $\Delta\bar{i}_s$ 来控制电机转矩

$$\Delta\bar{i}_s = \Delta i_F + j\Delta i_T \tag{5.3.22}$$

当式（5.3.16）和式（5.3.17）与式（5.3.20）和式（5.3.21）分别进行比较时，下式成立：

$$\frac{K_7}{K_5} = \frac{K_8}{K_6} = L_s \tag{5.3.23}$$

它们意味着 $K_5 \sim K_7$ 和 $K_6 \sim K_8$ 之间存在线性关系。这再次表明用电流偏差或磁链偏差表示转矩动态是基本相同的。也为矢量控制中的电流矢量控制和 DTC 中的磁链矢量控制提供了一个共同基础，尽管两种方法在数学表达和实际应用上存在差异。

由式（5.3.11）和式（5.3.23）证明的矢量控制和 DTC 的共同基础提供了在实现电机转矩控制系统时用电流控制代替磁链控制的可能性，反之亦然。下面将其解释为组合控制（CC）。

5.3.2　永磁同步电机的组合控制

将式（5.3.16）和式（5.3.20）分别与式（5.3.17）和式（5.3.21）进行比较，证明了磁链偏差分量与电流偏差分量的线性相关性，即

$$\Delta\lambda_{\mathrm{F}} \propto \Delta i_{\mathrm{F}}, \quad \Delta\lambda_{\mathrm{T}} \propto \Delta i_{\mathrm{T}} \tag{5.3.24}$$

式（5.3.24）的简单依赖性在于使用电机转矩、电流和磁链偏差，而不是变量本身。无论采用何种控制方法，式（5.3.24）的关系都是有效的。因此，它暗示了电流矢量控制和磁链矢量控制的类比，特别是矢量控制和DTC在偏移信号的帮助下的类比。这种解释矢量控制和DTC的共同基础允许通过选择两种方法中适当的部分将矢量控制和DTC结合起来。

众所周知，在DTC方法中，转矩的变化是通过根据定子磁通矢量的幅值和角度选择合适的电压矢量来实现的，由于定子电压矢量的选择更快，因此转矩响应更快。这是因为使用预定的开关表而不是更耗时的PWM。此外，使用提供的开关表输入的快速滞环控制器会使DTC的动态响应更快。因此，可为组合控制选择滞环控制器和开关表，取代PI电流控制器和PWM，以保持快速动态。

另一方面，矢量控制使用电流控制器而不是磁链和转矩控制器来生成电压指令。因此，不需要转矩和磁链反馈。此外，不需要磁链和转矩估计。因此，组合控制使用电流控制器，而不是磁链和转矩控制器。

通过在单个实现中组合矢量控制和DTC的选定部分，形成了如图5.11所示的组合控制系统（Shafaie和Vaez - Zadeh，2012）。可以看出，转矩和磁链指令用于根据任何所需的弱磁方案生成电流分量指令。指令电流分量与反馈电流进行比较，以提供如矢量控制中的电流误差。将误差应用于迟滞控制器以确定开关标志τ和φ。这些标志与定子磁链矢量的角度δ_{s}一起用作开关表的输入以选择逆变器电压矢量。开关表与传统DTC中的开关表相同，只是输入电流标志而不是磁链和转矩标志。然而，电流标志是由电流误差产生的，电流误差与式（5.3.24）所示的磁链和转矩误差成正比。式（5.3.24）中给出的比例在组合控制中具有深远的作用，因为它们允许使用与电流控制器连接的相同DTC开关表。定子磁链角通过4.2节中介绍的方案计算。此外，可以通过将式（2.6.17）与式（2.6.22）和式（2.6.23）结合使用来找到电流指令，其中在方程中使用了转矩和磁链指令。

也可以使用定子电流空间矢量的角度α_{s}，作为开关表的输入，代替δ_{s}，开关表应该针对当前矢量进行修改。

组合控制下永磁同步电机的性能如图5.12～图5.14所示。电机参数见表3.1。为了比较，矢量控制和DTC下的相同电机性能也展示出来。寻求相同的

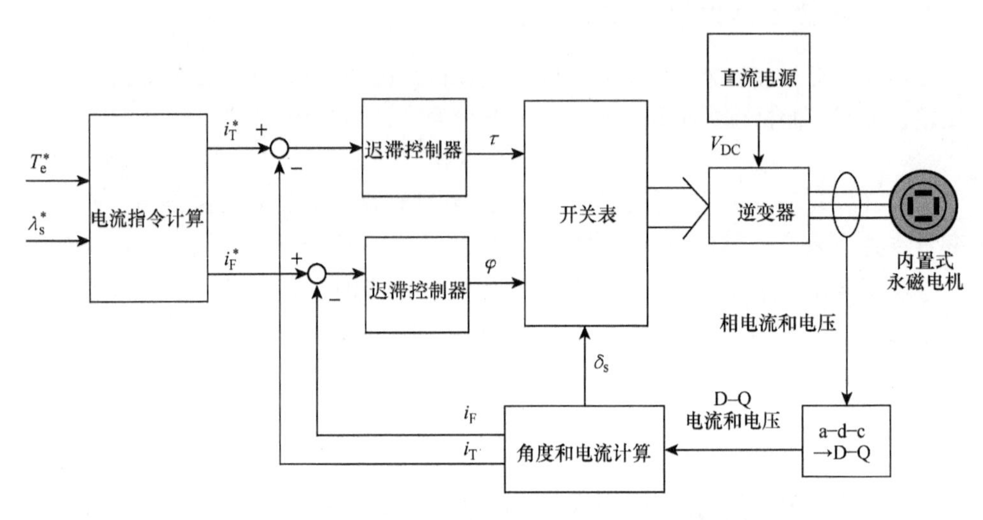

图 5.11 应用于永磁同步电机的组合控制框图

运行条件（Shafaie 和 Vaez - Zadeh，2012）。图 5.12 显示了三种控制方法下电机产生的转矩。组合控制下的转矩发展相对于 DTC 的脉动要小，但比矢量控制的脉动要多。这些特性分别归因于间接转矩控制和电流滞后控制器的使用。图 5.13显示了这三种控制系统下的定子相电流。可以看出，所提出的控制方法下的电流纹波要小于 DTC 下的电流纹波。如图 5.12 所示，这会导致较小的转矩脉动。图 5.14显示了三种控制方法下的定子磁链轨迹。很明显，组合控制下的轨迹倾向于比矢量控制下的轨迹更快地旋转磁链矢量，而比 DTC 下的轨迹更慢。此外，纹波比 DTC 下的要小，而比矢量控制下的要大。这是由于在 DTC 中直接控制定子磁链，而在组合控制和矢量控制中间接控制定子磁链。

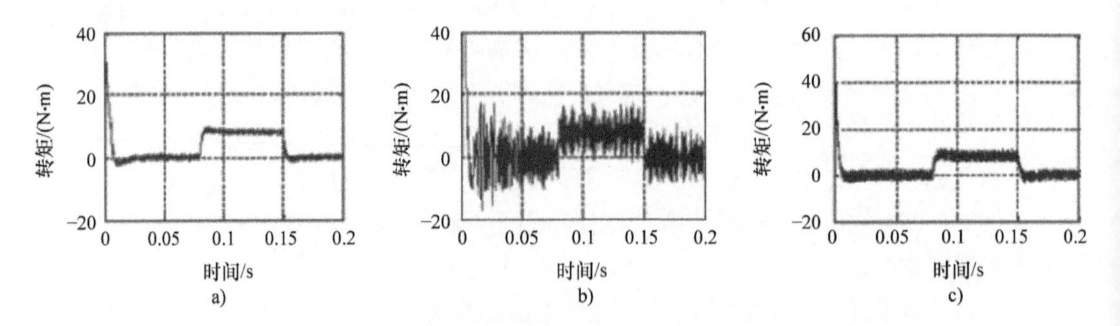

图 5.12 电机转矩动态：a）矢量控制；b）DTC；
c）组合控制（Shafaie 和 Vaez - Zadeh，2012）

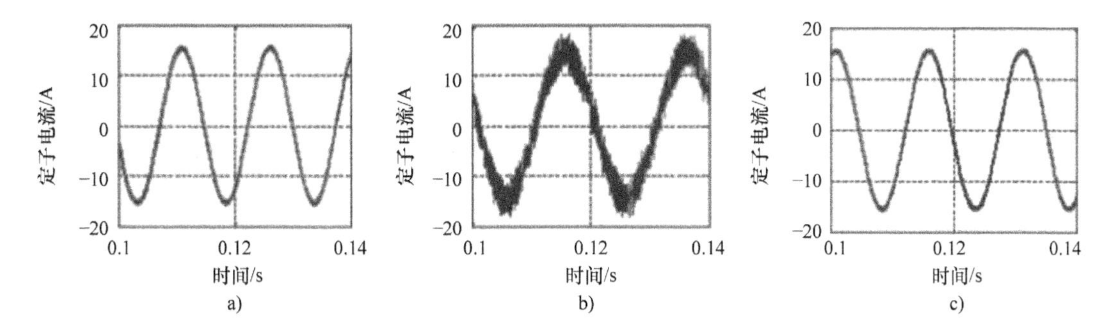

图5.13 定子相电流：a）矢量控制；b）DTC；c）组合控制（Shafaie 和 Vaez – Zadeh，2012）

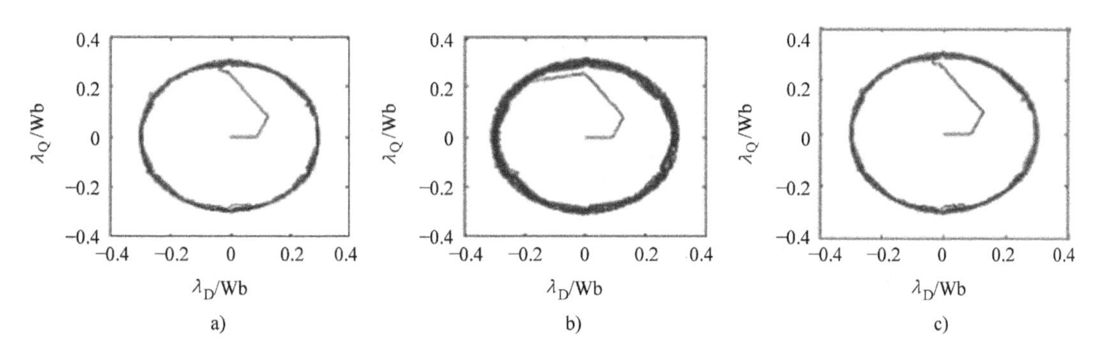

图5.14 定子磁链轨迹：a）矢量控制；b）DTC；c）组合控制（Shafaie 和 Vaez – Zadeh，2012）

5.4 小结

本章介绍了永磁同步电机的三种控制方法，包括 MPC、DBC 和组合控制。作为通用控制方法的预测控制适用于永磁同步电机。首先在离散时域中解释该方法的基本原理。该方法针对所有可能的输入在时间窗口中预测输出。然后，它计算一个目标函数，包括与所有预测输出的输出误差相对应的项，并选择输入，使窗口中的目标函数最小化。最后，它将下一个实例的输入应用于工厂。该方法通过永磁同步电机的离散时间模型应用于表贴式永磁同步电机。目标函数定义为 q 轴电流误差平方和 MTPA 条件平方的加权和。

DBC 使用电机的逆模型来计算每个采样实例的期望输入，以在一个采样周期达到参考信号。为计算所需的电压矢量分量，本章介绍了一种永磁同步电机的反向电流模型。然后，它适用于直接磁通和转矩控制。必需的计算电压分量以满足一对磁链和转矩误差。

组合控制的介绍首先证明电机转矩偏差可以通过电流分量偏差或磁链分量偏差加权和来表示。进一步证明，电流和磁链偏差是成正比的。然后得出结论，电流矢量控制的转矩控制和磁链控制的转矩控制基本相同。因此，可以为单个控制系统选择矢量控制和 DTC 的特定部分。基于此推理，将包含磁滞电流控制器和开关表的组合控制系统应用于永磁同步电机。该系统缺少计算密集的 PWM 和转矩估计部分。展示了控制系统下的电机性能。结果表明，电机动态变化比矢量控制下更快，比 DTC 下更平滑。

习　题

P. 5. 1　在组合控制中考虑电流和电压的限制。

P. 5. 2　在考虑单位功率因数的条件下，设计永磁同步电机预测电流控制的目标函数。

P. 5. 3　在考虑 MTPA 条件下，设计磁链预测和转矩控制的目标函数。

P. 5. 4　对 DTC 和基于模型的预测控制的计算量进行粗略的比较。

P. 5. 5　在定子磁链参考坐标系下，推导出 DBC 的计算公式，以获得合适的永磁同步电机电压矢量。

P. 5. 6　用基于电流矢量区域的开关表代替基于磁链矢量区域的开关表设计组合控制系统是可行的。通过与磁链矢量系统比较，讨论该系统的优点。

P. 5. 7　在内置式永磁电机定子磁链参考坐标系中，考虑矢量控制和 DTC 的共同基础。

P. 5. 8　根据转矩和定子磁链指令，确定组合控制中的电流指令。

P. 5. 9　根据第 4 章给出的 d 轴电流指令，对组合控制和 DTC 系统进行比较。

P. 5. 10　在定子磁链参考坐标系中，比较采用迟滞电流控制器的组合控制系统和矢量控制系统。

P. 5. 11　如第 4 章所述，与空间矢量调制 - 直接转矩控制（SVM - DTC）进行比较，组合控制具有闭环转矩和磁链控制。

参考文献

Abbaszadeh, A., Khaburi, D.A., Kennel, R., and Rodríguez, J. (2017). Hybrid exploration state for the simplified finite control set-model predictive control with a deadbeat solution for reducing the current ripple in permanent magnet synchronous motor. *IET Electric Power Appl.* 11(5), 823–835.

Alexandrou, A.D., Adamopoulos, N.K., and Kladas, A.G. (2016). Development of a constant switching frequency deadbeat predictive control technique for field-oriented synchronous permanent-magnet motor drive. *IEEE Trans. Ind. Electron.* 63(8), 5167–5175.

Boulghasoul, Z., Elbacha, A., and Elwarraki, E. (2012). Intelligent control for torque ripple minimization in combined vector and direct controls for high performance of IM drive. *J. Electric. Eng. Technol.* 7(4), 546–557.

Boulghasoul, Z., Elbacha, A., Elwarraki, E., and Yousfi, D. (2011). Combined vector control and direct torque control an experimental review and evaluation. In: *International Conference on Multimedia Computing and Systems*, pp. 1–6. IEEE, Piscataway, NJ.

Chen, X-a., Shan, W-t., He, Y., Lu, Y-y., and Liu, J-f. (2013). The research on hybrid drive and control technique of high-speed motorized spindle based on adaptive fuzzy neural network control. *Proc. Inst. Mech. Eng., Part I, J. Syst. Control Eng.* 228(6), 3–11.

Chen, Y., Sun, D., Lin, B., Ching, T., and Li, W. (2015). Dead-beat direct torque and flux control based on sliding-mode stator flux observer for PMSM in electric vehicles. In: *41st Annual Conference of the IEEE Industrial Electronics Society*, pp. 2270–2275. IEEE, Piscataway, NJ.

Chiang, G.T., Itoh, J-i., Lee, J.S., and Lorenz, R.D. (2012). Performance evaluation of interior permanent magnet synchronous machines using deadbeat-direct torque flux control in an indirect matrix converter with a reactor free boost converter. In: *IEEE Energy Conversion Congress and Exposition*, pp. 4008–4014. IEEE, Piscataway, NJ.

Errouissi, R., Al-Durra, A., Muyeen, S.M., and Leng, S. (2017). Continuous-time model predictive control of a permanent magnet synchronous motor drive with disturbance decoupling. *IET Electric Power Applications*, 22 pp.

Farasat, M. and Karaman, E. (2011). Efficiency-optimized hybrid field oriented and direct torque control of induction motor drive. In: *International Conference on Electrical Machines and Systems*, pp. 1–4. IEEE, Piscataway, NJ.

Farasat, M., Karaman, E., Trzynadlowski, A.M., and Fadali, M.S. (2012). Hybrid field orientation and direct torque control for electric vehicle motor drive with an extended Kalman filter. In: *Energytech, IEEE*, pp. 1–6. IEEE, Piscataway, NJ.

Farasat, M., Trzynadlowski, A.M., and Fadali, M.S. (2014). Efficiency improved sensorless control scheme for electric vehicle induction motors. *IET Electric. Syst. Transport.* 4(4), 122–131.

Fuentes, E., Kalise, D., Rodríguez, J., and Kennel, R. M. (2014). Cascade-free predictive speed control for electrical drives. *IEEE Trans. Ind. Electron.* 61(5), 2176–2184.

Fuentes, E., Rodriguez, J., Silva, C., Diaz, S., and Quevedo, D. (2009). Speed control of a permanent magnet synchronous motor using predictive current control. In: *Proceedings of the International Power Electronics and Motion Control Conference*, pp. 390–395. IEEE, Piscataway, NJ.

Fuentes, E.J., Silva, C., Quevedo, D.E., and Silva, E.I. (2009). Predictive speed control of a synchronous permanent magnet motor. In: *IEEE International Conference on Industrial Technology*, pp. 1–6. IEEE, Piscataway, NJ.

Gehlot, N. and Alsina, P. (1991). Deadbeat controlled field oriented induction motor with reduced order rotor flux observer. In: *International* Conference on Industrial Electronics, Control and Instrumentation, pp. 573–578. IEEE, Piscataway, NJ.

Hassaine, S., Moreau, S., Ogab, C., and Mazari, B. (2007). Robust speed control of PMSM using generalized predictive and direct torque control techniques. In: *IEEE International Symposium on Industrial Electronics*. IEEE, Piscataway, NJ, pp. 1213–1218.

Karimi, H., Vaez-Zadeh, S., and Salmasi, F.R. (2016). Combined vector and direct thrust control of linear induction motors with end effect compensation. *IEEE Trans. Energy Convers.* 31(1), 196–205.

Kennel, R., Linder, A., and Linke, M. (2001). Generalized predictive control (GPC)-ready for use in drive applications? In: *2001 IEEE 32nd Annual Power Electronics Specialists Conference*, pp. 1839–1844. IEEE, Piscataway, NJ.

Kenny, B. H. (2001). *Deadbeat Direct Torque Control of Induction Machines Using Self-sensing at Low and Zero Speed.* University of Wisconsin, Madison, WI.

Kenny, B.H. and Lorenz, R.D. (2001). Stator and rotor flux based deadbeat direct torque control of induction machines. In: *Conference Record of the 2001 IEEE Industry Applications Conference, 36th IAS Annual Meeting*, pp. 133–139. IEEE, Piscataway, NJ.

Lee, J-H., Kim, C-G., and Youn, M-J. (2002). A dead-beat type digital controller for the direct torque control of an induction motor. *IEEE Trans. Power Electron.* 17(5), 739–746.

Lee, J.S., Choi, C-H., Seok, J-K., and Lorenz, R.D. (2009). Deadbeat direct torque and flux control of interior permanent magnet machines with discrete time stator current and stator flux linkage observer. In: *IEEE Energy Conversion Congress and Exposition*, pp. 2504–2511. IEEE, Piscataway, NJ.

Lee, J.S., Choi, C-H., Seok, J-K., and Lorenz, R.D. (2011a). Deadbeat-direct torque and flux control of interior permanent magnet synchronous machines with discrete time stator current and stator flux linkage observer. *IEEE Trans. Ind. Appl.* 47(4), 1749–1758.

Lee, J.S., Xu, W., Hurst, Z., Bradley, B., Quattrone, F., and Lorenz, R.D. (2011b). Time optimal torque control and loss minimization in AC machines using deadbeat direct torque and flux control. In: *International Conference on Electrical Machines and Systems*, pp. 1–6. IEEE, Piscataway, NJ.

Lee, J.S., and Lorenz, R.D. (2014). Deadbeat direct torque and flux control of IPMSM drives using a minimum time ramp trajectory method at voltage and current limits. *IEEE Trans. Ind. Appl.* 50(6), 3795–3804.

Lee, J.S., Lorenz, R.D., and Valenzuela, M.A. (2014). Time-optimal and loss-minimizing deadbeat-direct torque and flux control for interior permanent-magnet synchronous machines. *IEEE Trans. Ind. Appl.* 50(3), 1880–1890.

Lee, J.S. and Lorenz, R.D. (2016). Robustness analysis of deadbeat-direct torque and flux control for IPMSM drives. *IEEE Trans. Ind. Electron.* 63(5), 2775–2784.

Lee, K-B., Blaabjerg, F., and Lee, K-W. (2005). A simple DTC-SVM method for matrix converter drives using a deadbeat scheme. In: *European Conference on Power Electronics and Applications*, pp. 1–10. IEEE, Piscataway, NJ.

Lee, K-B., Bae, C-H., and Blaabjerg, F. (2006). An improved DTC-SVM method for matrix converter drives using a deadbeat scheme. *Int. J. Electron.* 93(11), 737–753.

Le-Huy, H., Slimani, K., and Viarouge, P. (1994). Analysis and implementation of a real-time predictive current controller for permanent-magnet synchronous servo drives. *IEEE Trans. Ind. Electron.* 41(1), 110–117.

Linder, A., Kanchan, R., Kennel, R., and Stolze, P. (2010). *Model-based Predictive Control of Electric Drives*. Cuvillier, Göttingen.

Lorenz, R. (2008). The emerging role of dead-beat, direct torque and flux control in the future of induction machine drives. In: *11th International Conference on Optimization of Electrical and Electronic Equipment*, pp. xix–xxvii. IEEE, Piscataway, NJ.

Mariethoz, S., Domahidi, A., and Morari, M. (2009). Sensorless explicit model predictive control of permanent magnet synchronous motors. In: *IEEE International Electric Machines and Drives Conference*, pp. 1250–1257. IEEE, Piscataway, NJ.

Mohammadi, J., Vaez-Zadeh, S., Afsharnia, S., and Daryabeigi, E. (2014). A combined vector and direct power control for DFIG-based wind turbines. *IEEE Trans. Sustain. Energy* 5(3), 767–775.

Moon, H-T., Kim, H-S., and Youn, M-J. (2003). A discrete-time predictive current control for PMSM. *IEEE Trans. Power Electron.* 18(1), 464–472.

Morel, F., Lin-Shi, X., Retif, J-M., and Allard, B. (2008). A predictive current control applied to a permanent magnet synchronous machine, comparison with a classical direct torque control. *Electric Power Syst. Res.* 78(8), 1437–1447.

Morel, F., Lin-Shi, X., Rétif, J-M., Allard, B., and Buttay, C. (2009). A comparative study of predictive current control schemes for a permanent-magnet synchronous machine drive. *IEEE Trans. Ind. Electron.* 56(7), 2715–2728.

Neves, F., Menezes, B., and Silva, S. (2004). A stator flux oriented induction motor drive with deadbeat direct torque and flux control. *Electric Power Components Syst.* 32(12), 1319–1330.

Obermann, T.R., Hurst, Z.D., Bradley, B.F., and Lorenz, R.D. (2010). Deadbeat-direct torque & flux control motor drive using a single control law to minimize motor losses. In: *International Conference on Electrical Machines and Systems*, pp. 742–747. IEEE, Piscataway, NJ.

Obermann, T.R., Hurst, Z.D., and Lorenz, R.D. (2010). Deadbeat-direct torque & flux control motor drive over a wide speed, torque and flux operating space using a single control law. In: *IEEE Energy Conversion Congress and Exposition*, pp. 215–222. IEEE, Piscataway, NJ.

Olavarría, G.D., Fernández, F.M., and Alaküla, M. (2014). FPGA implementation of a deadbeat direct torque and flux control scheme for induction machines. In: *International Conference on Electrical Machines*, pp. 776–782. IEEE, Piscataway, NJ.

Pacas, M. and Weber, J. (2005). Predictive direct torque control for the PM synchronous machine. *IEEE Trans. Ind. Electron.* 52(5), 1350–1356.

Richter, J. and Doppelbauer, M. (2016). Predictive trajectory control of permanent-magnet synchronous machines with nonlinear magnetics. *IEEE Trans. Ind. Electron.* 63(6), 3915–3924.

Rodriguez, J. and Cortes, P. (2012). *Predictive Control of Power Converters and Electrical Drives*, John Wiley & Sons, Chichester.

Saur, M., Piepenbreier, B., Xu, W., and Lorenz, R.D. (2014). Implementation and evaluation of inverter loss modeling as part of DB-DTFC for loss minimization each switching period. In: *16th European Conference on Power Electronics and Applications*, pp. 1–10. IEEE, Piscataway, NJ.

Shafaie, R. and Vaez-Zadeh, S. (2011). Toward a common framework for analysis of high performance controls of PMS motor drives. In: *2nd Power Electronics, Drive Systems and Technologies Conference*, pp. 241–245. IEEE, Piscataway, NJ.

Shafaie, R. and Vaez-Zadeh, S. (2012). A novel control method based on common framework of VC and DTC for IPMS motor drives. *J. Basic Appl. Sci. Res.* 2(4), 4251–4257.

Siami, M., Khaburi, D.A., Abbaszadeh, A., and Rodríguez, J. (2016). Robustness improvement of predictive current control using prediction error correction for permanent-magnet synchronous machines. *IEEE Trans. Ind. Electron.* 63(6), 3458–3466.

Suryawanshi, H., Patil, U., Renge, M., and Kulat, K. (2013). Modified combined DTC and FOC based control for medium voltage induction motor drive in SVM controlled DCMLI. *EPE J.* 23(4), 23–32.

Vaez-Zadeh, S. and Jalali, E. (2007). A combined vector control and direct torque control method for high performance induction motor drives. *Energy Convers. Manag.* 48(12), 3095–3101.

Vaez-Zadeh, S. and Daryabeigi, E. (2011). Combined vector and direct torque control methods for IPM motor drives using emotional controller (BELBIC). In: *2nd Power Electronics, Drive Systems and Technologies Conference*, pp. 145–150. IEEE, Piscataway, NJ.

Wang, B., Guo, W., Wang, Y., and Wang, Z. (2008). A deadbeat direct torque control of surface permanent magnet synchronous machines using space vector modulation. In:–*International Conference on Electrical Machines and Systems*, pp. 1086–1088.IEEE, Piscataway, NJ.

Wang, Y., Flieh, H., Lee, S-C., and Lorenz, R.D. (2015). Implementation issues and performance evaluation of deadbeat-direct torque and flux control drives. In: *IEEE International Electric Machines & Drives Conference*, pp. 953–959. IEEE, Piscataway, NJ.

Wipasuramonton, P., Zhu, Z., and Howe, D. (2006). Predictive current control with current-error correction for PM brushless AC drives. *IEEE Trans. Ind. Appl.* 42(4), 1071–1079.

Xu, W. and Lorenz, R.D. (2014). Dynamic loss minimization using improved deadbeat-direct torque and flux control for interior permanent-magnet synchronous machines. *IEEE Trans. Ind. Appl.* 50(2), 1053–1065.

Xu, W. and Lorenz, R.D. (2014). High-frequency injection-based stator flux linkage and torque estimation for DB-DTFC implementation on IPMSMs considering cross-saturation effects. *IEEE Trans. Ind. Appl.* 50(6), 3805–3815.

Xu, W. and Lorenz, R.D. (2014). Low switching frequency stator flux linkage observer for interior permanent magnet synchronous machines. In: *IEEE Energy Conversion Congress and Exposition*, pp. 5184–5191. IEEE, Piscataway, NJ.

Xu, W. and Lorenz, R.D. (2014). Reduced parameter sensitivity stator flux linkage observer in deadbeat-direct torque and flux control for IPMSMs. *IEEE Trans. Ind. Appl.* 50(4), 2626–2636.

Yang, M., Lang, X., Long, J., and Xu, D. G. (2017). A flux immunity robust predictive current control with incremental model and extended state observer for PMSM drive. *IEEE Trans. Power Electron.* 32(12), 9267–9279.

Zarei, M. E. and Asaei, B. (2013). Combined vector control and direct power control methods for DFIG under normal and unbalanced and distorted grid voltage conditions. In: *4th Electronics, Drive Systems and Technologies Conference*. IEEE, Piscataway, NJ, pp. 107–112.

第 6 章

转子位置和速度估计

目前，无传感器控制在永磁同步电机控制文献方面占主要部分。这也是现代商业产品在电机驱动领域的一个基本特征。因此，该领域在学术领域和市场的新兴创新领域收获压倒性的关注。

电机位置和速度控制是电机控制应用中最需要的控制环路。这些类型的控制环路需要实际的转子位置和/或速度信号。有几种方法可以检测电机控制系统的这些变量。通过使用不同的定律和规则，它们都可以归类为机械传感器。转速计、旋转变压器和编码器是此类设备中最常用的设备。根据应用要求，市场上有多种可用于以不同程度的精度感测转子位置或速度的产品。然而，它们通常会降低电机驱动系统的整体刚度，并增加其成本。此外，它们需要将电机连接到控制系统的连接线。业界通常认为这种接线很麻烦，尤其是在电机和控制系统相距较远的情况下。此外，连接可能会受到电磁噪声的影响，这通常存在于工业环境中。解决方案是屏蔽电线，这反过来又会给系统带来额外的成本。

因此，无传感器电机控制是一种替代机械传感器的节省成本的实用电机控制方法。大多数商用电机驱动器现在都在控制系统中嵌入了无传感器选项。使用该选项可提高电机系统的可靠性和刚性，并降低电机驱动系统的主要成本和维护成本。在商业产品中使用或在文献中介绍了许多无传感器控制方法。在现有方法中选择无传感器方法的优点在于它能够在静止、稳态和瞬态条件（包括加速和制动）下运行。低速瞬态运行尤为重要。位置和速度信号质量，包括所需的精度和无噪声，也是主要的关注点。在变化的参考速度和负载下工作的能力，包括阶跃反转和斜坡参考，是另一个标准。最后，必须提到对参数变化的鲁棒性这一品质因数。

6.1 转子位置估计方法

前面提到过，无传感器电机控制由于以下原因在实践中很有吸引力。由于其在整个电机运行范围内的精度、鲁棒性、快速性和工作能力等苛刻标准，它也具有挑战性。因此，位置和速度估计在过去的 20 年中已经成为一个活跃的研究领域，涌现了大量的文献。这也是由于存在各种应对挑战的机会。因此，有关文献中提出了各种位置和速度估计方法，其中许多方法能应用于永磁同步电机，或专门为这些电机开发。对于初始转子位置信号，即使是永磁同步电机的开环运行也是需要的（感应电机不需要的），与感应电机相比，其为永磁同步电机的转子位置估计带来了新的维度，并拓宽了相应的研究范围。因此，对永磁同步电机的位置和速度估计方法进行综合研究是很麻烦的。此外，通过单一安排对方法进行分类可能没有用，甚至不可能。尽管如此，本章旨在根据许多方案的交叉分类研究该领域选定的主要发展方向。

通常将永磁同步电机的位置估计分为两大类：基于反电动势的方法和基于凸极性的方法。这在一定程度上是合理的，因为这两种分类有着截然不同的原因。反电动势取决于转子的运动（电机运行），凸极性是电机的结构特性。然而，在扩展研究方法的基础上，很难将这些方法局限于这两种类型，原因之一是反电动势方法和凸极性方法的实现采用了不同的技术，这似乎是更重要的两个主要类别。例如，基于观测器的估计能够同时使用反电动势方法和凸极性方法。然而，基于观测器的估计已经成为位置和速度估计的主要类别。另一个原因是新方法的开发不能归入两个旧分类中的任何一个。假设位置估计就是一个例子。事实上，一方面，是由于不同位置和速度估计方法的广泛多样性；另一方面，它们在各个方面的重叠，使得该领域的分类成为一项艰巨的任务。尽管如此，在着手研究细节之前，对这一领域有一个大概的了解，即使这不是一个共识的问题，对了解这些方法的基本原理是有用的。此外，它有助于方法的比较和选择与应用程序保持一致。因此，尽管存在上述困难，但在此仍尝试对位置和速度估计方法进行分类。

转子位置和速度估计方法可分为5个主要类别，如图6.1所示。基于反电动势的方法，作为最传统的方法，对于凸极和隐极永磁同步电机仍然具有吸引力，因为它直接考虑了电机运行期间永磁极与定子绕组的相互作用。电动势取决于位置；因此，可以通过不同的方案对其进行操作以传递转子位置。如果永磁极和绕组之间存在相对运动，则会产生反电动势。因此，它不适用于零速和低速条件。使用两轴静止参考坐标系中的电机方程和原始电机变量方程的两种方案在本章的第二节中进行了介绍，并详细说明反电动势转子位置估计。

第二种方法是基于磁链矢量的位置和速度估计。该方法不仅考虑了磁体产生的反电动势，而且考虑了磁极提供的总磁链和绕组电流。这种方法适用于凸极和隐极永磁同步电机。但是，由于与前面提到的方法类似的原因，它不能用于零速时的位置估计。它在低速条件下也不准确。该方法分为4种不同的方案，首先是传统的集成方案，然后是改进后的低通滤波器方案。此外，为了避免磁链位置的导数，还提出了磁链速度估计方案。如果将转矩角与磁链角相加，就可以得到转子位置。因此，还提出了一种转矩角估计方案。

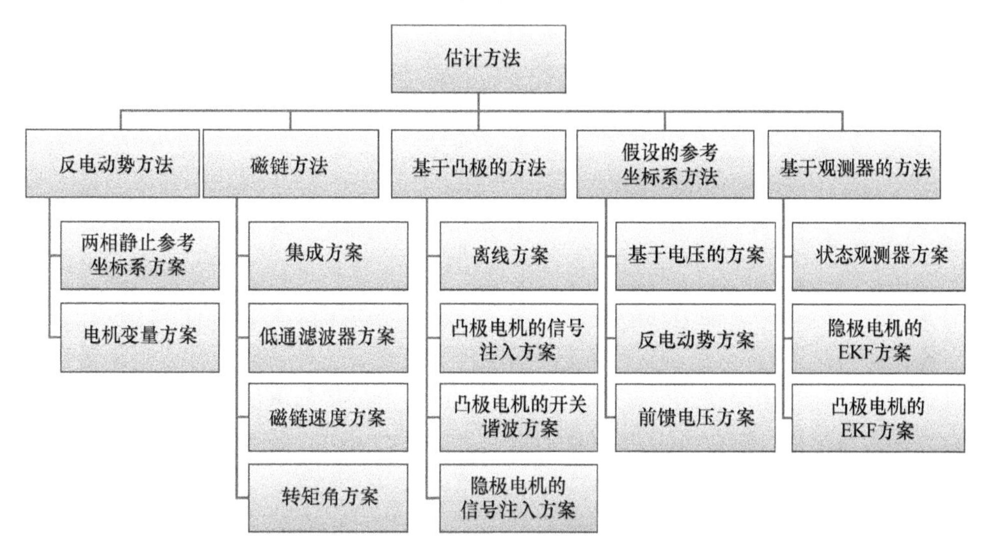

图 6.1　位置和速度估计方法和方案的分类

绕组电感是转子位置的函数这一事实是基于凸极的方法的基础。这种方法能够在整个速度范围内估计转子位置，包括零速。文献中有许多不同的方案考虑了该方法。传统上，它仅在凸极电机的离线方案中采用。然而，在线方案采用高频信号更有吸引力。转子位置可以从高频信号获取，叠加在正常电机变量上，例如电流分量。高频信号可以通过向逆变器中注入额外的高频参考电压来产生。由于磁饱和，隐极电机在高频下也会出现凸极性，所以该方案既适用于凸极永磁同步电机，也适用于隐极永磁同步电机。凸极方法可以通过使用由通常的逆变器开关引起的高频谐波来实现，而不是注入额外的信号。

转子位置估计的第四大类是指假设的转子位置或参考系方法。该方法背后的主要思想是在沿假设转子位置定向的参考坐标系中呈现电机模型。假设转子位置和未知实际位置之间的误差由使用测量的电机信号的电机模型估计。随着计算的进行，误差通过 PI 控制器减少；因此，假设位置接近实际转子位置。本章包含了基于该方法的不同转子估计方案，包括基于电压和反电动势的方案。此外，对隐极电机讨论了类似的前馈电压方案。

最后一种转子位置估计方法是基于闭环观测器。此类别下有许多不同的方案，通常与之前回顾的其他类别的基本原理有重叠。一个简单的基于观测器的转子定位方案是状态观测器方案。永磁同步电机的状态模型用于通过确定反馈增益来设计估计器。估计器受参数变化误差和噪声的影响。因此，EKF 被用作最常见的基于转子和速度估计方案的观测器的基础。它可用于整个速度范围，包括零速。尽管该方法的理论复杂性和计算强度很高，但对不准确和噪声测量的鲁棒性使得该方法对商业产品具有吸引力。本章介绍了两种用于隐极电机和凸极电机的 EKF 估计方案。其他方法如模糊逻辑和神经网络估计方法，也有部分文献对其进行了研究，但本章不再进一步阐述（Vas，1998，1999）。

6.2　基于反电动势的方法

在永磁同步电机中，根据法拉第定律，转子磁体的运动会在电枢绕组中感应出交变的反电动势。反电动势的瞬时幅度取决于磁体相对于绕组的位置。因此，当转子没有失速时，可以从反电动势确定转子位置。这种位置估计方法需要在电机运行时从相电压中提取定子相绕组中的感应反电动势。在这方面，该方法最适合无刷直流电机，其中逆变器不总是为一个相绕组供电。因此，通过监测该相的端电压可以很容易地检测到该相中感应的反电动势。然而，在永磁同步电机中，需要将反电动势与绕组中的电流相关电压区分开来，即欧姆电压降和绕组电流的感应电压。为此目的，已有文献提出了许多不同的方案，本节介绍其中的两个。此外，6.4.2 节在假设转子位置法下介绍了第三种方案。通过反电动势检测方法进行的转子位置估计不能在零速时进行位置估计，因为在静止时没有反电动势。此外，由于低反电动势和噪声主导，低速时的位置估计会恶化。

6.2.1　两相静止参考坐标系方案

两相静止参考坐标系中的电机定子电压方程由式（2.4.4）和式（2.4.5）给出。这些方程中磁链分量的导数包含 D 轴和 Q 轴磁体产生的反电动势分量，即 e_{mD}和 e_{mQ}，如下：

$$e_{mD} = -\omega_r\lambda_m\sin\theta_r \tag{6.2.1}$$

$$e_{mQ} = \omega_r\lambda_m\cos\theta_r \tag{6.2.2}$$

可以看出，它们包含以 $\sin\theta_r$和 $\cos\theta_r$表示的转子位置信息。如果 D 轴和 Q 轴电流和电压分量可从测量的相电流和电压中获得，则反电动势项可以在线通过式（6.2.1）和式（6.2.2）计算。如果逆变器的开关间隔与电机的电气时间常数相比较短，则可以将参考电压替换为逆变器的实际电压，从而节省电压传感器。当然，它消除了对感测电压的必要操作，例如滤波、延迟补偿和直流偏移补偿。此外，通过使用直流链路电压与逆变器的开关功能，在式（6.2.1）和式（6.2.2）中，可以确定 D 轴和 Q 轴电压分量。在这种情况下，直流链路上的单个电压传感器取代了相电压传感器。计算了反电动势分量后，转子位置由下式获得：

$$\theta_r = \tan^{-1}\frac{-e_{mD}}{e_{mQ}} \tag{6.2.3}$$

这种转子位置估计方法可以应用于表贴式永磁电机和内置式永磁电机。在表贴式永磁电机中，其中 $L_d = L_q$，式（6.2.1）和式（6.2.2）中 L_d 和 L_q 之差的项消失了。因此，电机转速不会干扰转子位置估计。然而，在内置式永磁电机中，估计是递归的，即电机转速必须从转子位置的导数中计算出来，并且反馈到估计过程以更新转子位置。

反电动势位置估计方法理论简单，实际操作快速简单，除基本电机控制系统通常需要进行测量外，无需额外的测量。然而，该方法的准确性取决于测量传感器。它还受到被测电机信号噪声的影响。式（6.2.1）~式(6.2.3）的计算表明，估计很大程度上受电机参数变化的影响。采用这种方法的无传感器控制系统需要一些方法在电机起动时提供初始转子位置。

6.2.2　电机变量方案

可以通过根据实际测量的电流和电压计算反电动势分量来估计转子位置，而无需将实际变量转换到两相参考坐标系。最终的关系为（Hoque 和 Rahman，1994）

$$\theta_r = \tan^{-1}\left(\frac{v_b - v_c - R_s(i_b - i_c) - L_d\dfrac{d(i_b - i_c)}{dt} - \sqrt{3}\omega_r(L_d - L_q)i_a}{\sqrt{3}\left(v_a - R_s i_a - L_a\dfrac{di_a}{dt}\right) + \omega_r(L_d - L_q)(i_b - i_c)}\right) \tag{6.2.4}$$

可以使用式（6.2.3）离线导出，其中反电动势分量从两相静止参考坐标系转移到实际电机变量。该方案在实践中的一个优点是减少了在线计算，因为直接使用了测量的电流和电压。尽管如此，仍然需要一些关键的在线信号操作来找到在式（6.2.4)中使用的电流导数。

6.3　磁链方法

许多高性能电机控制系统都需要定子磁链的角位置，包括定子磁链参考坐标系中的矢量控制（VC）系统和直接转矩控制（DTC）系统，分别在第 3 章和第 4 章中介绍。通过使用该角度，控制系统中不再需要转子位置。因此，该系统被认为是无传感器的。已有许多获得这个位置的方案；本节介绍了其中的一部分。

6.3.1　集成方案

一个简单的方案是通过使用电机在静止参考坐标系中的电压方程来计算磁链

角（Wu 和 Slemon，1991）。这需要通过电压和电流传感器分别检测电机的相电压和电流，并将它们变换到两相静止参考坐标系，即 D－Q 参考坐标系，如第 2 章所述。然后使用它们来计算 D 轴和 Q 轴磁链分量为

$$\lambda_D = \int (v_D - R_s i_D)\,dt \tag{6.3.1}$$

$$\lambda_Q = \int (v_Q - R_s i_Q)\,dt \tag{6.3.2}$$

最后，定子磁链空间矢量的角度计算为

$$\delta_s = \mathrm{tag}^{-1}\frac{\lambda_Q}{\lambda_D} \tag{6.3.3}$$

通过式（6.3.1）和式（6.3.2）得到定子磁链矢量分量，也可以计算出磁通控制回路中所需的矢量幅值，例如，在 DTC 系统中。图 4.8 显示了定子磁链加上转矩的角度和幅值的综合。

该磁通位置计算的方法下永磁同步电机的无传感器性能很大程度上取决于计算出的定子磁链分量的准确性，而这些又取决于监测电压和电流的准确性。所以，必须注意补偿可能的直流偏移、相移、量化误差和传感设备的非线性。此外，该方法取决于定子电阻。因此，该参数的标称值必须使用准确值，并且必须适应温度变化，尤其是在重载下。

此外，在低频时电机受到了电压的作用，式（6.3.1）和式（6.3.2）的积分容易出现错误，因此 D 轴和 Q 轴电压分量变得与欧姆电压降相当。逆变器开关的电压降在低频也必须考虑。不正确的磁通角会在电机的电磁转矩中引起不希望的脉动。角度估计误差也会导致计算出的速度值出现波动。然而，通过专业的研究，开环定子磁链计算在 1～2Hz 范围内是令人满意的。对于低于此值的频率，必须使用其他方法，包括闭环位置估计方法。如上一节所述，使用的参考电压或直流电压及逆变器的开关状态，不是实际电压，可用于避免电压传感器。

本小节介绍的方法可用于不同的系统，包括一些矢量控制系统。3.7 节介绍了定子磁通参考坐标系中的两个矢量控制系统。该系统使用从 a－b－c 参考坐标系到 x－y 参考坐标系的电流变换，反之亦然。变换需要定子磁链角，该角是通过转子位置传感器获得的。通过实施刚才介绍的定子磁链角度估计方法，系统可以变成无传感器的。

6.3.2 低通滤波器方案

低通滤波器，而不是式（6.3.1）和式（6.3.2）的纯积分器，可以估计定子磁链分量。在这个方案中，可使用单级或级联级滤波器。如图 6.2 所示（Vas，1998），每个阶段可能包括一个 $T/(1+pT)$ 形式的滤波器。T 是滤波器时间常数，必须调整以获得最佳性能。较大的 T 有助于在低定子频率下通过减少估计的磁

链相对于实际磁链的相移来精确估计磁链。大的 T 通过降低滤波器的阻尼特性对估计的速度产生不利影响。因此，必须设计 T 以实现整体最佳性能。这是通过应用程序在精确度和速度之间折中来实现的。这种自由度是使用滤波器而不是纯积分器的一个优点。此外，初始条件对积分的影响通过使用滤波器而不是纯积分器来减少。此外，可以设计和实施具有自适应时间常数的滤波器，以在一定频率范围内实现良好的精度和快速性。

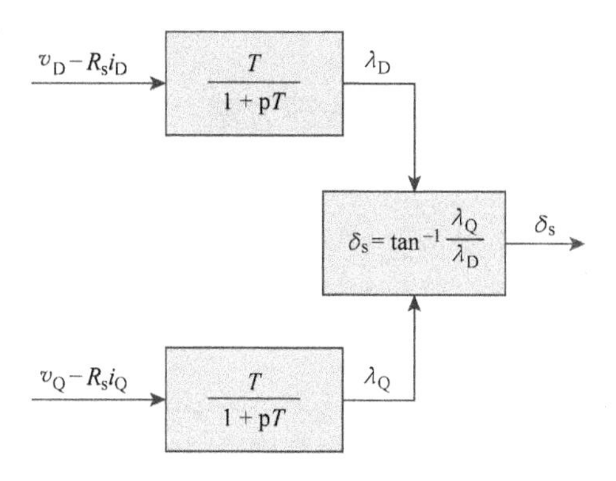

图6.2　使用低通滤波器估计定子磁链

6.3.3　磁链速度估计方案

在永磁同步电机中，磁链角可以表示为

$$\delta_s = \theta_r + \delta \tag{6.3.4}$$

式中，θ_r是转子磁极位置；δ 是相对于磁极位置或负载角的定子磁链位置。磁链位置的一阶时间导数给出了磁链矢量的旋转速度，即

$$\omega_s = p\delta_s \tag{6.3.5}$$

在稳态运行时，磁链位置固定，式（6.3.5）也给出了转子速度。然而，在瞬态，当参考电磁转矩发生变化时，定子磁链空间矢量相对于转子移动（以产生如4.2节所述的新转矩水平），这会影响转子速度。如果电磁转矩的变化率受到限制，这种影响可以忽略不计（Vas，1998）。否则，必须估计转子位置，这将在下一小节中介绍。由于定子磁链矢量位置的不连续性，由式（6.3.5）计算的速度可能会出现问题。因此，最好避免对该信号进行推导。将式（6.3.3）代入式（6.3.5）可以得到

$$\omega_s = \frac{\lambda_D p\lambda_Q - \lambda_Q p\lambda_D}{\lambda_D^2 + \lambda_Q^2} \tag{6.3.6}$$

其中，式（6.3.6）中磁链分量的导数可以用相应的电压分量减去电阻电压降替换。替换结果如下：

$$\omega_s = \frac{\lambda_D(v_Q - R_s i_Q) - \lambda_Q(v_D - R_s i_D)}{\lambda_D^2 + \lambda_Q^2} \tag{6.3.7}$$

式（6.3.7）中的磁链分量由式（6.3.1）和式（6.3.2）给出。此处必须再次强调6.3.1节中介绍的集成方案的注意事项。特别值得一提的是，由于式（6.3.1）和式（6.3.2）磁链的积分不准确，在低速时，该方案的速度估计会

变差。

6.3.4 转矩角估计方案

许多电机控制系统都需要转子位置和速度。根据前一节中不同方案给出的定子磁链矢量位置和速度的估计，可以估计出转子的位置和速度。式（6.3.4）中所示的转子位置和定子磁链位置之间的关系可以重新表示为

$$\theta_r = \delta_s - \delta \tag{6.3.8}$$

因此，在估计 δ_s后，可以通过估计转矩角 δ 来计算转子位置。一般来说，永磁同步电机的转矩角取决于电流矢量分量，这在第 3 章中进行了彻底的研究，下面给出方程：

$$\delta = \text{tag}^{-1}\frac{\lambda_q}{\lambda_d} = \frac{L_q i_q}{\lambda_m + L_d i_d} \tag{6.3.9}$$

将式（6.3.3）和式（6.3.9）代入式（6.3.8）得到转子位置估计。因此，转子位置需要测量相电流并将其变换到转子参考系。然而变换本身需要对转子位置进行在线估计。因此，与 δ_s的估计相比，这种方法的转子位置估计是递归的。可以通过使用参考电流而不是实际电流来设计转子位置的递归估计。这在永磁同步电机的矢量控制中是可能的，其中参考定子电流分量 i_d^* 和 i_q^* 分别由磁链和转矩（速度）控制器产生。如果电流控制器准确快速地工作，这种位置估计会提供令人满意的结果。否则，补偿手段是必要的（Genduso 等，2010）。在估计了转子位置之后，可以通过对位置信号进行微分来获得转子速度。在 6.3.1 节中考虑到的磁链角估计的限制也存在于该方案中。

6.4 假设参考坐标系方法

这种方法背后的主要思想是在沿估计转子位置定向的假设参考坐标系中呈现表贴式永磁同步电机模型。估计的转子位置和未知的实际位置之间的误差被表述为电机电信号的一部分，即电压分量。该信号由电机模型使用测得的电机变量进行估计。然后将该误差应用于 PI 控制器。控制器减少误差；因此，假设位置接近实际转子位置。此外，反电动势方案和前馈电压方案使用假设参考坐标系进行讨论。

6.4.1 基于电压的方案

将永磁同步电机模型从 a－b－c 静止参考坐标系变换到 d－q 转子参考坐标系，便于电机分析和控制。这是通过使用转子位置信息来完成的。然而，在无传感器控制的情况下，在实际转子位置 θ_r不可用的情况下，可以将 a－b－c 参考坐

标系变换为假设的两相旋转参考坐标系，带有相对于 a－b－c 参考坐标系的估计转子位置为$\hat{\theta}_r$。这个参考坐标系可以称为$\hat{d}-\hat{q}$参考坐标系。如图 6.3 所示，d－q 和$\hat{d}-\hat{q}$参考坐标系之间的角度将是$\Delta\theta=\hat{\theta}_r-\theta_r$。

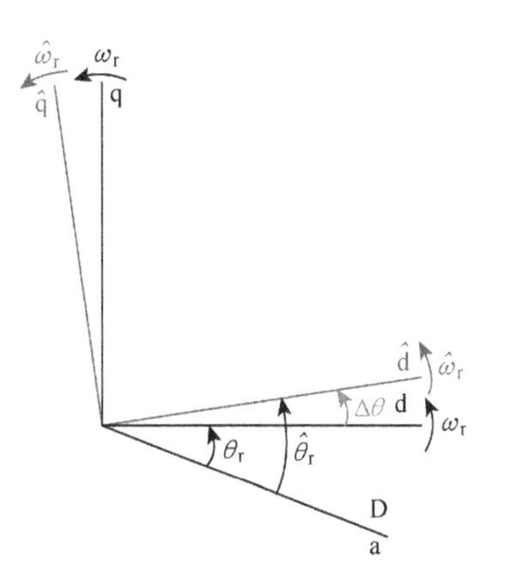

图 6.3　逆时针旋转方向的假设转子参考坐标系（见文前彩图）

$\hat{d}-\hat{q}$参考坐标系中的电压方程由下式给出：

$$\begin{bmatrix}\hat{v}_d\\ \hat{v}_q\end{bmatrix}=\begin{bmatrix}R_s+L_s\mathrm{p} & -L_s\mathrm{p}\,\hat{\theta}_r\\ L_s\mathrm{p}\,\hat{\theta}_r & R_s+L_s\mathrm{p}\end{bmatrix}\begin{bmatrix}\hat{i}_d\\ \hat{i}_q\end{bmatrix}+\lambda_m\mathrm{p}\theta_r\begin{bmatrix}\sin\Delta\theta\\ \cos\Delta\theta\end{bmatrix}\qquad(6.4.1)$$

此外，如果实际位置已知，实际转子参考坐标系中的电压方程为

$$\begin{bmatrix}v_d\\ v_q\end{bmatrix}=\begin{bmatrix}R_s+L_s\mathrm{p} & -L_s\mathrm{p}\theta_r\\ L_s\mathrm{p}\theta_r & R_s+L_s\mathrm{p}\end{bmatrix}\begin{bmatrix}i_d\\ i_q\end{bmatrix}+\lambda_m\mathrm{p}\theta_r\begin{bmatrix}0\\ 1\end{bmatrix}\qquad(6.4.2)$$

实际转子参考坐标系中的电流分量 i_d 和 i_q 可以通过假设的参考坐标系联系起来：

$$\begin{bmatrix}i_d\\ i_q\end{bmatrix}=\begin{bmatrix}\cos\Delta\theta & -\sin\Delta\theta\\ \sin\Delta\theta & \cos\Delta\theta\end{bmatrix}\begin{bmatrix}\hat{i}_d\\ \hat{i}_q\end{bmatrix}\qquad(6.4.3)$$

将式（6.4.3）代入式（6.4.2）得到

$$\begin{bmatrix}v_d\\ v_q\end{bmatrix}=\begin{bmatrix}R_s+L_s\mathrm{p} & -L_s\mathrm{p}\,\hat{\theta}_r\\ L_s\mathrm{p}\,\hat{\theta}_r & R_s+L_s\mathrm{p}\end{bmatrix}\begin{bmatrix}\hat{i}_d\\ \hat{i}_q\end{bmatrix}+\lambda_m\mathrm{p}\theta_r\begin{bmatrix}0\\ 1\end{bmatrix}\qquad(6.4.4)$$

当比较式（6.4.1）和式（6.4.4）中的纵向电压分量时，d 轴电压差（Matsui 和 Shigyo，1992）

$$\Delta v_d=\hat{v}_d-v_d=\lambda_m\mathrm{p}\theta_r\sin\Delta\theta\qquad(6.4.5)$$

假设 $\mathrm{p}\theta_r\neq0$ 且 $\Delta\theta$ 很小，以下近似值是有效的：

$$\Delta v_d=\hat{v}_d-v_d\approx\lambda_m\mathrm{p}\theta_r\Delta\theta\propto\Delta\theta\qquad(6.4.6)$$

这表明转子位置误差可以通过检测实际的 d 轴电压差 Δv_d来计算电压并使用检测到的电流计算估计电压。利用直流侧电压和逆变器开关状态，可以计算出实际电压。为了实现位置估计，还需要估计电机的转速。这可以从 q 轴电压方程（6.4.1）中获得，假设 $\Delta\theta\approx0$，得到

$$p\theta_r \approx p\,\hat{\theta}_r = \frac{\hat{v}_q - (R_s + L_s p)\,\hat{i}_q}{\lambda_m + L_s\,\hat{i}_d} \tag{6.4.7}$$

由于转子位置可以通过对转子速度积分得到，一个作用于 $p\hat{\theta}_r - p\theta_r$ 的速度误差信号的 PI 控制器减少误差信号并给出估计位置。位置估计方案可以由图 6.4 的控制系统实现。

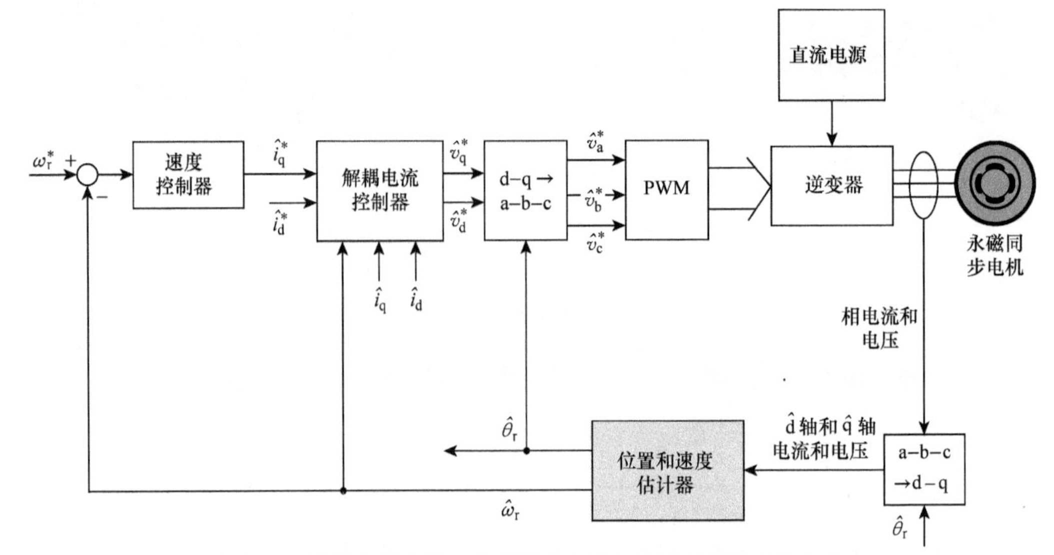

图 6.4　转子位置方案在永磁同步电机矢量控制系统中的实现

从式（6.4.6）和式（6.4.7）可以明显看出，位置和速度估计取决于电机参数。因此，估计精度取决于参数的精度。因此考虑参数变化，通过使用有效的在线参数估计方法来提高精度。

6.4.2　反电动势方案

另一种位置估计方法可以通过考虑式（6.4.1）及其相应的假设或估计参考坐标系以及前一小节中定义的变量和参数来实现（Kim 和 Sul，1997）。

在每个估计间隔中更新估计的转子位置和速度。如果这个间隔比电机的机械时间常数足够短，那么转子位置可以合理地假设在这个间隔内是恒定的。此外，图 6.4 中的内部电流环的电流指令是由外部速度控制环在估计间隔开始时生成的。如果电时间常数和采样时间比位置估计间隔小得多，那么电机电流有足够的时间来传递它们的瞬态并接近它们的估计间隔结束时的指令值。前面提到的时序安排在当今的电机控制系统中很容易满足。因此，在每个估计间隔结束时，转子位置和定子电流的偏差可以在式（6.4.1）中忽略，即

$$p\hat{\theta}_r = 0,\quad p\hat{i}_d = 0,\quad p\hat{i}_q = 0 \tag{6.4.8}$$

估计的电压方程因此简化为

$$\hat{v}_{\mathrm{d}} = R_{\mathrm{s}}\hat{i}_{\mathrm{d}} + \lambda_{\mathrm{m}}\mathrm{p}\theta_{\mathrm{r}}\sin\Delta\theta \tag{6.4.9}$$

$$\hat{v}_{\mathrm{q}} = R_{\mathrm{s}}\hat{i}_{\mathrm{q}} + \lambda_{\mathrm{m}}\mathrm{p}\theta_{\mathrm{r}}\cos\Delta\theta \tag{6.4.10}$$

这些方程可以重新写为

$$\hat{e}_{\mathrm{d}} = \hat{v}_{\mathrm{d}} - R_{\mathrm{s}}\hat{i}_{\mathrm{d}} = \lambda_{\mathrm{m}}\mathrm{p}\theta_{\mathrm{r}}\sin\Delta\theta \tag{6.4.11}$$

$$\hat{e}_{\mathrm{q}} = \hat{v}_{\mathrm{q}} - R_{\mathrm{s}}\hat{i}_{\mathrm{q}} = \lambda_{\mathrm{m}}\mathrm{p}\theta_{\mathrm{r}}\cos\Delta\theta \tag{6.4.12}$$

式中，$\hat{e}_{\mathrm{q}}$和$\hat{e}_{\mathrm{d}}$是估计的 d 轴和 q 轴反电动势量。假设初始转子估计误差足够小。因此，在每个估计间隔结束时，位置误差可以通过下式计算：

$$\frac{\hat{e}_{\mathrm{d}}}{\hat{e}_{\mathrm{q}}} = \frac{\sin\Delta\theta}{\cos\Delta\theta} = \tan\Delta\theta \approx \Delta\theta \tag{6.4.13}$$

因此，在式（6.4.13）的右边，估计的转子位置可以通过以下规则在连续估计间隔内收敛到实际转子位置：

$$\hat{\theta}_{\mathrm{r}}(n+1) = \hat{\theta}_{\mathrm{r}}(n) + \Delta\theta \tag{6.4.14}$$

式中，n 和 $n+1$ 指的是任意两个连续的估计区间。现在，可以简单地从每个间隔的估计转子位置的时间导数中获得估计速度。然而，由于位置信号中的噪声，位置信号的求导可能导致性能不稳定。另一种速度估计方案是使用以下方程：

$$\hat{e}_{\mathrm{d}}^2 + \hat{e}_{\mathrm{q}}^2 = (\lambda_{\mathrm{m}}\omega_{\mathrm{r}})^2[\sin^2\Delta\theta + \cos^2\Delta\theta] = (\lambda_{\mathrm{m}}\omega_{\mathrm{r}})^2 \tag{6.4.15}$$

由于转子速度的方向与$\hat{e}_{\mathrm{q}}$ 的符号在很宽的位置误差区域范围内一致，即 $-\pi/2 < \Delta\theta < \pi/2$，估计的电机转速可由下式确定：

$$\hat{\omega}_{\mathrm{r}} = \frac{1}{\lambda_{\mathrm{m}}}\sqrt{\hat{e}_{\mathrm{d}}^2 + \hat{e}_{\mathrm{q}}^2}\,\mathrm{sign}(\hat{e}_{\mathrm{q}}) \tag{6.4.16}$$

实施系统与图 6.4 中示意性描述的系统相同，不同之处在于 d 轴和 q 轴电压分量由参考分量代替。因此，位置和速度估计器模块接收所有假设参考坐标系中的电流分量和参考电压分量，以根据式（6.4.11）~式（6.4.14）计算转子位置，并根据式（6.4.16）计算电机转速。估计的速度用作速度控制器的反馈信号。控制器生成 i_{q}，就像在永磁同步电机的传统矢量控制系统中一样。该电流信号与 $i_{\mathrm{d}}^* = 0$ 一起应用于电流控制器，以产生用于估计模块和变换为相电压指令的电压指令。估计的转子位置用于此变换并将检测到的相电流变换到假设参考坐标系。

该转子和转速估计方案依赖于 R_{s} 和 λ_{m}。它的电压指令信号由电流控制器给出，不需要任何电压测量。因此，需要快速、准确的电流检测和控制。

6.4.3 前馈电压方案

仅使用电压参考信号就可以实现非常简单的速度和位置估计方案（Bae 等，2003）。在该方案中，前馈电压信号通过使用指令电流信号生成，并添加到电流控制器的输出中。此类信号用于内置式永磁电机矢量控制的去耦电路，如图 3.7 所示。在表贴式永磁同步电机中，主要通过选择 $i_{\mathrm{d}}=0$ 来保持去耦。因此，q 轴电压方程与 i_{d}无关。尽管 d 轴电压对 q 轴电流的依赖性仍然存在，但通常不采用特殊的解耦电路或前馈信号。然而，前馈解耦信号可以用于速度估计。这些信号与式（3.4.5）和式（3.4.6）相同，除了以下额外的电阻电压降：

$$v_{\mathrm{d0}} = R_{\mathrm{s}} i_{\mathrm{d}}^{*} - L_{\mathrm{s}} \omega_{\mathrm{r}} i_{\mathrm{q}}^{*} \tag{6.4.17}$$

$$v_{\mathrm{q0}} = R_{\mathrm{s}} i_{\mathrm{q}}^{*} + L_{\mathrm{s}} \omega_{\mathrm{r}} i_{\mathrm{d}}^{*} + \omega_{\mathrm{r}} \lambda_{\mathrm{m}} \tag{6.4.18}$$

式中，$\hat{\omega}_{\mathrm{r}}$ 是估计的电机转速。转移到估计的转子位置参考坐标系的电压方程可以给出为

$$v_{\mathrm{d}} = R_{\mathrm{s}} i_{\mathrm{d}} - L_{\mathrm{s}} \omega_{\mathrm{r}} i_{\mathrm{q}} + \omega_{\mathrm{r}} \lambda_{\mathrm{m}} \sin\Delta\theta \tag{6.4.19}$$

$$v_{\mathrm{q}} = R_{\mathrm{s}} i_{\mathrm{q}} + L_{\mathrm{s}} \omega_{\mathrm{r}} i_{\mathrm{q}} + \omega_{\mathrm{r}} \lambda_{\mathrm{m}} \cos\Delta\theta \tag{6.4.20}$$

式中，电气瞬态被忽略；$\Delta\theta = \hat{\theta}_{\mathrm{r}} - \theta_{\mathrm{r}}$，是估计的转子位置和实际转子位置之间的误差。

参考图 3.7，可以看出 d 轴电流控制器输出为

$$v_{\mathrm{d1}} = v_{\mathrm{d}}^{*} - v_{\mathrm{d0}} \tag{6.4.21}$$

如果电流控制器动作准确，则在稳态下 $v_{\mathrm{d}}^{*} = v_{\mathrm{d}}$。因此，式（6.4.21）可以通过从式（6.4.19）中减去式（6.4.17）来计算，由此可得

$$v_{\mathrm{d1}} = R_{\mathrm{s}}(i_{\mathrm{d}} - i_{\mathrm{d}}^{*}) - L_{\mathrm{s}} \omega_{\mathrm{r}}(i_{\mathrm{q}} - i_{\mathrm{q}}^{*}) + \omega_{\mathrm{r}} \lambda_{\mathrm{m}} \sin\Delta\theta \tag{6.4.22}$$

考虑到在 PI 控制器下电流误差很小，并且假设 $\Delta\theta$ 很小，下面的关系是成立的：

$$v_{\mathrm{d1}} \approx \omega_{\mathrm{r}} \lambda_{\mathrm{m}} \sin\Delta\theta \approx \omega_{\mathrm{r}} \lambda_{\mathrm{m}} \Delta\theta \tag{6.4.23}$$

因此，为了估计具有去耦电流控制器的表贴式永磁同步电机矢量控制中的转子位置和速度，d 轴电流控制器的输出 v_{d1} 除以 $-\hat{\omega}_{\mathrm{r}}\lambda_{\mathrm{m}}$ 得到 $\theta_{\mathrm{r}} - \hat{\theta}_{\mathrm{r}}$。该误差应用于 PI 控制器，以提供估计的速度作为其输出。最后，对估计的速度进行积分以给出估计的转子位置，如图 6.5 所示。

这种速度估计方法不需要任何电压传感器来检测相电压或直流侧电压。它在高速范围内表现准确，但在静止和低速时不能正常工作。

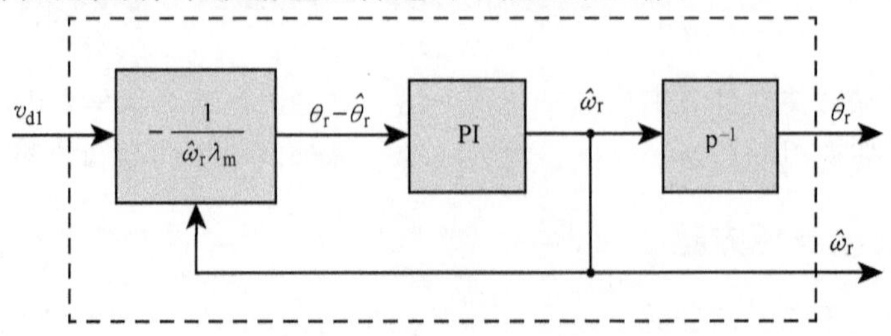

图 6.5　通过前馈电压估算速度和位置

6.5 基于凸极性的方法

本章开头提到的基于凸极性的转子位置估计方法传统上被认为是转子位置估计的主要类别。该方法基于电机相电感对转子位置的固有依赖性，这是许多电机的结构特征。这是因为电机相绕组的电感取决于相的磁链。如果电机中存在磁凸极（如嵌入式电机和内置式永磁电机），则磁链会随转子位置而变化。因此，相电感取决于转子位置。这一事实可用于估计这种电机在稳态和瞬态速度运行期间的转子位置。

通过这种方法可以在包括零速在内的整个速度范围内估计转子位置。对于基于凸极性的位置估计方法有几种方案，它可以分为两个主要类别，即使用和不使用高频信号。没有高频信号的位置估计在这里被称为离线方案，其中位置是从测量的电机变量中获得的。高频信号方案使用叠加在电机变量上的高频信号。高频信号是由施加在电机上的外部信号提供的，或者是由逆变器的正常行为引起的。

6.5.1 离线方案

该方案根据不同转子位置的实际电机电压和电流离线计算电机的相电感，并将结果存储在一个查找表中，其中相电感值作为输入，转子位置作为输出。然后，随着电机工作，在每个采样周期在线重新计算相电感并将其值提供给查找表以获得与相电感对应的转子位置。这样，在每个采样周期估计转子位置（Kulkarni 和 Ehsani，1992）。

由式（2.3.1）和式（2.3.2）给出的静止 a－b－c 参考坐标系中的电机电压方程表明，除了永磁旋转产生的反电动势之外，相绕组的电压是电机相电流的函数。但是，如果为电机供电的逆变器的开关频率很高（>10kHz），则在开关间隔期间电感随转子位置的变化可以忽略不计。考虑到这个假设，并且由于定子相电流之和为零，a 相瞬时电压简化为

$$v_a = R_s i_a + L_a \mathrm{p} i_a + e_{ma} \tag{6.5.1}$$

式中，相电感 L_a为

$$L_a = L_{aa} - M_{ab} \tag{6.5.2}$$

L_{aa}和 M_{ab}分别是自感和互感。回想一下，它们是式（2.3.4）和式（2.3.7）给出的 $2\theta_r$的函数。此外，e_{ma}是 a 相磁体产生的反电动势。

由式（6.5.1）可得

$$L_a = (v_a - R_s i_a - e_{ma}) / \mathrm{p} i_a \tag{6.5.3}$$

如果在开关间隔期间计算 $\mathrm{p}i_a$和 e_{ma}，则相电感可以通过式（6.5.3）计算。假设开关频率很高，可以使用前两次采样时的电机相电流值计算 $\mathrm{p}i_a$ 为

$$pi_a = \frac{\Delta i_a}{\Delta t} = \frac{i_{a1} - i_{a0}}{t_1 - t_0} \tag{6.5.4}$$

式中，下标 1 和 0 表示两个连续的最近采样。此外，反电动势可以通过参考式（2.3.2）的第一个方程计算为

$$e_{ma} = Kp\theta_r = K\frac{\theta_0 - \theta_1}{t_0 - t_1} \tag{6.5.5}$$

式中，$K = \lambda_m \sin\theta_r$，并且在区间内假定为常数。这与区间内反电动势恒定的假设一致。同样，下标 1 和 0 指的是两个采样。

必须注意，作为式（6.5.2）的结果 L_a 是 $2\theta_r$ 的函数。这意味着该电感的每个计算值对应于四个不同的转子位置。在四个位置中找到正确位置的解决方案是在开关间隔期间使用来自所有三相电感的信息。图 6.6 描述了一个电气周期期间的此类电感，其中，每个相位的电感是针对 60°电角度的位置间隔离线计算的，并存储在查找表中，如图中粗线所示（Kulkarni 和 Ehsani，1992）。可以看出，b 相电感在 0° ~ 15°电角度时计算位置估计，a 相电感在 15° ~75°电角度时计算，c 相电感在 75° ~135°电角度时计算，b 相电感在 135° ~195°电角度时再次计算，等等。查找表可以存储每 0.05°电角度增量的每个相电感的值。因为每个电感分布中只有一段 60°宽的部分用于估计转子位置，所以查找表不需要太多内存。

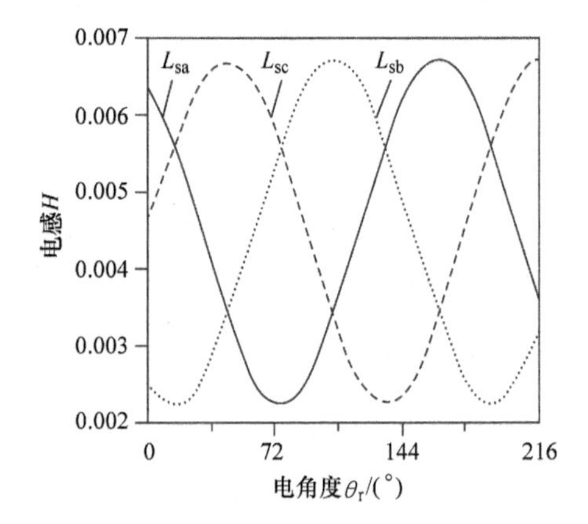

图 6.6　一个电气周期期间的相电感（Kulkarni 和 Ehsani，1992）

该方法还需要在线估计相电感作为查找表的输入，以获取每个实例的转子位置作为查找表的输出。与前面介绍的离线计算相同的程序可用于电感的在线计算。

估计过程的在线部分很快。然而，电感的离线测量非常耗时。在大批量生产的情况下，可以建立一个专门的设置来实现自动化测量。由于式（6.5.4）中电流导数的计算，估计的位置可能会受到高噪声的影响。估计位置的准确性取决于电感的离线和在线计算。反过来，电感取决于电机测量的准确性，这在在线采样期间更加困难。准确度还取决于查找表的分辨率。更高的分辨率当然需要更多的内存来存储查找表。对于查找表中没有存储电感的位置点，可以通过对相邻值进行平均来确定有效电感值。由于电机参数的变化，操作条件可能会对估计位置的

准确性产生不利影响。由于重负载条件下的磁饱和和高速下的高频，可能会发生变化。可以使用多个查找表来考虑操作条件，例如，对于轻负载和重负载条件，以增加用于存储查找表的存储器为代价。最后提醒一下，该方案只能有效地应用于嵌入式和内置式永磁电机，不能用于表贴式永磁电机。根据经验，较高的磁凸极会导致更好的位置估计。

6.5.2　凸极电机的高频信号注入方案

该方案还利用电机电感对转子位置的依赖性来估计位置和速度。这是通过向电机定子绕组中注入高频低幅值电压来实现的，除了通常的电压。然后检测和处理电机电流以产生与实际转子位置和估计转子位置之间的误差相关的信号。最后将误差施加到要补偿的观测器上，得到位置和速度（Corley 和 Lorenz，1998）。该方案在后面详细阐述。

将高频电压注入定子绕组，使其产生 $i_{di}=0$ 的高频电流，其中 i_{di}是两相旋转参考坐标系中电流矢量的 d 轴分量。参考坐标系随着估计的转子位置$\hat{\theta}_r$旋转。因此，在此参考坐标系中，仅由 i_q在稳态下产生的注入磁链矢量定义为

$$\lambda_{di} = 0 \tag{6.5.6}$$

$$\lambda_{qi} = \frac{v_{si}}{\omega_i}\sin\omega_i t \tag{6.5.7}$$

式中，v_{si}/ω_i是注入的高频磁链的幅值；ω_i是注入电压的频率。静止参考坐标系中的磁链由下式获得：

$$\lambda_{Di} = \lambda_{si}\sin\hat{\theta}_r \tag{6.5.8}$$

$$\lambda_{Qi} = \lambda_{si}\cos\hat{\theta}_r \tag{6.5.9}$$

根据静止电流分量 i_{Di}和 i_{Qi}，这些磁链分量为

$$\lambda_{Di} = -L_2\sin2\theta_r i_{Qi} + (L_1 - L_2\cos2\theta_r)i_{Di} \tag{6.5.10}$$

$$\lambda_{Qi} = (L_1 + L_2\cos2\theta_r)i_{Qi} - L_2\sin2\theta_r i_{Di} \tag{6.5.11}$$

式中，L_1和 L_2由式（2.5.12）和式（2.5.13）给出。现在，根据式（6.5.6）~式（6.5.11），注入电流分量为

$$i_{Di} = [-I_{i0}\sin\hat{\theta}_r + I_{i1}\sin2(\theta_r - \hat{\theta}_r)]\sin\omega_i t \tag{6.5.12}$$

$$i_{Qi} = [I_{i0}\cos\hat{\theta}_r - I_{i1}\cos2(\theta_r - \hat{\theta}_r)]\sin\omega_i t \tag{6.5.13}$$

式中，注入的电流幅值 I_{i0}和 I_{i1}为

$$I_{i0} = \frac{v_{si}}{\omega_i}\frac{L_1}{L_1^2 - L_2^2} \tag{6.5.14}$$

$$I_{i1} = \frac{v_{si}}{\omega_i}\frac{L_2}{L_1^2 - L_2^2} \tag{6.5.15}$$

估计转子位置参考坐标系中注入电流矢量的 d 轴分量为

$$i_{\mathrm{di}} = i_{\mathrm{Qi}}\sin\hat{\theta}_{\mathrm{r}} + i_{\mathrm{Di}}\cos\hat{\theta}_{\mathrm{r}} \tag{6.5.16}$$

将式（6.5.12）和式（6.5.13）代入式（6.5.16）得到

$$i_{\mathrm{di}} = I_{\mathrm{i1}}\sin2(\theta_{\mathrm{r}} - \hat{\theta}_{\mathrm{r}})\sin\omega_{\mathrm{i}}t \tag{6.5.17}$$

这是一个正弦信号，其频率与注入电压的频率相同。它还包含一个与 $\sin2(\theta_{\mathrm{r}} - \hat{\theta}_{\mathrm{r}})$成正比的直流幅值。这是估计转子位置的主要信号。该信号与 RTD 转换器传感系统中生成的信号相同。因此，它按照类似于 RTD 转换器的过程进行处理。该信号首先被解调以获得与位置误差 $\theta_{\mathrm{r}} - \hat{\theta}_{\mathrm{r}}$成正比的直流信号。然后将直流信号施加到观测器以更新电机转速和位置的估计值，以使估计位置收敛到实际位置。该系统的实现如图 6.7所示。

实际相电流首先被变换到转子参考坐标系。然后 d 轴电流通过带通滤波器（BPF）得到式（6.5.17）。结果通过解调块获得要施加到观测器的直流信号，这将在接下来进行解释。

如前所述，系统还必须操纵高频电压指令以确保 $i_{\mathrm{di}} = 0$。忽视欧姆电压降，注入电压的 d 轴和 q 轴分量由下式给出：

$$v_{\mathrm{di}} = \mathrm{p}\lambda_{\mathrm{di}} - \hat{\omega}_{\mathrm{r}}\lambda_{\mathrm{qi}} \tag{6.5.18}$$

$$v_{\mathrm{qi}} = \mathrm{p}\lambda_{\mathrm{qi}} + \hat{\omega}_{\mathrm{r}}\lambda_{\mathrm{di}} \tag{6.5.19}$$

将式（6.5.6）和式（6.5.7）代入式（6.5.18）和式（6.5.19）得到

$$v_{\mathrm{di}} = -\frac{\hat{\omega}_{\mathrm{r}}}{\omega_{\mathrm{r}}}v_{\mathrm{si}}\sin\omega_{\mathrm{i}}t \tag{6.5.20}$$

$$v_{\mathrm{qi}} = v_{\mathrm{si}}\cos\omega_{\mathrm{i}}t \tag{6.5.21}$$

图6.7 中使用这些方程来生成注入电压指令。系统中还包括一个电流调节器。

图6.8 给出了 Luenberger 类型的观测器的综合。观测器由两部分组成。在第一部分中，PI 控制器将误差减小到0，并提供估计的转矩信号。估计的转矩与参考转矩一起应用于电机的机械模型，作为观测器的第二部分，以给出转子速度和位置的估计。前馈速度信号由观测器第一部分中的比例位置控制器提供，被添加到机械模型的速度输出中，以补偿误差。观测器在负载变化和速度瞬变下工作。

该估计方法与速度值无关，适用于包括零速在内的很宽的速度范围。

注入电压的大小对估计有重要影响。如果电压太小，则高频电流会很小。然而，由于高频电流的高幅值，高电压幅值会导致高转矩脉动。建议高频注入电压的幅值约为额定电压的10%。基于凸极的信号注入方案已在文献中得到了广泛的认可。还介绍了与前面提到的不同的方案。在一些商业无传感器产品中使用了各种这样的方案。

6.5.3 凸极电机的逆变器开关谐波方案

可以利用永磁同步电机定子绕组中由逆变器正常开关而不是由注入信号引起

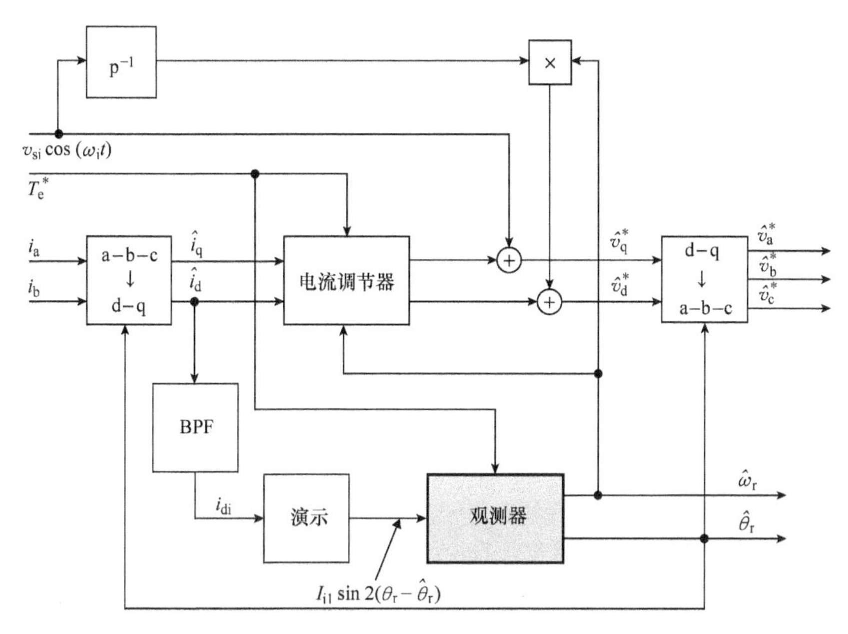

图6.7 通过信号注入的转子位置和速度估计系统

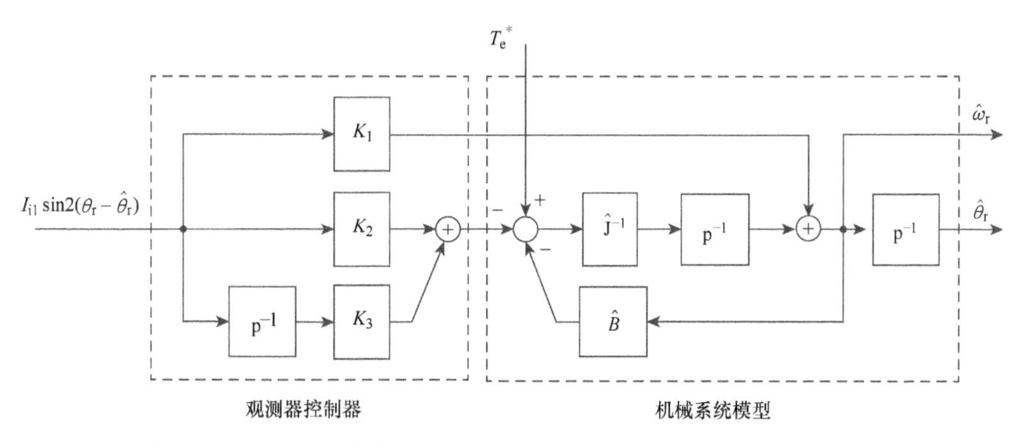

图6.8 使用注入电流信号的直流幅值估计转子位置和速度的观测器框图

的电压和电流谐波来计算电机电感，从而计算电机位置。因此，该方案也可用于估计内置式永磁电机在不同转速下的转子位置，包括低速和零速（Ogasawara 和 Akgi，1998b）。接下来介绍该方案。

参考2.4节，内置式永磁电机的电压方程在两相静止参考坐标系中可以用矩阵符号表示为

$$\boldsymbol{v}_s = \boldsymbol{R}_s\boldsymbol{i}_s + p\boldsymbol{\lambda}_s \tag{6.5.22}$$

$$\mathrm{p}\boldsymbol{\lambda}_{\mathrm{s}} = \boldsymbol{L}_{\mathrm{s}}\mathrm{p}\boldsymbol{i}_{\mathrm{s}} + \boldsymbol{e}_0 \tag{6.5.23}$$

式中，$\boldsymbol{e}_0$是感应电压（Ogasawara 和 Akgi，1998a）；$\boldsymbol{L}_{\mathrm{s}}$和$\boldsymbol{R}_{\mathrm{s}}$是电感和电阻矩阵，如下：

$$\boldsymbol{L}_{\mathrm{s}} = \begin{bmatrix} L_1 - L_2\cos2\theta_{\mathrm{r}} & -L_2\sin2\theta_{\mathrm{r}} \\ -L_2\sin2\theta_{\mathrm{r}} & L_1 + L_2\cos2\theta_{\mathrm{r}} \end{bmatrix} \tag{6.5.24}$$

$$\boldsymbol{R}_{\mathrm{s}} = \begin{bmatrix} R_{\mathrm{s}} & 0 \\ 0 & R_{\mathrm{s}} \end{bmatrix} \tag{6.5.25}$$

式（6.5.22）和式（6.5.23）中的黑体变量是包含 D 轴和 Q 轴分量的列矢量。在式（6.5.24）中可以看出$\boldsymbol{L}_{\mathrm{s}}$取决于转子位置。当电机由电压源 PWM 逆变器供电时，电压和电流矢量中的开关谐波可以分为如下基波分量和谐波分量：

$$\boldsymbol{v}_{\mathrm{s}} = \boldsymbol{v}_{\mathrm{f}} + \boldsymbol{v}_h \tag{6.5.26}$$

$$\boldsymbol{i}_{\mathrm{s}} = \boldsymbol{i}_{\mathrm{f}} + \boldsymbol{i}_h \tag{6.5.27}$$

假设$\boldsymbol{v}_h$中的电阻压降可以忽略不计，则某个转子位置处的谐波电压矢量简化为

$$\boldsymbol{v}_h = \boldsymbol{L}_{\mathrm{s}}\mathrm{p}\boldsymbol{i}_h \tag{6.5.28}$$

式（6.5.28）表明，如果电机电压和电流矢量的谐波分量已知，则可以计算电感矩阵$\boldsymbol{L}_{\mathrm{s}}$和$\boldsymbol{\theta}_{\mathrm{r}}$。采样周期内的平均电压矢量可以定义为

$$\boldsymbol{v}_{\mathrm{av}} = \frac{1}{T_{\mathrm{s}}}\sum t_k\boldsymbol{v}_k \tag{6.5.29}$$

式中，$\boldsymbol{v}_k$是逆变器开关电压矢量。此外，T和t_k分别是采样周期和$\boldsymbol{v}_k$的持续时间。因此，一个采样周期内的谐波电压矢量为

$$\boldsymbol{v}'_k = \boldsymbol{v}_{\mathrm{f}} - \boldsymbol{v}_{\mathrm{av}} \tag{6.5.30}$$

此外，通过观察式（6.5.28）假设在采样周期内电机电流呈线性变化，可以从总电流中提取谐波电流。该电流变化是由于在采样周期内应用的所有开关矢量引起的所有电流变化的总和（见图 6.9），具体如下：

$$\Delta\boldsymbol{i} = \sum\Delta\boldsymbol{i}_k \tag{6.5.31}$$

式中，$\Delta\boldsymbol{i}_k$是t_k区间内的电流变化。因此，t_k期间电机电流的谐波分量可根据下式得到（见图 6.9）：

$$\Delta\boldsymbol{i}'_k = \Delta\boldsymbol{i}_k - \frac{t_k}{T_{\mathrm{s}}}\Delta\boldsymbol{i} \tag{6.5.32}$$

由式（6.5.28）可以得到控制每个逆变器开关间隔中的电压和电流谐波的线性关系如下：

$$\boldsymbol{L}_{\mathrm{s}}\Delta\boldsymbol{i}'_k = \boldsymbol{v}'_k t_k \tag{6.5.33}$$

通过为所有逆变器开关矢量编写式（6.5.33），电压矢量$\boldsymbol{v}_0 \sim \boldsymbol{v}_7$可以共同给

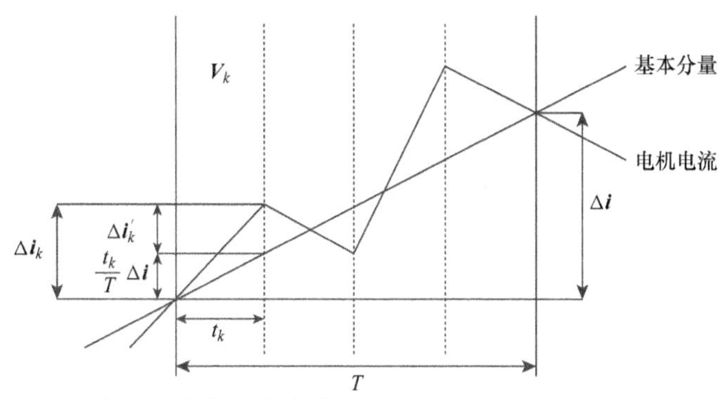

图 6.9　电机电流波形（Ogasawara 和 Akgi，1998b）

出为

$$\boldsymbol{L}_{\mathrm{s}}[\Delta \boldsymbol{i}_0' \quad \Delta \boldsymbol{i}_1' \quad \cdots \quad \Delta \boldsymbol{i}_7']\Delta \boldsymbol{i}_k' = [\boldsymbol{v}_0' t_0 \quad \boldsymbol{v}_1' t_1 \quad \cdots \quad \boldsymbol{v}_7' t_7] \tag{6.5.34}$$

$\boldsymbol{L}_{\mathrm{s}}$可以通过转置方程（6.5.34）得到：

$$\begin{bmatrix} \Delta \boldsymbol{i}_0'^{\mathrm{T}} \\ \Delta \boldsymbol{i}_1'^{\mathrm{T}} \\ \vdots \\ \Delta \boldsymbol{i}_7'^{\mathrm{T}} \end{bmatrix} \boldsymbol{L}_{\mathrm{s}}^{\mathrm{T}} = \begin{bmatrix} \boldsymbol{v}_0'^{\mathrm{T}} \\ \boldsymbol{v}_1'^{\mathrm{T}} \\ \vdots \\ \boldsymbol{v}_7'^{\mathrm{T}} \end{bmatrix} \tag{6.3.35}$$

然后得到它的转置为

$$\boldsymbol{L}_{\mathrm{s}}^{\mathrm{T}} = \begin{bmatrix} \Delta \boldsymbol{i}_0'^{\mathrm{T}} \\ \Delta \boldsymbol{i}_1'^{\mathrm{T}} \\ \vdots \\ \Delta \boldsymbol{i}_7'^{\mathrm{T}} \end{bmatrix}^{\mathrm{LM}} \begin{bmatrix} \boldsymbol{v}_0'^{\mathrm{T}} t_0 \\ \boldsymbol{v}_0'^{\mathrm{T}} t_1 \\ \vdots \\ \boldsymbol{v}_7'^{\mathrm{T}} t_7 \end{bmatrix} = \begin{bmatrix} L_{11} & L_{12} \\ L_{21} & L_{22} \end{bmatrix} \tag{6.5.36}$$

式中，符号“LM”为左伪逆算子，并执行矩阵函数

$$\boldsymbol{A}^{\mathrm{LM}} = (\boldsymbol{A}^{\mathrm{T}}\boldsymbol{A})^{-1}\boldsymbol{A}^{\mathrm{T}} \tag{6.5.37}$$

现在，根据式（6.5.36）和式（6.5.24），转子位置计算为

$$2\theta_{\mathrm{r}} = \tan^{-1}\frac{L_{12} + L_{21}}{L_{11} - L_{22}} \tag{6.5.38}$$

式（6.5.38）的唯一解是通过区分转子永磁极的极性获得的。位置估计方案还需要修改后的 PWM 模式（Ogasawara 和 Akgi，1998b）。该方案提供的转子位置具有中等精度，电角度小于 10°。

6.5.4　隐极电机的高频信号注入方案

高频信号注入方案和逆变器开关谐波方案能够在正常工作频率（$L_{\mathrm{d}} \neq L_{\mathrm{q}}$）

下估计具有磁极性的永磁同步电机的转子位置。然而，当 $L_d = L_q = L_s$ 时，它们不能用于表贴式永磁同步电机的转子位置估计。但对永磁同步电机的分析表明，即使是表贴式永磁同步电机在注入高频电压下也会出现磁凸极性（Jang 等，2004）。这是由于定子铁心在高频率时永磁磁通在 q 轴附近饱和。因此，适当的高频信号注入会导致 d 轴高频阻抗大于 q 轴高频阻抗。当注入电压频率越高、幅值越低时，阻抗差越大。这种高频凸极性包含关于转子位置的有用信息。对电机施加一定的高频电压，可以从高频电流中观察和提取转子位置信息，并用于转子位置估计方案。本小节介绍了该方案的原理和过程（Jang 等，2004）。

从信号注入下的电机电压、电流中提取注入的高频分量，对于高频分量，在实际转子参考坐标系下可得

$$v_{di} = R_{di} i_{di} + L_{di} p i_{di} \tag{6.5.39}$$

$$v_{qi} = R_{qi} i_{qi} + L_{qi} p i_{qi} \tag{6.5.40}$$

式中，所有变量和参数均为注入频率下实际转子参考坐标系中的常规变量和参数。稳态电压方程式（6.5.39）和式（6.5.40）为

$$v_{di} = (R_{di} + j\omega_i L_{di}) i_{di} = Z_{di} i_{di} \tag{6.5.41}$$

$$v_{qi} = (R_{qi} + j\omega_i L_{qi}) i_{qi} = Z_{qi} i_{qi} \tag{6.5.42}$$

式中，Z_{di} 和 Z_{qi} 分别为 d 轴和 q 轴高频阻抗；ω_i 是注入电压的频率（rad/s）。现在，可以通过下式将注入的高频电流从参考坐标系实际转子位置 θ_r 变换到参考坐标系估计转子位置 $\hat{\theta}_r$：

$$\begin{bmatrix} \hat{i}_{di} \\ \hat{i}_{qi} \end{bmatrix} = \begin{bmatrix} \cos(\theta_r - \hat{\theta}_r) & -\sin(\theta_r - \hat{\theta}_r) \\ \sin(\theta_r - \hat{\theta}_r) & \cos(\theta_r - \hat{\theta}_r) \end{bmatrix} \begin{bmatrix} i_{di} \\ i_{qi} \end{bmatrix} \tag{6.5.43}$$

用式（6.5.41）和式（6.5.42）代换式（6.5.43）中的 i_{di} 和 i_{qi} 得到

$$\begin{bmatrix} \hat{i}_{di} \\ \hat{i}_{qi} \end{bmatrix} = \begin{bmatrix} \cos(\theta_r - \theta_r) & -\sin(\theta_r - \theta_r) \\ \sin(\theta_r - \theta_r) & \cos(\theta_r - \theta_r) \end{bmatrix} \begin{bmatrix} \dfrac{1}{Z_{di}} & 0 \\ 0 & \dfrac{1}{Z_{qi}} \end{bmatrix} \begin{bmatrix} v_{di} \\ v_{qi} \end{bmatrix} \tag{6.5.44}$$

现在，将式（6.5.44）中的 v_{di} 和 v_{qi} 变换到估计的转子位置参考坐标系，得出估计的转子位置参考坐标系中的电流分量和电压分量为

$$\begin{bmatrix} \hat{i}_{di} \\ \hat{i}_{qi} \end{bmatrix} = \begin{bmatrix} \cos(\theta_r - \hat{\theta}_r) & -\sin(\theta_r - \hat{\theta}_r) \\ \sin(\theta_r - \hat{\theta}_r) & \cos(\theta_r - \hat{\theta}_r) \end{bmatrix} \begin{bmatrix} \dfrac{1}{Z_{di}} & 0 \\ 0 & \dfrac{1}{Z_{qi}} \end{bmatrix} \begin{bmatrix} \cos(\theta_r - \hat{\theta}_r) & \sin(\theta_r - \hat{\theta}_r) \\ -\sin(\theta_r - \hat{\theta}_r) & \cos(\theta_r - \hat{\theta}_r) \end{bmatrix} \begin{bmatrix} \hat{v}_{di} \\ \hat{v}_{qi} \end{bmatrix} \tag{6.5.45}$$

式（6.5.45）中的电流分量可以写成

$$\hat{i}_{\mathrm{di}} = \frac{1}{Z_{\mathrm{di}}Z_{\mathrm{qi}}}\left[Z_{\mathrm{avg}} - \frac{Z_{\mathrm{dif}}}{2}\cos2(\theta_{\mathrm{r}} - \hat{\theta}_{\mathrm{r}})\hat{v}_{\mathrm{di}} - \frac{Z_{\mathrm{dif}}}{2}\sin2(\theta_{\mathrm{r}} - \hat{\theta}_{\mathrm{r}})\hat{v}_{\mathrm{qi}}\right] \tag{6.5.46}$$

$$\hat{i}_{\mathrm{qi}} = \frac{1}{Z_{\mathrm{di}}Z_{\mathrm{qi}}}\left[Z_{\mathrm{avg}} + \frac{Z_{\mathrm{dif}}}{2}\cos2(\theta_{\mathrm{r}} - \hat{\theta}_{\mathrm{r}})\hat{v}_{\mathrm{di}} - \left(\frac{Z_{\mathrm{dif}}}{2}\sin2(\theta_{\mathrm{r}} - \hat{\theta}_{\mathrm{r}})\hat{v}_{\mathrm{qi}}\right]\right. \tag{6.5.47}$$

后两个方程表明转子的位置误差取决于一个电流分量和两个电压分量。当高频电压仅沿一个轴注入时，方程可以简化。因此，在注入电压的同一轴线上，高频电流的影响更大。因此，当转子位置误差较小时，沿q轴注入高频电压会产生较大的转矩脉动，有利于沿d轴注入高频电压。在这种情况下

$$\hat{v}_{\mathrm{di}} = V_{\mathrm{i}}\cos\omega_{\mathrm{i}}t \tag{6.5.48}$$

$$\hat{v}_{\mathrm{qi}} = 0 \tag{6.5.49}$$

将式（6.5.48）和式（6.5.49）代入式（6.5.47）和式（6.5.46），得到高频电流

$$\hat{i}_{\mathrm{di}} = \frac{V_{\mathrm{i}}\cos\omega_{\mathrm{i}}t}{Z_{\mathrm{di}}Z_{\mathrm{qi}}}\left[Z_{\mathrm{avg}} - \frac{Z_{\mathrm{dif}}}{2} - \cos2(\theta_{\mathrm{r}} - \hat{\theta}_{\mathrm{r}})\right] \tag{6.5.50}$$

$$\hat{i}_{\mathrm{qi}} = \frac{V_{\mathrm{i}}\cos\omega_{\mathrm{i}}t}{Z_{\mathrm{di}}Z_{\mathrm{qi}}}\left[-\frac{Z_{\mathrm{dif}}}{2}\sin2(\theta_{\mathrm{r}} - \hat{\theta}_{\mathrm{r}})\right] \tag{6.5.51}$$

可以看出$\hat{i}_{\mathrm{di}}$和$\hat{i}_{\mathrm{qi}}$都取决于转子的位置误差。但是，由于Z_{avg}的存在，即使误差为零，$\hat{i}_{\mathrm{di}}$也不为零，而i_{qi}在误差为零时也为零。因此，选择$\hat{i}_{\mathrm{qi}}$进行转子位置估计。如果$Z_{\mathrm{dif}} \neq 0$，位置误差可由式（6.5.51）确定。

假设Z_{di}和Z_{qi}的高频电阻可以忽略，则式（6.5.51）的高频电流为

$$\hat{i}_{\mathrm{qi}} = \frac{V_{\mathrm{i}}}{2\omega_{\mathrm{i}}^2 L_{\mathrm{di}}L_{\mathrm{qi}}}[r_{\mathrm{dif}}\cos\omega_{\mathrm{i}}t - L_{\mathrm{dif}}\sin\omega_{\mathrm{i}}t]\sin2(\theta_{\mathrm{r}} - \hat{\theta}_{\mathrm{r}}) \tag{6.5.52}$$

式中，r_{dif}和L_{dif}分别为d轴和q轴高频电阻和电感的差值。通过对信号的处理，可以得到一个简单的转子位置误差函数。首先将$\hat{i}_{\mathrm{qi}}$乘以另一个生成的$\sin\omega_{\mathrm{i}}t$信号来实现该处理：

$$\hat{i}_{\mathrm{qi}}\sin\omega_{\mathrm{i}}t = -\frac{V_{\mathrm{i}}\sin2(\theta_{\mathrm{r}} - \hat{\theta}_{\mathrm{r}})}{2\omega_{\mathrm{i}}^2 L_{\mathrm{di}}L_{\mathrm{qi}}}\left[\frac{\omega_{\mathrm{i}}L_{\mathrm{dif}}}{2} - |Z_{\mathrm{dif}}|\sin(2\omega_{\mathrm{i}}t - \varphi)\right] \tag{6.5.53}$$

式中

$$|Z_{\mathrm{dif}}| = \sqrt{r_{\mathrm{dif}}^2 + \omega_{\mathrm{i}}^2 L_{\mathrm{dif}}^2}, \quad \varphi = \tan^{-1}\frac{\omega_{\mathrm{i}}L_{\mathrm{dif}}}{r_{\mathrm{dif}}} \tag{6.5.54}$$

可以看出，式（6.5.53）由直流分量和谐波分量组成。直流分量可以通过

将$\hat{i}_{qi}\sin\omega_i t$输入到具有适当角频率的低通滤波器中得到。如果转子位置误差足够小，则直流分量可以通过一个可接受的近似线性化得到一个非常简单的位置误差函数

$$f(\theta_r - \hat{\theta}_r) = \frac{K_{err}}{2}\sin2(\theta_r - \hat{\theta}_r) \approx K_{err}(\theta_r - \hat{\theta}_r) \tag{6.5.55}$$

式中

$$K_{err} = \frac{V_i L_{dif}}{2\omega_i L_{di} L_{qi}} \tag{6.5.56}$$

考虑到本节开始时的讨论，式（6.5.56）表明，是L_{dif}导致通过该方案估计转子位置。在低频时，L_{dif}接近$L_d - L_q = 0$，得到$K_{err} = 0$，强调了在位置估计中注入高频信号的必要性。

线性化后的式（6.5.55）位置误差可用于各种位置估计过程中，使误差降至0，并给出估计出的转子位置。一个简单的解决方案是使用具有适当增益的PI控制器来强制位置误差为0。另一种解决方案是使用一个具有适当迟滞带的迟滞控制器来获得位置信号。

该方案可按照图6.10实现。由图可知，在存在适当的高频ω_i的情况下，通过带通滤波器从总的q轴估计电流$\hat{i}_q$中提取出估计的高频q轴电流$\hat{i}_{qi}$。然后，假

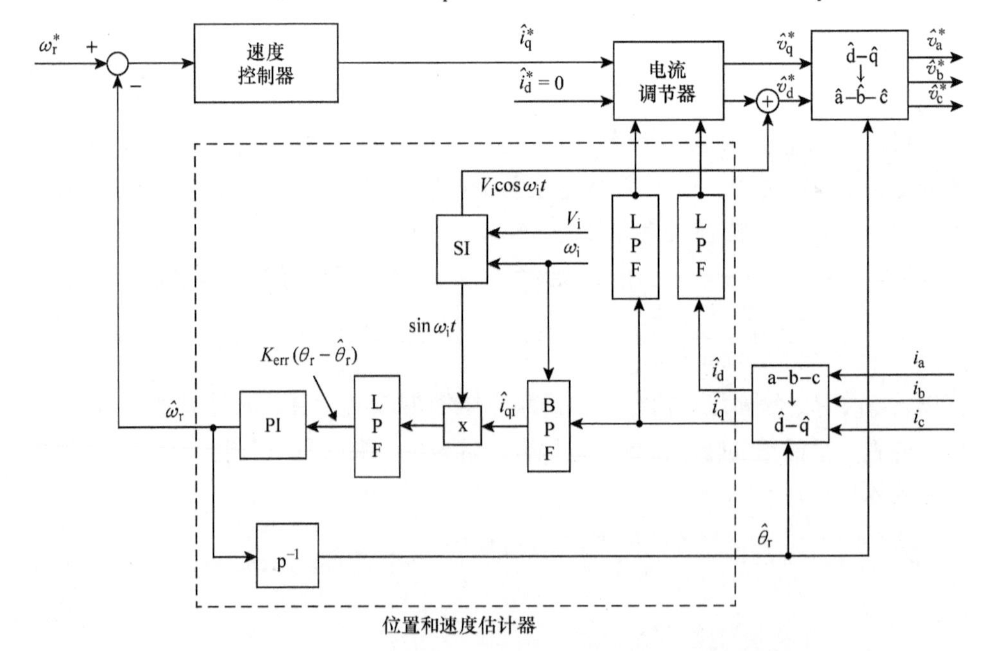

图6.10　高频信号注入时表贴式永磁同步电机转子位置及速度估计方案

设有信号注入（SI）块，$\hat{i}_{qi}$乘以高频信号 $\sin\omega_i t$。得到的信号 $i_{qi}\sin\omega_i t$ 经过低通滤波器（LPF）产生信号 $K_{err}(\theta_r-\hat{\theta}_r)$。这是应用到 PI（或迟滞）控制器来估计电机转速。位置估计器，其最简单的形式为积分器，给出估计的转子位置$\hat{\theta}_r$。SI 块接收适当的低压幅值 V_i，产生高压信号 $V_i\cos\omega_i t$，添加到电流控制器的 d 轴输出以提供参考 d 轴电压 v_d^*。这个电压指令与 q 轴电压指令有关，通过使用估计的转子位置传递到$\hat{a}-\hat{b}-\hat{c}$ 参考坐标系。在 a－b－c 到$\hat{d}-\hat{q}$电流变换中也使用估计的转子位置，提供$\hat{i}_{di}$和$\hat{i}_{qi}$作为 d 轴和 q 轴的总电流分量。电流分量被低通滤波器滤波，产生反馈电流到电流控制器，如图 6.10 所示。

逆变器通过 SVM 技术为电机提供所需的电压。在使用这个方案时，注意实现问题是很重要的。

6.6 基于闭环观测器的方法

闭环观测器利用系统模型预测系统的变量和/或参数，并利用一般反馈理论对估计变量进行修正，减小实际测量输出和估计输出之间的误差。观测器通常以状态空间的形式呈现。图 6.11给出了一个观测器的示意图，其中将系统的输入和增加的输出误差应用于观测器，以提供估计的状态。该观测器包括系统的动态模型和状态调整方案。根据系统动态特性和观测器的类型，可以用状态空间形式的线性或非线性数学模型来表示系统。观测器的设计包括合理选择观测器参数和提供有效的状态调整方案。评价一个观测器的主要标准是观测器输出到系统输出的收敛性，从而估计收敛状态到实际状态的收敛性。观测器理论用于永磁同步电机的位置和速度估计已经超过 20 年了，并且有关文献中已经提出了许多估计方案；本节主要介绍一些凸极电机的方案。

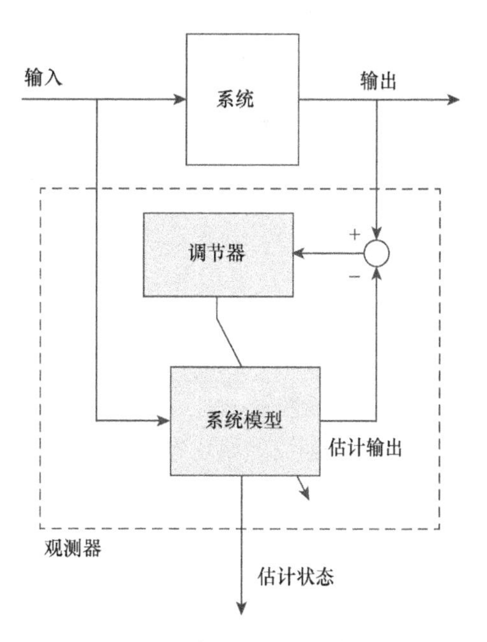

图 6.11 闭环观测器示意图

6.6.1 状态观测器方案

状态观测器是一种易于理解的闭环观测器，将在本节中介绍。首先介绍该观测器的基本原理，然后介绍永磁同步电机的状态空间模型。最后，介绍观察器的实现（Jones 和 Lang，1989）。

6.6.1.1 原理

永磁同步电机的模型一般是非线性的。然而，如果将模型变换到转子参考坐标系，则可以将电动力线性化。然而，整个模型仍然是非线性的。因此，考虑到非线性系统，可以用如下非线性矩阵方程在状态空间中给出系统的动态模型来表示状态观测器的一般理论：

$$\dot{\boldsymbol{x}}(t)=\boldsymbol{f}[\boldsymbol{x}(t),\boldsymbol{u}(t)] \tag{6.6.1}$$

$$\boldsymbol{y}(t)=\boldsymbol{h}[\boldsymbol{x}(t)] \tag{6.6.2}$$

式中，$\boldsymbol{x}(t)$和$\boldsymbol{u}(t)$分别是实际的系统状态矢量和输入矢量；$\boldsymbol{y}(t)$为测量到的系统输出矢量，其中式（6.6.1）的右边表示状态动态；黑体符号用于表示适当维数的矩阵和矢量。式（6.6.1）和式（6.6.2）通常是非线性的，等式右边是状态矢量的非线性函数。

下式给出了观测器的一般形式，它给出了整个状态的估计：

$$\dot{\hat{\boldsymbol{x}}}(t)=\boldsymbol{f}[\hat{\boldsymbol{x}}(t),\boldsymbol{u}(t)]+\boldsymbol{G}[\boldsymbol{y}(t)-\hat{\boldsymbol{y}}(t)] \tag{6.6.3}$$

式中，$\hat{\boldsymbol{x}}(t)$和$\hat{\boldsymbol{y}}(t)$分别表示估计的状态矢量和估计的输出矢量；$\boldsymbol{G}$为观测器增益矩阵。式（6.6.3）表示增益矩阵提供了包含由输出误差引起的新系统动态特性。随着误差的消除，估计的状态接近实际状态。同时，式（6.6.3）的观测器方程接近式（6.6.1）的系统方程。

6.6.1.2 电机模型

在状态观测器的设计中采用了合适的系统模型。因此，转子参考坐标系中内置式永磁电机的状态空间模型表示为

$$\mathrm{p}i_{\mathrm{d}}=-\frac{R_{\mathrm{s}}}{L_{\mathrm{d}}}i_{\mathrm{d}}+\omega_{\mathrm{r}}\frac{L_{\mathrm{q}}}{L_{\mathrm{d}}}i_{\mathrm{q}}+\frac{v_{\mathrm{d}}}{L_{\mathrm{d}}} \tag{6.6.4}$$

$$\mathrm{p}i_{\mathrm{q}}=-\frac{R_{\mathrm{s}}}{L_{\mathrm{q}}}i_{\mathrm{q}}-\omega_{\mathrm{r}}\frac{L_{\mathrm{d}}}{L_{\mathrm{q}}}i_{\mathrm{d}}-\omega_{\mathrm{r}}\frac{\lambda_{\mathrm{m}}}{L_{\mathrm{q}}}+\frac{v_{\mathrm{q}}}{L_{\mathrm{q}}} \tag{6.6.5}$$

$$\mathrm{p}\omega_{\mathrm{r}}=\frac{P}{J}(T_{\mathrm{e}}-T_{\mathrm{L}}-B\omega_{\mathrm{r}}-T_{\mathrm{f}}) \tag{6.6.6}$$

$$\mathrm{p}\theta_{\mathrm{r}}=\omega_{\mathrm{r}} \tag{6.6.7}$$

式中，电机电磁转矩 T_{e} 及拖动和摩擦转矩 T_{f} 分别表示为

$$T_{\mathrm{e}}=\frac{3P}{2}i_{\mathrm{q}}[\lambda_{\mathrm{m}}+(L_{\mathrm{d}}-L_{\mathrm{q}})i_{\mathrm{d}}] \tag{6.6.8}$$

$$T_{\mathrm{f}} = C\mathrm{sgn}(\omega_{\mathrm{r}}) \tag{6.6.9}$$

式中，J、B、C 分别为转子惯量、粘滞阻尼系数、库仑摩擦系数。

选取定子 d 轴和 q 轴电流，电机转子转速和位置作为系统状态。同时选取定子 d 轴和 q 轴电压分量作为输入变量，定子 d 轴和 q 轴电流分量作为输出变量。因此，状态矢量、输入矢量和输出矢量分别表示为

$$\boldsymbol{x} = [i_{\mathrm{d}} \quad i_{\mathrm{q}} \quad \omega_{\mathrm{r}} \quad \theta_{\mathrm{r}}]^{\mathrm{T}} \tag{6.6.10}$$

$$\boldsymbol{u} = [v_{\mathrm{d}} \quad v_{\mathrm{q}}]^{\mathrm{T}} \tag{6.6.11}$$

$$\boldsymbol{y} = [i_{\mathrm{d}} \quad i_{\mathrm{q}}]^{\mathrm{T}} \tag{6.6.12}$$

6.6.1.3　观测器实现

输出误差，包括测量和估计的 d 轴和 q 轴电流的差值，乘以增益矩阵。然后将结果添加到系统动态方程中，如式（6.6.3）所示。增益矩阵是由两个部分组成的常数矩阵：一个是对 d 轴和 q 轴电流变化做出贡献的电气部分；一个是对电机的转速做出贡献的机械部分：

$$\boldsymbol{G} = \left[\frac{\boldsymbol{G}_{\mathrm{i}}}{\boldsymbol{G}_{\omega}}\right] = \begin{bmatrix} g & e \\ e & g \\ \hline m & n \end{bmatrix} \tag{6.6.13}$$

增益矩阵的机械部分对转子的位置没有任何直接的作用。这是因为估计的位置是通过速度信号的积分得到的，这种贡献直接将电流测量噪声引入估计的位置，恶化了积分对速度信号的平滑效果。

参考模型方程和前面的选取，内置式永磁电机的观测器方程［式（6.6.3）］可以通过以下三个方程得到：

$$\mathrm{p}\begin{bmatrix}\hat{i}_{\mathrm{d}} \\ \hat{i}_{\mathrm{q}}\end{bmatrix} = \begin{bmatrix} -\dfrac{R_{\mathrm{s}}}{L_{\mathrm{d}}} & \hat{\omega}_{\mathrm{r}}\dfrac{L_{\mathrm{q}}}{L_{\mathrm{d}}} \\ \hat{\omega}_{\mathrm{r}}\dfrac{L_{\mathrm{d}}}{L_{\mathrm{q}}} & -\dfrac{R_{\mathrm{s}}}{L_{\mathrm{q}}} \end{bmatrix}\begin{bmatrix}\hat{i}_{\mathrm{d}} \\ \hat{i}_{\mathrm{q}}\end{bmatrix} - \hat{\omega}_{\mathrm{r}}\boldsymbol{\lambda}_{\mathrm{m}}\begin{bmatrix}0 \\ \dfrac{1}{L_{\mathrm{q}}}\end{bmatrix} + \begin{bmatrix}\dfrac{1}{L_{\mathrm{d}}} & 0 \\ 0 & \dfrac{1}{L_{\mathrm{q}}}\end{bmatrix}\begin{bmatrix}v_{\mathrm{d}} \\ v_{\mathrm{q}}\end{bmatrix} + \begin{bmatrix} g & e \\ e & g\end{bmatrix}\left(\begin{bmatrix}i_{\mathrm{d}} \\ i_{\mathrm{q}}\end{bmatrix} - \begin{bmatrix}\hat{i}_{\mathrm{d}} \\ \hat{i}_{\mathrm{q}}\end{bmatrix}\right) \tag{6.6.14}$$

$$\mathrm{p}\omega_{\mathrm{r}} = [\hat{i}_{\mathrm{d}} \quad \hat{i}_{\mathrm{q}}]\frac{3P^2}{2}\frac{\lambda_{\mathrm{m}}}{J}\begin{bmatrix}0 \\ 1\end{bmatrix} + \frac{3P^2}{2}\frac{L_{\mathrm{d}} - L_{\mathrm{q}}}{J}[\hat{i}_{\mathrm{d}} \quad \hat{i}_{\mathrm{q}}]\begin{bmatrix}0 & 1 \\ 1 & 0\end{bmatrix}\begin{bmatrix}\hat{i}_{\mathrm{d}} \\ \hat{i}_{\mathrm{q}}\end{bmatrix} - \frac{PB\omega_{\mathrm{r}}}{J} - \frac{PC}{J}\mathrm{sgn}(\omega_{\mathrm{r}}) - \frac{PT_{\mathrm{L}}}{J} + \frac{3P}{2}\frac{\lambda_{\mathrm{m}}}{J}[m \quad n]\left(\begin{bmatrix}i_{\mathrm{d}} \\ i_{\mathrm{q}}\end{bmatrix} - \begin{bmatrix}\hat{i}_{\mathrm{d}} \\ \hat{i}_{\mathrm{q}}\end{bmatrix}\right) \tag{6.6.15}$$

$$p\hat{\theta}_r = \hat{\omega}_r \tag{6.6.16}$$

式中，i_d 和 i_q 是传递到转子参考坐标系的测量电流；v_d 和 v_q 也是传递到同一参考坐标系的测量电压。值得一提的是，这些变换是使用估计的转子位置进行的。利用直流电压和逆变器开关函数，计算出静止参考坐标系中的 D 轴和 Q 轴电压分量，然后将其变换到转子参考坐标系，可以避免直接的电压测量。在采样时间短和动态电流大的情况下，d 轴和 q 轴电压参考作为电流控制器的输出，可以代替式（6.6.14）中的 v_d 和 v_q。此外，$\hat{i}_d$ 和 $\hat{i}_q$ 是作为估计输出的估计电流分量。再次注意，缺少关于位置动态的修正反馈。

利用极点配置技术可以确定增益矩阵。选择合适的观测器增益取决于电机的转速。因此，一个恒定的增益矩阵可能不会在整个速度范围内产生理想的估计。解决这个问题有两种方法。一种解决方法是在不同的速度下设计不同的增益矩阵。然后，再次使用调度方案为特定的速度范围选择适当的矩阵（Sepe 和 Lang，1992）。此外，可接受的增益也会受到电机参数不确定性的影响而变化。因此，应根据电机条件在线调整增益。在下一小节中，我们将结合扩展卡尔曼滤波器研究一种自适应增益调整。式（6.6.14）~式（6.6.16）的解需要系统状态的初值。这些都可以假设为零。对于电流分量和速度都是如此。然而，在一般情况下，零值的假设对转子位置来说是不准确的。从式（6.6.3）可以看出，各状态的估计精度对初始转子位置误差非常敏感。因此，在估计过程开始之前，必须通过某种方法确定转子的初始位置。这是该方案和其他一些转子位置估计方案的一个主要限制。观测器在较低的速度运行缓慢，因为有较少的速度电压在电流测量中被观测器利用。通过增加观测器增益，可以提高算法的收敛速度。这可能导致观测器不稳定，在高速有较高的速度电压。如前所述，增益调度可以作为一种解决方案使用。被测电流和电压的误差和噪声会影响观测器的性能。因此，需要精确和平滑的电流和电压测量（Jones 和 Lang，1989）。

6.6.2 隐极电机的扩展卡尔曼滤波方案

卡尔曼滤波器是线性系统实时状态和参数估计的一种最优算法。由于是最优的，它使估计量的方均误差最小化。该方法考虑了建模误差、输入噪声和干扰等因素，并给出了准确的估计结果。这就是它被称为“滤波器”的原因。扩展卡尔曼滤波（EKF）是非线性系统状态和参数估计算法的改进版本。扩展卡尔曼滤波通过线性化的状态和测量方程的预测状态作为一个工作点，将卡尔曼滤波器应用于非线性系统的线性化。

当扩展卡尔曼滤波应用于永磁同步电机的位置和速度估计时，它不需要机械参数信息。此外，该方法不需要包括状态观测器方案在内的许多位置估计方法所需要的精确的初始转子位置和速度。相反，即使它们在起动时与实际状态有很大的不同，扩展卡尔曼滤波使用任何可用的关于系统状态初始条件的信息，包括转子位置。然而，它需要关于系统动力学以及关于系统噪声、干扰、不确定性和系统建模误差的统计信息的知识。该算法由于矩阵计算复杂、计算量大，因此需要快速的处理工具。但是，它具有快速收敛到实际值的能力，并且在起动时避免了在实际值附近摆动。在如今的市场，应用特定的 DSP 实现的电机驱动控制可以处理计算负担。

6.6.2.1　扩展卡尔曼滤波算法原理

对于目前的应用，可以用下列矩阵方程来表示系统的非线性模型（Bado 等，1992；Bolognani 等，1999）：

$$\dot{\boldsymbol{x}}(t)=\boldsymbol{f}[\boldsymbol{x}(t)]+\boldsymbol{Bu}(t)+\boldsymbol{\sigma}(t) \tag{6.6.17}$$

$$\boldsymbol{y}(t_k)=\boldsymbol{Hx}(t_k)+\boldsymbol{\mu}(t_k) \tag{6.6.18}$$

式中，$\boldsymbol{x}(t)$表示系统状态矢量，初始状态矢量$\boldsymbol{x}(t_0)$表示为均值为$\boldsymbol{x}_0$、协方差为$\boldsymbol{P}_0$的高斯随机矢量；$\boldsymbol{u}(t)$为确定性输入矢量。此外，作为$\boldsymbol{x}(t)$的最小方差估计与协方差$\boldsymbol{P}(t_k)$，$\boldsymbol{x}(t_k)$是扩展卡尔曼滤波生成的最优状态估计序列，而$\boldsymbol{y}(t_k)$模型可用的离散时间测量作为输出矢量。所有的矢量都是时间变量。模型的不准确性和系统扰动被$\boldsymbol{\sigma}(t)$建模为一个零均值高斯白噪声，与$\boldsymbol{x}(t_0)$和协方差$\boldsymbol{Q}(t)$无关。通过$\boldsymbol{u}(t_k)$将测得的噪声和误差建模为零均值高斯白噪声，与$\boldsymbol{x}(t_0)$和$\boldsymbol{u}(t)$无关，协方差为$\boldsymbol{R}(t_k)$。最后，$\boldsymbol{B}$和$\boldsymbol{H}$分别是输入矩阵和输出矩阵。

式（6.6.17）是非线性的，因为它由系统矩阵与状态矢量组成。同样，式（6.6.18）通过线性方程对k处的离散时间测量进行建模。因为系统输入与系统状态无关，式（6.6.17）和式（6.6.18）并不是扩展卡尔曼滤波算法所能接受的最一般的非线性模型形式，所以也与输出无关，而且，输出也是状态的线性函数。然而，该公式适用于提出永磁同步电机模型，稍后会介绍。

在t_{k-1}到t_k的时间段内，观测器工作分为两个阶段，即预测阶段和修正阶段。应用程序必须在阶段开始前给出状态矢量和协方差矩阵的初始值。

1. 预测阶段

在这个阶段（也称为传播阶段），利用系统在k时刻的数学模型，利用$k-1$时刻的状态矢量和输入矢量的最新估计，在线计算系统在k时刻的最优估计状态矢量和状态协方差矩阵。这是由假设$\boldsymbol{\sigma}(t)=0$，协方差矩阵$\boldsymbol{Q}$为常数，对式（6.6.17）从t_{k-1}到t_k积分得到的。公式在离散时间下表示为

$$\hat{\boldsymbol{x}}_{k/k-1}=\hat{\boldsymbol{x}}_{k-1/k-1}+[\boldsymbol{f}(\hat{\boldsymbol{x}}_{k-1/k-1})+<\boldsymbol{u}_{k-1}>]T_s \tag{6.6.19}$$

$$\boldsymbol{P}_{k/k-1}=\boldsymbol{P}_{k-1/k-1}+(\boldsymbol{F}_{k-1}\boldsymbol{P}_{k-1/k-1}+\boldsymbol{P}_{k-1/k-1}\boldsymbol{F}_{k-1}^{\mathrm{T}}+\boldsymbol{Q})T_s \tag{6.6.20}$$

式中

$$\boldsymbol{F}_{k-1}=\left.\frac{\delta\boldsymbol{f}(\boldsymbol{x})}{\delta\boldsymbol{x}}\right|_{\boldsymbol{x}=\hat{\boldsymbol{x}}_{k-1/k-1}} \tag{6.6.21}$$

在这些计算中，$\hat{\boldsymbol{x}}_{k/k-1}$是指根据到第 $k-1$ 个测量值对第 k 个状态矢量的估计，对于包含两个时刻下标的其他变量也是类似的。

2. 修正阶段

这一阶段又称为创新、传播或滤波阶段，其卡尔曼增益计算为

$$\boldsymbol{K}_k = \boldsymbol{P}_{k/k-1}\boldsymbol{H}^{\mathrm{T}}(\boldsymbol{H}\boldsymbol{P}_{k/k-1}\boldsymbol{H}^{\mathrm{T}} + \boldsymbol{R})^{-1} \tag{6.6.22}$$

利用卡尔曼增益，估计状态被更新为

$$\hat{\boldsymbol{x}}_{k/k} = \hat{\boldsymbol{x}}_{k/k-1} + \boldsymbol{K}_k(\boldsymbol{y}_k - \boldsymbol{H}\hat{\boldsymbol{x}}_{k/k-1}) \tag{6.6.23}$$

在状态矢量的估计值上加上一项修正项来产生新的状态矢量。修正项是借助卡尔曼增益 $\boldsymbol{K}_k$ 放大的系统输出误差。输出误差是测量输出和估计输出之间的差。估计输出由式（6.6.18）的系统输出计算。在这一阶段，协方差矩阵 $\boldsymbol{P}$ 由下式获得：

$$\boldsymbol{P}_{k/k} = \boldsymbol{P}_{k/k-1} - \boldsymbol{K}_k\boldsymbol{H}\boldsymbol{P}_{k/k-1} \tag{6.6.24}$$

然后，观测器用更新后的值重复第一阶段。

6.6.2.2 电机的状态空间模型

由于整个估计算法是通过矩阵计算来实现的，因此必须得到电机的状态空间模型。转子参考坐标系下的电机模型在某些方面提供了更线性的模型。由于没有从静止参考坐标系到旋转参考坐标系的变换，因此两相静止参考坐标系是首选的，反之亦然。这主要是因为测量电流所需要的从静止参考坐标系到旋转参考坐标系的变换本身需要估计转子位置，这可能会进一步传播误差到估计过程。两相静止参考坐标系的电机状态空间方程为

$$\mathrm{p}i_{\mathrm{D}} = -\frac{R_{\mathrm{s}}}{L_{\mathrm{s}}}i_{\mathrm{D}} + \omega_{\mathrm{r}}\frac{\lambda_{\mathrm{m}}}{L_{\mathrm{s}}}\sin\theta_{\mathrm{r}} + \frac{v_{\mathrm{D}}}{L_{\mathrm{s}}} \tag{6.6.25}$$

$$\mathrm{p}i_{\mathrm{Q}} = -\frac{R_{\mathrm{s}}}{L_{\mathrm{s}}}i_{\mathrm{Q}} - \omega_{\mathrm{r}}\frac{\lambda_{\mathrm{m}}}{L_{\mathrm{s}}}\sin\theta_{\mathrm{r}} + \frac{v_{\mathrm{Q}}}{L_{\mathrm{s}}} \tag{6.6.26}$$

$$\mathrm{p}\omega_{\mathrm{r}} = 0 \tag{6.6.27}$$

$$\mathrm{p}\theta_{\mathrm{r}} = \omega_{\mathrm{r}} \tag{6.6.28}$$

可以看出，在一个开关周期内，电机转速被假定为恒定。选取定子 D 轴和 Q 轴电流，电机转子转速和位置作为系统状态。同时选取定子 D 轴和 Q 轴电压作为输入变量，定子 D 轴和 Q 轴电流作为输出变量。因此，该参考坐标系的模型状态矢量、输入矢量和输出矢量分别表示为

$$\boldsymbol{x} = [i_{\mathrm{D}} \quad i_{\mathrm{Q}} \quad \omega_{\mathrm{r}} \quad \theta_{\mathrm{r}}]^{\mathrm{T}} \tag{6.6.29}$$

$$\boldsymbol{u} = [v_{\mathrm{D}} \quad v_{\mathrm{Q}}]^{\mathrm{T}} \tag{6.6.30}$$

$$\boldsymbol{y} = [i_{\mathrm{D}} \quad i_{\mathrm{Q}}]^{\mathrm{T}} \tag{6.6.31}$$

参考模型方程和前面的选取，系统矩阵及输入和输出矩阵分别表示为

$$
\boldsymbol{f}(\boldsymbol{x}) = \begin{bmatrix} -\frac{R_s}{L_s}i_D & 0 & \omega_r\lambda_m\sin\theta_r & 0 \\ 0 & -\frac{R_s}{L_s}i_Q & \omega_r\lambda_m\cos\theta_r & 0 \\ 0 & 0 & 0 & 0 \\ 0 & 0 & \omega_r & 0 \end{bmatrix} \tag{6.6.32}
$$

$$
\boldsymbol{B} = \begin{bmatrix} \frac{1}{L_s} & 0 & 0 & 0 \\ 0 & \frac{1}{L_s} & 0 & 0 \\ 0 & 0 & 0 & 0 \\ 0 & 0 & 0 & 0 \end{bmatrix} \tag{6.6.33}
$$

$$
\boldsymbol{H} = \begin{bmatrix} 1 & 0 & 0 & 0 \\ 0 & 1 & 0 & 0 \end{bmatrix} \tag{6.6.34}
$$

可以看出，系统矩阵是系统状态的非线性函数，电机模型是非线性的。然而，从输入输出的角度来看，该模型是线性的。如果电机模型出现在转子参考坐标系中，则可以克服系统矩阵对状态的依赖性。由于速度电压的交叉耦合，会产生更多的非线性。正如前面提到的，这就是为什么在建模时，静止参考坐标系比旋转参考坐标系更受欢迎。

6.6.2.3　实现

整个电机控制和转子位置估计的过程按照图 6.12 的流程图进行（Bado 等，1992）。这一过程包括起动、预测、控制、测量和创新。估计由起动阶段开始，起动阶段设定系统状态的初始值，取 $\boldsymbol{x}_0=0$ 是很方便的。此外，在此步骤中选择初始状态协方差矩阵 $\boldsymbol{P}_0$ 及初始协方差矩阵 $\boldsymbol{Q}_0$ 和 $\boldsymbol{R}_0$，它们可以通过监测和随机分析随时间变化的噪声来获得。如果很难进行监测，为了得到预期的估计结果，则可以通过试验和误差来得到这些矩阵。然而，由于缺乏足够的统计信息来评估非对角元素，通常使用对角矩阵来估计永磁同步电机的转子位置。在电机暂态和稳态运行过程中，通过试错调整对角线元素，在精度和快速

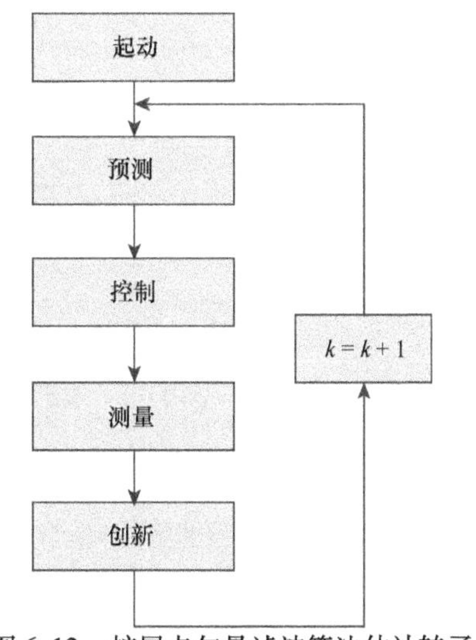

图 6.12　扩展卡尔曼滤波算法估计转子位置和转速与电机控制流程图

性方面获得最佳的位置和速度估计（Dhaouadi 等，1991）。Bado 等（1992）提出了下列形式的对角矩阵：

$$
\boldsymbol{Q}=\boldsymbol{Q}_0=\begin{bmatrix} a & 0 & 0 & 0 \\ 0 & a & 0 & 0 \\ 0 & 0 & b & 0 \\ 0 & 0 & 0 & c \end{bmatrix},\ \boldsymbol{P}_0=\begin{bmatrix} d & 0 & 0 & 0 \\ 0 & d & 0 & 0 \\ 0 & 0 & e & 0 \\ 0 & 0 & 0 & f \end{bmatrix},\ \boldsymbol{R}=\boldsymbol{R}_0=\begin{bmatrix} g & 0 \\ 0 & g \end{bmatrix} \tag{6.6.35}
$$

在估计过程中，$\boldsymbol{Q}$ 和 $\boldsymbol{R}$ 矩阵固定在初始值，如式（6.6.35）所示。协方差矩阵的调整在有关文献中进行了研究（Bolognani 等，2003）。

然后，通过执行式（6.6.19）~式（6.6.21）完成预测阶段。在第一个周期中，使用状态矢量和状态协方差矩阵 $\boldsymbol{P}$ 的初始值。此外，在这个周期中，采用了一个零平均电压矢量。然而，在下一个周期中，电机控制系统在前一个周期中计算的参考电压矢量代替了平均输入电压的矢量。此外，在计算中使用更新的 $\boldsymbol{P}$。

在控制和测量步骤中，执行电机控制系统的常用功能，包括相电流测量、参考坐标系变换以及电流和速度控制程序的执行，如图 6.13 所示。速度控制器产生 q 轴电流指令来响应速度误差，速度误差是当前速度值和先前估计的速度值之间的差值。同时，当前控制器产生电压指令 v_D^* 和 v_Q^*。

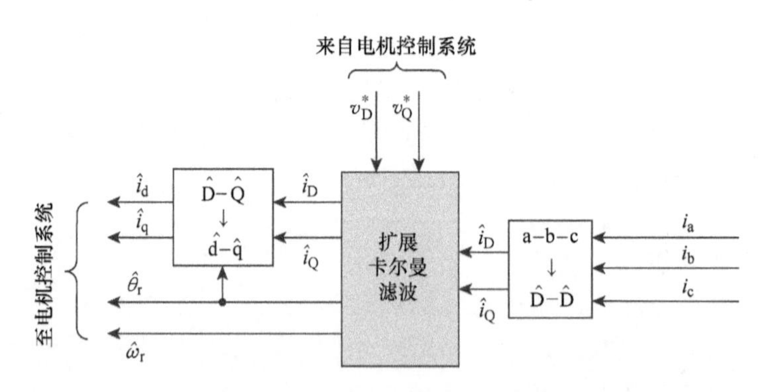

图 6.13　电机控制系统与扩展卡尔曼滤波框图

图 6.12 中的修正阶段包括式（6.6.22）~式（6.6.24）的计算。在这个阶段，使用最新的测量数据和估计值来更新估计的位置和速度。然后循环次数增加，一个新的循环开始，如图 6.12 所示。

6.6.3　凸极电机的扩展卡尔曼滤波方案

如前所述，虽然两相静止参考坐标系更方便估计表贴式永磁同步电机的转子位置和速度，但是由于 d 轴和 q 轴电感的差异，在此参考坐标系下，内置式永磁电机模型更复杂。扩展卡尔曼滤波算法需要较长的计算时间。因此，在内置式永磁电机的情况下，转子参考坐标系中的模型是非常可取的。这需要修改前一小节中使用的算法。本节提出了转子参考坐标系中的内置式永磁电机的状态空间模型和扩展卡尔曼滤波算法的修订版（Bolognani 等，2003）。

转子参考坐标系中永磁同步电机的模型可以表示为

$$\mathrm{p}i_{\mathrm{d}} = -\frac{R_{\mathrm{s}}}{L_{\mathrm{d}}}i_{\mathrm{d}} + \omega_{\mathrm{r}}\frac{L_{\mathrm{q}}}{L_{\mathrm{d}}}i_{\mathrm{q}} + \frac{v_{\mathrm{d}}}{L_{\mathrm{d}}} \tag{6.6.36}$$

$$\mathrm{p}i_{\mathrm{q}} = -\frac{R_{\mathrm{s}}}{L_{\mathrm{q}}}i_{\mathrm{q}} - \omega_{\mathrm{r}}\frac{L_{\mathrm{d}}}{L_{\mathrm{q}}}i_{\mathrm{d}} - \omega_{\mathrm{r}}\frac{\lambda_{\mathrm{m}}}{L_{\mathrm{q}}} + \frac{v_{\mathrm{q}}}{L_{\mathrm{q}}} \tag{6.6.37}$$

$$\mathrm{p}\omega_{\mathrm{r}} = 0 \tag{6.6.38}$$

$$\mathrm{p}\theta_{\mathrm{r}} = \omega_{\mathrm{r}} \tag{6.6.39}$$

选取定子 d 轴和 q 轴电流，电机转子速度和位置作为系统状态。同时选取定子 d 轴和 q 轴电压作为输入变量，定子 d 轴和 q 轴电流作为输出变量。因此，该参考坐标系的模型状态矢量、输入矢量和输出矢量分别表示为

$$\boldsymbol{x} = [i_{\mathrm{d}} \quad i_{\mathrm{q}} \quad \omega_{\mathrm{r}} \quad \theta_{\mathrm{r}}]^{\mathrm{T}} \tag{6.6.40}$$

$$\boldsymbol{u} = [v_{\mathrm{d}} \quad v_{\mathrm{q}}]^{\mathrm{T}} \tag{6.6.41}$$

$$\boldsymbol{y} = [i_{\mathrm{d}} \quad i_{\mathrm{q}}]^{\mathrm{T}} \tag{6.6.42}$$

参考模型方程和前面的选取，系统矩阵及输入和输出矩阵分别表示为

$$\boldsymbol{f}(\boldsymbol{x}) = \begin{bmatrix} -\frac{R_{\mathrm{s}}}{L_{\mathrm{d}}} & \omega_{\mathrm{r}}\frac{L_{\mathrm{q}}}{L_{\mathrm{d}}} & 0 & 0 \\ -\omega_{\mathrm{r}}\frac{L_{\mathrm{d}}}{L_{\mathrm{q}}} & -\frac{R_{\mathrm{s}}}{L_{\mathrm{q}}} & -\lambda_{\mathrm{m}}L_{\mathrm{q}} & 0 \\ 0 & 0 & 0 & 0 \\ 0 & 0 & 1 & 0 \end{bmatrix} \tag{6.6.43}$$

$$\boldsymbol{B} = \begin{bmatrix} \frac{1}{L_{\mathrm{d}}} & 0 & 0 & 0 \\ 0 & \frac{1}{L_{\mathrm{q}}} & 0 & 0 \\ 0 & 0 & 0 & 0 \\ 0 & 0 & 0 & 0 \end{bmatrix} \tag{6.6.44}$$

$$\boldsymbol{H} = \begin{bmatrix} 1 & 0 & 0 & 0 \\ 0 & 1 & 0 & 0 \end{bmatrix} \tag{6.6.45}$$

采用非线性矩阵方程可以得到与转子参考坐标系下电机模型一致的非线性

模型

$$\dot{\boldsymbol{x}}(t) = \boldsymbol{f}[\boldsymbol{x}(t)]\boldsymbol{x}(t) + \boldsymbol{B}\boldsymbol{u}(t) + \boldsymbol{\sigma}(t) \tag{6.6.46}$$

$$\boldsymbol{y}(t) = \boldsymbol{H}\boldsymbol{x}(t) + \boldsymbol{\mu}(t) \tag{6.6.47}$$

式中，变量的定义与前一个版本的扩展卡尔曼滤波相同。这些非线性方程可以离散为

$$\boldsymbol{x}_{k+1} = \boldsymbol{F}_{\mathrm{d}}(\boldsymbol{x}_k)\boldsymbol{x}_k + \boldsymbol{B}\boldsymbol{u}_k + \boldsymbol{\sigma}_k \tag{6.6.48}$$

$$\boldsymbol{y}_k = \boldsymbol{H}\boldsymbol{x}_k + \boldsymbol{\mu}_k \tag{6.6.49}$$

由 d-q 模型得到离散化的系统矩阵为

$$\boldsymbol{F}_{\mathrm{d}}(\boldsymbol{x}_k) = 1 + T_{\mathrm{s}}\boldsymbol{f}(\boldsymbol{x}(kT_{\mathrm{s}})) \tag{6.6.50}$$

利用卡尔曼增益，估计状态被更新为

$$\hat{\boldsymbol{x}}_{k/k-1} = \hat{\boldsymbol{x}}_{k-1/k-1} + [\boldsymbol{f}(\hat{\boldsymbol{x}}_{k-1/k-1}) + \langle \boldsymbol{u}_{k-1} \rangle]T_{\mathrm{s}} \tag{6.6.51}$$

$$\boldsymbol{P}_{k/k-1} = \boldsymbol{P}_{k-1/k-1} + (\boldsymbol{F}_{k-1}\boldsymbol{P}_{k-1/k-1} + \boldsymbol{P}_{k-1/k-1}\boldsymbol{F}_{k-1}^{\mathrm{T}} + \boldsymbol{Q})T_{\mathrm{s}} \tag{6.6.52}$$

式中

$$\hat{\boldsymbol{x}}_{k/k} = \hat{\boldsymbol{x}}_{k/k-1} + \boldsymbol{K}_k(\boldsymbol{y}_k - \boldsymbol{H}\hat{\boldsymbol{x}}_{k/k-1}) \tag{6.6.53}$$

$$\boldsymbol{F}_{k-1} = \left.\frac{\partial \boldsymbol{f}(\boldsymbol{x}(t))\boldsymbol{x}(t)}{\partial \boldsymbol{x}}\right|_{\boldsymbol{x}=\hat{\boldsymbol{x}}_{k/k-1}} \tag{6.6.54}$$

由式（6.6.54）可知，为了得到新的状态矢量，在状态矢量的估计中加入修正项。修正项是系统借助卡尔曼增益 $\boldsymbol{K}_k$ 放大的输出误差。输出误差是测量值与估计值之间的差值。估计输出由式（6.6.49）的系统输出计算。在这个阶段，协方差矩阵 $\boldsymbol{P}$ 也由下式获得：

$$\boldsymbol{P}_{k/k} = \boldsymbol{P}_{k/k-1} - \boldsymbol{K}_k\boldsymbol{H}\boldsymbol{P}_{k/k-1} \tag{6.6.55}$$

卡尔曼增益计算为

$$\boldsymbol{K}_k = \boldsymbol{P}_{k/k-1}\boldsymbol{H}^{\mathrm{T}}(\boldsymbol{H}\boldsymbol{P}_{k/k-1}\boldsymbol{H}^{\mathrm{T}} + \boldsymbol{R})^{-1} \tag{6.6.56}$$

然后，观测器用更新后的值重复第一阶段。

6.7 小结

除了在电机的闭环控制中使用，转子位置是永磁同步电机正常运行的基本需求，这强调了转子位置信息的重要性。与机械传感器相关的问题及其高成本是业界对无转子和速度传感器系统感兴趣的原因，因为该系统是使用机械传感器进行电机控制的一种节省成本且实用的替代方案。然而，由于其苛刻的标准，如准确性、鲁棒性、快速性以及在整个电机操作范围内工作的能力，无传感器控制具有挑战性。为了应对这些挑战，商业产品或有关文献中提出了许多无传感器控制方法。因此，对永磁同步电机的位置和速度估计方法进行全面的研究是十分繁琐的。此外，通过单一安排对方法进行分类可能是无用的，甚至是不可能的。尽管如此，本章对主要位置和速度估计方法的选择及其对应的方案进行了分类和详细

介绍。本章首先介绍传统的基于反电动势的方法及其两种方案。阐述了磁链估计方法及其四种方案。本章提出的第三类转子位置估计是假设转子位置方法，在电机建模中使用一个沿假设转子位置定向的参考坐标系。本章给出了该方法的三种转子估计方案，包括基于电压的、基于反电动势的和前馈电压解耦的方案。第四类估计方法是基于凸极电机的方法，该方法从与位置相关的电机电感中提取转子的位置。该方法能够在包括零转速在内的整个转速范围内估计转子的位置。本章对该方法进行了四种不同方案的考虑，包括凸极永磁同步电机离线方案、凸极永磁同步电机高频信号注入方案、逆变器开关谐波方案和隐极永磁同步电机信号注入方案。最后，给出了基于观测器的三种闭环估计方法，其中包括一种简单的状态观测器和两种基于扩展卡尔曼滤波的隐极和凸极永磁同步电机估计方法。每个方案首先讨论了相应的基本原理，给出了合适的电机模型和实现方法。其次，讨论了每种方案的优点和局限性。

习　题

P. 6. 1　转子位置估计的方法是在 d 轴电流控制器的输出中注入一个高频电压参考，通过对估计的高频 q 轴电流的积分得到估计的转子位置。这是通过在积分之前对电流分量进行快速傅里叶变换（FFT）来实现的。估计的电流分量是注入电压和转子位置误差的函数。

$$\mathrm{p}\hat{i}_{\mathrm{q}} = \frac{L_2}{L_1^2 - L_2^2} V_{\mathrm{a}} \sin\omega_{\mathrm{a}} t \sin 2(\theta_{\mathrm{r}} - \hat{\theta}_{\mathrm{r}})$$

注入电压

$$v_{\mathrm{i}} = V_{\mathrm{i}} \sin\omega_{\mathrm{i}} t \cdot \sin 2(\theta_{\mathrm{r}} - \hat{\theta}_{\mathrm{r}})$$

在任何合理的近似下，证明第一个方程。

P. 6. 2　将位置估计方案分为五种主要方法，每一种方法下的位置估计方案如图 6. 1 所示。然而，有些估计方案与一种以上的方法有关。通过图 6. 1 中对应的方法将这些方案联系起来，确定这些方案及其所有关系。

P. 6. 3　电机转速信号可以通过转子位置的导数获得。反过来，可以通过对电机转速信号的积分得到转子位置。讨论这些技术的缺点并考虑替代解决方案。

P. 6. 4　能否将反电动势方法和基于观测器的方法相结合，提出位置估计方案？推导这种观测器的控制方程。

P. 6. 5　采用双阶低通滤波器设计磁链角估计系统。确定滤波时间常数。

P. 6. 6　在假设方法下，本章给出了一种基于电压的方案。考虑一个基于电机电流而不是电压的类似方案。

提示：可以重新排列电机电压分量的方程来求得电流分量的导数。

P. 6. 7 根据以下要求对图 6. 1 中的位置估计方案进行分类：

1）适用于隐极、凸极和两种电机类型；

2）静止和低速状态下的转子位置估计能力；

3）对电机参数的依赖性；

4）在线计算负担；

5）精度；

6）所需的电机信号测量；

7）适用于特殊的电机控制方法，如矢量控制。

参考文献

Acarnley, P.P. and Watson, J.F. (2006). Review of position-sensorless operation of brushless permanent-magnet machines. *IEEE Trans. Ind. Electron.* 53(2), 352–362.

Aihara, T., Toba, A., Yanase, T., Mashimo, A., and Endo, K. (1999). Sensorless torque control of salient-pole synchronous motor at zero-speed operation. *IEEE Trans. Power Electron.* 14(1), 202–208.

Bado, A., Bolognani, S., and Zigliotto, M. (1992). Effective estimation of speed and rotor position of a PM synchronous motor drive by a Kalman filtering technique. In: *23rd Annual IEEE Power Electronics Specialists Conference*, pp. 951–957. IEEE, Piscataway, NJ.

Bae, B-H., Sul, S-K., Kwon, J-H., and Byeon, J-S. (2003). Implementation of sensorless vector control for super-high-speed PMSM of turbo-compressor. *IEEE Trans. Ind. Appl.* 39(3), 811–818.

Baricuatro, K. (2014). *Sensorless Start-up and Control of Permanent Magnet Synchronous Motor with Long Tieback.* Master of Science in electric power engineering, Norwegian University of Science and Technology.

Bianchi, N., Bolognani, S., Jang, J-H., and Sul, S-K. (2007). Comparison of PM motor structures and sensorless control techniques for zero-speed rotor position detection. *IEEE Trans. Power Electron.* 22(6), 2466–2475.

Bojoi, R., Pastorelli, M., Bottomley, J., Giangrande, P., and Gerada, C. (2013). Sensorless control of PM motor drives—a technology status review. In: *IEEE Workshop on Electrical Machines Design, Control and Diagnosis*, pp. 168–182. IEEE, Piscataway, NJ.

Bolognani, S., Oboe, R., and Zigliotto, M. (1999). Sensorless full-digital PMSM drive with EKF estimation of speed and rotor position. *IEEE Trans. Ind. Electron.* 46(1), 184–191.

Bologmani, S., Tubiana, L., and Zigliotto, M. (2002). EKF-based sensorless IPM synchronous motor drive for flux-weakening applications. In: *37th IAS Annual Meeting, Conference Record of the Industry Applications Conference*, pp. 112–119. IEEE, Piscataway, NJ.

Bolognani, S., Tubiana, L., and Zigliotto, M. (2003). Extended Kalman filter tuning in sensorless PMSM drives. *IEEE Trans. Ind. Appl.* 39(6), 1741–47.

Boussak, M. (2005). Implementation and experimental investigation of sensorless speed control with initial rotor position estimation for interior permanent magnet synchronous motor drive. *IEEE Trans. Power Electron.* 20(6), 141–122.

Briz, F., Degner, M. W., García, P., and Lorenz, R. D. (2004). Comparison of saliency-based sensorless control techniques for AC machines. *IEEE Trans. Ind. Appl.* 40(4), 1107–1115.

Chen, Z., Tomita, M., Doki, S., and Okuma, S. (1998). The sensorless position estimation of salient-pole brushless dc motors and its stability. In: *Proceedings of the Japan Industry Applications Society Conference*, pp. 179–182. IEEE, Tokyo, Japan.

Chen, Z., Tomita, M., Doki, S., and Okuma, S. (2003). An extended electromotive force model for sensorless control of interior permanent-magnet synchronous motors. *IEEE Trans. Ind. Electron.* 50(2), 288–295.

Corley, M.J. and Lorenz, R.D. (1998). Rotor position and velocity estimation for a salient-pole permanent magnet synchronous machine at standstill and high speeds. *IEEE Trans. Ind. Appl.* 34(4), 784–789.

Dhaouadi, R., Mohan, N., and Norum, L. (1991). Design and implementation of an extended Kalman filter for the state estimation of a permanent magnet synchronous motor. *IEEE Trans. Power Electron.* 6(3), 491–497.

Ertugrul, N. and Acarnley, P. (1994). A new algorithm for sensorless operation of permanent magnet motors. *IEEE Trans. Ind. Appl.* 30(1), 126–133.

Fan, Y., Zhang, L., Cheng, M., and Chau, K. T. (2015). Sensorless SVPWM-FADTC of a new flux-modulated permanent- magnet wheel motor based on a wide-speed sliding mode observer. *IEEE Trans. Ind. Electron.* 62(5), 3143–3151.

Foo, G. and Rahman, M. (2010). Sensorless sliding-mode MTPA control of an IPM synchronous motor drive using a sliding-mode observer and HF signal injection. *IEEE Trans. Ind. Electron.* 57(4), 1270–1278.

Foo, G., Sayeef, S., and Rahman, M. (2010). Low-speed and standstill operation of a sensorless direct torque and flux controlled IPM synchronous motor drive. *IEEE Trans. Energy Convers.* 25(1), 25–33.

Fu, M. and Xu, L. (1997). A novel sensorless control technique for permanent magnet synchronous motor (PMSM) using digital signal processor (DSP). In: *Proceedings of the IEEE National Aerospace and Electronics Conference*, pp. 403–408. IEEE, Piscataway, NJ.

Genduso, F., Miceli, R., Rando, C., and Galluzzo, G.R. (2010). Back EMF sensorless-control algorithm for high-dynamic performance PMSM. *IEEE Trans. Ind. Electron.* 57(6), 2092–2100.

Haque, M.E., Zhong, L., and Rahman, M.F. (2003). A sensorless initial rotor position estimation scheme for a direct torque controlled interior permanent magnet synchronous motor drive. *IEEE Trans. Power Electron.* 18(6), 1376–1383.

Harnefors, L. and Nee, H-P. (2000). A general algorithm for speed and position estimation of AC motors. *IEEE Trans. Ind. Electron.* 47(1), 77–83.

Hasegawa, M., Yoshioka, S., and Matsui, K. (2009). Position sensorless control of interior permanent magnet synchronous motors using unknown input observer for high-speed drives. *IEEE Trans. Ind. Appl.* 45(3), 938–946.

Hoque, M.A. and Rahman, M. (1994). Speed and position sensorless permanent magnet synchronous motor drives. In: *Canadian Conference on Electrical and Computer Engineering*, pp. 689–692. IEEE, Piscataway, NJ.

Jang, J-H., Ha, J-I., Ohto, M., Ide, K., and Sul, S-K. (2004). Analysis of permanent-magnet machine for sensorless control based on high-frequency signal injection. *IEEE Trans. Ind. Appl.* 40(6), 1595–1604.

Jang, J-H., Sul, S-K., Ha, J-I., Ide, K., and Sawamura, M. (2003). Sensorless drive of surface-mounted permanent-magnet motor by high-frequency signal injection based on magnetic saliency. *IEEE Trans. Ind. Appl.* 39(4), 1031–1039.

Jeong, Y-S., Lorenz, R.D., Jahns, T.M., and Sul, S-K. (2005). Initial rotor position estimation of an interior permanent-magnet synchronous machine using carrier-frequency injection methods. *IEEE Trans. Ind. Appl.* 41(1), 38–45.

Johnson, J. P., Ehsani, M., and Guzelgunler, Y. (1999). Review of sensorless methods for brushless DC. In: *Conference Record - IAS Annual Meeting (IEEE Industry Applications Society)*, pp. 143–150. IEEE, Piscataway, NJ.

Jones, L.A. and Lang, J.H. (1989). A state observer for the permanent-magnet synchronous motor. *IEEE Trans. Ind. Electron.* 36(3), 374–382.

Kim, H., Huh, K-K., Lorenz, R.D., and Jahns, T.M. (2004). A novel method for initial rotor position estimation for IPM synchronous machine drives. *IEEE Trans. Ind. Appl.* 40(5), 1369–1378.

Kim, J-S. and Sul, S-K. (1997). New approach for high-performance PMSM drives without rotational position sensors. *IEEE Trans. Power Electron.* 1(5), 904–911.

Kim, K-H., Chung, S-K., Moon, G-W., Baik, I-C., and Youn, M-J. (1995). Parameter estimation and control for permanent magnet synchronous motor drive using model reference adaptive technique. In: *21st International Conference on Industrial Electronics, Control, and Instrumentation*, pp. 387–392. IEEE, Piscataway, NJ.

Kulkarni, A.B. and Ehsani, M. (1992). A novel position sensor elimination technique for the interior permanent-magnet synchronous motor drive. *IEEE Trans. Ind. Appl.* 28(1), 144–150.

Lim, K., Low, K., and Rahman, M. (1994). A position observer for permanent magnet synchronous motor drive. In: *20th International Conference on Industrial Electronics, Control and Instrumentation*, pp. 1004–1008. IEEE, Piscataway, NJ.

Linke, M., Kennel, R., and Holtz, J. (2002). Sensorless position control of permanent magnet synchronous machines without limitation at zero speed. In: *IEEE 28th Annual Conference of the Industrial Electronics Society*, pp. 674–679. IEEE, Piscataway, NJ.

Matsui, N. (1996). Sensorless PM brushless DC motor drives. *IEEE Trans. Ind. Electron.* 43(2), 300–308.

Matsui, N., and Shigyo, M. (1992). Brushless dc motor control without position and speed sensors. *IEEE Trans. Ind. Appl.* 28(1), 120–127.

Matsui, N., Takeshita, T., and Yasuda, K. (1992). A new sensorless drive of brushless DC motor. In: *International Conference on Industrial Electronics, Control, Instrumentation, and Automation, Power Electronics and Motion Control*, pp. 430–435. IEEE, Piscataway, NJ.

Moghadam, M.A.G. and Tahami, F. (2013). Sensorless control of PMSMs with tolerance for delays and stator resistance uncertainties. *IEEE Trans. Power Electron.* 28(3), 1391–1399.

Morimoto, S., Kawamoto, K., Sanada, M., and Takeda, Y. (2001). Sensorless control strategy for salient-pole PMSM based on extended EMF in rotating reference frame. In: *Conference Record of the 2001 IEEE Industry Applications Conference, 36th IAS Annual Meeting*, pp. 2637–2644. IEEE, Piscataway, NJ.

Nahid-Mobarakeh, B., Meibody-Tabar, F., and Sargos, F-M. (2004). Mechanical sensorless control of PMSM with online estimation of stator resistance. *IEEE Trans. Ind. Appl.* 40(2), 457–471.

Nahid-Mobarakeh, B., Meibody-Tabar, F., and Sargos, F.-M. (2007). Back EMF estimation-based sensorless control of PMSM: robustness with respect to measurement errors and inverter irregularities. *IEEE Trans. Ind. Appl.* 43(2), 485–494.

Naidu, M. and Bose, B. K. (1992). Rotor position estimation scheme of a permanent magnet synchronous machine for high performance variable speed drive. In: *Industry Applications Society Annual Meeting, Conference Record of the IEEE*, pp. 48–53. IEEE, Piscataway, NJ.

Nakashima, S., Inagaki, Y., and Miki, I. (2000). Sensorless initial rotor position estimation of surface permanent-magnet synchronous motor. *IEEE Trans. Ind. Appl.* 36(6), 1598–1603.

Ogasawara, S. and Akagi, H. (1998a). An approach to real-time position estimation at zero and low speed for a PM motor based on saliency. *IEEE Trans. Ind. Appl.* 34(1), 163–168.

Ogasawara, S. and Akagi, H. (1998b). Implementation and position control performance of a position-sensorless IPM motor drive system based on magnetic saliency. *IEEE Trans. Ind. Appl.* 34(4), 806–812.

Ohnishi, K., Matsui, N., and Hori, Y. (1994). Estimation, identification, and sensorless control in motion control system. *Proc. IEEE*, 82(8), 1253–1265.

Rajashekara, K., Kawamura, A., and Matsuse, K. (1996). *Sensorless Control of AC Motor Drives, Speed and Position Sensorless Operation.* IEEE Press, Piscataway.

Schmidt, P.B., Gasperi, M.L., Ray, G., and Wijenayake, A.H. (1997). Initial rotor angle detection of a nonsalient pole permanent magnet synchronous machine. In: *Conference Record of the IEEE Industry Applications Conference 32nd IAS Annual Meeting*, pp. 459–463. IEEE, Piscataway, NJ.

Schroedl, M. (1996). Sensorless control of AC machines at low speed and standstill based on the "INFORM" method. In: *Conference Record of the IEEE Industry Applications Conference 31st IAS Annual Meeting*, pp. 270–277. IEEE, Piscataway, NJ.

Sepe, R.B. and Lang, J.H. (1992). Real-time observer-based (adaptive) control of a permanent-magnet synchronous motor without mechanical sensors. *IEEE Trans. Ind. Appl.* 28(6), 1345–1352.

Shen, J., Zhu, Z., and Howe, D. (2001). Improved speed estimation in sensorless PM brushless AC drives. In: *IEEE International Electric Machines and Drives Conference (IEMDC)*, pp. 960–966. IEEE, Piscataway, NJ.

Shen, J., Zhu, Z., and Howe, D. (2004). Sensorless flux-weakening control of permanent-magnet brushless machines using third harmonic back EMF. *IEEE Trans. Ind. Appl.* 40(6), 1629–1636.

Shi, J-L., Liu, T-H., and Chang, Y-C. (2007). Position control of an interior permanent-magnet synchronous motor without using a shaft position sensor. *IEEE Trans. Ind. Electron.* 54(4), 1989–2000.

Shi, Y., Sun, K., Huang, L., and Li, Y. (2012). Online identification of permanent magnet flux based on extended Kalman filter for IPMSM drive with position sensorless control. *IEEE Trans. Ind. Electron.* 59(11), 4169–4178.

Vas, P. (1998). *Sensorless Vector and Direct Torque Control.* Oxford University Press, Oxford.

Vas, P. (1999). *Artificial-Intelligence-based Electrical Machines and Drives.* Oxford University Press, Oxford.

Wu, R. and Slemon, G.R. (1991). A permanent magnet motor drive without a shaft sensor. *IEEE Trans. Ind. Appl.* 27(5), 1005–1011.

Xu, P. and Zhu, Z.Q. (2017). Initial rotor position estimation using zero-sequence carrier voltage for permanent-magnet synchronous machines. *IEEE Trans. Ind. Electron.* 64(1), 149–158.

Yang, S.C. (2015). Saliency-based position estimation of permanent-magnet synchronous machines using square-wave voltage injection with a single current sensor. *IEEE Trans. Ind. Appl.* 51(2), 1561–1571.

Yang, S.C., Yang, S.M., and Hu, J.H. (2017). Design consideration on the square-wave voltage injection for sensorless drive of interior permanent-magnet machines. *IEEE Trans. Ind. Electron.* 64(1), 159–168.

Yongdong, L. and Hao, Z. (2008). Sensorless control of permanent magnet synchronous motor—a survey. In: *IEEE Vehicle Power and Propulsion Conference*, pp. 1–8. IEEE, Piscataway, NJ.

Zhao, Y. (2014). *Position/speed sensorless control for permanent-magnet synchronous machines.* PhD, University of Nebraska.

Zhao, Y., Wei, C., Zhang, Z., and Qiao, W. (2013). A review on position/speed sensorless control for permanent-magnet synchronous machine-based wind energy conversion systems. *IEEE J. Emerg. Select. Topics Power Electron.* 1(4), 203–216.

Zhao, Y., Zhang, Z., Qiao, W., and Wu, L. (2015). An extended flux model-based rotor position estimator for sensorless control of salient-pole permanent-magnet synchronous machines. *IEEE Trans. Power Electron.* 30(8), 4412–4422.

Zhu, G., Dessaint, L-A., Akhrif, O., and Kaddouri, A. (2000). Speed tracking control of a permanent-magnet synchronous motor with state and load torque observer. *IEEE Trans. Ind. Electron.* 47(2), 346–355.

Zhu, G., Kaddouri, A., Dessaint, L-A., and Akhrif, O. (2001). A nonlinear state observer for the sensorless control of a permanent-magnet AC machine. *IEEE Trans. Ind. Electron.* 48(6), 1098–1108.

第 7 章

参数估计

参数和变量是方程组系统数学模型的基本组成部分。这些参数与变量的不同之处在于，它们对于变化的操作条件是恒定的。在选择模型变量之后，重要的是要定义模型参数，以建立变量之间的特定关系。因此，参数决定了模型中的变量是如何相互关联的。在这个意义上，一个参数可以以不同的方式出现，例如，作为一个系数或单个变量的幂，或变量的组合。在一定的运行条件下，只要已知模型变量，就可以简单地确定参数的数值。这些变量通常是通过对实际系统的测量得到的。从而将参数的确定简化为求解某些工况下的模型方程。由于系统各工作点的参数并不是固定的，因此要获得准确的参数值并不是一件容易的事情，特别是当系统的工作条件变化范围很大时。事实上，在广泛的工作条件下用定值对复杂系统建模通常是困难的。随着系统复杂性的增加和运行条件的显著变化，参数本身可能会发生变化。因此，变量和参数的可区分性就消失了。这就是为什么参数确定是许多控制系统的重要组成部分。

本章首先讨论了永磁同步电机参数随运行工况的变化。然后，研究了这些变化对电机模型预测的影响，并强调了在开发精确模型时考虑这些变化的必要性。最后，提出了几种离线和在线的参数确定方案，作为本章的主体。

7.1 电机参数和估计方法

如果给电机控制系统提供精确的参数值，则可以在适当的条件下实现电机的全方位控制。例如 3.9 节所述的许多损耗最小化控制（LMC）系统只有在电机参数的准确信息可用的情况下才能很好地工作。一般来说，电机参数的变化范围很广，这取决于运行条件和环境温度。在许多内置式永磁电机中，由于电机结构的原因，这些变化是主要的。特别是，温度升高会引起 R_s 的变化；R_c 随电机转速的变化而变化，也与转子磁体间铁桥的饱和有关；λ_m 随老化、温度效应和部分退磁而变化。这些变化会影响电机的特性和性能。本节将首先研究效果。然后为了更好地量化变化效应，将进行详细的敏感性分析。

7.1.1 参数变量

由于饱和而产生的参数变化和建模电机参数为定子电流分量函数的方法在2.9节中介绍。在这里，重点研究参数变化对永磁同步电机性能如电机损耗的影响。如3.9节所述，LMC作为控制系统的一部分时，对电机的节能运行是非常重要的。结果表明，在不考虑参数变化的情况下，该方法能使故障损失最小化。

图2.20给出了在同步旋转参考坐标系中包含铜损和铁损的内置式永磁电机模型。利用该模型，电机的电损耗可表示为

$$
\begin{aligned}
P_{\mathrm{L}} = & \frac{3}{2}R_{\mathrm{s}}i_{\mathrm{dT}}^{2} + \frac{3(R_{\mathrm{s}}+R_{\mathrm{c}})}{R_{\mathrm{c}}^{2}}L_{\mathrm{d}}\lambda_{\mathrm{m}}\omega_{\mathrm{r}}^{2}i_{\mathrm{dT}} + \frac{2}{P}\frac{P_{\mathrm{s}}}{R_{\mathrm{c}}}\omega_{\mathrm{r}}T_{\mathrm{e}} + \\
& \frac{2T_{\mathrm{e}}^{2}}{3P^{2}(\lambda_{\mathrm{m}}+(L_{\mathrm{d}}-L_{\mathrm{q}})i_{\mathrm{dT}})^{2}}\left[\frac{(R_{\mathrm{s}}+R_{\mathrm{c}})}{R_{\mathrm{c}}^{2}}L_{\mathrm{q}}^{2}\omega_{\mathrm{r}}^{2}+R_{\mathrm{s}}\right] + \\
& \frac{3(R_{\mathrm{s}}+R_{\mathrm{c}})}{2R_{\mathrm{c}}^{2}}(\lambda_{\mathrm{m}}^{2}+L_{\mathrm{d}}^{2}i_{\mathrm{dT}}^{2})\omega_{\mathrm{r}}^{2}
\end{aligned}
\tag{7.1.1}
$$

对于具备表3.1所示规格的电机，损耗与i_{dT}的关系如图7.1所示。由图可知，当LMC将i_{dT}调整到最优值时，电机的电损耗在A点达到最小。同时，如果相应的i_{dT}的最优值适用于每种情况下的电机，在额定转速和转矩运行附近，R_{s}、R_{c}和λ_{m}的单独变化使P_{L}的最小值分别移至B、C和D点（Vaez - Zadeh和Zamanifar，2006）。然而，在离线或基于模型的LMC系统中，由于没有将参数变化纳入控制系统的方法，A点对应的i_{dT}固定值是由具有恒定参数的电机模型确定

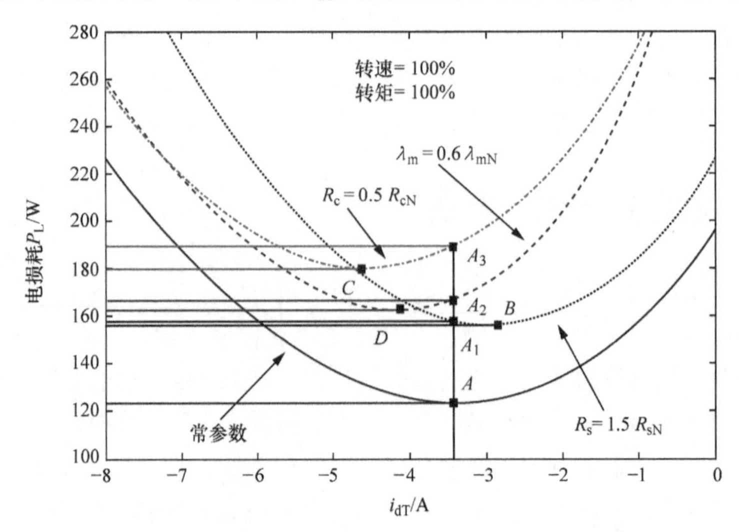

图7.1 额定工况下参数变化对最小电损耗的影响（见文前彩图）

的，并应用到电机上，作为假定的最优 i_{dT} 指令信号。当然，当电机参数变化时，这个 i_{dT} 值并不是真正的最优 i_{dT}，这将导致图 7.1 中 A_1、A_2、A_3 点对应的 P_L 值为次优值。幸运的是，在此额定运行条件下，次优值与 P_L 的最小值（分别对应图 7.1 中的 B、C 和 D 点）有些许差异（最高可达3%）。

图 7.2 为电机在非额定运行时，50% 额定转矩和 200% 额定转速时的电损耗。在这些操作条件下，P_L 的最优值和次优值的差值比图 7.1 的差值大得多（可达10%左右）。参数的同时变化可能导致 P_L 的最优值和次优值之间更大的差异。这些差异阐明了参数变化对电机性能的影响。它们也表明了在控制系统中考虑电机参数真实值的必要性。为了使控制系统能够确定并应用于电机在各种工况下的真正最优 i_{dT} 作为指令信号，内置式永磁电机的基于模型的 LMC 中采用了在线参数估计方法。

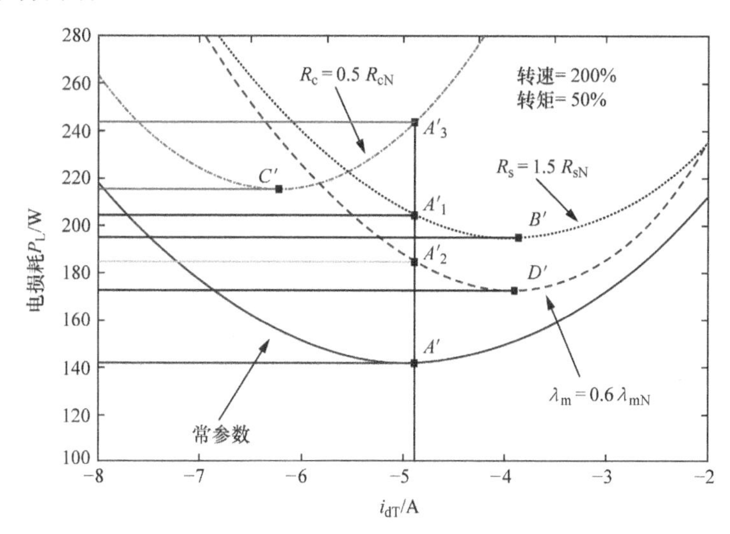

图 7.2 非额定工况下参数变化对最小电损耗的影响（见文前彩图）

电机参数变化的另一个方面可以通过在大范围内，改变电机参数并观察来研究不同操作条件下对最优 i_{dT} 的影响。这可以通过将式（7.1.1）的右端相对于 i_{dT} 求导，并将结果等于 0 来得到方程

$$a_4 i_{dT}^4 + a_3 i_{dT}^3 + a_2 i_{dT}^2 + a_1 i_{dT} + a_0 = 0 \tag{7.1.2}$$

式中，$a_0 \sim a_4$ 是电机参数加上电机转速的函数。通过求解式（7.1.2），得到 i_{dT} 的最优值。图 7.3 ~ 图 7.5 为不同工况下，i_{dT} 的最优值分别随 R_s、R_c 和 λ_m 的变化情况。可以看出，除了在额定运行条件附近，曲线的梯度都是显著的，这就强调了离线 LMC 中电机参数估计的必要性，如 3.9 节所示。

通过灵敏度分析来理解参数变化对最优 i_{dT} 的影响。最优 i_{dT} 对 R_s、R_c 和 λ_m 的灵敏度可以通过式（7.1.2）对这些参数的偏微分和重新排列结果得到

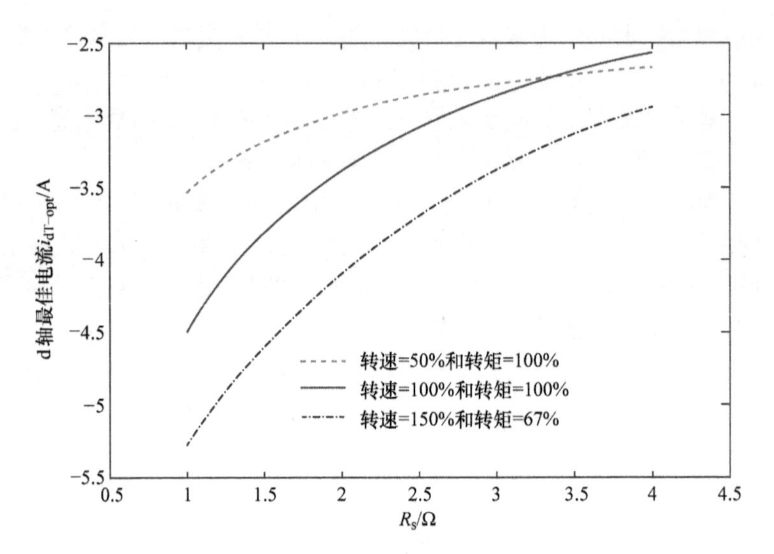

图 7.3 R_s 变化对最优 i_{dT} 的影响

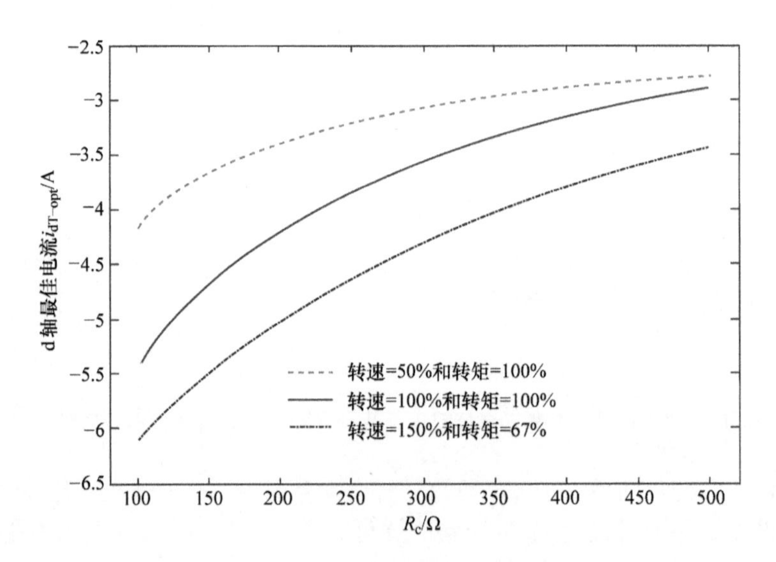

图 7.4 R_c 变化对最优 i_{dT} 的影响

$$S_{Rs} = \frac{\partial i_{dT}}{\partial R_s} = -\frac{1}{K}\left(\frac{\partial a_4}{\partial R_s}i_{dT}^4 + \frac{\partial a_3}{\partial R_s}i_{dT}^3 + \frac{\partial a_2}{\partial R_s}i_{dT}^2 + \frac{\partial a_1}{\partial R_s}i_{dT} + \frac{\partial a_0}{\partial R_s}\right) \quad (7.1.3)$$

$$S_{Rc} = \frac{\partial i_{dT}}{\partial R_c} = -\frac{1}{K}\left(\frac{\partial a_4}{\partial R_c}i_{dT}^4 + \frac{\partial a_3}{\partial R_c}i_{dT}^3 + \frac{\partial a_2}{\partial R_c}i_{dT}^2 + \frac{\partial a_1}{\partial R_c}i_{dT} + \frac{\partial a_0}{\partial R_c}\right) \quad (7.1.4)$$

$$S_{\lambda m} = \frac{\partial i_{dT}}{\partial \lambda_m} = -\frac{1}{K}\left(\frac{\partial a_4}{\partial \lambda_m}i_{dT}^4 + \frac{\partial a_3}{\partial \lambda_m}i_{dT}^3 + \frac{\partial a_2}{\partial \lambda_m}i_{dT}^2 + \frac{\partial a_1}{\partial \lambda_m}i_{dT} + \frac{\partial a_0}{\partial \lambda_m}\right) \quad (7.1.5)$$

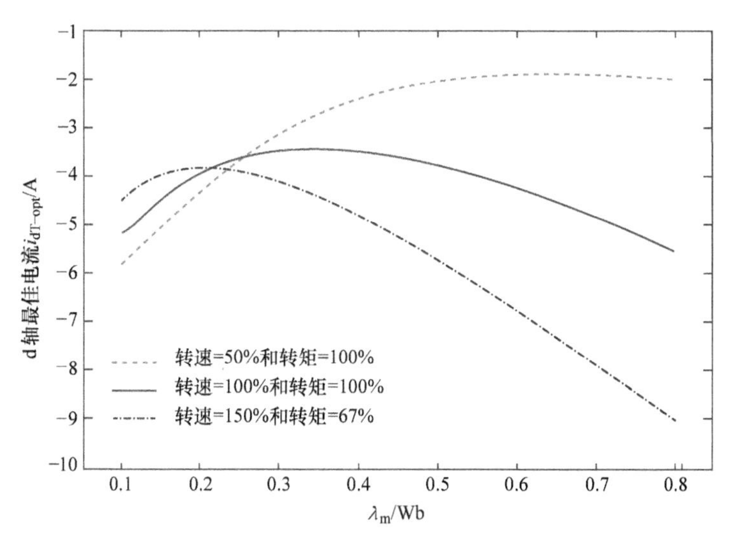

图7.5 λ_m 变化对最优 i_{dT}的影响

式中，$K=4a_4i_{dT}^3+3a_3i_{dT}^2+2a_2i_{dT}+a_1$。图7.6～图7.8显示了各种电机运行条件下的灵敏度。从图7.6和图7.7可以看出，高速下，i_{dT}对R_s和R_c的敏感度是显著的。数据还表明，灵敏度几乎与电机转矩无关。由图7.8可知，在高转速和低转矩条件下，i_{dT}对λ_m的敏感度尤为显著。反之，在低转速和高转矩条件下，也非常显著。后面提出的参数估计方法考虑了电机运行条件变化时的变化。因此，在控制系统中引入适当的参数估计方法，可防止控制系统发生故障，改善电机性能。

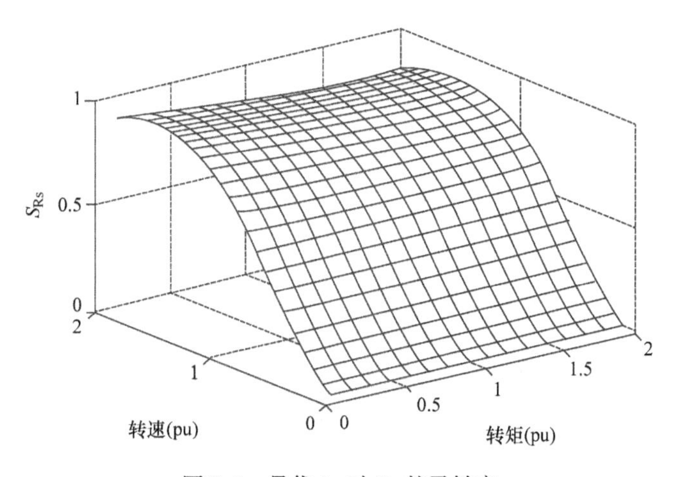

图7.6 最优 i_{dT}对 R_s 的灵敏度

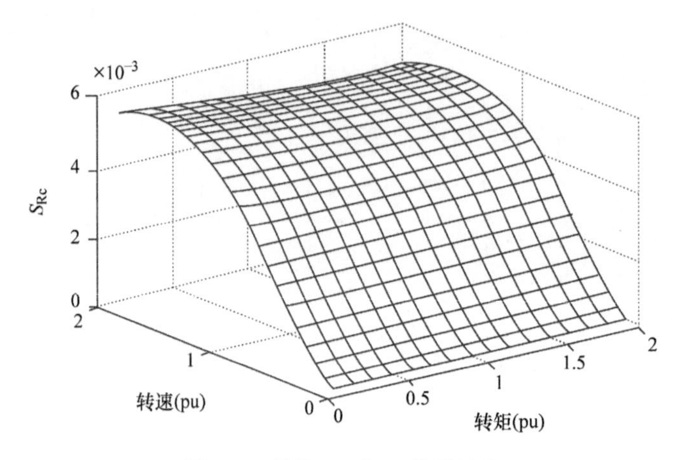

图 7.7　最优 i_{dT}对 R_c 的灵敏度

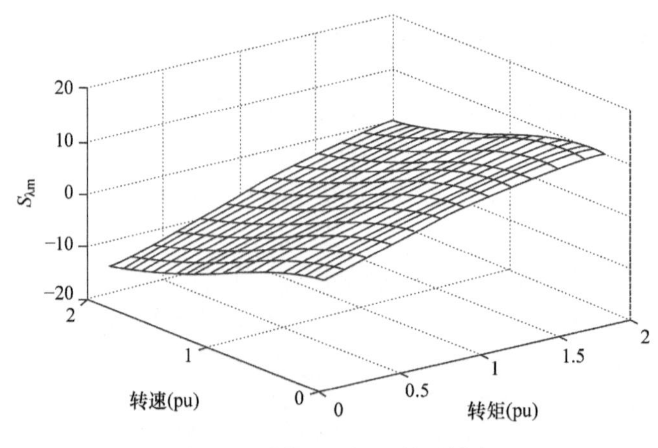

图 7.8　最优 i_{dT}对 λ_m 的灵敏度

7.1.2　参数估计方法

在过去的 20 年里，电机参数估计已经成为一个很有吸引力的研究课题和实际任务。因此，目前在文献中或市场上有许多不同电机的估计方案，其中包括永磁同步电机。因此，很难对这一活跃领域所取得的进展做出全面的描述。

然而，有必要对该领域的一些主要发展情况做一个概述。为此，永磁同步电机参数估计方案可分为离线和在线两种主要方法。离线方案使用与电机电压和电流测量有关的等效电路模型或矢量图来计算特定工作点或工作点范围内的电机参数。这可能需要特殊的测试安排来测量电机的电压和电流。本章介绍了几种离线方案来估计所有主要的电机参数。其中包括测量定子电阻的直流静止测试

(standstill test)；计算电感的交流静止测试；测量反电动势、铁损电阻和d轴电感的空载测试；计算q轴电感和反电动势的负载测试；无转子位置信息的电感和反电动势的测定；不测量机械损耗的情况下铁损电阻的计算；最后，矢量控制下电机电感的计算。

在线参数估计方案利用在线测量电机变量（通常主要用于控制系统），在闭环观测器的帮助下估计电机参数。该方案考虑了由任何源引起的电机参数变化。这种方案正日益成为市场上现代控制系统的一部分。

本章介绍了一些在线估计永磁电机参数的方案，这些方案在该领域中是比较被接受的方案，包括估计电机电感的闭环观测器；基于递推最小二乘（RLS）方案的电机电感和磁链估计；基于模型参考自适应系统（MRAS）的 λ_m、R_s 和电机电感估计。最后，采用扩展卡尔曼滤波器（EKF）估计定子电阻和同步电感。

7.2 离线参数估计方法

在电机不运行的情况下，通过专门的试验对离线参数估计方案进行了研究。该方案利用电机模型和电机信号的测量值来计算参数。测量是在空载和/或某些电机工作点进行的。为了考虑电机操作对参数的影响，也可以在一系列工作点上进行测量。但是，该方法不能考虑除工作点外，如老化等因素引起的参数变化。所有电机参数，包括定子电阻、铁损电阻、永磁磁链幅值和电感均采用离线方案测量，如本节所述。

7.2.1 测量 R_s 的直流静止测试

永磁同步电机的定子相绕组 R_s，可以通过标准的直流电阻测试来测量。假设相绕组是星形联结的，绕组电阻等于从电机端子上看到的总电阻的一半。然而，由于集肤效应，实际的交流电阻与直流测试中的 R_s 值是不同的。尽管如此，这种误差对于中小型电机是可以忽略的（Haque 和 Rahman，1999）。

另一方面，电机电阻高度依赖于温度。因此，任意温度下的 R_s，即 R_{sT}，由它的测量值 R_s 确定：

$$R_{sT} = R_{s0}\frac{K + T}{K + T_0} \tag{7.2.1}$$

式中，T 和 T_0 分别为电流、测试温度；K 为常数，它取决于绕组材料，对于铜，$K=234.5$。在25℃下，R_s 值通常用于电机数据表中。对于大型电机，直流值通过一个因子来修正，以考虑集肤效应。

7.2.2 计算电感的交流静止测试

d轴电感 L_d 和q轴电感 L_q 可以通过几种测试方法确定。它们可以分为两大类，即运行测试和静止测试。前一种测试适用于定速线路起动永磁电机，后一种测试通常用于确定逆变器驱动永磁同步电机的电感。这类测试本身可分为几种方案，主要包括交流静止测试、直流桥测试、瞬时磁链测试和停顿转矩测试。为了防止任何来自转子笼的感应电压，直流桥测试也适用于异步起动永磁电机。本章还介绍了一种适用于逆变器驱动永磁同步电机的交流测试，包括有中性点连接和无中性点连接测试。但由于绕组的中性点可能不容易接近，后者更方便。图 7.9 展示了测试电路（Haque 和 Rahman，1999）。

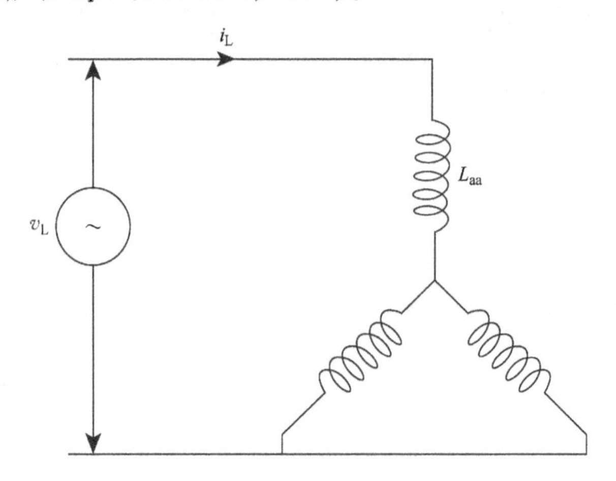

图 7.9 交流静止测试的测试电路

利用测得的线电压 v_L 和线电流 i_L，在转子位置 θ_r 范围内，得到了 a 相自感

$$L_{aa}(\theta_r) = \frac{2}{3}\frac{\sqrt{(v_L/i_L)^2 - \left(\frac{3}{2}R_s\right)^2}}{\omega_r} \tag{7.2.2}$$

自感的值是关于 θ_r 的函数。然后将该图拟合成相电感的解析关系

$$L_{aa}(\theta_r) = L_1 + L_2\cos 2\theta_r \tag{7.2.3}$$

从而确定 L_1 和 L_2 的值。由式（2.5.12）和式（2.5.13）可得 d 轴和 q 轴电感

$$L_d = \frac{3}{2}(L_1 + L_2) \tag{7.2.4}$$

$$L_q = \frac{3}{2}(L_1 - L_2) \tag{7.2.5}$$

该方法未考虑饱和度。

7.2.3 测量 R_c、L_d 和 λ_m 的空载测试

通过电机空载试验，可以得到电机的铁损电阻 R_c 和磁链幅值（磁动势常数）λ_m。当电机处于空载状态时，在额定频率下，平衡三相电压被施加到电机

端子上。调整端子电压，使电机以单位功率因数运行。这个电压对应于最小电流。然后测量相电压、相电流的方均根值 V_{rms} 和 I_{rms}，通过 $v_s=\sqrt{2}V_{rms}$ 和 $i_s=\sqrt{2}I_{rms}$ 得到定子电压空间矢量和定子电流空间矢量的幅值。

对于图 2.20 的稳态等效电路，在上述试验条件下，即空载和单位功率因数下，$i_d=0$，$i_q=i_s$，$v_d=0$，$v_q=v_s$。因此，根据以下电压方程，电机等效电路仅简化为 q 轴等效电路：

$$v_s = R_s i_s + \omega_r \lambda_m \tag{7.2.6}$$

式中，i_s 只包含通过 R_c 的铁损电流。由后一等效电路计算 R_c 为

$$R_c = \frac{v_s - R_s i_s}{i_s} \tag{7.2.7}$$

v_s 和 i_s 为测试的实测值；由式（7.2.7）计算得到 R_c。R_c 的计算中包含风阻和摩擦损耗，相对于铁损而言，这些损耗较小。

d 轴电感也通过变功率因数下的空载试验得到。试验通过改变端子电压来进行，相电流范围为从滞后功率因数下的额定值到超前功率因数下的额定值。

根据式（2.8.12）所示的转矩方程，在空载时，q 轴转矩产生的电流分量 i_{qT} 为零。因此，图 2.20 中 d 轴等效电路中的速度电压被短路。v_d 降低到一个较低的值，以致 $v_q \approx v_s$。因此，在不同电流下

$$e_i = v_s - R_s i_s \cos\varphi \tag{7.2.8}$$

式中，e_i 是感应电压矢量的大小。然后

$$i_d = \sqrt{i_s^2 - \frac{e_i^2}{R_c^2}} \tag{7.2.9}$$

L_d 的计算式为

$$L_d = \frac{e_i - \omega_r \lambda_m}{\omega_r i_d} \tag{7.2.10}$$

测量得到的电压和电流空间矢量的幅值分别为 $v_s=\sqrt{2}V_{rms}$ 和 $i_s=\sqrt{2}I_{rms}$，R_c 和 L_d 由式（7.2.7）和式（7.2.10）计算得到。

当电机作为发电机空载工作时，也可以通过测量开环端电压确定永磁同步电机的磁体反电动势常数 λ_m。这需要用电机驱动这台电机来进行测量。假设一个正弦波磁体反电动势，与测得的开路电压相同：

$$e_{ma} = e_a = \frac{v_{ab}}{\sqrt{3}} \tag{7.2.11}$$

$$e_{ma} = E_m \cos\omega_r t = \omega_r \lambda_m \cos\omega_r t \tag{7.2.12}$$

$$\lambda_m = \frac{E_m}{\omega_r} \tag{7.2.13}$$

7.2.4　测量 L_q 和 λ_m 的负载测试

参考第 2 章中的永磁同步电机稳态电压方程式（2.5.30）和式（2.5.31），可以得到 $i_q = i_s$ 和 $i_d = 0$ 条件下的电机相量图如图 7.10 所示。图中 v_s 和 i_s 分别表示定子电压和电流空间矢量的大小，其中 φ 表示功率因数角。根据上述条件下的电压方程，可得到电机参数为

$$L_q = \frac{v_s \sin\varphi}{\omega_r i_s} \tag{7.2.14}$$

$$\lambda_m = \frac{v_s \cos\varphi - R_s i_s}{\omega_r} \tag{7.2.15}$$

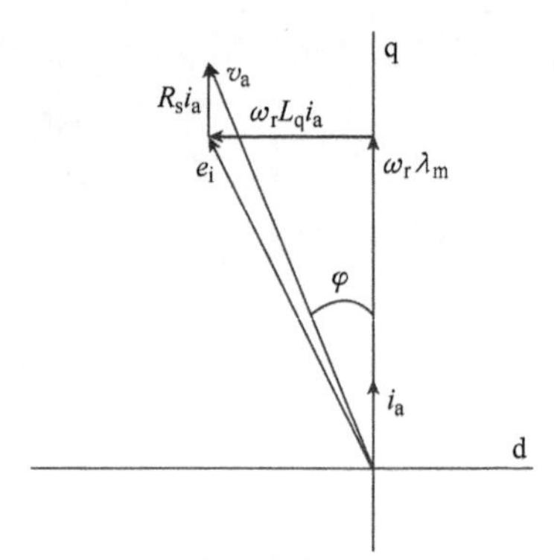

图 7.10　$i_d = 0$ 负载条件下电机稳态相量图

根据式（7.2.14）和式（7.2.15）可以看出，计算 L_q 和 λ_m 需要 v_s、i_s 和功率因数。当 $i_q = i_s$ 和 $i_d = 0$ 的条件满足时，由负载测试得到。转子位置传感器用于指示一个绕组的 d 轴对齐，并通过功率计调整电机负载和端子电压，直到绕组中的正弦电流波形过零点与指标一致（Mellor 等，1991）。电机的相电压、相电流和功率因数测量为 V_{rms}、I_{rms}和 $\cos\varphi$。然后 $v_s = \sqrt{2} V_{rms}$，$i_s = \sqrt{2} I_{rms}$。

7.2.5　无转子位置的情况下 L_d、L_q 和 λ_m 的测定

根据稳态电压方程式（2.5.30）和式（2.5.31），参考图 7.11 所示的永磁同步电机的典型相量图，得到 d 轴和 q 轴电感为

$$L_d = \frac{v_s \cos\delta - \omega_r \lambda_m - R_s i_q}{\omega_r i_d} \tag{7.2.16}$$

$$L_q = -\frac{v_s \sin\delta - R_s i_d}{\omega_r i_q} \tag{7.2.17}$$

式中

$$i_d = i_s \sin(\varphi - \delta) \tag{7.2.18}$$

$$i_q = i_s \cos(\varphi - \delta) \tag{7.2.19}$$

φ 和 δ 分别为功率因数角和负载角。此外，电机的输入功率为

$$P = \frac{3}{2} v_s i_s \cos\varphi \tag{7.2.20}$$

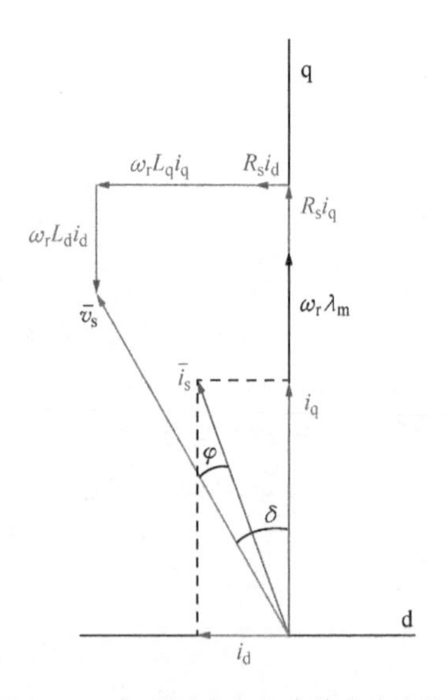

图 7.11　永磁同步电机直接由主电源供电时的相量图（见文前彩图）

可以看出式（7.2.16）和式（2.7.17）中的 L_d 和 L_q 需要负载角的值。一些电感计算方法是利用硬件如转子位置传感器来确定这个角度。然而，如果 λ_m 和 R_s 通过前面提出的方法已知，则可以从电机的稳态模型计算 δ，如下所示（Nee 等，2000）：

$$i_d = i_s(\sin\varphi\cos\delta - \cos\varphi\sin\delta) \tag{7.2.21}$$

$$i_q = i_s(\cos\varphi\cos\delta + \sin\varphi\sin\delta) \tag{7.2.22}$$

将式（7.2.21）和式（7.2.22）代入式（7.2.16），重新得到结果为

$$\omega_r\lambda_m = B\cos\delta + C\sin\delta \tag{7.2.23}$$

式中

$$B = v_s - \omega_r L_d i_s \sin\varphi - R_s i_s \cos\varphi \tag{7.2.24}$$

$$C = \omega_r L_d i_s \cos\varphi - R_s i_s \sin\varphi \tag{7.2.25}$$

然后，式（7.2.23）通过使用下式进行修改：

$$\sin\delta = \sqrt{1 - \cos^2\delta} \tag{7.2.26}$$

并且通过重新排列，两边平方，得到

$$\cos^2\delta - \frac{2\omega_r\lambda_m B}{B^2 + C^2}\cos\delta + \frac{(\omega_r\lambda_m)^2 - C^2}{B^2 + C^2} = 0 \tag{7.2.27}$$

最后，求解式（7.2.27）得到

$$\cos\delta = \frac{1}{B^2 + C^2}\left(\omega_r\lambda_m B \pm \sqrt{B^2C^2 - C^2(\omega_r\lambda_m)^2 + C^4}\right) \tag{7.2.28}$$

必须选择括号中的正确符号。事实上，通常情况下

$$\delta > \varphi,\ \cos\delta < \cos\varphi \tag{7.2.29}$$

因此，负号通常是正确的选择。

如果 i_d 和 i_q 由式（7.2.18）和式（7.2.19）获得，那么 δ、L_d 和 L_q 可由式（7.2.16）和式（7.2.17）求得。需要指出的是，如果 λ_m 的计算方法可以得到式（7.2.13），这样，尽管考虑到式（7.2.16）中 i_d 和 i_q 的变化，式（7.2.16）中 L_d 的值在整个工作范围内可能是无效的（Rahman 等，1994）。

7.2.6 不测量机械损耗的情况下 R_c 的计算

之前提出的从空载试验中计算 R_c 的方法，没有将机械损耗（风阻和摩擦损耗）与铁损分开。参考图 2.20 的等效电路，该方法中由 R_c 引起的损耗包括铁损和机械损耗。然而，机械损耗也包括在输出功率中。因此，由于不将机械损耗与 R_c 分离，损耗在等效电路中被重复计算。电机中的功率平衡可以进一步解释为

$$P_{in} - P_{out} = P_{Cu} + P_{Fe} + \Delta P_m \tag{7.2.30}$$

式中，P_{in}、P_{out}、P_{Cu}、P_{Fe}、ΔP_m 分别为输入功率、输出功率、铜损、铁损、机械损耗。空载损耗包括铁损和机械损耗。若按式（7.2.7）所示的空载试验计算

R_c，则会高于估计值。本节提出了一种精确计算 R_c 的方法（Urasaki 等，2003）。

机械功率表示为

$$P_m = P_{out} + \Delta P_m \tag{7.2.31}$$

将式（7.2.31）代入式（7.2.30），得到

$$P_{in} - P_m = P_{Cu} + P_{Fe} \tag{7.2.32}$$

重新排列式（7.2.32）得到

$$P_{in} - P_{Cu} = P_m + P_{Fe} \tag{7.2.33}$$

式中，可以将 P_{Cu}和 P_{Fe}代入等效电路得到

$$P_{in} - \frac{3}{2}R_s(i_d^2 + i_q^2) = P_m + \frac{3}{2}\frac{\omega_r^2(\lambda_d^2 + \lambda_q^2)}{R_c} \tag{7.2.34}$$

式（7.2.34）的左边为气隙功率 P_{ag}，右边可以紧凑形式写成

$$P_{ag} = P_m + \frac{3}{2}\frac{e_i^2}{R_c} \tag{7.2.35}$$

式中，$e_i = |\overline{v_s} - R_s\overline{i_s}|$为感应电压的大小。式（7.2.34）也可以用测量的相电压 V_{rms}和相电流 I_{rms}表示为

$$P_{in} - 3R_sI_{rms}^2 = P_m + 3\frac{(V_{rms} - R_sI_{rms})^2}{R_c} \tag{7.2.36}$$

式中

$$V_{rms} = \frac{\sqrt{2}}{2}\sqrt{v_d^2 + v_q^2} = \frac{\sqrt{2}}{2}v_s,\ I_{rms} = \frac{\sqrt{2}}{2}\sqrt{i_d^2 + i_q^2} = \frac{\sqrt{2}}{2}i_s \tag{7.2.37}$$

R_c 可以通过使用式（7.2.35）和式（7.2.36）进行简单的测试来得到。测试是在恒速、恒载条件下使电机运行，同时改变 i_d，并记录相电压 V_{rms}和相电流 I_{rms}。更改 i_d，将更改磁链。然而，由于电机是一个隐极永磁同步电机，转矩保持恒定。因此，式（7.2.35）中的 P_m 保持恒定。现在，根据式（7.2.35）描述 P_{ag} 与 $1.5e_i^2$ 的关系，得到一条斜率等于 R_c 的线性曲线，如图 7.12 所示。

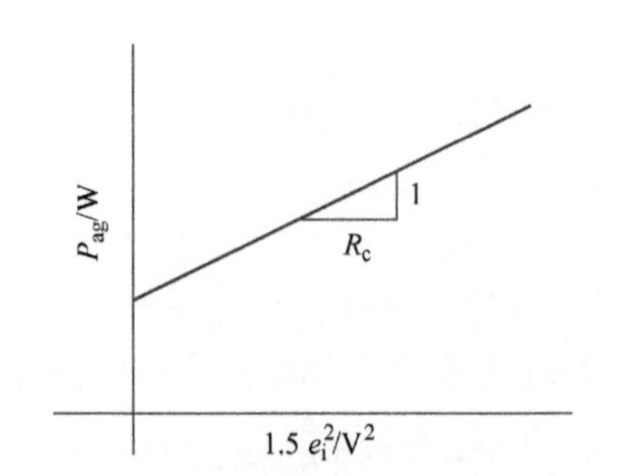

图 7.12　气隙功率与 1.5×（内部电压）的平方（Urasaki 等，2003）

7.2.7　矢量控制下电机电感的计算

在转子参考坐标系中，用矢量控制方法控制永磁同步电机，可以将 d 轴和 q 轴电流分量调整到期望值。其中，在 i_d =0 时，稳态电压方程为

$$v_d = -\omega_r L_q i_q \tag{7.2.38}$$

$$v_q = R_s i_q + \omega_r \lambda_m \tag{7.2.39}$$

已知 ω_r，则得到 L_q 为

$$L_q = \frac{\sqrt{v_s^2 + (R_s i_q + \omega_r \lambda_m)^2}}{\omega_r i_q} \tag{7.2.40}$$

在 $i_q = 0$ 时，稳态电压方程为

$$v_d = R_s i_d \tag{7.2.41}$$

$$v_q = \omega_r \lambda_m + \omega_r L_d i_d \tag{7.2.42}$$

已知 ω_r，并由前面所述的开环测试方法得到 λ_m，则 L_d 为

$$L_d = \frac{\sqrt{v_s^2 + (R_s i_d)^2} - \omega_r \lambda_m}{\omega_r i_d} \tag{7.2.43}$$

v_d 和 v_q 的值可由测得的相电压计算 v_s 得到。一个更简单的选择是使用电压指令 v_d^* 和 v_q^*，作为当前控制器的输出。式（7.2.40）和式（7.2.43）的计算可以在不同电流下进行，分别得到 L_d 和 L_q 作为 i_d 和 i_q 的函数，这考虑了饱和。因为电流分量总是为零，所以这种方法不能考虑交叉耦合饱和。

在额定负载条件下计算不同定子电流矢量角的电感也是可行的。此方案中的稳态电压方程产生

$$L_d(\alpha) = \frac{v_q - R_s i_q - \omega_r \lambda_m}{\omega_r i_d} \tag{7.2.44}$$

$$L_q(\alpha) = \frac{R_s i_d - v_d}{\omega_r i_q} \tag{7.2.45}$$

式中，α 是$\bar{i}_s$相对于 d 轴的角度。由于 i_d 和 i_q 都在变化，因此考虑了交叉耦合饱和效应对 L_d 和 L_q 的影响。

7.3　在线参数估计方法

在电机正常运行的情况下，对永磁同步电机进行在线参数估计，是通过电机模型和在线测量电机变量来实现的。这些方案的主要优点是，参数在电机运行过程中更新，几乎考虑到所有的变化，而不管它们的原因。它们考虑了饱和度、交叉耦合和温度引起的参数变化。甚至可以考虑机械损伤的影响。然而，该方案通常需要处理大量数据，算法复杂。因此，它们需要快速的计算处理器，也会使用一些离线计算结果来加速在线计算。

7.3.1　估计电机电感的闭环观测器

采用一个简单的闭环观测器来估计 L_d 和 L_q，将 R_s 和转子磁链幅值等假设

为常数（Kim 和 Lorenz，2002）。因为非估计参数通常比电感的变化要小，所以这种假设在有限的范围内是合理的。此外，由于端子电压的控制，在高速下 R_s 的影响可以忽略不计，所以恒定的 R_s 是合理的。L_d 和 L_q 由两个简单的信号处理程序和两个控制回路独立估计，形成一个闭环观测器。该观测器改进了存在瞬态噪声时的估计。

采用转子参考坐标系下的电机稳态电压方程进行如下估计：

$$R_s i_d - v_d = \hat{L}_q \omega_r i_q \tag{7.3.1}$$

$$v_q - R_s i_q - \omega_r \lambda_m = \hat{L}_d \omega_r i_d \tag{7.3.2}$$

该模型消除了电压方程中的微分项，从而简化了计算。它还降低了估计对噪声的敏感度，因为噪声被微分放大了。这反过来又防止了不稳定的风险。由式（7.3.1）和式（7.3.2）对 L_d 和 L_q 的估计如下：

$$\hat{L}_d = \frac{v_q - R_s i_q}{\omega_r i_d} - \frac{\lambda_m}{i_d} \tag{7.3.3}$$

$$\hat{L}_q = -\frac{v_d - R_s i_d}{\omega_r i_q} \tag{7.3.4}$$

将这些估计方程综合，如图 7.13 所示。估计的电感包含由于电流谐波而产生的不良高频谐波。如图 7.13 所示，低通滤波器消除了这些问题。

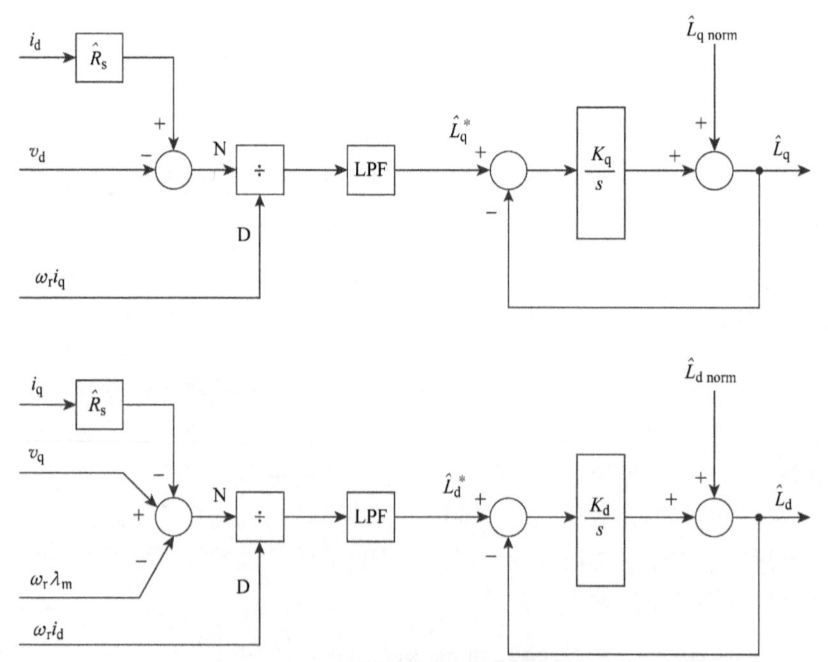

图 7.13　闭环观测器对电机电感的估计

将估计出的参数作为指令信号发送到简单控制回路，控制回路作为闭环观测器，其积分增益为 K_d 和 K_q。

观测器在起动时使用参数的额定值。随着估算的进行，这些值被修正。除了转子速度外，实际的 d－q 电流和指令的d－q 电压（电流控制器输出）被用于估计参数。图 7.14 为参数估计系统的输入和输出。

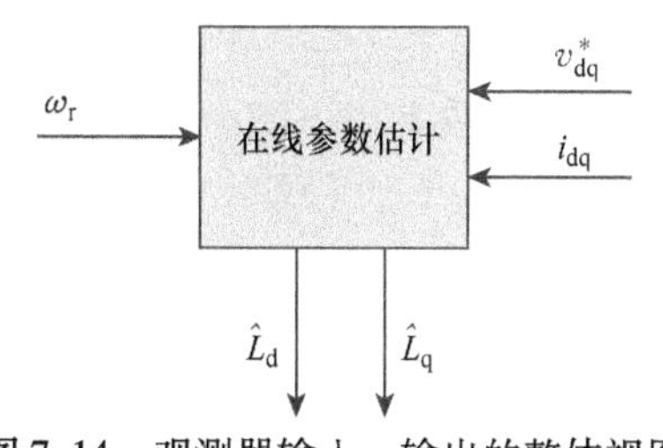

图 7.14 观测器输入－输出的整体视图

参数估计方法适用于永磁同步电机所有的工作点以及稳态和瞬态运行。由于它使用电机变量的在线值进行估计，所以该方法考虑了饱和对电感的影响。

7.3.2 基于模型参考自适应系统的 λ_m 和 R_s 估计

模型参考自适应系统（MRAS）的参数估计是一种采用两种电机模型的在线估计方案，如图 7.15 所示（Kim 等，1995）。第一个模型称为参考模型，是电机的状态空间模型；第二个模型是具有估计参数的自适应观测器。误差矢量 $\boldsymbol{e}$ 是两个模型输出的差值。将误差矢量应用到自适应机制中，该自适应机制基于误差矢量的动态方程来更新估计参数以减小误差。结果表明，估计的参数与实际参数接近。

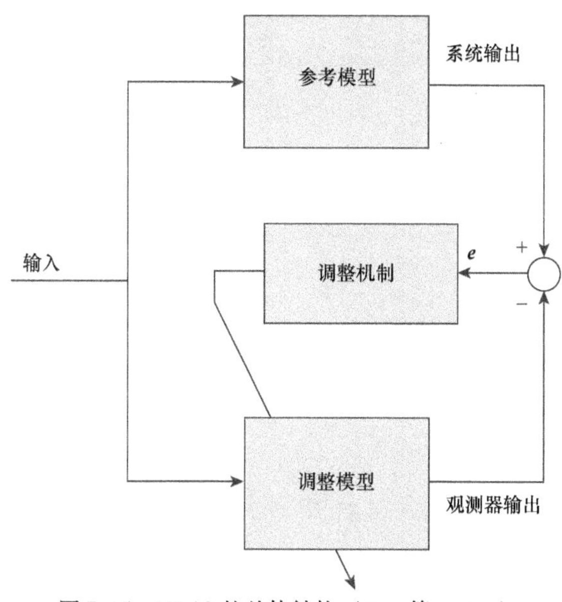

图 7.15 MRAS 的总体结构（Kim 等，1995）

基于误差矢量，MRAS 可以在数学上转化为标准的非线性时变反馈系统，如图 7.16 所示。数学系统由两个子系统组成：

1）前馈时不变线性子系统提供 $\boldsymbol{e}$ 作为输出；

2）反馈非线性时变子系统，接受 $\boldsymbol{e}$ 作为输入，提供 $\boldsymbol{W}$ 作为输出。

那么，必须具备以下两个条件：

1）第一个子系统的传递函数矩阵是严格正实（SPR）。

2）当 $t_1 \geqslant 0$ 时，第二个子系统在 $0 \sim t_1$ 的时间区间内的输入和输出满足 Popov 不等式，即

$$\int \boldsymbol{e}^{\mathrm{T}} \boldsymbol{W} \mathrm{d}t \geqslant 0 \tag{7.3.5}$$

因此，通过估计模型参数的合适值，建立了满足第二个条件的自适应原则。

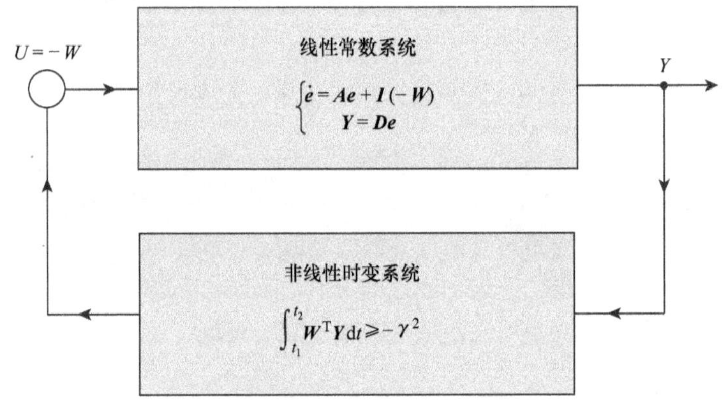

图 7.16　传递到标准非线性时变反馈系统的 MRAS

MRAS 应用于一个表贴式永磁同步电机，考虑了恒定的同步电感，同时估计定子电阻和磁链（Kim 等，1995）。

在此基础上，建立了旋转参考坐标系下的永磁同步电机的数学模型。该模型以状态空间形式表示，将参考坐标系中 i_{d} 和 i_{q} 中的电流分量作为状态变量：

$$\dot{\boldsymbol{i}}_{\mathrm{s}} = \boldsymbol{A}\boldsymbol{i}_{\mathrm{s}} + \boldsymbol{B}\boldsymbol{v}_{\mathrm{s}} + \boldsymbol{d} \tag{7.3.6}$$

式中

$$\boldsymbol{i}_{\mathrm{s}} = [i_{\mathrm{q}} \quad i_{\mathrm{d}}]^{\mathrm{T}} \tag{7.3.7}$$

$$\boldsymbol{v}_{\mathrm{s}} = [v_{\mathrm{q}} \quad v_{\mathrm{d}}]^{\mathrm{T}} \tag{7.3.8}$$

$$\boldsymbol{A} = -\frac{R_{\mathrm{s}}}{L_{\mathrm{s}}}\boldsymbol{I} + \omega_{\mathrm{r}}\boldsymbol{J},\ \boldsymbol{B} = \frac{1}{L_{\mathrm{s}}}\boldsymbol{I},\ \boldsymbol{d} = \begin{bmatrix} -\dfrac{\lambda_{\mathrm{m}}}{L_{\mathrm{s}}}\omega_{\mathrm{r}} \\ 0 \end{bmatrix} \tag{7.3.9}$$

$$\boldsymbol{I} = \begin{bmatrix} 1 & 0 \\ 0 & 1 \end{bmatrix},\ \boldsymbol{J} = \begin{bmatrix} 0 & -1 \\ 1 & 0 \end{bmatrix} \tag{7.3.10}$$

同时，自适应系统的状态观测器设计为

$$\dot{\hat{\boldsymbol{i}}}_{\mathrm{s}} = \hat{\boldsymbol{A}}\,\hat{\boldsymbol{i}}_{\mathrm{s}} + \boldsymbol{B}\boldsymbol{v}_{\mathrm{s}} + \hat{\boldsymbol{d}} + \boldsymbol{G}(\hat{\boldsymbol{i}}_{\mathrm{s}} - \boldsymbol{i}_{\mathrm{s}}) \tag{7.3.11}$$

式中，带有^的矩阵为用估计参数代替实际参数的矩阵；$\boldsymbol{G}$ 为观测器增益矩阵。所设计的增益矩阵使观测器的极点在复平面上处于合适的位置

$$\boldsymbol{G}=-g_1\boldsymbol{I}+g_2\boldsymbol{J}=\begin{bmatrix}-g_1 & -g_2\\ g_2 & -g_1\end{bmatrix} \tag{7.3.12}$$

增益被确定，以致闭环观测器极点是电机模型极点的 k 倍，其中 $k\geqslant 1$。这由下式满足：

$$g_1=(k-1)\frac{\hat{R}_s}{L_s} \tag{7.3.13}$$

$$g_2=(k-1)\omega_r \tag{7.3.14}$$

在这种情况下，还满足了自适应系统稳定性的第一个条件。

现在，由式（7.3.6）减去式（7.3.11）得到误差动态方程

$$\dot{\boldsymbol{e}}=(\boldsymbol{A}+\boldsymbol{G})\boldsymbol{e}-\boldsymbol{W} \tag{7.3.15}$$

式中，$\boldsymbol{e}=\boldsymbol{i}_s-\boldsymbol{i}_s$；$\boldsymbol{W}$ 为非线性时变矢量，定义为

$$\boldsymbol{W}=-\Delta\boldsymbol{A}\,\hat{\boldsymbol{i}}_s-\Delta\boldsymbol{d} \tag{7.3.16}$$

式中，$\Delta\boldsymbol{A}$ 和 $\Delta\boldsymbol{d}$ 是由参数变化引起的误差矩阵。它们可以表示为

$$\Delta\boldsymbol{A}=\boldsymbol{A}-\hat{\boldsymbol{A}}=-\frac{\Delta R_s}{L_s}I \tag{7.3.17}$$

$$\Delta\boldsymbol{d}=\boldsymbol{d}-\hat{\boldsymbol{d}}=\begin{bmatrix}-\dfrac{\omega_r}{L_s}\\ 0\end{bmatrix}\Delta\boldsymbol{\lambda}_m \tag{7.3.18}$$

$$\Delta R_s=R_s-\hat{R}_s,\quad \Delta\boldsymbol{\lambda}_m=\boldsymbol{\lambda}_m-\hat{\boldsymbol{\lambda}}_m \tag{7.3.19}$$

在这种情况下，图7.16的一般系统如图7.17所示，其中使用两个非线性状态误差函数来提供参数估计（Kim 等，1995）。在此系统中满足第二个条件为

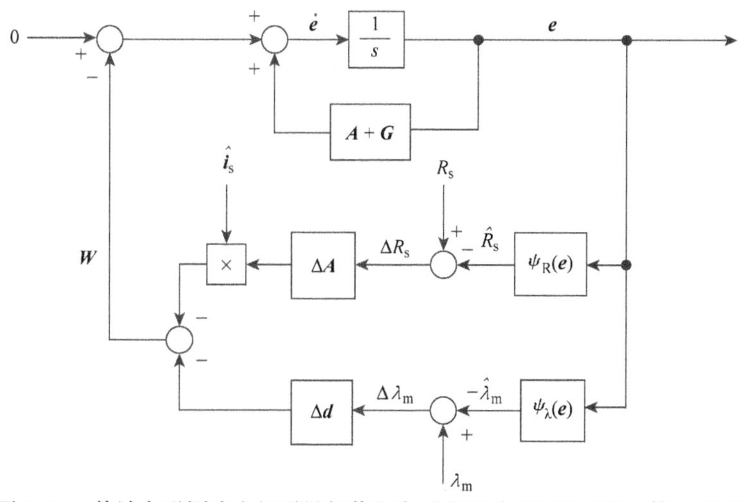

图7.17 估计永磁同步电机磁链幅值和定子电阻的MRAS（Kim 等，1995）

$$\int_0^{t_1} \boldsymbol{e}^{\mathrm{T}} \boldsymbol{W} \mathrm{d}t = \int_0^{t_1} \left(\boldsymbol{e}^{\mathrm{T}} \hat{\boldsymbol{i}}_{\mathrm{s}} \frac{\Delta R_{\mathrm{s}}}{L_{\mathrm{s}}} + \boldsymbol{e}^{\mathrm{T}} \begin{pmatrix} \omega_{\mathrm{r}} \\ 0 \end{pmatrix} \frac{\Delta \boldsymbol{\lambda}_{\mathrm{m}}}{L_{\mathrm{s}}} \right) \mathrm{d}t \geqslant -\gamma_0^2, \text{对于所有的 } t_1 \geqslant 0 \tag{7.3.20}$$

式中，γ_0^2 是有限正常数。可以看出，式（7.3.20）有两个由定子电阻误差和磁链误差引起的误差分量。误差分量可分别表示为

$$\int_0^{t_1} \boldsymbol{e}^{\mathrm{T}} \hat{\boldsymbol{i}}_{\mathrm{s}} \frac{\Delta R_{\mathrm{s}}}{L_{\mathrm{s}}} \mathrm{d}t \geqslant -\gamma_1^2 \tag{7.3.21}$$

$$\int_0^{t_1} \boldsymbol{e}^{\mathrm{T}} \begin{pmatrix} \omega_{\mathrm{r}} \\ 0 \end{pmatrix} \frac{\Delta \boldsymbol{\lambda}_{\mathrm{m}}}{L_{\mathrm{s}}} \mathrm{d}t \geqslant -\gamma_2^2 \tag{7.3.22}$$

式中，γ_1^2 和 γ_2^2 是有限正常数。

为了提高估计的暂态性能，通常采用 PI 自适应控制（Kubota 等，1993）。因此

$$\hat{R}_{\mathrm{s}} = -\left(K_{\mathrm{PR}} + \frac{K_{\mathrm{IR}}}{s} \right) \cdot (e_{\mathrm{q}} \hat{i}_{\mathrm{q}} + e_{\mathrm{d}} \hat{i}_{\mathrm{d}}) \tag{7.3.23}$$

式中，K_{PR}和 K_{IR}分别为估计定子电阻时的比例增益和积分增益。磁链也可以用以下类似的自适应定律来估计：

$$\hat{\lambda}_{\mathrm{m}} = -\left(K_{\mathrm{P}\lambda} + \frac{K_{\mathrm{I}\lambda}}{s} \right) \cdot (e_{\mathrm{q}} \omega_{\mathrm{r}}) \tag{7.3.24}$$

式中，$K_{\mathrm{P}\lambda}$和 $K_{\mathrm{I}\lambda}$分别是磁链估计的比例增益和积分增益。当估计的电阻值和磁链收敛到相应的实际值时，误差动态由以下闭环观测器控制：

$$\dot{\boldsymbol{e}} = (\boldsymbol{A} + \boldsymbol{G})\boldsymbol{e} = \begin{pmatrix} -k\dfrac{R_{\mathrm{s}}}{L_{\mathrm{s}}} & -k\omega_{\mathrm{r}} \\ k\omega_{\mathrm{r}} & -k\dfrac{R_{\mathrm{s}}}{L_{\mathrm{s}}} \end{pmatrix} \cdot \boldsymbol{e} \tag{7.3.25}$$

误差动态特性比永磁同步电机的动态特性快 k 倍。基于 MRAS 的参数估计方案的核心如图 7.18 所示，用于与矢量控制有关的电机。可见，除了两相静止参考坐标系中的电压分量指令外，观测器还需要测量电流分量来计算转子参考坐标系中的估计电流分量。后者连同其实际值被用于参数估计器给用定子电阻和磁链幅值的估计。

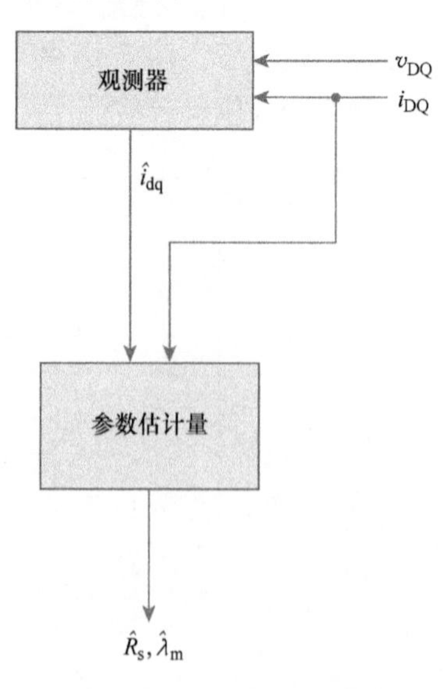

图 7.18　基于 MRAS 的参数估计

7.3.3 基于模型参考自适应系统的电机电感估计

MRAS 还可以用来估计凸极和隐极永磁同步电机的定子电阻和电机电感（Boileau 等，2011）。在这种方案中，磁链的大小被假定为一个常数参数。采用了一种基于输出误差抵消的技术。该电机模型是在转子参考坐标系中提出的，与解耦控制技术相结合，提高了动态收敛特性和整体系统的稳定性。参数估计分别在暂态和稳态条件下进行。状态空间形式的参考模型表示为

$$\hat{L}_d \cdot pi_d = -\hat{R}_s i_d + \omega_r \hat{L}_q i_q + G_v v_{dr} \tag{7.3.26}$$

$$\hat{L}_q \cdot pi_q = -\hat{R}_s i_q - \omega_r \hat{L}_d i_d - \omega_r \lambda_m + G_v v_{dr} \tag{7.3.27}$$

式中，G_v 将逆变器建模为恒定增益；v_{dr}和 v_{qr}是解耦电流控制器的输出。与前一种方案不同的是，在参考模型中使用的是估计的参数，而不是实际参数。由于 d 轴和 q 轴方程中的速度电压，该模型是耦合的。这些电压导致 v_d 对 i_q、v_q 对 i_d 的依赖。为了简化电流控制器的设计，在 3.4.2 节中提出了一种前馈解耦技术。这里，采用了一种基于解耦反馈信号的替代解耦技术，如图 7.19 所示。该解耦方法通过从系统模型中去除速度电压，消除了 d 和 q 轴电流控制回路之间的不良作用。反馈增益矩阵 $\boldsymbol{K}$ 和生成的解耦模型为

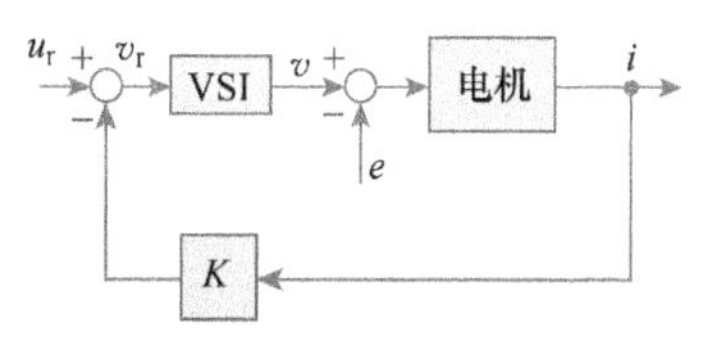

图 7.19 反馈解耦技术

$$\boldsymbol{K} = \frac{\omega_r}{G_v}\begin{bmatrix} 0 & \hat{L}_q \\ -\hat{L}_d & 0 \end{bmatrix} \tag{7.3.28}$$

$$\hat{L}_d \cdot pi_d = -\hat{R}_s i_d + G_v v_{dr} \tag{7.3.29}$$

$$\hat{L}_q \cdot pi_q = -\hat{R}_s i_q - \omega_r \lambda_m + G_v v_{dr} \tag{7.3.30}$$

该解耦保证了电机参数的估计是相互独立的，防止了一个参数初始值的误差对另一个参数估计收敛的影响。

为了减小误差，该估计器由当前误差矢量驱动。矢量定义为

$$\tilde{\boldsymbol{i}}_s = \hat{\boldsymbol{i}}_s - \boldsymbol{i}_s = [\tilde{i}_d \quad \tilde{i}_q]^T \tag{7.3.31}$$

选择自适应定律作为电流误差的积分，对估计的参数进行修正。对于凸极电机，用 i_q 的误差估计 R_s 和 L_q，用 i_d 的误差估计 L_d。因此，R_s、L_d、L_q 的估计值为

$$\hat{R}_s(t) = \hat{R}_s(t_0) - \int_{t_0}^{t} K_R \tilde{i}_q(\sigma)\mathrm{d}\sigma \tag{7.3.32}$$

$$\hat{L}_d(t) = \hat{L}_d(t_0) - \int_{t_0}^{t} K_{Ld} \tilde{i}_q(\sigma)\mathrm{d}\sigma \tag{7.3.33}$$

$$\hat{L}_{\mathrm{q}}(t) = \hat{L}_{\mathrm{q}}(t_0) - \int_{t_0}^{t} K_{\mathrm{Lq}}\,\tilde{i}_{\mathrm{d}}(\sigma)\mathrm{d}\sigma \tag{7.3.34}$$

式中，K_{R}、K_{Ld}和K_{Lq}是决定估计收敛速度的估计器增益。这些都是实数，为了估计收敛，必须满足以下条件：

$$K_{\mathrm{Ld}}\omega_{\mathrm{r}}i_{\mathrm{d}} < 0 \tag{7.3.35}$$

$$K_{\mathrm{Lq}}\omega_{\mathrm{r}}i_{\mathrm{q}} < 0 \tag{7.3.36}$$

$$K_{\mathrm{R}}i_{\mathrm{q}} < 0 \tag{7.3.37}$$

对于隐极电机，$L_{\mathrm{d}}=L_{\mathrm{q}}=L_{\mathrm{s}}$。其结果是，对电机模型和解耦反馈信号进行了相应的修正。从而使参数估计定律简化为

$$\hat{R}_{\mathrm{s}}(t) = \hat{R}_{\mathrm{s}}(t_0) - \int_{t_0}^{t} K_{\mathrm{R}}\,\tilde{i}_{\mathrm{q}}(\sigma)\mathrm{d}\sigma \tag{7.3.38}$$

$$\hat{L}_{\mathrm{s}}(t) = \hat{L}_{\mathrm{s}}(t_0) - \int_{t_0}^{t} K_{\mathrm{L}}\,\tilde{i}_{\mathrm{d}}(\sigma)\mathrm{d}\sigma \tag{7.3.39}$$

同样，为了使估计收敛，必须满足以下增益条件：

$$\omega_{\mathrm{r}}K_{\mathrm{L}}i_{\mathrm{q}} > K_{\mathrm{R}}i_{\mathrm{q}} \tag{7.3.40}$$

$$\omega_{\mathrm{r}}K_{\mathrm{L}}K_{\mathrm{R}} < 0 \tag{7.3.41}$$

可以选择下列增益来分别满足式（7.3.40）和式（7.3.41）：

$$K_{\mathrm{R}} = -K_{\mathrm{R0}}\cdot\mathrm{sign}(i_{\mathrm{q}}) \tag{7.3.42}$$

$$K_{\mathrm{L}} = K_{\mathrm{L0}}\cdot\mathrm{sign}(\omega_{\mathrm{r}}i_{\mathrm{q}}) \tag{7.3.43}$$

式中，K_{R0}和K_{L0}是正实数。整个电机参数估计和控制系统如图7.20所示。

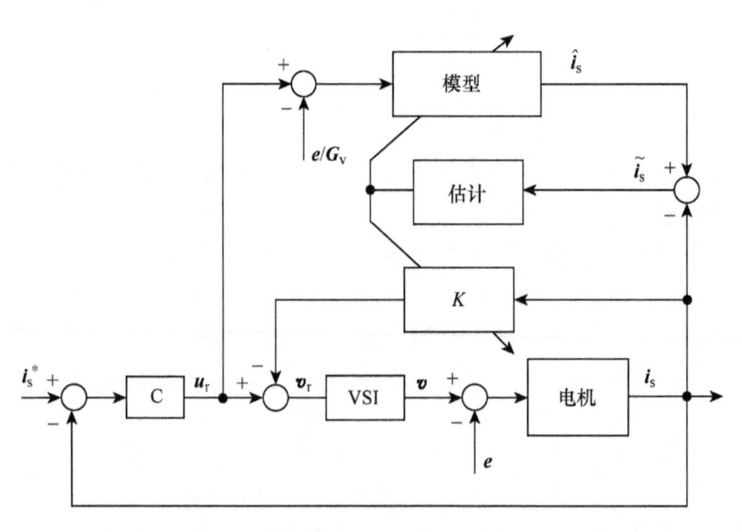

图7.20　基于反馈解耦的电机整体参数估计与控制系统

7.3.4 估计电机电感和 R_s 的递归最小二乘法

R_s、L_d 和 L_q 的估计可以通过递归最小二乘法进行，而不需要速度和位置信号（Ichikawa 等，2006）。因此，该方法对位置和速度误差不敏感。在这种方法中，假定电机磁链是可用的。利用转子参考坐标系下的电机模型进行了估计计算。参考坐标系变换使用的是图 6.3 中估计的转子位置，而不是实际的转子位置。在上述参考坐标系中的离散电机模型可以表示为

$$\begin{bmatrix} \hat{i}_d(k+1) \\ \hat{i}_q(k+1) \end{bmatrix} = \boldsymbol{A}\begin{bmatrix} \hat{i}_d(k) \\ \hat{i}_q(k) \end{bmatrix} + \boldsymbol{B}\begin{bmatrix} \hat{v}_d(k) \\ \hat{v}_q(k) \end{bmatrix} + \boldsymbol{C}[1] \tag{7.3.44}$$

式中

$$\boldsymbol{A} = \begin{bmatrix} a_{11} & a_{12} \\ a_{21} & a_{22} \end{bmatrix} = \frac{R_s L_1 \Delta T + L_d L_q}{L_d L_q}\boldsymbol{I} + \frac{R_s L_2 \Delta T}{L_d L_q}\boldsymbol{Q} + \frac{\omega_r (L_d^2 + L_q^2)\Delta T}{2L_d L_q}\boldsymbol{J} - \frac{\omega_r (L_d^2 - L_q^2)\Delta T}{2L_d L_q}\boldsymbol{S} \tag{7.3.45}$$

$$\boldsymbol{B} = \begin{bmatrix} b_{11} & b_{12} \\ b_{21} & b_{22} \end{bmatrix} = \frac{L_1 \Delta T}{L_d L_q}\boldsymbol{I} - \frac{L_2 \Delta T}{L_d L_q}\boldsymbol{Q} \tag{7.3.46}$$

$$\boldsymbol{C} = \begin{bmatrix} c_1 \\ c_2 \end{bmatrix} = \frac{\omega_r \lambda_m \Delta T}{L_q}\begin{bmatrix} \sin\Delta\theta_r \\ -\cos\Delta\theta_r \end{bmatrix} \tag{7.3.47}$$

$\boldsymbol{I}$ 和 $\boldsymbol{J}$ 在式（7.3.10）中被定义。另外，$\boldsymbol{Q}$ 和 $\boldsymbol{S}$ 为

$$\boldsymbol{Q} = \begin{bmatrix} \cos\Delta\theta_r & -\sin\Delta\theta_r \\ -\sin\Delta\theta_r & -\cos\Delta\theta_r \end{bmatrix}, \boldsymbol{S} = \begin{bmatrix} \sin\Delta\theta_r & \cos\Delta\theta_r \\ \cos\Delta\theta_r & -\sin\Delta\theta_r \end{bmatrix} \tag{7.3.48}$$

式（7.3.44）转化为如下新的形式：

$$\boldsymbol{y} = \boldsymbol{\Theta z} \tag{7.3.49}$$

式中，$\boldsymbol{y}$ 和 $\boldsymbol{z}$ 是电机电流和电压分量的矢量，包含电机参数的矩阵 $\boldsymbol{\Theta}$ 为

$$\boldsymbol{y} = [\hat{i}_d(k+1) \quad \hat{i}_q(k+1)]^T \tag{7.3.50}$$

$$\boldsymbol{z} = [\hat{i}_d(k) \quad \hat{i}_q(k) \quad \hat{v}_d(k) \quad \hat{v}_q(k) \quad 1]^T \tag{7.3.51}$$

$$\boldsymbol{\Theta} = [\boldsymbol{A} \quad \boldsymbol{B} \quad \boldsymbol{C}] = \begin{bmatrix} a_{11} & a_{12} & b_{11} & b_{12} & c_1 \\ a_{21} & a_{22} & b_{21} & b_{22} & c_2 \end{bmatrix} \tag{7.3.52}$$

现在，误差矩阵被定义为估计系统输出和实际输出的差值。参考式（7.3.49）的系统输出，误差的平方值表示为

$$\boldsymbol{\epsilon}_i = (\boldsymbol{y} - \hat{\boldsymbol{\Theta}}\boldsymbol{z})^2 \tag{7.3.53}$$

当误差达到最小值时，计算参数矩阵。这是通过递归最小二乘法根据下面的关系实现的：

$$\hat{\boldsymbol{\Theta}}(k) = \hat{\boldsymbol{\Theta}}(k-1) + (\boldsymbol{y} - \hat{\boldsymbol{\Theta}}(k-1)\boldsymbol{z})\boldsymbol{z}^{\mathrm{T}}\boldsymbol{P}(k) \tag{7.3.54}$$

$$\boldsymbol{P}(k) = \frac{1}{\lambda}\left\{\boldsymbol{P}(k-1) - \boldsymbol{P}(k-1)\boldsymbol{z}(\lambda + \boldsymbol{z}^{\mathrm{T}}\boldsymbol{P}(k-1)\boldsymbol{z})^{-1}\boldsymbol{z}^{\mathrm{T}}\boldsymbol{P}(k-1)\right\} \tag{7.3.55}$$

式中，$\boldsymbol{P}$ 为校正增益矩阵；λ 为遗忘因子，即一个加权系数，对最近的数据赋予更高的权重，删除过去的数据。这意味着该方法在估计过程中不假设常数参数。

参数矩阵取决于转子的位置和转速。通过对矩阵元素进行以下操作，可以获得不依赖于位置和速度的关系（Ichikawa 等，2006）：

$$M_1 = b_{11} + b_{22} = \frac{2L_1\Delta T}{L_{\mathrm{d}}L_{\mathrm{q}}} \tag{7.3.56}$$

$$M_2 = a_{11} + a_{22} - 2 = -\frac{2R_{\mathrm{s}}L_1\Delta T}{L_{\mathrm{d}}L_{\mathrm{q}}} \tag{7.3.57}$$

$$M_3 = \sqrt{(b_{11} - b_{22})^2 + (b_{12} + b_{21})^2} = -\frac{2L_2\Delta T}{L_{\mathrm{d}}L_{\mathrm{q}}} \tag{7.3.58}$$

式中，ΔT 为识别系统的采样周期。估计的参数可以由式（7.3.56）~式（7.3.58）计算，不需要任何位置和速度信息，如下所示：

$$\hat{R}_{\mathrm{s}} = \frac{-M_2}{M_1} \tag{7.3.59}$$

$$\hat{L}_{\mathrm{d}} = \frac{2\Delta T}{M_1 + M_3} \tag{7.3.60}$$

$$\hat{L}_{\mathrm{q}} = \frac{2\Delta T}{M_1 - M_3} \tag{7.3.61}$$

递归最小二乘参数估计可以在转子参考坐标系中的矢量控制系统中实现，如图 7.21 所示。电流指令由转矩（转速）和磁通控制器产生，这在矢量控制系统中是很常见的。然后，将注入的电流信号添加到两个当前指令。该信号与电机额定电流相比较小，用于识别电机参数。注入信号由 M 序列信号组成。它们是用于系统识别的伪随机序列信号。

递归最小二乘参数估计器接收转子参考坐标系中的实际电流分量和电压指令作为解耦电流控制器的输出，以估计定子电阻和电感。

7.3.5 估计电机电感和 λ_{m} 的递归最小二乘法

所提出的递归最小二乘参数估计方法只估计了定子电阻和电机电感，而不估计磁链幅值。如果使用前一个方法，后一个参数必须通过离线测量识别。因此，在电机运行过程中，由于工作点的变化，它可能会与其测量值发生变化，从而影响被估计参数的估计精度。在这里，提出了一种双递推最小二乘法来估计所有的四个电机参数，包括磁链幅值（Underwood 和 Husain，2010）。内置式和表贴式

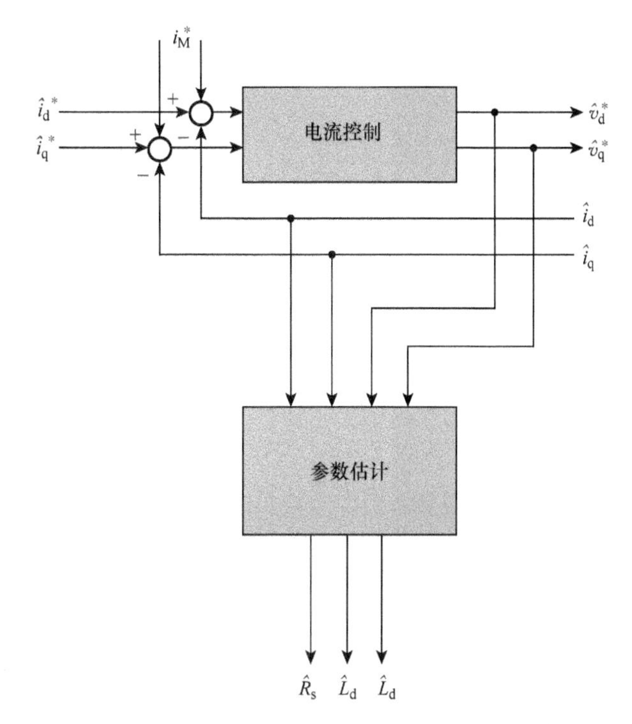

图7.21　与当前矢量控制系统相关的电机递归最小二乘参数估计

永磁电机都得到了研究。同时进行了两种递推最小二乘算法：一种是慢速算法；另一种是快速算法。慢速算法用于温度相关的参数 R_s 和磁链幅值 $\boldsymbol{\lambda}_m$ 的缓慢变化，而快速算法用于电流相关的参数 L_d 和 L_q（在隐极电机情况下为 L_s）的快速变化。通过这种方式，与通过单一快速算法估计所有参数的潜在情况相比，估计的计算负担大大减少。事实上，递归最小二乘法通常是通过在线矩阵计算来实现的，包括矩阵求逆。单一算法的情况会导致矩阵过大和计算工作量增加。在电机驱动控制系统采样时间短的情况下，很难做到这一点。同时，由于只有两个电方程和四个未知参数，求解单一的四参数方程组会遇到一致性不足的问题。通过使用来自以前采样的信息，形成四个方程，可以克服这个问题。然而，它增加了估计不稳定性的风险。双算法方案每个算法估计两个参数。快速算法在每个采样周期内运行，慢速算法每几个采样周期运行一次。

每个递归最小二乘算法都使用下式（Trigeassou 等，2009）：

$$\hat{\boldsymbol{\Theta}}(k) = \hat{\boldsymbol{\Theta}}(k-1) + \boldsymbol{K}(k) \cdot \boldsymbol{\epsilon}(k) \tag{7.3.62}$$

$$\boldsymbol{\epsilon}(k) = \boldsymbol{y}(k) - \boldsymbol{\varphi}^{\mathrm{T}}(k) \cdot \hat{\boldsymbol{\Theta}}(k-1) \tag{7.3.63}$$

$$\boldsymbol{K}(k) = \boldsymbol{P}(k-1) \cdot \boldsymbol{\varphi}(k) \cdot [\lambda \boldsymbol{I} + \boldsymbol{\varphi}^{\mathrm{T}}(k) \cdot \boldsymbol{P}(k-1) \cdot \boldsymbol{\varphi}(k)]^{-1} \tag{7.3.64}$$

$$P(k) = [I - K(k) \cdot \varphi^{T}(k)]^{-1} \cdot P(k-1)/\lambda \quad (7.3.65)$$

式中，y 是输出矩阵；$\hat{\Theta}$是估计的参数矢量；φ 为反馈矩阵；λ 为遗忘因子；I 为标识矩阵；ϵ 是估计误差；K 和 P 是校正增益矩阵。

快速算法利用电流控制系统的解耦电路，如3.4.2节所示。解耦电路将速度电压从电机模型的动态部分分离出来。因此，转子参考坐标系中电机电压方程的动态部分可以用如下 v_{q1} 和 v_{d1} 电压表示：

$$v_{q1} = (R_s + L_q p) i_q \quad (7.3.66)$$

$$v_{d1} = (R_s + L_d p) i_d \quad (7.3.67)$$

使用式（7.3.66）和式（7.3.67）估计 L_d 和 L_q，可以消除估计中的速度变化。因此，在快速递归最小二乘算法执行过程中，可以将电机转速视为常数。此外，在快速算法中使用式（7.3.66）和式（7.3.67），而不是电压方程，可以加快计算速度。由于这个间隔包含在当前采样周期中，所以这与算法较短的执行间隔是一致的。

使用线性方程（7.3.66）和（7.3.67），快速递归最小二乘算法由以下矩阵给出（Underwood 和 Husain，2010）：

$$y = \begin{bmatrix} v_q - R_s i_q - \lambda_m \omega_r \\ v_d - R_s i_d \end{bmatrix} \quad (7.3.68)$$

$$\varphi^{T} = \begin{bmatrix} 0 & \omega_r i_d \\ -\omega_r i_q & 0 \end{bmatrix} \quad (7.3.69)$$

$$\Theta = \begin{bmatrix} L_q \\ L_d \end{bmatrix} \quad (7.3.70)$$

下面的矩阵也被慢速递归最小二乘算法使用（Underwood 和 Husain，2010）：

$$y = \begin{bmatrix} v_q \\ v_d \end{bmatrix} \quad (7.3.71)$$

$$\varphi^{T} = \begin{bmatrix} 0 & \omega_r i_d & i_q & \omega_r \\ -\omega_r i_q & 0 & i_d & 0 \end{bmatrix} \quad (7.3.72)$$

$$\Theta = \begin{bmatrix} L_q \\ L_d \\ R_s \\ \lambda_m \end{bmatrix} \quad (7.3.73)$$

在当前指令信号中加入小信号，为慢速递归最小二乘算法提供了丰富的数据。为了不干扰电机转矩，它必须是一个小幅值的逐步信号，但大到可以在电流反馈时感觉到。

两种递归最小二乘算法都在一个监督程序下工作，如图7.22所示。该程序管理算法之间的数据交换和控制注入信号。快速算法在采样速率或脉宽调制（PWM）开关频率（例如10～20kH）下运行，估计电感并将电感发送给慢速递归最小二乘算法。慢速算法，在更低的采样速率下运行，例如，500Hz，估计所有参数并将它们发送给快速算法，并用从快速算法接收到的电感估计更新它的电感估计。在估计过程开始时，通常会从电机数据表中对参数进行粗略估计。

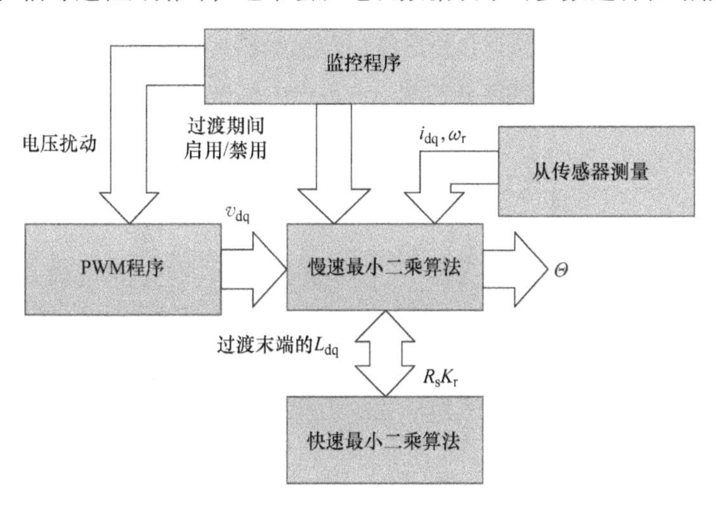

图7.22 双递归最小二乘参数估计的结构

7.3.6 扩展卡尔曼滤波方案

扩展卡尔曼滤波可以用来估计永磁同步电机的参数。估计方案可包括状态矢量中的估计参数与电机变量。然而，这将增加状态矢量和扩展卡尔曼滤波矩阵的大小，从而造成巨大的计算负担。一种解决方案是通过状态矢量的动态特性来区分变量和参数（Boileau等，2011）。该方案可应用于表贴式永磁同步电机的参数估计。定子电阻和同步电感通过 R_s/L_s 和 $1/L_s$ 的形式与定子电流分量一起在状态矢量中估计。假设电机转速变化、电机参数变化和电流动态变化分别为非常慢、慢和快。这种对变量变化时间尺度的假设导致扩展卡尔曼滤波算法的电机模型如下：

$$\mathrm{p}\begin{bmatrix} i_d \\ i_q \\ a \\ b \end{bmatrix} = \begin{bmatrix} -ai_d + \omega_r i_q + bG_v v_{dr} \\ -ai_q - \omega_r i_d + b(G_v v_{qr} - \omega_r \lambda_m) \\ 0 \\ 0 \end{bmatrix} \tag{7.3.74}$$

$$\boldsymbol{y} = \begin{bmatrix} 1 & 0 & 0 & 0 \\ 0 & 1 & 0 & 0 \end{bmatrix} \begin{bmatrix} i_{\mathrm{d}} \\ i_{\mathrm{q}} \\ a \\ b \end{bmatrix} \tag{7.3.75}$$

式中，$a = R_{\mathrm{s}}/L_{\mathrm{s}}$，$b = 1/L_{\mathrm{s}}$。

隐极永磁同步电机通常在 $i_{\mathrm{d}} = 0$ 下工作。因此，参数可辨识的条件是 ω_{r} 和 i_{q} 非零。反馈解耦控制技术可以提高收敛动态和整体系统的稳定性，与本章中介绍的 MRAS 方法相同。反馈解耦将式（7.3.74）的电机模型简化为

$$\mathrm{p}\begin{bmatrix} i_{\mathrm{d}} \\ i_{\mathrm{q}} \\ a \\ b \end{bmatrix} = \begin{bmatrix} -ai_{\mathrm{d}} + bG_{\mathrm{v}}v_{\mathrm{dr}} \\ -ai_{\mathrm{q}} + b(G_{\mathrm{v}}v_{\mathrm{qr}} - \omega_{\mathrm{r}}\lambda_{\mathrm{m}}) \\ v0 \\ 0 \end{bmatrix} \tag{7.3.76}$$

与式（7.3.75）中的输出矢量 $\boldsymbol{y}$ 相同。新的电流控制器输出为 v_{dr} 和 v_{qr}。有了此模型，扩展卡尔曼滤波可以通过确定初始协方差矩阵 $\boldsymbol{P}_0$ 及其加权矩阵 $\boldsymbol{Q}$ 和 $\boldsymbol{R}$ 来实现。矩阵可以通过一些方法选择，包括试验和误差。针对某一永磁同步电机提出了以下矩阵（Boileau 等，2011）：

$$\boldsymbol{P}_0 = \mathrm{diag}(0.1, 0.1, 100, 100) \tag{7.3.77}$$

$$\boldsymbol{Q} = \mathrm{diag}(1, 1, 500, 500) \tag{7.3.78}$$

$$\boldsymbol{R} = \mathrm{diag}(1, 1) \tag{7.3.79}$$

估计器的性能表明，估计参数的收敛性是耦合的，也就是说，除非电感误差消失，电阻误差不会消失。

磁链的变化也会影响估计结果。Boileau 等于 2011 年提出了一种在扩展卡尔曼滤波的电阻和电感估计中考虑磁链变化的方法。

7.4　小结

本章主要介绍了永磁同步电机参数的估计方法。首先对电机参数进行了说明，阐述了电机参数在电机建模中的重要性。这些参数随电机的运行条件而变化。就像永磁同步电机的最小运行损耗一样，这些变化会影响电机的性能。

永磁同步电机参数估计方法主要分为离线法和在线法两种。

本章将介绍几种离线方案来确定所有主要的电机参数。离线方案可分为直流静止测试、交流静止测试、空载试验、负载试验和矢量控制策略。这些方案使用等效电路方程或矢量图方程，结合电压和电流的测量来计算特定工作点或一系列工作点的电机参数。它们可能需要特殊的测试安排来测量电机的电压和电流。

在线参数估计方案利用控制系统中常用的电机变量的在线值，借助闭环观测器对电机参数进行估计。本章介绍了一些用于估计永磁同步电机参数的在线方案，包括估计电机电感的闭环观测器；基于 MRAS 的 λ_m、R_s 及电机电感估计；估计电机电感和磁链的递归最小二乘（RLS）算法；最后是扩展卡尔曼滤波方案。在线方案考虑了任何源引起的电机参数变化。它们正在成为市场上现代控制系统的一部分。

习　题

P. 7. 1　通过离线方案在两相静止参考坐标系中计算电机参数。

P. 7. 2　研究电感变化对内置式永磁电机最大转矩电流比（MTPA）运行的影响。

P. 7. 3　研究电感变化对内置式永磁电机单位功率因数条件的影响。

P. 7. 4　研究磁链幅值变化对内置式永磁电机 MTPA 运行的影响。

P. 7. 5　在矢量控制下，考虑磁链幅值误差对永磁同步电机电感估计的影响。

P. 7. 6　研究定子磁链参考坐标系中，矢量控制下永磁同步电机的参数估计问题。

参考文献

Boileau, T., Leboeuf, N., Nahid-Mobarakeh, B., and Meibody-Tabar, F. (2011). Online identification of PMSM parameters, parameter identifiability and estimator comparative study. *IEEE Trans. Ind. Appl.* 47(4), 1944–1957.

Bolognani, S., Zigliotto, M., and Unterkofler, K. (1997). On-line parameter commissioning in sensorless PMSM drives. In: *Proceedings of the IEEE International Symposium on Industrial Electronics*, pp. 480–484. IEEE, Piscataway, NJ.

Chang, L. (1996). An improved FE inductance calculation for electrical machines. *IEEE Trans. Magnet.* 32(4), 3237–3245.

Chiasson, J. (2005). *Modeling and High Performance Control of Electric Machines*. Wiley-IEEE Press, Hoboken, NJ.

Du, T., Vas, P., and Stronach, F. (1995). Design and application of extended observers for joint state and parameter estimation in high-performance AC drives. *IEEE Proc. Electric Power Appl.* 142(2), 71–78.

Dutta, R. and Rahman, M. (2006). A comparative analysis of two test methods of measuring d-and q-axes inductances of interior permanent-magnet machine. *IEEE Trans. Magnet.* 42(11), 3712–3718.

Feng, Y., Yu, X., and Han, F. (2013). High-order terminal sliding-mode observer for parameter estimation of a permanent-magnet synchronous motor. *IEEE Trans. Ind. Electron.* 60(10), 4272–4280.

Gopalarathnam, T. and McCann, R. (2001). Saturation and armature reaction effects in surface-mount PMAC motors. In: *IEEE International Electric Machines and Drives Conference*, pp. 618–621. IEEE, Piscataway, NJ.

Hamida, M.A., De Leon, J., Glumineau, A., and Boisliveau, R. (2013). An adaptive interconnected observer for sensorless control of PM synchronous motors with online parameter identification. *IEEE Trans. Ind. Electron.* 60(2), 739–748.

Haque, M.E. and Rahman, M.F. (1999). Dynamic model and parameter measurement of interior permanent magnet synchronous motor. In: *Proceedings of the Australasian Universities Power Engineering Conference*, 10, pp. 10–13. Northern Territory University, Darwin, Australia.

Husson, R. (2013). *Control Methods for Electrical Machines*. John Wiley & Sons.

Hwang, C.-C. and Cho, Y. (2001). Effects of leakage flux on magnetic fields of interior permanent magnet synchronous motors. *IEEE Trans. Magnet.* 37(4), 3021–3024.

Ichikawa, S., Tomita, M., Doki, S., and Okuma, S. (2006). Sensorless control of permanent-magnet synchronous motors using online parameter identification based on system identification theory. *IEEE Trans. Ind. Electron.* 53(2), 363–372.

Inoue, Y., Kawaguchi, Y., Morimoto, S., and Sanada, M. (2011). Performance improvement of sensorless IPMSM drives in a low-speed region using online parameter identification. *IEEE Trans. Ind. Appl.* 47(2), 798–804.

Kilthau, A. and Pacas, J. (2001). Parameter-measurement and control of the synchronous reluctance machine including cross saturation. In: *Conference Record of the 2001 Industry Applications Conference, 36th IAS Annual Meeting*, pp. 2302–2309. IEEE, Piscataway, NJ.

Kim, H., Hartwig, J., and Lorenz, R. D. (2002). Using on-line parameter estimation to improve efficiency of IPM machine drives. In: *IEEE 33rd Annual Power Electronics Specialists Conference*, pp. 815–20. IEEE, Piscataway, NJ.

Kim, H. and Lorenz, R. D. (2002). Improved current regulators for IPM machine drives using on-line parameter estimation. In: *Conference Record of the 2002 Industry Applications Conference, 37th IAS Annual Meeting*, pp. 86–91. IEEE, Piscataway, NJ.

Kim, K-H., Chung, S-K., Moon, G-W., Baik, I-C., and Youn, M-J. (1995). Parameter estimation and control for permanent magnet synchronous motor drive using model reference adaptive technique. In: *Proceedings of the IEEE IECON 21st International Conference on Industrial Electronics, Control, and Instrumentation*, pp. 387–392. IEEE, Piscataway, NJ.

Kubota, H., Matsuse, K., and Nakano, T. (1993). DSP-based speed adaptive flux observer of induction motor. *IEEE Trans. Ind. Appl.* 29(2), 344–348.

Lee, K-W., Jung, D-H., and Ha, I-J. (2004). An online identification method for both stator resistance and back-EMF coefficient of PMSMs without rotational transducers. *IEEE Trans. Ind. Electron.* 51(2), 507–510.

Liu, K. (2013). *Novel Techniques for Parameter Estimation of Permanent Magnet Synchronous Machines*. University of Sheffield.

Liu, K. and Zhang, J. (2010). Adaline neural network based online parameter estimation for surface-mounted permanent magnet synchronous machines. *Proc. CSEE* 30(30), 68–73.

Liu, K., Zhang, Q., Chen, J., Zhu, Z., and Zhang, J. (2011). Online multiparameter estimation of nonsalient-pole PM synchronous machines with temperature variation tracking. *IEEE Trans. Ind. Electron.* 58(5), 1776–1788.

Liu, K. and Zhu, Z. (2015a). Mechanical parameter estimation of permanent-magnet synchronous machines with aiding from estimation of rotor pm flux linkage. *IEEE Trans. Ind. Appl.* 51(4), 3115–3125.

Liu, K. and Zhu, Z. (2015b). Position offset-based parameter estimation for permanent magnet synchronous machines under variable speed control. *IEEE Trans. Power Electron.* 30(6), 3438–3446.

Liu, K. and Zhu, Z. (2015c). Position-offset-based parameter estimation using the adaline NN for condition monitoring of permanent-magnet synchronous machines. *IEEE Trans. Ind. Electron.* 62(4), 2372–2383.

Liu, K., Zhu, Z., Zhang, Q., and Zhang, J. (2012). Influence of nonideal voltage measurement on parameter estimation in permanent-magnet synchronous machines. *IEEE Trans. Ind. Electron.* 59(6), 2438–2447.

Liu, T., Husain, I., and Elbuluk, M. (1998). Torque ripple minimization with on-line parameter estimation using neural networks in permanent magnet synchronous motors. In: *Conference Record of 1998 IEEE Industry Applications Conference, 33rd IAS Annual Meeting*, pp. 35–40. IEEE, Piscataway, NJ.

Lovelace, E.C., Jahns, T.M., and Lang, J.H. (2002). A saturating lumped-parameter model for an interior PM synchronous machine. *IEEE Trans. Ind. Appl.* 38(3), 645–650.

Mellor, P., Chaaban, F., and Binns, K. (1991). Estimation of parameters and performance of rare-earth permanent-magnet motors avoiding measurement of load angle. *IEEE Proc. B-Electric Power Appl.* 138(6), 322–330.

Mohammed, O., Liu, S., and Liu, Z. (2004). Phase-variable model of PM synchronous machines for integrated motor drives. *IEEE Proc. Sci. Measur. Technol.* 151(6), 423–429.

Morimoto, S., Hatanaka, K., Tong, Y., Takeda, Y., and Hirasa, T. (1993a). Servo drive system and control characteristics of salient pole permanent magnet synchronous motor. *IEEE Trans. Ind. Appl.* 29(2), 338–343.

Morimoto, S., Ueno, T., Sanada, M., Yamagiwa, A., Takeda, Y., and Hirasa, T. (1993b). Effects and compensation of magnetic saturation in permanent magnet synchronous motor drives. In: *Conference Record of the IEEE Industry Applications Society Annual Meeting*, pp. 59–64. IEEE, Piscataway, NJ.

Morimoto, S., Sanada, M., and Takeda, Y. (2006). Mechanical sensorless drives of IPMSM with online parameter identification. *IEEE Trans. Ind. Appl.* 42(5), 1241–1248.

Nee, H.-P., Lefevre, L., Thelin, P., and Soulard, J. (2000). Determination of d and q reactances of permanent-magnet synchronous motors without measurements of the rotor position. *IEEE Trans. Ind. Appl.* 36(5), 1330–1335.

Obe, E. (2009). Direct computation of ac machine inductances based on winding function theory. *Energy Convers. Manag.* 50(3), 539–542.

Piippo, A., Hinkkanen, M., and Luomi, J. (2009). Adaptation of motor parameters in sensorless PMSM drives. *IEEE Trans. Ind. Appl.* 45(1), 203–212.

Rafaq, M., Mwasilu, F., Kim, J., ho Choi, H., and Jung, J. W. (2016). Online Parameter identification for model-based sensorless control of interior permanent magnet synchronous machine. *IEEE Trans. Power Electron.* 32(6), 4631–4643.

Rahman, K.M. and Hiti, S. (2005). Identification of machine parameters of a synchronous motor. *IEEE Trans. Ind. Appl.* 41(2), 557–565.

Rahman, M. and Zhou, P. (1994). Accurate determination of permanent magnet motor parameters by digital torque angle measurement. *J. Appl. Phys.* 76(10), 6868–6870.

Ruoho, S., Kolehmainen, J., Ikaheimo, J., and Arkkio, A. (2010). Interdependence of demagnetization, loading, and temperature rise in a permanent-magnet synchronous motor. *IEEE Trans. Magnet.* 46(3), 949–953.

Salvatore, L. and Stasi, S. (1992). Application of EKF to parameter and state estimation of PMSM drive. *IEEE Proc. B-Electric Power Appl.* 139(3), 155–164.

Schaible, U. and Szabados, B. (1999). Dynamic motor parameter identification for high speed flux weakening operation of brushless permanent magnet synchronous machines. *IEEE Trans. Energy Convers.* 14(3), 486–492.

Shi, Y., Sun, K., Huang, L., and Li, Y. (2012). Online identification of permanent magnet flux based on extended Kalman filter for IPMSM drive with position sensorless control. *IEEE Trans. Ind. Electron.* 59(11), 4169–4178.

Stumberger, B., Stumberger, G., Dolinar, D., Hamler, A., and Trlep, M. (2003). Evaluation of saturation and cross-magnetization effects in interior permanent-magnet synchronous motor. *IEEE Trans. Ind. Appl.* 39(5), 1264–1271.

Trigeassou, J.-C., Poinot, T., and Bachir, S. (2009). Parameter estimation for knowledge and diagnosis of electrical machines. In: *Control Methods for Electrical Machines*, pp. 207–243. ISTE Ltd and John Wiley & Sons Inc, Hoboken, NJ.

Vaez-Zadeh, S. and Zamanifar, M. (2006). *Efficiency optimization control of IPM synchronous motor drives with online parameter estimation.* Technical Report, University of Tehran, School of ECE.

Vaez-Zadeh, S., Zamanifar, M., and Soltani, J. (2006). Nonlinear efficiency optimization control of IPM synchronous motor drives with online parameter estimation. In: *2006 37th IEEE Power Electronics Specialists Conference*, pp. 1–6. IEEE, Piscataway, NJ.

Uddin, M.N. and Chy, M.M.I. (2008). Online parameter-estimation-based speed control of PM AC motor drive in flux-weakening region. *IEEE Trans. Ind. Appl.* 44(5), 1486–1494.

Underwood, S. J. and Husain, I. (2010). Online parameter estimation and adaptive control of permanent-magnet synchronous machines. *IEEE Trans. Ind. Electron.* 57(7), 2435–2443.

Urasaki, M., Senjyu, T., and Uezato, K. (2003). A novel calculation method for iron loss resistance suitable in modelling permanent magnet synchronous motors. *IEEE Trans. Energy Convers.* 18(1), 41–47.

Zhou, P., Rahman, M.A., and Jabbar, M.A. (1994). Field circuit analysis of permanent magnet synchronous motors. *IEEE Trans. Magnet.* 30(4), 1350–1359.

Control of Permanent Magnet Synchronous Motors
ISBN 978-0-19-874296-8

北京市版权局著作权合同登记　图字：01-2021-0621 号。

图书在版编目（CIP）数据

永磁同步电机的建模与控制/（伊朗）萨迪·瓦兹－扎德（Sadegh Vaez－Zadeh）著；杨国良，孔文译．—北京：机械工业出版社，2022.7（2024.11 重印）
（电机工程经典书系）
书名原文：Control of Permanent Magnet Synchronous Motors
ISBN 978-7-111-70871-1

Ⅰ．①永…　Ⅱ．①萨…　②杨…　③孔…　Ⅲ．①永磁同步电机－控制系统　Ⅳ．①TM351.012

中国版本图书馆 CIP 数据核字（2022）第 091805 号

机械工业出版社（北京市百万庄大街 22 号　邮政编码 100037）
策划编辑：刘星宁　　　　责任编辑：刘星宁
责任校对：樊钟英　刘雅娜　封面设计：马精明
责任印制：单爱军
北京虎彩文化传播有限公司印刷
2024 年 11 月第 1 版第 4 次印刷
169mm×239mm・18 印张・4 插页・350 千字
标准书号：ISBN 978-7-111-70871-1
定价：118.00 元

电话服务　　　　　　　　网络服务
客服电话：010－88361066　机　工　官　网：www.cmpbook.com
　　　　　010－88379833　机　工　官　博：weibo.com/cmp1952
　　　　　010－68326294　金　　书　　网：www.golden－book.com
封底无防伪标均为盗版　　机工教育服务网：www.cmpedu.com